全国水利干部培训系列教材

水旱灾害防御

水利部水旱灾害防御司　编著

中国水利水电出版社
www.waterpub.com.cn
·北京·

内 容 提 要

本书在总结我国水旱灾害防御成功经验的基础上，围绕水旱灾害防御核心工作，系统地阐述了水旱灾害防御基础知识和要素。本书共分九章，分别为我国水旱灾害、水旱灾害防御概述、监测预报预警、水旱灾害防御应急响应、水工程调度、山洪灾害防御、防汛抢险技术、抗旱措施和保障措施。

本书立足于时效性和实用性，可作为各级水旱灾害防御行政首长、从事水旱灾害防御工作的政府部门管理人员及专业技术人员、相关企事业单位从事水旱灾害防御工作人员的培训教材，也可供高等院校相关专业的师生参考。

图书在版编目（CIP）数据

水旱灾害防御 / 水利部水旱灾害防御司编著. -- 北京：中国水利水电出版社，2024.2
全国水利干部培训系列教材
ISBN 978-7-5226-1747-3

Ⅰ. ①水… Ⅱ. ①水… Ⅲ. ①水灾－灾害防治－干部培训－教材②干旱－灾害防治－干部培训－教材 Ⅳ. ①P426.616

中国国家版本馆CIP数据核字(2023)第152712号

书　　名	全国水利干部培训系列教材 **水旱灾害防御** SHUIHAN ZAIHAI FANGYU	
作　　者	水利部水旱灾害防御司　编著	
出版发行	中国水利水电出版社 （北京市海淀区玉渊潭南路 1 号 D 座　100038） 网址：www. waterpub. com. cn E - mail：sales@mwr. gov. cn 电话：(010) 68545888（营销中心）	
经　　售	北京科水图书销售有限公司 电话：(010) 68545874、63202643 全国各地新华书店和相关出版物销售网点	
排　　版	中国水利水电出版社微机排版中心	
印　　刷	天津嘉恒印务有限公司	
规　　格	170mm×240mm　16 开本　27.5 印张　582 千字	
版　　次	2024 年 2 月第 1 版　2024 年 2 月第 1 次印刷	
印　　数	0001—6000 册	
定　　价	**138.00 元**	

本书编写委员会

主　　　　任：姚文广

副　主　　任：王　翔　　万海斌　　尚全民　　王章立
　　　　　　　张长青　　杨卫忠　　刘志雨　　王建华

委　　　　员：闫培华　　成福云　　张康波　　孙春鹏
　　　　　　　张智吾　　骆进军　　褚明华　　徐林柱
　　　　　　　李俊凯　　刘洪岫　　杨　光　　吴泽斌
　　　　　　　王　为　　李　岩　　吕　娟　　杨　昆

主　　　　编：王　翔　　万海斌

副　主　　编：杨　昆　　闫培华　　张智吾

参加编写人员：（以姓氏笔画为序）
　　　　　　　王　刚　　王　昭　　孔祥意　　卢奕竹
　　　　　　　付兴龙　　付晓娣　　朱　鹤　　任明磊
　　　　　　　江　威　　孙祥鹏　　李　匡　　李　珂琦
　　　　　　　李　鹏　　杨立群　　杨晓静　　何　琦雯
　　　　　　　何秉顺　　何晓燕　　宋文龙　　张怡文
　　　　　　　张福信　　张德福　　范士盼　　郑　彬
　　　　　　　屈艳萍　　高　辉　　涂　勇　　蔡
　　　　　　　廖鸿志

前言

　　我国水旱灾害频繁发生，常常造成严重的经济损失和社会影响。长期以来，国家高度重视水旱灾害防御工作，组织开展了大规模的工程措施和非工程措施建设，水旱灾害防御能力显著提升。但是，由于我国大部处于东亚季风气候区，降雨时空分布差异大，汛期降雨集中，加之地形地貌变化大，洪涝和干旱易频繁发生。随着社会经济的不断发展，灾害损失愈加严重。新时期我国水旱灾害防御仍面临诸多难题和挑战：极端天气事件频发突发，加大了水旱灾害防御的复杂性；人类活动导致河湖萎缩、水土流失、地面硬化，流域产流增加、行洪蓄洪能力降低；城镇化、工业化发展使人口资产向洪水风险区不断汇集，洪水风险程度加大；社会经济活动中的能源、交通、供水、网络等"生命线"系统脆弱性持续增加，间接损失和影响与时俱增；极端事件造成重要工程失事导致重大洪涝灾害的可能性依然存在；大范围、持续性极端干旱可能危及粮食安全及社会稳定等；行业监管和部门协作存在弱项或空白区；在部分地区，水旱灾害可能成为影响经济社会发展、人民美好生活的关键性制约因素。

　　党中央、国务院高度重视防灾减灾工作。党的十八大以来，习近平总书记提出了"两个坚持、三个转变"的防灾减灾救灾理念和建立高效科学的自然灾害防治体系、提高全社会自然灾害防治能力的新要求。水旱灾害防御工作关系到国家安全、经济安全、粮食安全，涉及广大人民群众的切身利益，在相当长的一段时间内，仍是一项艰巨而富有挑战性的工作。

　　本书主要介绍了水旱灾害防御工作程序和水旱灾害防灾减灾基本

知识。全书共分九章，其中第一章我国水旱灾害由张智吾负责编写，第二章水旱灾害防御概述由李俊凯负责编写，第三章监测预报预警由李岩负责编写，第四章水旱灾害防御应急响应由骆进军负责编写，第五章水工程调度由褚明华负责编写，第六章山洪灾害防御由刘洪岫负责编写，第七章防汛抢险技术由徐林柱负责编写，第八章抗旱措施由杨光负责编写，第九章保障措施由吴泽斌、王为负责编写。全书由杨昆、闫培华、张智吾负责统稿。

本书立足于时效性和实用性，可作为各级水旱灾害防御行政首长、从事水旱灾害防御工作的政府部门管理人员及专业技术人员、相关企事业单位从事水旱灾害防御工作人员的培训教材，也可供高等院校有关专业的师生参考。

水利部水旱灾害防御司委托中国水利水电科学研究院相关人员承担了本书的具体编写工作。在本书的编写过程中，参考了原国家防汛抗旱总指挥部办公室编写的《防汛抗旱行政首长培训教材》《防汛抗旱专业干部培训教材》《江河防汛抢险实用技术图解》等书目。邱瑞田、刘玉忠、金兴平等专家对本书的编写提出了宝贵的修改意见。

由于编写时间仓促，书中不妥之处，敬请广大读者批评指正。

编者

2021 年 8 月

目录

第一章 我国水旱灾害

第一节 自然地理概况

自古以来，我国基本水情一直是夏汛冬枯、北缺南丰，水资源时空分布极不均衡。我国水资源总量为 2.8 万亿 m^3，约占全球水资源总量的 5%，但由于人口多，人均水资源占有量仅为 2000m^3 左右，远低于世界人均水资源量。由于我国独特的自然地理和气候条件，水资源空间分布十分不均，总体呈现南方多、北方少，山区多、平原少，水土资源不匹配，北方地区国土面积、人口、耕地、GDP 分别占全国 64%、46%、64%、39%，而水资源量仅占全国的 18%。汛期降水量占全年的 60%～80%，年际变化大，经常出现连丰连枯情况。

一、地形地势

我国地势西高东低，自西向东按高程分为三级阶梯。第一级阶梯在西南部的青藏高原，平均海拔为 4500m，面积约 250 万 km^2，为世界上海拔最高的高原，降水稀少。第二级阶梯在青藏高原以北和以东，地面高程迅速下降至海拔 1000～2000m，浩瀚的高原与广阔的盆地相间分布，包括云贵高原、黄土高原、内蒙古高原、四川盆地、塔里木盆地、准噶尔盆地等，这一阶梯的年降水量较青藏高原明显增多。第三级阶梯在大兴安岭、太行山、巫山及云贵高原东缘一线以东，由海拔 1000m 以下的丘陵和 200m 以下的平原交错分布，自北至南有东北平原、华北平原、长江中下游平原、珠江三角洲等，这一地带夏季风活动频繁，降水量丰沛，经济发达，人口密集，是我国重要的工农业基地。

山脉与山间的高原、盆地、平原等纵横交错，形成许多大小不等的网格状地貌组合，水汽输送受其影响使我国降水分布形成大尺度带状的特点。山脉按其走向的不同，可大致分为三个体系：一是东西走向的山脉，包括天山—阴山—燕山山系、昆仑山—秦岭—大别山山系、喜马拉雅山以及南岭等，天山山脉阻挡了来自西北大陆的水汽，秦岭是我国南方和北方气候不同特点的分界，秦岭以南气候温暖，降水十分充沛；二是南北走向的山脉，包括贺兰山、六盘山、西南横断山脉等，横断山脉阻挡来自孟加拉湾的水汽东进，西侧降水大于东侧；三是西南—东北走向的山脉，主要有长白山、大兴安岭、太行山、巫山、武夷山等，它

1

们拦阻来自东南方海洋的水汽,其东侧降水较多,且易形成暴雨中心。

二、气候

我国位于欧亚大陆的东南部、太平洋的西岸,具有明显的季风气候特点。夏季一般受海洋气流影响,冬季主要受大陆气流影响。每年9月、10月至次年3月、4月间,冬季风从西伯利亚和蒙古高原吹到我国,向东南逐渐减弱,形成冬季寒冷干燥、南北温差很大的气候特点。每年4—9月间,大兴安岭、阴山、贺兰山、巴颜喀拉山、冈底斯山一线以东以南的广大地区,受海洋上吹来的暖湿空气的影响,形成高温多雨、南北温差较小的气候。夏季风最盛的7—8月为明显的多雨季节。夏季风又可分为东南季风和西南季风。来自太平洋的东南季风主要影响东部地区,而来自印度洋的西南季风主要影响西南和南部地区。

我国大部季风地区,天气的变化和雨季的移动随着西太平洋副热带高压脊线的西伸、东退、北进和南撤而发展。一般每年6月以前,副热带高压脊线位于北纬20°以南,雨季于4月在华南形成。自6月中旬至7月中旬,副热带高压脊线北跳至北纬25°一带,雨区也移至长江中下游,江淮地区梅雨开始。7月中旬后副热带高压移至北纬30°附近,雨区北进到淮河以北,黄河流域、华北地区开始进入雨季盛期,即俗称的"七下八上"时期,此时多发生暴雨。8月下旬以后,副热带高压南撤,降水自北向南逐渐减弱。在上述雨季期间,西南暖湿气流北上,常常会引起长江、淮河流域和华北大范围暴雨。

三、河流湖泊

我国的地形特点对河流发育(源地、流向、分布)影响深远。三个地形阶梯之间的交接地带,也是我国外流河的三个主要发源地带。第一级阶梯青藏高原东、南边缘,是我国著名长川大河的发源地,如长江、黄河、澜沧江、怒江、雅鲁藏布江等。第二级阶梯东缘,即大兴安岭—冀晋山地—豫西山地—云贵高原一线,是黑龙江、辽河、滦河、海河、淮河、珠江和元江的发源地。第三级阶梯,即长白山—山东丘陵—东南沿海山地,则是我国较次一级河流的发源地,如图们江、鸭绿江、沂河、沭河、钱塘江、瓯江、闽江、九龙江、韩江以及珠江支流东江和北江等,虽然这些河流长度和流域面积较以上河流为小,但因降水丰沛,水量很大,洪水发生频繁。

根据《第一次全国水利普查公报》,全国流域面积100km² 以上的河流有22909条,其中流域面积在1000km² 以上的有2221条,流域面积在10000km² 以上的有228条。绝大多数河流分布在我国东部和南部。我国较大的河流有:长江、黄河、淮河、海河、珠江、松花江和辽河,统称"七大江河"。受地形西高东低总趋势的控制，我国河流除西南地区部分河流外，干流大都自西向东流。由于我国夏季风所形成的雨带往往接近于东西向，且雨区移动也多系自西向东，与干流洪水汇流方向基本一致，因此往往造成同一流域上、下游洪水遭遇和叠加，洪峰流量很大。

我国天然湖泊遍布全国。长江中下游和淮河流域淡水湖较多，青藏高原和内蒙古、新疆等地多咸水湖。湖泊对调节洪水和影响地区气候环境有重要作用。据统计，常年水面面积大于 $1km^2$ 的湖泊有 2865 个，水面总面积 7.8 万 km^2（不含跨国界湖泊境外面积），其中淡水湖 1594 个、咸水湖 945 个、盐湖 166 个、其他 160 个。

四、降水

我国平均年降水量为 648mm，比全球陆地平均年降水量（800mm）少19%，属降水偏少的国家。

（一）降水空间分布

我国平均年降水量自东南向西北变化显著，东南沿海及西南部分地区平均年降水量在 2000mm 以上，黄河流域以北地区为 400～600mm，西北地区西部不足 200mm，离海岸线越远，年降水量越小。自大兴安岭向西南穿越张家口、兰州和拉萨北部，一直到喜马拉雅山的东部，为平均年降水量 400mm 的等值线。此等值线西北部为典型的亚洲中部干燥地带，等值线东南部为受季风控制的相对湿润地带。湿润地带中，东北平原年降水量一般为 400～600mm；华北平原年降水量一般为 500～750mm；淮河流域和秦岭山区以及昆明到贵阳一线至四川的广大地区，一般年降水量为 800～1000mm；长江中下游两岸地区年降水量为 1000～1200mm；东北鸭绿江流域约为 1200mm；云南西部、西藏东南角因受西南季风影响，年降水量超过 1400mm。

我国地理学家胡焕庸 1935 年曾提出，从黑龙江爱辉至云南腾冲画一条线，大致为倾斜 45°基本直线，这条线就是著名的"胡焕庸线"。胡焕庸线提出的初衷是为了描述中国人口密度在不同地区的分布，该线的东南方 36% 国土居住着96% 人口（根据 2020 年第七次全国人口普查资料计算表明，按胡焕庸线计算而得的东南半壁占全国国土面积的 43.8%、总人口的 93.5%）。胡焕庸线与400mm 年降水等值线基本重合，反映出降雨、水资源分布与人类活动的密切关系。

（二）降水季节分配

我国大陆受夏季风进退影响，降水的季节变化大。各地多年平均连续 4 个月最大降水量的分布情况为：淮河和长江上游干流以北以及云贵高原以西、华

3

北、东北等广大地区发生在 6—9 月；江西大部、湖南东部、福建西部和南岭一带发生在 3—6 月；长江中游、四川、广东、广西大部发生在 5—8 月；黄河中游渭河和泾河一带以及海南岛东部发生在 7—10 月；其他地区发生在 4—7 月或 7—10 月。对于连续 4 个月最大降水量占全年降水量的比值，北方大于南方。如秦岭—淮河以南、南岭以北的广大地区，多年平均连续 4 个月最大降水量占多年平均年降水量的 60%，而北方地区该比值大部分在 80% 以上。降水过程集中程度较高的地区，在 7 月、8 月两个月降水量可占全年降水量的 50%～60%，甚至其中一个月的降水量可占全年降水量的 30%，这种情况常导致暴雨洪涝灾害。

（三）暴雨发生的气候特征

我国的暴雨受季风影响集中出现于夏季，雨带的移动与西太平洋副热带高压（简称"副高"）脊线位置变动密切相关。一般年份，4 月初至 6 月初，副高脊线在北纬 15°～20°，暴雨多出现在南岭以南的珠江流域及沿海地带；6 月中旬至 7 月初，副高脊线第一次北跳至北纬 20°～25°，雨带北移至长江和淮河流域，江淮梅雨出现；7 月中下旬，副高脊线第二次北跳至北纬 30°附近，雨带移至黄河流域，江淮梅雨结束；7 月下旬至 8 月中旬，副高脊线跃过北纬 30°，达到一年中最北位置，雨带也达到海河滦河流域、河套地区和东北一带，此时处在副高脊线南侧的华南和东南沿海地带，热带风暴和台风不断登陆，南方出现第二次降水高峰；8 月下旬，副高脊线开始南撤，华北、华中雨季相继结束。以上所述是正常年份的情况。如果副高脊线在某一位置迟到、早退或停滞，某些地方将发生持续的干旱或持续的大暴雨。例如 1931 年、1954 年和 1998 年造成长江特大洪水和大洪水的连续暴雨，就是由于副高脊线停留在华南时间过长所引起。副高脊线的走向和深入大陆的程度，对各地暴雨的分布也有明显影响。另外，热带风暴或台风登陆后，除在沿海局部地区形成暴雨外，少数深入内地与西北的大陆性低涡和西南部的气旋性涡旋东移北上相遇，也往往产生特大暴雨。如造成 1963 年 8 月海河南系部分支流特大洪水和 1975 年 8 月淮河上游 2 座水库漫决的特大暴雨，都是在这种背景下形成的。

（四）暴雨的多发区和高值区

我国的年降水量在东南沿海地带最高，逐渐向西北内陆地区递减。年均降水量为 400mm 的等值线是东部湿润、半湿润地区和西部干旱、半干旱地区的分界线。东部的湿润、半湿润地区也是暴雨多发区，雨区广、强度大、频次高；西部的干旱、半干旱地区也可能出现局部性、短历时、高强度的大暴雨，但雨区小、分布分散、频次也较低。在东部地区，24h 暴雨的极值分布还有两条明显的高值带：一条分布在从辽东半岛往西南至广西十万大山南侧的沿海地带，经常出现 600mm 以上的大暴雨，粤东沿海多次出现 800mm 以上的特大暴雨；另一条分布在燕山、太行山、伏牛山的迎风面，即海河、淮河、汉江流域的上游，24h降雨极值为600～800mm，最大可达1000mm以上，是我国暴雨强度最高的地区。此外，四川盆地周边地区以及幕府山、大别山、黄山等山区也是暴雨极值较高的地区，最大24h降雨可达400～600mm。

（五）暴雨的强度

我国短历时点雨量实测和调查的极值接近或达到世界最高纪录。如陕西宽坪调查暴雨6～7h降雨量达1300mm（1998年7月），超过了以往的世界纪录；河南林庄实测暴雨6h降雨量达830.1mm（1975年8月）和台湾阿里山实测暴雨24h降雨量达1748.5mm，均接近世界最高纪录；广东湛江幸福农场实测暴雨24h降雨量达1146.8mm（2007年8月），是目前我国大陆24h实测降雨量最大值。2021年7月20日16—17时，郑州国家气象站出现201.9mm的极端小时雨强，突破我国大陆气象观测记录历史极值（198.55mm，1975年8月5日河南林庄）。这种强度大、覆盖面广的大暴雨，形成一些河流的特大洪峰流量，接近甚至超过国外的纪录。

第二节 洪 涝 灾 害

洪涝灾害是洪水灾害与渍涝灾害的统称。洪水灾害是由于强降雨、冰雪融化、冰凌、堤坝溃决、风暴潮等原因引起江河湖泊及沿海水量增加、水位上涨而泛滥以及山洪暴发所造成的灾害。渍涝灾害是因大雨、暴雨或长时期降雨量过于集中而产生大量的积水和径流，排水不及时，致使土地、房屋等渍水、受淹而造成的灾害。洪涝灾害包括两方面的含义：一是发生洪和涝，二是形成灾害。前者主要受气候和下垫面等自然因素影响，后者主要取决于经济、社会等因素。

一、洪涝灾害类型

（一）根据形成原因分类

根据形成原因，我国洪水可分为暴雨洪水、融雪洪水、冰凌洪水、风暴潮、山洪、泥石流、溃坝洪水等，其中多数洪水以暴雨洪水为主。渍涝可以分为农田渍涝和城市内涝。

暴雨洪水：指主要由暴雨形成的洪水。多发生在夏秋季节，影响全国大部分地区，影响天气系统为西风带低值系统、热带气旋等，洪水涨落较快，起伏较大，具有很大破坏力，特大暴雨形成的洪水常可能造成严重洪灾。

融雪洪水：指积雪和冰川受气温升高影响融化而形成的洪水。主要分布在我国东北和西北高纬度山区，积雪洪水一般发生在 4—5 月，洪水历时长、涨落缓慢，洪水过程呈锯齿形，具有明显的日变化规律。

冰凌洪水：指河道因大量冰凌阻塞，形成冰塞或冰坝，上游水位显著壅高，当冰塞融解、冰坝突然破坏时，槽蓄水量下泄所形成的洪水过程。主要发生在黄河干流上游宁蒙河段和下游山东省河段，以及黑龙江干流、松花江哈尔滨以下河段。

风暴潮：指由于强风或气压骤降等剧烈大气扰动引起沿海或河口水面异常升高的现象。主要发生在我国沿海地区，一年四季都有可能发生，其中 7—9 月最为频繁。

山洪：指流速大，过程短暂，往往挟带着大量泥沙、石块，突发性强、破坏力很大的小面积山丘区洪水。山洪主要由强度很大的暴雨、融雪在一定的地形、地质、地貌条件下形成。相同的暴雨、融雪条件下，地面坡度越陡，表层物质越松散，地表植被条件越差，越容易形成。山洪按径流物质和运动形态，分为普通山洪和泥石流山洪两大类。普通山洪以水文气象为发生条件，泥石含量相对较少，流速较大。

泥石流：指含饱和或过饱和固体物质（泥沙、石块和巨砾）的高黏性流体，是一种破坏力很大的突发性特殊洪流。一般发生在断裂褶皱发育、新构造运动活跃、地震活动强烈、植被不良、水土流失严重的山区及有现代冰川分布的高山地区，暴雨或冰雪融水是其主要发生诱因。

溃坝洪水：主要指水库大坝、堤防等挡水建筑物或者挡水物体（如堰塞体）突然溃决所形成的洪水。溃坝洪水一般具有突发性和来势汹涌的特点，往往造成下游毁灭性灾害。

农田渍涝：主要由于强降水或连续性降水超过农田排水能力，造成农田地下水位过高，甚至受淹的危害。

城市内涝：指由于强降水或连续性降水超过城市排水能力致使城市内产生积水灾害的现象。

（二）根据发生区域分类

根据地域特征，我国洪涝灾害主要划分为平原洪涝灾害、沿海风暴潮水灾、山丘区洪涝灾害、冰凌灾害、城市洪涝灾害以及其他洪水灾害等主要类型。

1. 平原洪涝灾害

平原洪涝灾害指由于江河洪水漫溢淹没和当地渍涝所造成的灾害。平原洪涝型水灾波及范围广、持续时间长、造成损失大、发生频次多，是我国最常见的一种水灾。

在我国，平原地区的洪灾问题十分突出。我国平原总面积为 115.2 万 km²，占国土面积的 12%，主要分布在受到洪涝灾害严重威胁的七大江河的中下游地区。1931 年江淮大水，受灾人口达到 5000 万人，全国死亡约 40 万人，是唐山大地震的 1.6 倍多；受灾耕地面积为 1.46 亿亩，占当时全国耕地面积的 28%；京汉铁路长时间停运，津浦铁路中断行车 54 天。1954 年，长江、淮河同时发生特大暴雨洪水，新中国首次遭遇特大洪水，荆江分洪区 3 次分洪，长江流域受灾人口 1888 万人，死亡 3 万余人，京广线 100 天不能正常通车；淮河流域成灾农田面积达 6123 万亩。1998 年，长江、松花江发生流域性大洪水，长江洪水是自 1954 年以来遭遇的又一次全流域型特大洪水，松花江洪水是 150 年来最严重的全流域型特大洪水，洪水影响到全国 10 多个省（自治区、直辖市），上千万军民投入抗洪抢险，造成 20 多年来最严重的损失和死亡人数。1999 年太湖流域发生了 20 世纪以来最大的流域性洪水，全流域受灾农田 1031 万亩（约 69 万 hm^2），倒塌房屋 3.8 万间，1.75 万家工矿企业停产，公路中断 341 条次，主要水路均有部分断航，直接经济损失 141.25 亿元。

2. 沿海风暴潮水灾

沿海风暴潮水灾指沿海地区海洋灾害、气象灾害和暴雨洪涝灾害综合作用导致的灾害。

每年西北太平洋平均生成热带风暴、台风 26 个，平均有 7 个在我国登陆，占近 1/4。台风带来的大风、暴雨和风暴潮，会导致严重的灾害损失，特别是当风力大、海洋波浪高、高潮位持续时间长时，与洪水遭遇，可能导致严重的水灾。1956 年在浙江省象山县南庄登陆的第 12 号台风"温黛"，尽管登陆当天是小潮，但它强大的威力将浙北沿海的潮位迅速拉高，浙江澉浦出现了 5.02m 的风暴增水，风暴潮造成浙江沿海 400 多条海塘被毁，全国超过 5000 人死亡，220 万幢房屋受到不同程度毁坏，经济损失难以估量。2006 年 8 月 10 日，第 6 号台风"桑美"在浙江省苍南县登陆，登陆时近中心最大风速达 60m/s，且强风持续时间长、降雨强度大、降雨时间集中，给浙江苍南和福建福鼎的部分地区带来了严重的破坏，造成至少 480 人死亡，直接经济损失达 196.5 亿元。2014 年的第 9 号超强台风"威马逊"在海南省文昌市登录后，风力达 17 级以上，成为新中国成立以来登陆中国的最强台风，造成海南、广西、广东等 3 省（自治区）59 个县（市、区）受灾，直接经济损失约为 265.5 亿元。2019 年的第 9 号台风"利奇马"，以超强台风量级在浙江省温岭市城南镇沿海登陆，登陆时中心附近最大风力达 16 级（风速为 52m/s），降雨总量为一般台风的 5 倍，是 1949 年以来登陆浙江的第三强台风；陆上滞留时间长达 44h，列 1949 年以来第六位；影响了长江、太湖、淮河、黄河、海河、松辽等 6 个流域共 12 个省（直辖市）；共造成 1402.4 万人受灾，57 人死亡，14 人失踪，直接经济损失 537.2 亿元。

3. 山丘区洪涝灾害

山丘区洪涝灾害是指暴雨山洪灾害、融雪山洪灾害、冰川消融山洪灾害或几种因素共同形成的山洪灾害。

山洪灾害是我国洪涝灾害致人死亡的主要灾种。我国山洪灾害防治区的面积约 463 万 km²，约占我国陆地面积的 48%，涉及总人口近 6 亿人，受到山洪直接威胁人口超过 7000 万人。据统计，2000—2010 年平均每年山洪灾害造成死亡人数为 1079 人，2011—2018 年年均值下降至 351 人，但占洪涝灾害死亡人数的比例仍高达 2/3 以上。2010 年 8 月 7 日，甘肃甘南藏族自治州舟曲县突发强降雨，位于县城北面的罗家峪、三眼峪泥石流下泄，由北向南冲向县城，造成沿河房屋被冲毁，泥石流阻断白龙江形成堰塞湖，特大山洪泥石流灾害造成 1501 人死亡、264 人失踪。

4. 城市洪涝灾害

城市洪涝灾害是指发生在城市范围内的洪涝灾害。

洪涝灾害是我国城市最主要的自然灾害之一。历史上洪涝灾害主要造成农业的损失。近几十年来，随着社会经济的发展，洪涝灾害损失的主要部分已经转移到城市，洪涝的特点也发生了很大变化。许多城市沿江、滨湖、滨海或依山傍水，有的城市位于平原低地，经常受到洪涝灾害的威胁。与农村相比，城市的人口和资产高度集中，灾害损失要大得多。我国现有 668 座城市，其中 639 座有防洪任务，占 96%。近年来，由于全球气候变化、热带气旋增强、人类活动带来的热岛和雨岛效应，城市洪涝灾害有加重趋势。2007 年 7 月 18 日，济南市遭遇罕见大暴雨，全市 3h 平均降雨量达 134mm，2h 和 3h 最大降雨量均为有气象记录以来的最大值，济南交通严重瘫痪，冲失井盖 500 多套，近千辆汽车被水淹熄火，26 条线路停电，2 处水厂停止供水，34 人死亡，4 人失踪，直接经济损失达 12.3 亿元。2012 年 7 月 21 日，北京遭遇历史罕见暴雨，除延庆外，北京 90% 以上的行政区域降雨量都在 100mm 以上，11 个气象站观测到的雨量突破了建站以来的历史极值；暴雨引发房山地区山洪暴发；首都机场全天共取消航班 571 架次，最高峰时有近 8 万人滞留机场；全市 79 人遇难，经济损失近 100 亿元。2021 年 7 月 20 日，郑州市遭受严重的暴雨洪涝灾害，贾鲁河、双洎河、颍河等 3 条主要河流均出现超保证水位大洪水，过程洪量均超过历史实测最大值。全市 124 条大小河流共发生险情 418 处，143 座水库中有常庄、郭家咀等 84 座出现不同程度险情，威胁下游郑州市区以及京广铁路干线、南水北调工程等重大基础设施安全。主城区 20 日午后普遍严重积水，路面最大水深近 2.6m，导致全市超过一半（2067 个）的小区地下空间和重要公共设施受淹，多个区域断电断水断网，道路交通断行。主城区因灾死亡失踪 129 人。

5. 其他洪水灾害

其他洪水灾害是指由于战争、地质灾害以及水库溃坝、堤防失事、堰塞湖溃决等造成的洪水灾害。

由于战争或地质灾害造成的水灾以及水库溃坝、堤防失事等引发的水灾，在我国历史上均有发生。1938 年 6 月，国民党当局为阻止日军西进，在河南省花园口扒开黄河大堤，酿成惨重水灾，波及 44 个县，89.3 万人死亡，391 万人外逃他乡，经济损失达 10.92 亿银圆，历时 9 年才完成堵口。1975 年 8 月，淮河流域发生特大暴雨，上游支流洪河的石漫滩、汝河的板桥 2 座大型水库溃坝，京广铁路被冲毁 102km，停止行车 18 天，下游仅河南省就有 2.6 万人死亡。2008 年 5 月，汶川大地震造成唐家山大量山体崩塌，形成巨大的堰塞湖，坝体顺河长约 803m，横河最大宽约 611m，最大坝高 124.4m，严重威胁下游百万民众的安全。2018 年 10 月和 11 月，西藏自治区昌都市江达县波罗乡白格村境内金沙江右岸先后 2 次发生山体滑坡，堵塞金沙江并形成堰塞湖。由于堰塞湖地处高寒地区，没有道路通达，处置难度大。在堰塞湖处置期间，有关部门对梨园、阿海、金安桥 3 座梯级水库进行联合调度，组织采取人工干预措施开挖泄流槽，及时下泄水量，通过科学应对，确保了堰塞湖泄流期间无人员伤亡。

二、灾害特点

我国洪涝灾害呈现明显的季节性、区域性和可重复性，具有影响范围广、持续时间长、突发性强、发生频次高以及灾害损失大等主要特点。

（一）影响范围广

除沙漠、极端干旱和高寒地区外，我国大约 2/3 的国土面积都发生过不同程度和不同类型的洪涝灾害。年降水丰沛且 60％～80％集中在汛期的东部地区，常常发生暴雨洪水灾害；占国土面积 70％的山地、丘陵和高原地区常因暴雨发生山洪、泥石流灾害；东部沿海每年都有部分地区遭受风暴潮引起的洪水灾害袭击；北方的黄河、松花江等河流有时还会遭遇因冰凌引起的洪水灾害；新疆、青海、西藏等地区会发生融雪洪水灾害。

（二）持续时间长

大江大河洪水灾害的显著特点是持续时间长。由于流域面积大，降水历时长、强度大、范围广、多场次及多个暴雨中心等，使得洪水表现为水位高、流量大、水量大、超警戒水位历时长、洪峰次数多、来水组合恶劣等特征。如长江、黑龙江、乌苏里江和松花江等流域，一次洪峰过程会持续 1～2 个月。1998年长江大洪水先后经历 8 次洪峰，从 6 月持续到 8 月下旬。2019 年汛期，东北黑龙江、松花江、乌苏里江等 40 条河流 72 站次发生超警洪水，最长超警时间超

1 个月。

（三）突发性强

除大江大河洪水灾害外，我国中小流域暴雨洪水，特别是山地丘陵洪水灾害也十分频繁。由于山高坡陡，雨水在很短的时间内汇集，一些洪水过程甚至只有十几分钟，突发性破坏性强，防范难度大。2015 年 6 月 10 日，黑龙江省宁安市沙兰镇上游突降特大暴雨，引发山洪，导致镇中心小学 352 名学生和 31 名教师被围困，仅几分钟时间教室水位就高达 2.20m，损失惨重。2018 年 7 月 31 日，新疆哈密市伊州区突降特大暴雨，引发洪水，造成射月沟水库大坝漫溢溃决，从大坝全断面过水到水库基本泄空，历时仅 107 min。

（四）发生频次高

特殊的地理位置、地形特征和气候系统，导致我国洪水发生频繁，为世界上洪水灾害出现频次最高的国家之一。据史料记载，公元前 206—1949 年的 2155 年间，我国共发生较大洪水灾害 1092 次，1949 年以来发生较大洪水 50 多次。洪水灾害发生频次总体呈上升趋势，20 世纪洪水灾害频次高达 987 次，比 19 世纪增长了 122%。

（五）灾害损失大

20 世纪 90 年代我国连续发生大水灾，1991 年全国洪涝灾害直接经济损失 700 多亿元，1994—1996 年平均每年洪涝灾害损失接近 2000 亿元，1998 年全国洪涝灾害损失达 2550 亿元。据 1990 年以来灾情统计资料分析，我国每年洪涝灾害直接经济损失超过 1200 亿元，居各种自然灾害之首，约占全国各类自然灾害总损失的 65%，约为同期 GDP 的 1%～2%，比欧洲、美国、日本等 0.1%～0.2%的比例高出 7～15 倍。

三、主要江河洪水及其特点

（一）长江流域

长江发源于我国的青藏高原，干流流经青海、四川、西藏、云南、重庆、湖北、湖南、江西、安徽、江苏、上海等 11 省（自治区、直辖市），支流延展至贵州、甘肃、陕西、河南、浙江、广西、广东、福建等 8 省（自治区）。流域西以芒康山、宁静山与澜沧江水系为界，北以巴颜喀拉山、秦岭、大别山与黄河、淮河水系相接，东濒东海，南以南岭、武夷山、天目山与珠江和闽浙诸水系相邻。长江干流全长 6300 余 km，流域面积约 180 万 km^2，约占国土面积的 18.8%。长江流域水资源总量为 9958 亿 m^3。

长江流域地貌类型多样，高原、山地和丘陵盆地占流域面积的 84.7%，平原占 11.3%，河流和湖泊水面占 4%。流域地势西高东低，形成三级阶梯。第一级阶梯由青南川西高原、横断山区和陇南川滇山地组成，高程一般在3500～5000m；第二级阶梯为云贵高原、秦巴山地、四川盆地和湖北、贵州山地，高程一般在500～2000m；第三级阶梯由淮阳低山丘陵、江南低山丘陵和长江中下游平原组成，高程一般在500m以下。

长江由河源至河口，总落差约5400m。长江干流宜昌以上为上游，长4504km，占干流长度的70.7%，控制集水面积约100万km²，其中宜宾以上河段称为金沙江（包括通天河、沱沱河），长3464km，落差5100m，占干流总落差的95%。长江出三峡后，进入中下游平原区。宜昌—湖口段为中游，长955km，区间集水面积为68万km²，其中枝城—城陵矶段称为荆江河段，全长347km，是防洪问题最突出的河段。湖口以下为下游，长938km，区间集水面积为12万km²。

长江流域水系发达，支流众多。流域面积1万km²以上的支流有49条，10万km²以上的支流有雅砻江、岷江、嘉陵江和汉江4条。支流流域面积以嘉陵江最大，为16万km²；年径流以岷江最丰富，达900亿m³；长度以雅砻江最长，干流总长度为1633km。长江主要支流，上游有南岸的赤水河和乌江，北岸的雅砻江、岷江、沱江和嘉陵江；中游有南岸的清江，洞庭湖水系的湘江、资水、沅江和澧水，鄱阳湖水系的赣江、抚河、信江、饶河和修水，北岸的汉江和鄂东北诸河；下游有南岸的青弋江水阳江水系和太湖水系，北岸的巢湖水系和滁河水系。淮河的部分水量也通过淮河入江水道在长江下游汇入长江。

长江流域属亚热带季风气候区，气候温和湿润，降水丰沛，流域多年平均年降水量约1100mm。降水分布很不均匀，大致自东南向西北递减。5—10月降水量约占全年降水量的70%～90%。长江上游控制站宜昌站集水面积约100万km²，多年平均年径流量为4340亿m³，调查最大洪峰流量和实测最大洪峰流量分别为1870年的105000m³/s和1896年的71100m³/s，实测最小流量为1937年的2770m³/s。下游控制站大通站集水面积为171万km²，多年平均年径流量为8910亿m³，实测最大洪峰流量为1954年的92600m³/s，实测最小流量为1979年的4620m³/s。

长江流域的洪水基本上都由暴雨形成，洪水发生时间与暴雨出现时间相对应，一般先下游后上游，南岸早于北岸，洞庭湖、鄱阳湖水系最早，为4—7月。

长江流域横跨我国的西南、华中、华东三大经济区，流域范围涉及19个省（自治区、直辖市），其中幅员面积95%以上在流域范围内的有四川、重庆、湖北、湖南、江西、上海等6省（直辖市）；50%～70%面积在流域范围内的有云南、贵州两省；30%～50%面积在流域范围内的有陕西、安徽、江苏3省。流域内有 30 多个民族。全流域共有人口 4.59 亿人，耕地面积 4.62 亿亩。

长江流域洪水具有三个典型特征：

地域特征：按洪水发生区域分为上游型洪水、全流域型洪水和中下游型洪水。上游型洪水主要来自长江上游，洪峰高、来势猛、历时短。全流域型洪水一般上、中、下游地区普遍发生洪水，上、中、下游洪水遭遇，洪量大，历时长。中下游型洪水主要来自长江中下游地区的支流水系。

时空特征：流域暴雨在时间上一般从流域下游向上游、从东南向西北逐步移动。干流的主汛期为 7—8 月，湖南、江西两省南部多水期一般为 4—5 月，两省北部多水期一般为 5—6 月，沅江、乌江多水期一般为 6—7 月，川江及各支流多水期一般为 7—8 月，汉江多水期一般为 7—9 月。长江洪水发生时间一般年份下游早于上游，江南早于江北，各支流洪峰相互错开，中下游干流可顺序承泄干支流洪水，不致造成大的洪水。但遇气候异常，干支流洪水遭遇，易形成区域性、流域性大洪水或流域性特大洪水。

洪水特征：长江中下游干流洪水峰高、量大、历时长。历史上荆江河段流量超过 $60000 \text{m}^3/\text{s}$ 的洪峰有 28 次，超过 $80000 \text{m}^3/\text{s}$ 的洪峰有 8 次。1954 年汉口水文站 60 天洪量为 3830 亿 m^3，1998 年汉口站 30 天洪量为 1885 亿 m^3。

长江中下游平原区人口密集，工矿企业林立，水陆交通四通八达，是我国工农业经济最发达的地区之一。但由于长江中下游平原区地面高程普遍低于高洪水位数米至 10 余 m，完全依靠两岸 3000 余 km 的干堤和 30000 余 km 的支堤抵挡洪水，洪涝灾害威胁频繁而严重。此外，长江上游地区和中下游山区山洪灾害也十分严重。

（二）黄河流域

黄河是我国第二大河，发源于青藏高原巴颜喀拉山北麓的约古宗列盆地，流经青海、四川、甘肃、宁夏、内蒙古、山西、陕西、河南、山东等 9 省（自治区），于山东省垦利区注入渤海，全长 5464km，流域面积为 79.5 万 km^2（包括内流区 4.2 万 km^2）。按照地理位置和河流特征划分为上、中、下游。从河源到内蒙古托克托县河口镇为上游，河道长 3472km，流域面积 42.8 万 km^2，主要支流有黑河、白河、洮河、大通河、湟水河等；河口镇至河南郑州桃花峪为中游，河道长 1206km，流域面积为 34.4 万 km^2，主要支流有窟野河、无定河、汾河、泾河、洛河、渭河、伊洛河、沁河等；桃花峪以下至河口为下游，流域面积为 2.3 万 km^2，干流河道长 786km，该河段是黄河防洪的重点河段。

黄河流域气候分为干旱、半干旱和半湿润气候。全流域多年平均年降水量为 452mm，降雨分布由东南向西北递减。黄河的突出特点是"水少沙多，水沙异源"。全河多年平均年天然径流量为 535 亿 m^3，仅占全国河川径流总量的

2%，居我国七大江河的第四位。流域内人均水资源量仅为全国人均水资源量的1/4；三门峡水文站多年平均年输沙量约 16 亿 t（1919—1960 年），平均含沙量为 35kg/m³，在我国大江大河中名列第一；黄河的水量主要来自兰州以上、秦岭北麓及洛河、沁河地区，而泥沙主要来自河口镇—龙门区间、泾河、北洛河及渭河上游地区。

黄河汛情包括桃汛、伏汛、秋汛和凌汛。桃汛是指发生在 3—4 月，由宁蒙河段解冻开河后形成的凌汛传播至下游而形成的洪水；伏汛是指发生在 7—8月，由暴雨形成的洪水；秋汛为发生在 9—10 月，由长历时降雨形成的洪水；凌汛是由于黄河在宁蒙、豫鲁河段从低纬度流向高纬度，冬春季受气温变化影响封河、开河而形成的洪水。

黄河汛期洪水根据来源不同，分为上游洪水和中下游洪水。上游洪水主要来自兰州以上，威胁兰州市城区和宁夏、内蒙古河段安全。特点是洪峰低、历时长、洪量大，兰州水文站一次洪水历时平均为 40 天，最短为 22 天，最长为66 天，较大洪水的洪峰流量一般为 4000～6000m³/s。

黄河中下游洪水按来源区分为：上大洪水、下大洪水、上下较大洪水。三门峡以上河口镇—龙门区间（简称"河龙区间"）和龙门—三门峡区间（简称"龙三区间"）来水为主形成的洪水，称为"上大洪水"。如 1933 年洪水，陕县水文站实测洪峰流量为 22000m³/s。这类洪水具有峰高、量大、含沙量大的特点，对下游防洪威胁严重。三门峡—花园口区间（简称"三花区间"）来水为主形成的洪水，称为"下大洪水"。如 1958 年洪水，花园口水文站实测洪峰流量为 22300m³/s。这类洪水的特点是涨势猛、洪峰高、含沙量小、预见期短，三花区间洪水的预见期只有 8h，对下游防洪威胁最大。以龙三区间和三花区间共同来水组成的洪水，称为"上下较大洪水"。如 1957 年洪水，花园口站流量为13000m³/s，其特点是洪峰较低，但历时较长。

冰凌洪水中，洪峰流量沿程递增，流量不大，水位很高。这是因为开河时河道前期沿程存蓄水量迅速释放，流量逐段汇集、增多，同时由于上游段开河时下游段还未达到自然开河条件，冰盖以下过流能力不足，易导致河道排泄不畅或形成冰塞、冰坝，造成上游河段水位迅速壅高。

由于黄河中游黄土高原丘陵区土层深厚，黄土土质疏松，暴雨径流强烈侵蚀，黄河洪水以含沙量大著称。据统计，20 世纪 70 年代以前，三门峡站实测多年平均年输沙量达 16 亿 t。20 世纪 70 年代以后，由于水土保持和各种工程的作用，黄河输沙量有所减少。黄河泥沙的另一特点是水沙异源。据统计，黄河径流的 62%以上来自兰州以上，而泥沙的 90%以上来自中游地区。黄河水沙的这些特点造成下游的严重淤积，形成"地上悬河"。

（三）淮河流域

淮河流域位于我国东部，介于长江和黄河之间，东临黄海，西部、西南及东北分别为伏牛山、桐柏山、大别山和沂蒙山区，流域面积为 27 万 km² （淮河流域加山东半岛是淮河流域片，流域面积共 33 万 km²）；以废黄河为界，分为淮河和沂沭泗河两大水系，流域面积分别为 19 万 km² 和 8 万 km²，有京杭大运河、淮沭河和徐洪河贯通其间。流域地形呈周边山丘高地围绕地势低平的广阔平原，平原区面积占流域面积的 2/3。流域多年平均年降水量为 878mm，其中，淮河水系为 917mm，沂沭泗河水系为 785mm。降水量分布大致由南向北递减，山区多于平原，沿海多于内陆。

淮河干流发源于河南省桐柏山，流经河南、安徽、江苏三省，在江苏三江营注入长江，全长约 1000km，总落差 200m，平均比降约为 0.2‰。洪河口以上为上游，流域面积为 3.06 万 km²，长 360km；洪河口以下至中渡为中游，长490km，中渡以上流域面积为 15.82 万 km²；中渡以下至三江营为下游入江水道，长 150km，三江营以上流域面积为 16.51 万 km²。洪泽湖以下淮河的排水出路，除入江水道以外，还有入海水道、苏北灌溉总渠和向新沂河相机分洪的淮沭河。下游里运河以东独流入海流域面积为 2.24 万 km²。

淮河两岸支流众多。南岸支流发源于桐柏山、大别山区及江淮丘陵区，源短流急，较大支流有浉河、竹竿河、潢河、白露河、史灌河、淠河、东淝河、池河等。北岸主要支流有洪汝河、沙颍河、西淝河、涡河、包浍河、沱河、新汴河、奎濉河等，其中沙颍河流域面积最大，近 4 万 km²。淮河中游的正阳关，是淮河上中游山区洪水汇集的地点，古有"七十二水归正阳"之说。从洪河口到洪泽湖沿河两岸之间有众多湖泊洼地，历史上是淮河上中游滞蓄消纳洪水的场所，现建有濛洼、城西湖等 6 处蓄洪区和姜唐湖、董峰湖、荆山湖、花园湖等 10 处行洪区。

沂沭泗河水系是沂河、沭河、泗河水系的总称，位于淮河流域东北部，大都属江苏、山东两省，主要河流沂河、沭河、泗河均发源于沂蒙山区。沂河发源于鲁山南麓，南流至苗圩入骆马湖，全长 333km，流域面积 1.18 万 km²；沂河在刘家道口辟有分沂入沭水道，分沂河洪水经新沭河直接入海，在江风口辟有邳苍分洪道，分沂河洪水入中运河。沭河发源于沂山南麓，南流至口头入新沂河，全长 300km，流域面积约 0.93 万 km²；沭河在大官庄连接分沂入沭水道，向东由新沭河泄洪闸控制经新沭河入海，由南经人民胜利堰闸控制至口头入新沂河。泗河发源于蒙山西麓，流经南四湖汇集沂蒙山西部及湖西平原各支流来水，由韩庄枢纽下泄，再汇集邳苍地区来水及邳苍分洪道分泄的沂河洪水，经韩庄运河、中运河入骆马湖。

淮河流域湖泊众多，水面面积约 $7000km^2$，总容积约 280 亿 m^3。

淮河流域洪水主要为暴雨洪水，淮河和沂沭泗河两个水系洪水特性有所不同。淮河洪水主要来自淮河上游、淮南山区及伏牛山区。淮河上游干流河道比降大，洪水汇集快，洪峰尖瘦；洪水进入淮河中下游后，干流河道比降变缓，一般仅为 $0.3‰$，沿河又有众多的湖洼、低地，经调蓄后洪水过程显著变缓。淮河左岸诸支流中，只有少数支流的上游为山丘区，多数为平原河道，安全泄量小，洪水过程平缓；淮河右岸诸支流均为山丘区河流，河道短、比降大，洪峰尖瘦。沂沭泗河洪水特性是：沂沭河洪水来势凶猛，峰高量大；南四湖湖东河流源短流急，洪水暴涨暴落；湖西地区河流为平原坡水河道，洪水变化平缓；邳苍地区上游洪水陡涨陡落，中下游地区洪水较为平缓。

淮河洪水按影响范围可分流域性洪水和区域性洪水两种类型。①流域性洪水，是由长历时、大范围连续暴雨所造成，如 1931 年、1954 年洪水，其特点是干支流洪水遭遇，淮河上游及中游右岸各支流洪峰接踵出现，中游左岸支流洪水又相继汇入干流，从而出现长达两个月左右的洪水过程，淮河沿线长期处于高水位状态，淮北平原大片地区遭受洪涝灾害。上中游洪水虽有洪泽湖调蓄，但对下游平原地区仍有严重威胁。1931 年洪水，里运河大堤溃决，淮河下游里下河地区沦为泽国。②区域性洪水，这类洪水出现的机会较多。上中游山丘区的局部洪水也会在淮河中游干流形成较大的洪水，但对下游影响不大。例如 1969 年，淮河正阳关水位达到 25.85m，洪峰流量为 $6940m^3/s$，主要就是由于史灌河、淠河两条淮河南岸支流 7 月的一次洪水造成的。

淮河流域地处复杂的气候过渡带，加上黄河长期夺淮打乱了水系，流域洪、涝、旱等各类水患灾害频繁。

（四）海河流域

海河流域包括海河、滦河和徒骇马颊河水系。海河为流域内的主要水系，有漳卫南运河、子牙河、大清河、永定河、北运河、潮白河和蓟运河等 7 条支流，此外，还有黑龙港运东地区的南、北排河等平原排水河道。海河水系呈扇形分布，各支流由西南、西、西北三个方向流向天津，在天津市区汇合为干流称海河，东流入渤海。海河水系各支流中漳卫南运河最长 1050km，海河（干流）73km。漳卫南运河、子牙河、大清河统称海河南系；永定河、潮白河、北运河、蓟运河统称海河北系。滦河位于海河水系的东北，徒骇马颊河位于海河流域南端，两者皆系单独出海道。海河流域总面积 31.78 万 km^2，其中海河水系的面积 23.46 万 km^2。

海河流域发源于山区的河流可分为两大类：一类是发源于内蒙古高原和太行山、燕山山脉背风山区的河流，在山区汇集大量支流后，穿越太行山燕山峡谷，然后流入平原，此类河流相对源远流长，水系比较集中，较易控制；由于一部分流域面积位于背风山区，洪峰模数相对较小，但各河上游流经黄土高原，洪水挟沙甚多，致使下游善淤善堵。滦河、潮白河、永定河、滹沱河、漳河属于此类型。另一类是发源于燕山、太行山迎风山区，其支流分散，源短流急，流域调蓄能力小，洪峰模数相对较大，含沙量较少，洪水多先入交接洼地，如宁晋泊、大陆泽、白洋淀等，然后下泄。卫河、滏阳河、大清河、北运河和蓟运河属于此类型。两类河流自东北向西南呈相间分布。

海河流域的河流另一特点是，山区河道和平原河道几乎直接交接，而平原河道又是地上河，或半地上河。上游山区洪水来势凶猛，下游河道宣泄不及，往往泛滥成灾，并形成上游洪水与当地涝水争道，相互顶托的局面。

滦河系位于海河流域北部，北起蒙古高原，南临渤海，西界潮白河、蓟运河，东与辽河相邻；发源于河北省承德市丰宁县，于唐山市乐亭县兜网铺入渤海，全长888km；在滦河干流出山后的东西两侧各有若干条独流入海的小河，统称冀东沿海诸河，滦河流域及冀东沿海诸河总面积为54400km^2，其中，山区面积为46990km^2，平原面积为7410km^2，地跨河北、内蒙古、辽宁3省（自治区）。滦河流域形状上宽下窄，上、中游平均宽约100km，滦州市以下至入海口平均宽约20km。平原河段较短，其间没有蓄滞洪区，防洪大堤和防洪小埝是主要防洪工程措施。

北三河系是北运河、潮白河、蓟运河三条河的统称，北三河系东界滦河，西邻永定河。总流域面积为35808km^2，其中，山区面积为22115km^2，平原面积为13693km^2，地跨北京、天津、河北等3省（直辖市）。北运河发源于北京西北的关沟，上游依次称北沙河、温榆河，至北京通州北关枢纽称北运河，北运河干流长约140km。潮白河上游有潮河、白河两大源，潮河发源于河北丰宁县，白河发源于河北沽源县，两河于北京市密云区十里堡镇河槽村汇合后称为潮白河，自宁车沽闸汇入永定新河，吴村闸至宁车沽闸段称为潮白新河，以白河为源，潮白河全长为467km。蓟运河发源于河北兴隆县，上游称沟河，至天津宝坻与州河汇合，始称蓟运河，流至天津宁河与源自河北迁西的还乡河汇合，向南流至蓟运河防潮闸，经永定新河河口入海，全长337km。

永定河系位于海河流域西北部，发源于内蒙古高原的南缘和山西高原的北部，流域总面积为47016km^2，其中，山区面积为45063km^2，平原面积为1953km^2，地跨内蒙古、山西、河北、北京、天津等5省（自治区、直辖市）。永定河系上游有桑干河和洋河两大支流，至河北省怀来县朱官屯汇合后称永定河，在北京市延庆区纳妫水河，经官厅水库入官厅山峡，至三家店进入平原。官厅水库至三家店为官厅山峡区间，河道长108.7km，三家店至卢沟桥段河道长 17km，卢沟桥至梁各庄段河道长 62.8km，梁各庄至屈家店永定河泛区河道长 67km，屈家店以下永定新河长 62km。

大清河系地处海河流域中部，子牙河系和永定河系之间，流域面积为 43060km²，其中，山区面积为 18659km²，平原面积为 24401km²，地跨山西、河北、北京、天津等 4 省（直辖市）。上游分为南、北两支：北支拒马河发源于河北涞源县，在北京市房山区张坊镇出山后分为南拒马河、北拒马河两条河流，南拒马河纳易水、北拒马河纳大石河与小清河后于河北白沟镇汇合，汇合点以下称为大清河，后入东淀；南支由潴龙河、孝义河、唐河、清水河、府河、漕河、瀑河、萍河等 8 条主要河流呈扇形分布汇入白洋淀，自枣林庄枢纽出白洋淀，经赵王新河东行汇入东淀。东淀下游分别经海河干流和独流减河入海。

子牙河系位于海河流域的中南部，南临漳卫河，北界大清河，流域面积为 46868km²，其中，山区面积为 31248km²，平原面积为 15620km²，地跨山西、河北、天津等 3 省（直辖市）。子牙河系由滏阳河和滹沱河两大支流河系构成，两支流洪水在河北省献县枢纽汇合后经子牙新河下泄入海。献县以下子牙河相机分洪，目前主要作用是排沥。子牙新河为海河水系最大的骨干排洪入海河道。

漳卫河系北邻滏阳河，南界黄河，西源太行山，东入渤海，地跨山西、河南、河北、天津、山东等 5 省（直辖市），流域面积为 37584km²，其中，山区面积为 25436km²，平原面积为 12148km²。漳卫河系由漳河、卫河、卫运河、漳卫新河、南运河组成。漳河发源于山西省境内，上游有清漳河、浊漳河两大支流，两河于合漳村汇合后称漳河，至徐万仓与卫河汇流，河道干流全长 117.4km。卫河干流始于河南省合河，于徐万仓与漳河汇流，河道全长 283km。共产主义渠 1958 年为引黄而修建，1962 年停止引黄后用于行洪，自合河起傍卫河左岸自老观嘴汇入卫河。卫运河始于徐万仓，止于山东省四女寺，河道全长 157km。漳卫新河自四女寺南、北进洪闸向东至大口河入渤海，河道全长 257km。南运河自四女寺节制闸向北，跨子牙新河至东淀入子牙河，河长 309km。

徒骇马颊河系位于海河流域最南部，南靠黄河，西、北以卫运河和漳卫新河为界，东临渤海，流域面积为 28740km²，地跨河南、山东、河北等 3 省。徒骇马颊河系主要包括徒骇河、马颊河。徒骇河主要由老赵牛河、赵牛新河、土马沙河等 27 条支流组成，干流起源于河南省南乐县，经山东滨州入渤海，河道长 436.35km。马颊河主要由鸿雁渠、裕民渠、唐公沟等 22 条支流组成，干流发源于河南省濮阳市，于山东省无棣县入渤海，河道长 425km。此外，在徒骇河与马颊河之间还有德惠新河，由禹临河、临商河、跃进河、引徒总干渠等 12 条支流组成，干流起自山东省平原县，于无棣县入马颊河，河道长 172.5km。

　　黑龙港运东地区排水河道位于滏阳河以东、子牙河以南、漳河卫运河以北、漳卫新河以西、濒临渤海，为低洼易涝地区，总面积 22211km²。年径流量 9.21 亿 m³。该地区主要有南排河和北排河两大排水系统。南排河上游接纳老漳河—滏东排河、老沙河—清凉江及江江河等支流，于赵家堡入海。北排河水系自滏东排河下口冯庄闸始，于兴济穿南运河至岐口入海，主要支流有黑龙港西支、中支、东支和本支等河。此外，运东（南运河以东）地区有宣惠河、大浪淀排水渠、沧浪渠、黄浪渠等。

　　海河流域属温带东亚季风气候区，多年平均年降水量为 535mm，人均水资源量只有全国平均水平的 1/8。降水量年内分配不均，75%～85% 左右集中在 6—9 月，且经常集中在几次强降雨过程；降水年际变化大，丰水年可达 800mm，枯水年仅 357mm 左右。流域暴雨中心集中在燕山、太行山迎风坡。暴雨主要集中在 7 月、8 月，尤以 7 月下旬和 8 月上旬发生的概率最大，约占大暴雨次数的 85%。

　　海河流域处于热带海洋气团与极地大陆气团交绥地带，受气团进退时间、影响范围、强度变化影响，流域降水量变差很大，最大 24h 暴雨量变差系数为 0.6～0.8，是我国暴雨年际变化最大的地区之一。流域暴雨特点导致洪水量和枯水量相差也极为悬殊。各河洪峰、洪量年际变化很大，如大清河北支拒马河张坊站 1965 年洪峰流量仅 44.9m³/s，而 1801 年调查洪峰流量为 18500m³/s。降水时空分布悬殊，经常出现连续丰水年和枯水年。

　　海河洪水主要来自夏季暴雨，暴雨洪水发生时间非常集中。据暴雨中心过程降水量大于 300mm 的 33 次暴雨统计，有 22 次发生在 7 月下旬至 8 月上旬。洪水与暴雨相应，最大 30 天洪量一般占汛期（6—9 月）洪量的 60%～90%，而 5～7 天洪量可占 30 天洪量的 50%～90%，洪峰多是尖瘦形。上游各支流，特别是位于太行山、燕山迎风坡的众多支流，集水面积不大，但洪峰流量多达数千甚至上万立方米每秒，洪峰模数很大，一般在 1～10m³/(s·km²)，少数河流可达 30m³/(s·km²)，如滏阳河支流河西台峪站集水面积为 124km²，1963 年实测洪峰流量为 3900m³/s，洪峰模数高达 31.4m³/(s·km²)。

　　由于海河流域山地与平原间丘陵过渡带较短，尤其是太行山、燕山迎风区，为大暴雨的集中地带，且地形陡峻，土层覆盖薄，植被差，河道源短流急，洪水流速大，传播时间短，从山区降雨到河道出山口出现洪水，一般不超过 1～2 天，短的仅数小时，极易造成特大洪水。背风山区产生大暴雨机会较少，洪水较小。

（五）珠江流域

　　珠江流域北靠南岭，南临南海，西部为云贵高原，中部丘陵、盆地相间，东南部为三角洲冲积平原，地势西北高、东南低。流域分为西江、北江、东江和珠江三角洲诸河，地跨云南、贵州、广西、广东、湖南、江西6省（自治区）和香港、澳门特别行政区以及越南东北部，总面积为45.37万 km²，其中我国境内面积为44.21万 km²。干流西江发源于云南省曲靖市乌蒙山余脉的马雄山东麓，自西向东流经云南、贵州、广西、广东等4省（自治区），至广东省三水区思贤滘，全长2075km，集水面积为35.31万 km²；北江发源于江西省信丰县石碣大茅坑，涉及湖南、江西、广东等3省，干流全长468km，集水面积为4.67万 km²；东江发源于江西省寻乌县的桠髻钵，由北向南流入广东，干流全长520km，集水面积为2.70万 km²。西江、北江在广东省三水区思贤滘、东江在广东省东莞市石龙镇分别汇入珠江三角洲，经虎门、洪奇门、蕉门、横门、磨刀门、鸡啼门、虎跳门、崖门八大口门注入南海。珠江流域多年平均年径流量为3384亿 m³，仅次于长江，居全国七大江河第二位。

珠江流域地处亚热带，北回归线横贯其中部。流域气候温和多雨，多年平均温度为14～22℃，多年平均年降水量为1200～2000mm。流域降水时空分布不均，主要集中在4—9月，约占全年降水量的70%～85%；降水量由东向西递减，受地形变化等因素影响，形成众多的降雨高、低值区。

珠江流域暴雨强度大、次数多、历时长，主要出现在汛期4—9月，降雨量约占全年的80%，一般规律是先北江、东江而后西江。一次流域性暴雨过程一般历时7天左右，主要雨量集中在3天。流域洪水由暴雨形成，洪水出现的时间与暴雨一致，多发生在4—9月，流域性大洪水主要集中在5—7月，洪水过程一般历时10～40天，洪峰历时一般1～3天。由于汛期的雨量多、强度大，众多的支流呈扇状分布，洪水易同时汇集到干流。上、中游地区多山丘，洪水汇流速度较快，中游无湖泊调蓄，容易形成峰高、量大的洪水。北江洪水常出现于5—7月，一次洪水历时7～20天。东江洪水常出现于5—10月，一次洪水历时10～20天。西江洪水常在6—8月出现，而特大洪水多在6—7月出现，一次洪水历时一般为30～40天。西江洪水是珠江三角洲洪水的主要来源，有时西江、北江洪水遭遇造成珠江三角洲严重受灾。

珠江河口潮汐属不规则混合半日潮，为弱潮河口，潮差较小。八大口门平均高潮位为0.39～0.77m，平均低潮位为－0.91～－0.41m，平均潮差为0.87～1.64m，最大涨潮差为3.19～4.06m。

珠江流域遭受台风灾害较为频繁，尤以珠江三角洲地区为甚，几乎每年都会受到台风的袭击。据统计，在珠江流域（片）登陆的台风平均每年达5.7次。

（六）松花江流域

松花江有两源，北源嫩江，长1370km；南源第二松花江，长958km；两江在三岔河汇合后称松花江，长939km，松花江干流在黑龙江省同江市注入黑龙江。松花江流域面积为55.45万km²，其中，嫩江流域面积为29.35万km²，第二松花江流域面积为7.34万km²，松花江干流流域面积为18.76万km²。流域多年平均年降水量为400～750mm，由东南向西北递减。流域洪水主要由暴雨形成，干支流年最大洪水多发生在7月、8月，特殊年份洪水发生在9月。4—5月河流解冻期还会出现冰凌洪水。

松花江干支流洪峰、洪量年际变化较大。第二松花江流经长白山地，植被良好，河谷狭窄，河宽仅100m左右，河道比降一般在1‰左右。洪水过程线呈陡涨陡落单峰型，一次洪水历时10余天，起涨到峰顶历时1天左右。第二松花江与嫩江汇合后为松花江干流，河道进入平原地区，河面开阔，河道比降较缓，一般在0.5‰～1.0‰。哈尔滨站洪水过程可达60天，高水位持续时间长，洪峰传播速度慢。松花江洪水大小决定于第二松花江洪水是否与嫩江洪水遭遇。以哈尔滨站为控制，洪水可分成两类：一类是嫩江发生大洪水而第二松花江段洪水较小。这类洪水虽在嫩江造成灾害，演进到哈尔滨，由于河槽调蓄，洪峰有所减小。另一类是由第二松花江和嫩江先后发生连续暴雨洪水汇集而形成的流域性洪水。

嫩江在尼尔基水库以上属大、小兴安岭山区河流，山体浑圆，植被良好，河谷开阔，河道呈复式断面，洪水过程涨水快，退水慢，一次洪水历时15天左右。嫩江到富拉尔基进入平原地区，洪泛河床宽阔，河道坡降平缓，行洪缓慢，一次洪水过程长达60天左右。嫩江各支流属山区性河流，洪水由一次性暴雨形成，洪水过程与嫩江上游干流相似，单独一条支流发生洪水，不能造成嫩江干流较大洪水。

松花江流域降水年内集中、年际变化大，因此洪灾、旱灾频繁，并列为本流域两大自然灾害。在洪水灾害中，以暴雨洪水灾害最为频繁，造成的损失也最大。松花江流域洪水灾害年内发生时间一般为7—9月，其中，第二松花江为7—8月，嫩江、松花江干流为7—9月。从地域来看，洪水灾害对社会经济发展影响最大的主要集中在中、下游地区，包括松嫩平原、三江平原及多座中心城市，这些地区经济密集，人口集中，是我国重要的工业基地和粮食产业基地。

（七）辽河流域

辽河全长1345km，发源于七老图山脉的光头山，沿老哈河向东北流，汇入西拉木伦河后，称西辽河，由西向东流至小瓦房纳乌力吉木伦河后折向东南，于福德店纳入东辽河后，称辽河。辽河流域地处东北地区西南部，流域总面积为22.14万km²，流域内降水时空分布极不均匀，东部山丘区多年平均年降水量为800～950mm，西部的西辽河地区仅300～350mm。辽河流域的洪水由暴雨产生，暴雨类型有台风暴雨、高空槽、冷锋暴雨及华北气旋暴雨等。受暴雨特性的影响，洪水有 80%～90% 出现在 7 月、8 月，尤以 7 月下旬至 8 月中旬为最多。由于暴雨历时短，雨量集中，各主要支流老哈河、东辽河、清河、柴河、泛河、浑河、太子河、柳河等又多流经山区和丘陵区，汇流速度快，故洪水多呈现陡涨陡落的特点，一次洪水过程不超过 7 天，主峰在 3 天之内。由于暴雨过程有时连续出现，致使一些年份的洪水呈现双峰型，双峰历时一般在 13 天左右，两峰间隔 3～4 天。

辽河流域分成辽河和浑太河两大水系。对辽河水系洪水而言，从洪水来源看，有上游西辽河洪水和辽河干流洪水，峰型上有单峰型洪水与多峰型洪水。西辽河洪水，主要来自上游老哈河和西拉木伦河的山地丘陵区，而西辽河干流、新开河、教来河下游一带平原地区，绝大部分是风蚀砂土区，下渗损失大，不易产生洪水。辽河干流洪水，主要来自福德店以下左岸支流清河、柴河和泛河，这些支流上游，往往是暴雨中心。东辽河与辽河左岸支流处于同一暴雨区，往往同时形成洪水。

大辽河水系洪水主要来自浑河、太子河的沈阳和辽阳以上的山地丘陵区。浑河、太子河洪水过程陡涨陡落，两河相邻经常处于同一暴雨区内，洪水易遭遇。辽河流域洪灾主要发生在西辽河干流两岸，东辽河二龙山水库以下的干支流地区及辽河干流和浑河、太河的中下游。

（八）太湖流域

太湖流域地处长江三角洲南翼，北抵长江，东临东海，南滨钱塘江，西以天目山、茅山为界。流域面积为 37098km²，行政区划分属江苏省、浙江省、上海市和安徽省，其中江苏省 19311km²，占 52.0%；浙江省 12386km²，占 33.4%；上海市 5176km²，占 14.0%；安徽省 225km²，占 0.6%。太湖流域地形呈周边高、中间低的碟状，大部地区地势平坦，除西部茅山山区和西南部天目山区外，均为平原。流域内河流纵横交错，湖泊星罗棋布，是全国河道密度最大的地区。

太湖流域属于亚热带季风气候区，呈现四季分明、降雨丰沛、热量充裕和台风频繁等气候特点。太湖流域多年平均年降水量为 1262mm（1991—2020 年平均值），全年有三个明显的雨季，即 3—5 月的春雨、6—7 月的梅雨和 8—10 月的台风雨。造成洪水的降雨主要是梅雨和台风雨。梅雨范围广、历时长、总量大，可形成流域性大洪水。台风雨尽管历时短、范围较小，但强度大，易造成局部地区的洪涝灾害。

太湖流域是我国经济最发达的地区之一，人口稠密，科技水平高，经济总量在全国有举足轻重的地位。由于地势平坦低洼，洪涝灾害范围广、历时长，受灾后经济损失严重。据实测雨洪资料分析，流域 30 天面雨量超过 400mm，或

60 天面雨量超过 600mm 时，将引起流域性较大洪涝，太湖高水位的持续时间会长达 1～3 个月。例如 1991 年流域 30 天面雨量为 491mm，其中北部地区达到 680～700mm；1999 年流域 30 天面雨量为 610mm，其中南部地区达到 600～750mm，均引起了流域性大洪水。

太湖流域河道比降平缓，泄水能力小，每遇暴雨，河湖水位暴涨，加上河网尾闾泄水受潮位顶托，泄水不畅，高水位持续时间长，极易酿成洪涝灾害。另外，平原区由于地势平坦，河道比降小，水流流向不定，往往洪涝合一，很难区分。暴雨中心的降水迅速向四周扩散；流域范围较小，大体属同一雨区，因此，除山丘区外，洪水演进现象不明显，洪涝界限不清，往往邻区洪水和当地涝水叠加造成洪涝灾害。

太湖水位变化十分敏感，1m 内的水位变化包括了丰、平、枯三种水情，例如，2.80m（吴淞高程）以下为太湖的偏枯水位，而 3.80m 则是太湖的警戒水位。水面比降小，加之下游沿长江和杭州湾受潮汐顶托，排水不畅，流域暴雨所形成的洪水，消涨历时均较长。太湖水位日涨幅 0.20～0.30m 已属少见，日退水 0.05m 以上更为难得。

四、历史大洪水

我国的暴雨受季风影响，主要集中出现于夏季，大面积暴雨集中分布在山地、丘陵向平原过渡的地带，是江河洪水的主要来源。当夏季在我国上空移动的西太平洋副热带高压脊线在某一位置上徘徊停滞以及热带风暴或台风深入影响内陆后，容易形成特大暴雨，进而产生的洪峰流量和洪量往往数倍于正常年份的大洪水和特大洪水。从历史资料可以发现，17 世纪 50 年代，19 世纪中期，20 世纪 30 年代、50 年代和 90 年代，都是我国的洪水高发期，各大江河流域连续数年发生大洪水的现象相当普遍。

据历史记载，公元前 206—1949 年的 2155 年间，我国发生较大洪水灾害 1092 次。较严重的洪水灾害主要发生在长江、黄河、淮河、海河、珠江、松花江和辽河等七大江河的中下游地区。

新中国成立以来，各大江河又发生多次较大洪水，如 1954 年长江、淮河大水，1958 年黄河下游洪水，1963 年海河南系大水，1975 年淮河洪水等，特别是20 世纪 90 年代以来，我国又进入江河洪水多发期，长江中下游 1991 年、1995年、1996 年和 1998 年接连出现较大洪水和大洪水，珠江也于 1994 年、1996 年、1997 年、1998 年连续发生较大洪水和大洪水，松花江 1998 年出现了近 200 多年来可查考的最大洪水，太湖于 1991 年、1999 年、2016 年发生大洪水。1950 年以来，我国发生的洪水灾害，以 1954 年和 1998 年长江洪水、1963 年和 1996 年海河洪水、1975 年和 1991 年淮河洪水、1998 年松花江洪水、1991 年和 1999 年太湖流域洪水最为严重。2020 年，全国面降雨量较常年同期偏多 13％，为 1961 年以来第 2 多，引发严重汛情，长江发生流域性大洪水，太湖发生有实测资料以来第 3 高水位的流域性大洪水，淮河、松花江均发生流域性较大洪水，长江上游发生特大洪水，三峡水库出现建库以来最大入库流量 75000m³/s，全国七大流域 836 条河流发生超警以上洪水，较常年偏多 8 成，为 1998 年以来最多。

（一）长江流域

长江自汉代开始有水灾的记载。据统计，自唐初至清末的 1300 年间，长江共发生水灾 223 次。长江洪水大致分为三种类型：一是全流域型，上、中、下游地区普遍发生大洪水，干支流并涨，洪水量大，历时长，如 1931 年、1954 年、1998 年、2020 年流域性大洪水；二是上游型，洪水主要来自长江上游，如 1840 年四川盆地洪水、1870 年长江上中游洪水、1917 年岷江洪水、1981 年四川洪水；三是中下游型，洪水主要来自中、下游支流，灾情一般限于某些支流或干流某一河段，如 1583 年汉江洪水、1935 年长江中游洪水。

1. 1583 年 6 月（明万历十一年）汉江洪水

1583 年汉江洪水发生的时间极为反常，6 月中旬（农历四月末）即发生全流域性的大暴雨，暴雨区主要位于汉江南岸大巴山区的牧马河、任河、岚河，往东扩展到堵河、南河等流域，中心主要位于安康以上的任河及岚河流域。估算汉江安康洪峰流量为 36000m³/s，丹江口洪峰流量为 61000m³/s。根据文物、古迹考证，安康河段该场洪水为近 900 年来最大的洪水。这场洪水给汉江沿江城镇带来巨大灾难，古城安康遭到毁灭性的破坏，城市荡然，洪水过后沦为一片废墟，淹死 5000 余人，翌年县治迁至城南赵台山脚，重建新城。洵阳（今旬阳）、白河、郧阳、谷城、钟祥、天门等沿江各州县均遭到严重水灾，谷城县沦没万余家。沿江自上至下千余公里的城镇均遭受到严重灾害，范围之广、灾情之重，在汉江历史上极为少见。值得注意的是，这场历史上极为罕见的特大洪水，出现的时间非主汛期，而是比主汛期提前一个多月，其时正是常年汉江径流的枯季。

2. 1840 年 8 月（清道光二十年）四川盆地洪水

1840 年 8 月 25—29 日，四川境内发生一场持续 4～5 天的大范围暴雨，长江上游岷江、沱江、嘉陵江三大支流几乎同时暴发 50～100 年一遇或超过 100 年一遇的特大洪水。据洪水调查估算，岷江平羌峡洪峰流量为 24900m³/s，沱江娃娃寺洪峰流量为 9500m³/s，涪江射洪洪峰流量为 30400m³/s，均接近或超过 100 年一遇。嘉陵江干流北碚洪峰流量为 52100m³/s，约为 50 年一遇。长江干流寸滩洪峰流量估计超过 90000m³/s，重庆—宜昌三峡区间洪水不大，经河槽调蓄，宜昌站洪峰流量约 70000m³/s，约 50 年一遇。文献记载有灾情的达 30 余个

23

州（县），遍及沱江、涪江、嘉陵江、渠江等水系及宜昌以下荆江沿岸城镇，其中沱江沿岸城镇汉郡、资阳、资州、内江、隆昌等灾情尤为严重，"漂没房屋涝损田地，淹毙居民无数""船往来城垛上"。长江干流宜昌城被淹，"大水进文昌门"，中游江陵、公安、石首、监利等县也遭受较为严重水灾。

3. 1870 年 7 月（清同治九年）长江上中游洪水

1870 年 7 月间，长江上中游发生罕见特大洪水。7 月 13—17 日，暴雨区主要位于嘉陵江中下游；7 月 18—19 日，暴雨区东移至三峡区间。合川、万县等县均有"雨如悬绳连三昼夜""猛雨数昼夜"等记载。上游嘉陵江洪水与三峡区间洪水发生遭遇，造成了这场罕见的特大洪水。据历史洪水调查，渠江凤滩洪峰流量为 24800m³/s，嘉陵江北碚洪峰流量为 57300m³/s；长江干流寸滩洪峰流量为 100000m³/s，万县洪峰流量为 108000m³/s，宜昌洪峰流量为 105000m³/s，枝城洪峰流量为 110000m³/s。据推算，7 月 11 日宜昌站洪水起涨，洪峰出现时间为 17—20 日，30 天洪量约为 1650 亿 m³。在宜昌至汉口间大量决口分洪、在湖泊洼地滞蓄的情况下，汉口实测水位为 27.36m，洪峰流量为 66000m³/s。据历史文献记载，这一年长江中游洞庭湖水系和汉江也发生了较大洪水。这场大水灾情极为严重，从四川盆地到长江中游平原湖区 3 万余 km² 的地区遭到洪水淹没。合川"大水入城深四丈余，城不没者仅北郭一隅"；丰都"全城淹没无存，水高于城数丈"。宜昌"郡城内外概被淹没，尽成泽国"。宜昌以下，圩堤普遍溃决，松滋县庞家湾黄家埠堤溃，形成了今日的松滋河分流入洞庭湖的通道。在松滋、藕池、太平等口大量分洪的情况下，荆江大堤虽未溃决，但监利以下荆江北岸堤防多处溃决，江汉平原与洞庭湖区一片汪洋。据统计，1870 年四川省有 20 余个州县、湖北省有 30 余个州县、湖南省有 20 余个州县遭受严重洪水灾害。江西、安徽两省沿江城镇水灾也较严重，九江大水溃堤田禾均被淹没，流民甚众；新建、湖口、彭泽等县江水倒灌入湖，田禾被淹。安徽省无为、贵池、铜陵亦遭水灾。据调查考证，在宜昌河段，1870 年洪水为 1153 年（长江上游干流曾调查到多次历史上的特大洪水，1153 年为其中年代最远的一次）迄今 800 多年来最大的一次。水利部门自 1952 年起对 1870 年长江洪水进行的深入调查研究，对于三峡工程设计洪水的合理确定具有重要意义。

4. 1917 年 7 月（民国 6 年）岷江洪水

1917 年 7 月 19—22 日，岷江流域发生一场历时 4 天左右的大暴雨，暴雨中心位于青衣江和岷江干流中下游，青衣江千佛岩和岷江平羌峡于 7 月 21 日同时出现洪峰，流量分别为 18700m³/s 和 19600m³/s，岷江干流高场洪峰流量达 51000m³/s，为实测和调查期内最大的一次洪水。此次暴雨发生前，岷江流域连续阴雨，河槽底水较高。这场洪水来势很猛，消退也很快。同时，在长江干流宜宾—重庆段也发生了大洪水，造成了四川盆地西部严重水灾，受灾地区达 37 个县（市）以上。岷江沿江城市灾情异常严重。成都"城内水入民房，祠堂街、东城根街可行舟"；"乐山全城被淹，水深五六尺；犍为洪水穿城而过，深及屋檐，房舍冲走 2/3，淹死 1600 余人；夹江县城中水高五六尺，被水害者十居八九。"

5. 1931 年（民国 20 年）长江流域性洪水

1931 年气候反常，入夏以后全国大部分地区出现长时间淫雨天气，6—8月，珠江、长江、淮河、海河以及松辽流域降雨日数多达 35～50 天。期间不断出现大雨和暴雨，"南起百粤北至关外大小河川尽告涨溢"，造成全国性的大水灾。其中，长江发生流域性特大洪水，洞庭湖、鄱阳湖水系雨季较常年提早半个多月，江湖汛前水位较高。4 月 23 日湘江长沙站出现当年最大洪峰流量 12500m³/s，同时赣江外洲站出现当年最高水位。上游岷江高场站洪峰流量达 40800m³/s，干流寸滩站 8 月 6 日出现 63600m³/s 的洪峰流量，8 月 10 日宜昌洪峰流量为 64600m³/s，8 月 9 日沙市最高水位为 43.85m，枝城最大流量接近 70000m³/s。7 月 8 日洞庭湖水系澧水乔家河站洪峰流量为 15400m³/s，沅水常德站洪峰流量为 22400m³/s，7 月 10 日洞庭湖区最大入湖流量达 48530m³/s。由于 7 月长江中下游大范围长历时强降雨，干支流洪水盛涨，在上游大洪水来临之前，干流及支流尾闾水位都很高。7 月中旬长江干流汉口站水位达 26.93m时，丹水池堤防决口，汉口主要市区即被淹没，上游大洪水来临以后，在沿江沿湖多处决口分洪的情况下，8 月 19 日汉口站出现最高水位 28.28m，洪峰流量为 59900m³/s，如果没有河湖溃口调蓄洪水，还原流量城陵矶达 103200m³/s，汉口站为 112900m³/s，八里江（湖口附近）为 119500m³/s，大大超过了河道泄洪能力。由于洪水来量巨大，长江中下游江堤圩垸普遍决口，荆江大堤沙沟子、一弓堤、朱三弓堤等处决口，长江干流自湖北省石首至江苏南通沿程满溢决口 354 处。江汉平原、洞庭湖区、鄱阳湖区、太湖区大部分被淹。武汉市水淹达 100 天之久。湖北、湖南、安徽沿江沿湖一片汪洋，京汉铁路长期停运，津浦铁路中断行车 54 天。据统计，1931 年长江流域受灾人口 2887 万余人，死亡 14.54万人，受灾农田 5660 万亩❶，损毁房屋约 178 万间，估计直接经济损失达 13.84亿银圆。生者流离转徙，死者随波飘❷荡，其状之惨，实属罕见。

1931 年大水，南自珠江，北至松花江，范围之广几遍全国。除长江发生流域性特大洪水之外，珠江流域北江发生特大洪水，淮河发生流域性特大洪水，黄河三花区间伊洛河暴发特大洪水，海河流域永定河、大清河以及嫩江也都发生灾害性洪水。据统计，全国受灾区域达 16 个省 672 个县，重灾县 214 个，次

---

❶ 1 亩＝（1/15）hm²＝（10000/15）m²≈666.67m²。

❷ 飘，通"漂"——编者著。

重灾县 351 个，轻灾县 107 个，其中受灾最重的长江中下游及淮河流域的湖南、湖北、江西、浙江、安徽、江苏、山东、河南等 8 省受灾人口 5127 万人，占当时人口的 1/4，受灾耕地 1.46 亿亩，占当时耕地面积的 28%，40 万人死亡，为 20 世纪以来受灾范围最广、灾情最重的一次大水灾。

6. 1935 年 7 月（民国 24 年）长江中游洪水

1935 年 7 月 3—7 日，在鄂西和湘西北山地东侧发生历时 5 天的特大暴雨（简称"35·7"暴雨）。这次暴雨有南北两个中心，南部中心位于清江、澧水分水岭南侧山坡地带，中心五峰站实测最大雨量为 1281.8mm，为我国著名的大暴雨之一；北部中心位于香溪河、黄柏河、沮河等中上游山坡地带，暴雨中心附近的兴山降雨量达 1084mm。据调查推算，澧水下游三江口站洪峰流量为 31100m³/s，洪量为 72.8 亿 m³；清江下游搬鱼咀站洪峰流量为 15000m³/s，洪量为 56.5 亿 m³；汉江干流丹江口站洪峰流量为 50000m³/s，襄阳站洪峰流量为 53000m³/s。由于中游清江、澧水和汉江洪水遭遇，短时段洪量集中，洪水来势凶猛，长江干流枝城站最高水位为 50.24m，洪峰流量为 75000m³/s，沙市最高水位为 43.97m。洞庭湖最大入湖流量达 54400m³/s，鄱阳湖最大入湖流量为 34140m³/s。长江中下游受灾严重，淹没耕地 2264 万亩，受灾人口 1003 万人，死亡人口达 14.2 万人，损毁房屋 40.6 万间。自宜昌至汉口堤防圩垸普遍溃决，荆江大堤横店子、堆金台、德胜台及麻布拐子先后溃决，江汉平原汪洋一片。汉江中下游和澧水下游受灾最重。汉江下游左岸遥堤溃决，一夜之间淹死 8 万余人，澧水下游慈利、石门以及沿江市镇淹死 3 万余人。

7. 1954 年长江流域性洪水

1954 年汛期大气环流形势异常，从 5 月上旬至 7 月下旬，副热带高压脊线一直停滞在北纬 20°～22°附近。7 月鄂霍次克海维持着一个阻塞高压，使江淮流域上空成为冷暖空气长时间交绥地区，造成连续持久的降雨过程。长江中下游整个梅雨期长达 60 多天。5—7 月共发生 12 次强降雨过程，其中 6 月中旬至 7 月中旬 5 次暴雨，强度范围都比较大，是该年汛期暴雨全盛阶段。受降雨影响，江湖水位迅速上涨，长江干流汉口站 6 月 25 日超过警戒水位（26.30m），7 月 18 日突破 1931 年最高水位 28.28m。在下游全面高水位的情况下，6 月 25 日至 9 月 6 日，长江上游发生 4 次连续洪水，宜昌站先后出现 4 次大于 50000m³/s 的洪峰流量，8 月 7 日最大洪峰流量为 66800m³/s，枝城站洪峰流量达 71900m³/s。由于 7 月下旬至 8 月上旬洪水过大，为保证荆江大堤安全，曾 3 次运用北闸（太平口分洪闸）向荆江分洪区分洪，合计分洪量为 122.56 亿 m³。在利用荆江分洪区 3 次分洪和多处扒口分洪，分洪溃口水量达到 1023 亿 m³ 的情况下，沙市水位达到 44.67m，城陵矶水位达到 33.95m，汉口水位达到 29.73m（实测最大洪峰流量为 76100m³/s），湖口水位达到 21.68m。据推算，如果不溃口、扒口分洪和江湖自然滞蓄，还原流量城陵矶站为 108900m³/s，汉口站为 114183m³/s，八里江站为 126800m³/s。在新中国成立初期全面恢复整修江河堤防、修建荆江分洪工程和汛期军民全力抗洪抢险的情况下，这次洪水虽然保住了荆江大堤和武汉市的主要市区，仍然造成了巨大的经济损失和社会影响。长江干堤和汉江下游堤防溃口 61 处，扒口 13 处，支堤、民堤溃口无数。湖南洞庭湖区 900 多处圩垸，溃决 70%。江汉平原的洪湖地区、东荆河两岸一直到武汉市区周围湖泊一片汪洋，荆江分洪区及其备蓄区全部运用淹没。江西省鄱阳湖区"五河"尾闾及湖区周围圩垸大部分溃决。安徽省华阳河地区分洪，无为大堤溃决。长江中下游湖北、湖南、江西、安徽、江苏等 5 省有 123 个县（市）受灾，农田受灾面积 4755 万亩，受灾人口 1888 万余人，京广铁路 100 天不能正常运行，灾后疾病流行，仅洞庭湖区死亡达 3 万余人。1931 年和 1954 年洪水成因类似，1954 年洪水汉口以上 60 天总入流超过 1931 年洪水，总体灾情较 1931 年要轻得多。1954年大水后，长江中下游以 1954 年实际洪水为设计防御标准。

8. 1981 年 7 月四川洪水

1981 年 7 月 9—14 日，四川省岷江、沱江和嘉陵江流域连续出现持久的大暴雨，6 天累积雨量在 200mm 以上的笼罩面积约 7 万 km²，相应降水总量为192 亿 m³。在我国西部地区，出现这样持续长时间大范围的暴雨是不多见的。受降雨影响，岷江、沱江和嘉陵江同时暴发大洪水。岷江高场站洪峰流量为25900m³/s，约 5 年一遇；沱江李家湾站洪峰流量为 15200m³/s，约 20 年一遇；嘉陵江北碚站洪峰流量为 44800m³/s，约 30 年一遇。从单独一条河流来看，洪水都不是很稀遇的，但是 3 条大江同时发生大洪水，这种情况历史上不多见。四川省灾情极为严重，全省受灾县达 119 个，受灾人口 1584 万人，倒塌、冲毁房屋 139 万间，死亡 888 人，15 座小型水库失事，冲毁堤防 641km，成昆、成渝、宝成 3 条铁路干线中断 10~20 天，洪灾造成的直接经济损失约 20 亿元。

9. 1998 年长江流域性洪水

受厄尔尼诺影响，1998 年欧亚大气环流异常，中高纬度地区冷空气活动频繁，副热带高压强大，致使北方冷空气和南方暖湿气流强烈交汇于长江流域，形成稳定的强降雨天气，出现二度梅。6—8 月长江流域平均降雨量为 670mm，比正常年份同期偏多 37.5%。由于降雨范围广、强度大、持续时间长，且雨带南北拉锯并在长江上、下游摆动，导致长江上、中、下游洪水恶劣遭遇，形成全流域型大洪水。1998 年初，长江中下游干流及洞庭湖、鄱阳湖水系水位较历史同期偏高。3 月受降雨影响，长江中下游部分支流河段就出现超警戒水位。进入主汛期后，从 6 月中旬开始，洞庭湖和鄱阳湖（以下简称"两湖"）区域连降暴雨，江湖水位迅速上涨，受"两湖"来水影响，长江中下游干流水位随之上涨，6月28日监利以下江段超警戒水位。7月2日宜昌出现第1次洪峰，沙市站超警戒水位。至此，长江干流宜昌以下江段全线超警戒水位，而上游四川等地仍处于暴雨笼罩中，长江中下游洪水呈上压下顶之势。7月18日宜昌出现第2次洪峰，强降雨带又向长江中下游推进，上游来水与中游洞庭湖水系的澧水和沅江、鄱阳湖水系的昌江等河流及区间洪水叠加，致使中下游洪水位长时间居高不下。随后宜昌又接连出现6次洪峰，其中8月7—17日连续出现3次洪峰，流量均超过60000m³/s。8月中旬长江中游各水文站相继达到当年最高水位，沙市、监利、莲花塘和螺山等水文站洪峰水位分别达到45.22m、38.31m、35.80m和34.95m，均超过历史实测最高水位。8月20日汉口站出现当年最高水位29.43m。九江站和监利站分别在8月2日和8月17日达到年内最大流量73100m³/s和46300m³/s。直到9月底，长江干流水位才逐渐退至警戒水位以下，最长超保时间为57天，最长超警时间94天。宜昌以上1998年汛期洪水总量与1954年相当或稍大，宜昌以下则普遍稍小。因此，1998年长江大洪水总体上小于1954年长江大水，在20世纪发生的3次流域性大洪水（1931年、1954年、1998年）中列第2位。1998年长江大洪水过程中，湖南、湖北、江西、安徽、江苏等5省8411万人受灾，农作物成灾9787万亩，倒塌房屋329万间，各类堤防出险73825处，其中干堤9405处，九江大堤决口，圩垸溃决1975个，直接经济损失1345亿元，因洪灾死亡2292人，其中长江中下游地区1562人。

10. 2020年长江流域性洪水

2020年进入主汛期后，长江流域暴雨过程频繁、雨区重叠度高，暴雨强度大、极端性强，长江发生新中国成立以来仅次于1954年、1998年的全流域性大洪水。其中，长江干流发生5次编号洪水，长江上游发生特大洪水（寸滩站洪峰水位超保证水位8.12m，居实测记录第2位），三峡水库出现建库以来最大入库洪峰流量为78000m³/s，中下游干流监利—大通江段主要控制站洪峰水位列有实测记录以来的第2～5位，马鞍山—镇江江段潮位超历史，鄱阳湖发生流域性超历史大洪水（湖区及"五河"❶尾闾地区13站水位超历史）。据统计，流域内河道测站83个超历史水位，75个超保证水位，201个超警戒水位，涉及河流208条。

2020年6—8月，除金沙江中下游和"两湖"水系南部，长江流域其余地区降雨基本均偏多，长江流域累积面雨量为635mm，较多年同期均值偏多3成以上。其中6—7月，长江中下游累积雨量为615mm，较同期均值偏多6成，排名

---

❶　"五河"是指赣江、抚河、信江、饶河、修水。

1961 年以来第 1 位；8 月，嘉陵江、岷江流域累积雨量达 290mm 左右，特别是涪江累积雨量达 529mm、沱江累积雨量达 477mm，均排名 1961 年以来同期第 1 位。

（1）与历史对比，2020 年长江流域降雨主要呈以下特点：

1）梅雨期和梅雨量均为 1961 年以来之首。2020 年，长江中下游 6 月 1 日入梅，8 月 2 日出梅，入梅时间早，出梅时间晚，梅雨季持续时间长达 62 天，较常年偏长 22 天，为 1961 年有完整连续降雨监测资料以来最长。梅雨期间降雨量达 759.2mm，较常年偏多 1.2 倍，为 1961 年以来最多。

2）暴雨影响范围广，降雨强度大。2020 年 6—8 月，长江流域 500mm 以上降雨笼罩面积约为 116 万 km^2，800mm 以上降雨笼罩面积约 39 万 km^2；日雨量 50mm 以上降雨笼罩面积大于 5 万 km^2 的天数有 32 天。

3）强雨区重叠度高，累积雨量大。在 2020 年 6—7 月发生的 10 次暴雨过程中，有 9 次强雨区位于长江中下游干流附近，雨区往复频繁、高度重叠，导致 6—7 月中下游干流附近各分区累积面雨量普遍超过 600mm，其中饶河 1206mm、青弋江水阳江 1000mm。8 月中下旬，长江上游出现持续性强降水过程，强雨区稳定在嘉陵江、岷江流域，8 月 11—17 日涪江、沱江、嘉陵江、岷江累积雨量分别为 390mm、313mm、148mm、140mm，强降雨持续时间及累积雨量均超长江上游 1961 年以来最大的"81·7"大洪水。

（2）2020 年长江流域洪水呈现出以下特征：

1）上游来水早，洪水发生范围广。6—7 月，除洞庭湖湘江外，流域内主要支流均发生较大涨水过程。其中，长江中下游干流沙市以下江段水位全线超警戒水位，鄱阳湖发生流域性超历史记录大洪水，綦江、长湖、巢湖、滁河发生超历史记录洪水，金沙江上游、横江、赤水河、大渡河上游、乌江、青弋江、水阳江、洞庭湖水系部分支流等发生超警戒或超保证水位洪水。

2）前期底水低，水位涨势猛。6 月起，受持续强降雨影响，流域来水快速增加，中下游干流水位涨速加快，尤其 7 月以来，水位涨势呈迅猛之势。莲花塘—大通江段主要控制站水位日均涨幅均大于 1998 年，各站从起涨至超警历时均短于 1998 年，城陵矶附近干流莲花塘站和洞庭湖湖区七里山站水位从超警戒至超保证水位历时分别为 23 天、8 天，均短于 1998 年（26 天、29 天），长江中下游莲花塘—大通江段水位涨势迅猛，洪水形势急速发展。

3）干流区间洪水突出，中下游洪水更为严重。2020 年 6—7 月，强降雨中心主要位于长江中下游干流附近及"两湖"水系北部，受强降雨影响，长江干流附近支流及干流区间均发生较大涨水过程。受上游来水筑底，区间洪水沿程叠加，中下游干流水位迅速突破警戒水位，并长时间维持在高水位，部分支流发生超保证或超历史记录洪水。

4）干支流洪水并发，恶劣遭遇。2020 年 8 月，干支流洪水并发，形成复式洪峰、遭遇严重。两次降雨过程间歇时间短，且强降雨落区集中，受其影响，干支流各站均呈现复式双峰过程。岷江、沱江、嘉陵江及干流来水遭遇，其中朱沱站与北碚站来水几乎全过程遭遇，导致寸滩站洪水过程洪峰肥胖。

2020 年长江流域共有 813 个县（市、区）8708 个乡镇 4467.70 万人受灾，因灾死亡 98 人，失踪人口 27 人，紧急转移人口 362.73 万人，受淹城镇 133 个，直接经济损失达 1720.85 亿元。农作物受灾面积达 3660512hm²；损坏大（1）型水库 2 座、大（2）型水库 9 座、中型水库 69 座、小（1）型水库 273 座、小（2）型水库 1140 座，损坏堤防 23010 处 6875km，堤防决口 50 处 6446km，损坏护岸 37624 处，损坏水闸 5548 座，冲毁塘坝 40512 座，损坏灌溉设施 92908 处，损坏水文测站 758 个，损坏机电井 4487 个，损坏机电泵站 6164 座，损坏水电站 536 座，水利设施直接经济损失 409.34 亿元。

（二）黄河流域

黄河在历史上是一条多灾重灾河，特别是其下游，洪水决溢频繁。据统计，公元前 602—1938 年的 2540 年间，黄河下游有 543 年发生决口，决口泛滥次数达 1593 次，重要的改道 26 次，曾经有 6 次大迁徙。决口泛滥范围北到天津，南至长江下游，纵横 25 万 km²。每次决口，水沙俱下，淤塞河渠，良田沙化，生态环境长期难以恢复。

1. 1761 年 8 月（清乾隆二十六年七月）黄河三门峡—花园口区间特大洪水

1761 年 8 月 9—18 日（农历七月初十至十九日）降雨约 10 天，该场降雨范围较广，除主要雨区黄河三门峡—花园口区间外，还包括汾河，海河流域漳河、卫河和淮河流域的北汝河。三花区间发生了一次罕见的特大洪水，伊洛河、沁河和干流区间洪水同时遭遇，在花园口断面形成了数百年来的最大洪水，造成黄河下游巨大灾害。该场洪水的特点是干支流洪水同时遭遇，峰高量大、持续时间长，黄河下游干流清代乾隆年间设有水志观读水位，1761 年，在黑岗口（开封附近）观测涨水过程，洪水自 8 月 14 日（农历七月十五日）起涨，于 8 月 15 日（农历七月十六日）稍有回落后又继续上涨，8 月 18 日（农历七月十九日）晨涨至最高。据历史水情记载，估算黑岗口洪峰流量为 30000m³/s，上推到花园口断面达 32000m³/s，5 天洪量 85 亿 m³，12 天洪量为 120 亿 m³。洪水造成黄河下游严重灾害，伊洛河下游夹滩地带平地水深一丈以上。偃师、巩县水入县城，偃师县城"所存房屋不过十之一二"。沁河下游沁阳、武陟、修武、博爱等沿河各县大水灌城，水深五六尺至丈余不等。黄河下游灾情更重，南北两岸共计漫口 26 处。洪水在中牟县的杨桥夺溜后分为两股:一溜从中牟县境内贾鲁河下朱仙镇,漫及尉氏县城东北,由扶沟、西华二县入周家口沙河;另一溜从中牟县境内惠济河下祥符、陈留、杞县、睢州、柘城、鹿邑各县直达亳州,再淹曹县、城武等县。该年特大洪水河南被水冲 10 州(县),被水未入城者 17 州(县),另有 16 州(县)田禾受淹;山东受淹 12 州(县),其中被水冲 2 州(县);安徽受淹 4 州(县)。

2. 1843 年 8 月(清道光二十三年七月)黄河中游洪水

1843 年 8 月 6—8 日(农历七月十一日至十三日)黄河中游发生一场大暴雨,黄河干流潼关—小浪底河段出现了千年来的最高洪水位,两岸居民遭受了该次洪水的袭击,灾情严重。这次洪水过程是陡涨陡落的尖瘦型。陕县断面最大流量为 36000 m³/s,最大 12 天洪水总量约 119 亿 m³,干流潼关至小浪底河段出现了千年来的最高洪水位。该场洪水的显著特点是含沙浓度高。根据该年淤积物的颗粒组成和矿物成分物化分析确定,这场大洪水主要来自黄河中游粗泥沙来源区,即河口镇—龙门区间及发源于白于山区的诸河流,暴雨中心应在皇甫川、窟野河一带及泾河支流马莲河、北洛河上游。黄河干流潼关—小浪底河段的两岸居民对 1843 年洪水灾害记忆深刻,有许多民谣流传至今,如"道光二十三年,黄河涨上天,冲了太阳渡,捎走万锦滩"等。在清代档案和县志中记载,七月十四日涨水时,潼关以下的阌乡、陕州、新安、渑池、武陟、郑州、荥泽等处,洪水均漫溢出槽,沿河民房、庙宇、农田都被洪水冲损。洪水下泄至中牟县,将六月二十七日溃决夺溜的口门又复冲宽至 360 丈(1000 余 m),大量洪水均由中牟口门向东南漫流,经贾鲁河入涡河、大沙河,夺淮归洪泽湖。据当时不完全统计,河南、安徽两省这次洪水重灾地区为中牟、祥符、尉氏、通许、陈留、淮宁、扶沟、西华、太康、太和等 10 县,次重或轻灾区有杞县、鹿邑等 8 县,另外,溃水波及而未成灾者有郑州等 9 县,共计 27 个县,仅河南省各县被淹村庄共有 12120 个。

3. 1855 年 8 月(清咸丰五年)黄河中下游洪水

1855 年汛期,黄河流域多地区连降暴雨,根据史书记载,这段时间"大雨、中雨,若倾盆",强降水导致黄河干支流水位明显上升,推算花园口站洪峰流量为 20000 m³/s。由于当时下游河道淤积严重,洪水在向下演进的过程中泄流不畅,导致大面积漫滩。随着水位的上升,素有兰阳(今开封市兰考县)第一险工之称的铜瓦厢出现了决口。据历史资料记载,此次洪水的主要特点是干流来势凶猛,并与支流洪峰遭遇,加之下游河道淤积严重,水流不畅,导致下游漫滩决口。黄河在铜瓦厢决口以后,其主流向西北冲流,淹及封丘和祥符两县村庄。之后,又折转东北,淹及兰、仪、考城、长垣等县及村庄。河水流至长垣县兰通集时分为两股，两股泛流在张秋汇合后，夺大清河至利津县注入渤海。此次黄河决口所造成的受灾范围空前，自铜瓦厢以下，洪水流经之地均沦为受灾地区。按照省区来看，口门以下一千一百多里新河道，在山东境内九百余里，直隶次之，有一百二十余里，河南最短二十多里，此次受灾省区三个。从受灾范围来看，山东省受灾面积最广，多达"五府二十余州县"，几乎占到了全省面积的一半；直隶有三县受灾；河南有六个县受灾。正是这次咸丰黄河大改道，结束了持续数百年的黄河由淮入海的历史，转由山东入海。

4. 1933 年 8 月（民国 22 年）黄河中游洪水

1933 年 8 月 6—10 日，黄河中游地区出现长历时大面积暴雨，雨区范围南起秦岭北麓，北至无定河，西起渭河上游，东至汾河流域，为该区域有实测记录以来分布范围最广的一次暴雨。黄河北干流和泾河、渭河的洪水同时遭遇，陕县站出现有实测资料以来的最大洪水，洪水峰高、量大，洪峰流量为 22000m^3/s，12 天洪量为 91.8 亿 m^3。暴雨区绝大部分是黄土塬区和黄土丘陵沟壑区，植被条件极差，最大 12 天输沙量达 21.1 亿 t（陕县站多年平均年输沙量为 16 亿 t）。这次黄河水灾是 1855 年黄河铜瓦厢决口以来最严重的一次自然灾害，波及范围广、受灾面积大、受灾人口多，损失极为惨重。河南温县、武陟、长垣、兰封、考城等 5 县多处决口，淹及当时的河南、山东、河北、江苏等 4 省 30 县，受灾面积为 6592km^2，受灾人口达 273 万人，死亡 12700 人，财产损失 2.7 亿银元。

5. 1958 年黄河下游洪水

1958 年 7 月 11—15 日，西太平洋副热带高压中心经朝鲜移向黄海南部，此时 1958 年第 10 号台风在福建沿海登陆，增加了东南暖湿气流自东南向西北顺坡上爬，形成了 7 月 14—18 日黄河中游连降暴雨和局部大暴雨。在上述暴雨影响下，黄河干流小浪底站水势由 14 日 20 时起涨，至 17 日 10 时最大流量达 17000m^3/s，伊洛河黑石关站于 17 日 13 时 30 分洪峰流量为 9450m^3/s，与干流洪峰遭遇，17 日 24 时花园口站最大流量为 22300m^3/s。黄河在花园口以下，流至山东境内有大汶河汇入，河水受两岸大堤约束，经河槽调蓄影响，洪峰流量沿程递减，19 日 4 时 30 分洪峰到高村站，流量为 17900m^3/s；20 日 12 时到达孙口站，流量为 15900m^3/s；经东平湖自然滞洪，洪峰于 21 日 22 时到达艾山站，流量为 12600m^3/s；23 日 12 时到达泺口站，流量为 11900m^3/s。这场洪水东平湖最大进湖流量为 10300m^3/s，最大出湖流量为 8100m^3/s，最高湖水位达 44.81m，有 44km 超过湖堤顶高程 0.01～0.40m，进湖洪水总量为 26.19 亿 m^3，湖内最大滞洪量为 14.25 亿 m^3，致使艾山站洪峰流量削减 20.8%，峰现时间推迟 24h。该场洪水期间，兰考县东坝头以下洪水普遍漫滩，大堤偎水，堤根水深

4～6m，约有 400km 长的河段水位超过保证水位，其中高村站超过保证水位 0.38m，孙口站超过 0.78m，泺口站超过 1.09m。超过保证水位历时长达 35～80h。这次洪水对黄河下游防洪造成严重威胁，曾出现不同程度险情，横贯黄河京广铁路桥被洪水冲垮两孔，交通中断 14 天。据统计，这次洪水期间，山东境内堤防共出现漏洞、管涌、陷坑、坝岸坍塌、蛰陷、大堤脱坡、根石走失等各种险情 1290 多段次。在 200 多万人组成的抗洪抢险大军严防死守下，这些险情都得到了及时化解，堤防工程一次次转危为安。自 1843 年特大洪水发生后，1933 年和 1958 年是近百余年来最大的两次洪水，1958 年花园口站洪峰流量为 22300m³/s，1933 年陕县站洪峰流量为 22000m³/s。两次洪水在中下游造成的灾害大不相同，1933 年黄河下游决口多达 50 余处，农田淹没面积 1280 万亩，灾民 364 万人，而 1958 年由于人民治黄的巨大成就，黄河大堤没有发生一处决口，灾区限制在堤内滩区，农田淹没面积和受灾人口仅及 1933 年的 1/4 和 1/5。

6. 1981 年 9 月黄河上游洪水

1981 年 9 月，黄河上游发生了一场长时间大范围的持续降雨，这场降雨的主要雨区在龙羊峡以上。龙羊峡水库入库站唐乃亥站 9 月 13 日出现 5450m³/s 的洪峰流量，是 1956 年有实测资料以来最大洪水。洪水经龙羊峡水库施工围堰滞洪及其下游的刘家峡水库调蓄后，兰州站的最大洪峰流量仍有 5600m³/s。这次洪水洪峰流量之高、洪水总量之大、洪水历时之长，均超过以往记录。150mm 以上暴雨笼罩面积超过 25 万 km²。这次洪水是自 1904 年以来黄河上游第 2 大洪水。青海全省受灾有 7 个县、4.8 万人，直接损失 984 万元；甘肃全省受灾 8 县 2 市 20 万人，直接经济损失 2000 多万元；宁夏全区转移受灾人口 4 万多人，直接经济损失 1200 万元；内蒙古全区受灾 1.25 万人，直接经济损失 2264 万元。

7. 1982 年 7 月底至 8 月初黄河三门峡—花园口区间洪水

1982 年 7 月 29 日至 8 月 4 日，在黄河三花区间、海河流域南运河上游和淮河沙颍河上游等广大地区，普降暴雨和大暴雨。暴雨区范围之大、历时之长、中心雨量强度之大在三花区间为新中国成立以来所未有。黄河干流花园口站 8 月 2 日 18 时洪峰流量为 15300m³/s，7 天洪量为 50.2 亿 m³，10000m³/s 以上流量持续 52h，是 1958 年以来的最大洪水；同日，支流沁河洪峰流量为 4240m³/s，为 1953 年有实测资料以来第 1 位。黄河下游两岸生产堤多处破溃，滩区普遍淹没。200mm 以上暴雨笼罩范围占三花区间总面积的 66%，面平均日雨量超过 50mm 的雨日持续 3 天。本次洪水造成生产堤决口 275 处（其中有部分是人工破堤），滞洪量 35 亿 m³，洪水漫滩面积约 259 万亩，占滩地面积约 67%。伊洛河夹滩地区漫滩倒灌，伊河南北堤决口达 56 处之多，造成夹滩滩区 26.69 万人受灾。沁河也出现了新中国成立以来第1位大洪水，灾情较重。

8. 2003年黄河中下游洪水

2003年7月30日，受高空低涡切变及地面冷锋天气影响，黄河中游府谷县城附近发生特大暴雨，皇甫、府谷站日降雨量分别为136mm和133mm，8时黄河干流府谷站出现洪峰流量13000m³/s，列1954年有实测资料以来第1位；洪水经过演进，21时吴堡站洪峰流量为9400m³/s；31日13时龙门站出现年最大洪峰流量7230m³/s。该次洪水位典型的区域突发性洪水，洪水陡涨陡落。2003年8月下旬至10月中旬黄河中下游遭遇华西秋雨天气，发生了历史罕见的秋汛。自8月25日后，黄河中下游干流及支流渭河、洛河、伊河、沁河、大汶河相继发生17次洪水过程。黄河中游小浪底—花园口区间来水量居1955年有实测资料以来同期第3位（第1位为2021年、第2位为1964年），共有超过100亿m³的滚滚洪流通过花园口断面。黄河中游小浪底水库最高水位265.58m。渭河干支流堤防决口9处，250km堤防全线偎水，58处河道整治工程出现较大险情或重大险情。共计淹没耕地65万亩，撤离人口22万余人。黄河下游大堤偎水27段116km，加上风浪淘刷，大部分偎水堤段发生渗水、坍塌等险情。下游河道共有9处滩区漫滩，淹没面积47万亩，淹没耕地35万亩，河南开封、山东东明等部分滩区进水，共14.87万人受洪水威胁，其中，外迁人口3.39万人。

（三）淮河流域

由于复杂的地理气候条件，加之黄河长期夺淮影响，历史上淮河流域洪涝灾害频发多发。在黄河夺淮初期的12世纪、13世纪，淮河平均每百年发生水灾35次；16世纪至新中国成立初期的450年间，平均每百年发生水灾94次；新中国成立以来的70多年，发生流域性较大洪涝灾害11次，约7年一遇。新中国成立前，淮河流域发生了1593年、1921年、1931年流域性大洪水。新中国成立后，先后发生了1954年、1991年、2003年、2007年流域性大洪水。淮河水系还发生过1968年淮河上游洪水、1975年洪汝河沙颖河台风暴雨洪水、2020年淮河流域性较大洪水等。沂沭泗水系发生过1957年、1974年、2020年洪水等。

1. 1593年（明万历二十一年）淮河洪水

1593年洪水是淮河流域近500年来最为严重的一次洪水灾害。据史料记载，该年汛期雨泽过丰，5—9月淫雨不止，8—9月多次出现大暴雨。大雨区包括淮河水系、沂沭泗水系、山东半岛沿海以及长江流域的唐白河水系。该年支流溇河上游4月就发生了大洪水，洪汝河"自三月至八月洪水连发十有三次"，最大洪水大约出现在8月、9月。史河固始"七月二十七日夜……水漫山腰"，沙颖河阜阳"夏淫雨漂麦，水涨及城秋始平，八月八日大水至，日颇晴……水自西北来……顷刻百余里，陆地丈许，舟行树稍❶……十三日始渐退去"。淮河凤阳"淮水涨，平地行舟，大水进城（临淮）。"由于积涝时间长，灾情惨重，如《商水（周口）县志》描述"四月初旬淫雨抵八月方止，田野弥漫，室庐颓圮，夏麦漂没，秋种不得播，百姓嗷嗷，始犹食鱼虾，继则餐树皮草根，乃至同类相食，饿殍满沟壑，白骨枕籍原野，诚人间未有之灾也。"

2. 1921 年淮河流域性洪水

1921 年淮河流域由于连续两个月以上的长时间降水，发生了流域性的大洪水。7 月中旬至 9 月底，淮河干流长期处于高水位、大流量行洪状态。从 6 月中旬各地洪水起涨开始至 11 月下旬退尽计算，1921 年洪水历时超过了 1931 年（历时约 140 天）和 1954 年（历时近 100 天）洪水，成为 20 世纪大洪水中历时最长的一次大洪水。根据水文分析计算，蚌埠、中渡两站 120 天洪量分别为 630 亿 m³ 和 826 亿 m³，均大于 1931 年和 1954 年。

1921 年淮河大洪水，全流域上、中、下游普遍成灾，沂河、沭河、泗河洪水灾情也很严重。根据当时淮河流域山东、江苏、河南、安徽等 4 省灾情调查统计资料，农田淹没面积近 4973 万亩，灾民 760 余万人，财产损失 2.15 亿银元，其中以安徽、江苏两省灾情最重。

3. 1931 年淮河流域性洪水

1931 年 6 月、7 月间，长江、淮河流域出现长时间、高强度、大面积的持续降雨，发生了历史上罕见的江淮并涨的大洪水。淮河干流 6 月下旬开始涨水，7 月底、8 月初相继出现最高洪水位。据水文资料记载，洪泽湖在入江入海尽可能泄洪的情况下，湖水位仍然急剧上涨，洪泽湖代表站蒋坝水位超过 15.00m 时间长达 31 天，最高洪水位达到 16.25m（8 月 8 日），是 1855 年黄河北迁以后湖水位最高的一年。

1931 年淮河流域灾情极为严重，流域内河南、安徽、江苏、山东等 4 省 100 多个县受灾。据统计，全流域淹没农田 7700 余万亩，受灾人口达 2100 余万人，死亡 75000 多人，且 1931 年灾后瘟疫流行，急性传染病蔓延城乡，仅江苏高邮县统计死于瘟疫者有数千人。据当时《国民政府救济水灾委员会工赈报告》统计，经济损失 5.64 亿银元。该会 1933 年报告说，沿淮大堤自河南信阳至安徽"五河"主要决口 64 处，决口长度累计 17.2km，信阳、息县以下沿淮一线水深达数米，淮北平原一片汪洋。当年里下河地区因淮河洪水造成里运河东、西两堤漫溢而遭到空前浩劫。

4. 1954 年淮河流域性洪水

1954 年淮河洪水是新中国成立以来最大流域性洪水，为后续淮河治理设计

---

❶ 稍，通"梢"——编者著。

洪水年型。7月，流域发生5次降雨过程，流域内面平均雨量为513mm，为多年同期平均雨量的3～5倍。7月洪水集流迅猛，干支流洪峰遭遇，淮河上中游洪汝河、白露河、史灌河、浉河及淮北大堤等漫溢决口。淮河正阳关站7月26日最高水位为26.55m，相应鲁台子站流量为12700m³/s，7月31日淮北大堤毛滩段决口。8月5日蚌埠站出现最高水位为22.18m，最大流量（包括南岸漫岗流量）为11600m³/s。

1954年洪水期间，淮河流域已建的石漫滩、板桥、薄山、南湾、白沙、佛子岭等水库发挥了拦洪削峰作用，淮河中游蓄洪区起到不同程度的分流蓄洪作用，濛洼蓄洪区先后3次开闸进洪，并出现漫决进洪，蓄水量为11.06亿 m³，最大有效拦洪量为8.87亿 m³；城西湖先后开闸、扒堤、决口进洪，共拦蓄洪水25.5亿 m³；城东湖和瓦埠湖内水较大，蓄洪效果不甚明显。瓦埠湖与寿西湖洪水连成一片。淮河中游行洪区南润段、润赵段、赵庙段（邱家湖）、姜家湖、寿西湖、便峡段（董峰湖）、六坊堤、石姚段、荆山湖、曹临段（方邱湖）、霍小段（花园湖）、香浮段先后启用行洪，临王段、正南淮堤破堤行洪。

沿淮河南、安徽、江苏等3省遭受严重的洪涝灾害。河南省淮滨县几乎全县淹没，沈丘县80％以上土地积水深1～2m，全省合计83县2市受灾，淹田1342万亩，33970处农田水利工程冲坏，倒房30万间；安徽省淹田2620万亩，倒塌房屋168万间，死亡1098人；江苏省淹田1063万亩，死亡832人，冲坏桥梁1071座，涵洞156个，里下河地区内涝严重。

5. 1957年沂沭泗洪水

1957年洪水发生在沂沭泗河水系和淮河水系北部地区。7月连续强降雨过程造成沂沭泗河水系及淮河沙颍河、涡河上游发生大洪水过程。7月6—26日，淮河流域北部连续出现3次降雨过程，其中沂沭泗河水系出现7次暴雨。强降雨导致沂沭泗河水系出现新中国成立后的最大洪水，沂河、沭河7月出现6～7次洪峰。沂河临沂站7月19日洪峰流量达15400m³/s。老沭河新安站在上游新沭河最大下泄流量为2950m³/s及分沂入沭来水情况下，16日出现洪峰流量2820m³/s。南四湖上级湖南阳站25日出现最高水位36.48m，下级湖微山站8月3日出现最高水位36.29m。由于洪水来不及下泄，南四湖周围出现严重洪涝。骆马湖在没有闸坝控制、又经黄墩湖蓄洪的情况下，7月21日杨河滩站最高水位为23.15m。

6. 1968年淮河上游洪水

1968年淮河干流出现罕见的上游洪水，王家坝以上干流各站出现有记录以来最大洪水。7月10—21日，大暴雨集中在淮河干流息县以上，暴雨中心尚河站次降雨量达834.6mm。淮河长台关、息县站包括堤内外洪水的洪峰流量分别为 7570m³/s 和 15000m³/s。淮滨站 7 月 13 日起涨后，15—16 日县城北岗行洪、上游朱湾决口，16 日出现最高水位 33.29m，相应洪峰流量（包括行洪、决口）为 16600m³/s。淮滨县城堤防漫决，城内进水。王家坝站 16 日出现历史最高水位 30.35m，上游来水冲决左岸洪洼圈堤，濛洼王家坝进水闸两侧决口 12 处。经推算，17 日王家坝站合成最大流量为 17600m³/s；18 日润河集站出现最高水位 27.25m，实测洪峰流量为 7780m³/s。根据调查，决口还原后的润河集站洪峰流量达 17500m³/s。正阳关站 7 月 22 日出现最高水位 26.50m，相应鲁台子站洪峰流量为 8940m³/s。1968 年淮河干流除濛洼、城西湖蓄洪区冲决外，启用的蓄洪区有城东湖，启用的行洪区有南润段、润赵段、邱家湖、姜家湖、唐垛湖、董峰湖、上下六坊堤和洛河洼。

7. 1974 年沂沭泗大洪水

1974 年 8 月在 12 号台风的影响下，沂沭泗河水系的沂河、沭河、邳苍地区和淮河水系洪泽湖支流出现大暴雨，造成沂沭泗河水系及淮河洪泽湖支流发生大洪水。暴雨集中在 8 月 11—13 日，从洪泽湖往北至沂沭河出现南北向的大片暴雨区，超过 300mm 的暴雨笼罩面积达 17730km²。

沂河临沂站 8 月 14 日凌晨出现洪峰流量 10600m³/s。经分沂入沭和江风口闸分洪后，14 日沂河塘上站洪峰流量为 6380m³/s。沭河大官庄站同日出现洪峰，新沭河和老沭河溢流堰流量分别为 4250m³/s 和 1150m³/s。老沭河新安站在上游和分沂入沭来水情况下，14 日出现洪峰流量 3320m³/s。邳苍地区处于暴雨中心区边缘，中运河运河站 15 日出现有实测记录以来最高水位 26.42m，相应流量为 3790m³/s。骆马湖在沂河、邳苍地区同时来水情况下，16 日嶂山闸最大下泄流量为 5760m³/s，杨河滩站出现 1952 年有实测资料以来最高水位 25.47m。新沂河沭阳站 16 日晚出现最高水位 10.76m，相应流量为 6900m³/s。

8. 1975 年 8 月洪汝河沙颖河台风暴雨洪水

1975 年 8 月 4 日 3 号台风在福建晋江登陆，经江西、湖南北部转向东北变为低气压，7 日进入河南省驻马店地区，停滞少动，引发驻马店等地发生长历时强降雨。暴雨从 8 月 4 日起到 8 日止，历时 5 天，其中 5 日、6 日、7 日雨量特大，5—7 日 3 天雨量大于 600mm 和 400mm 的暴雨笼罩面积分别为 8200km² 和 16890km²。这场暴雨强度之大在国内外实属少见，其中，洪汝河下陈 1h 降雨量为 218.1mm；林庄 3h 降雨量为 494.6mm，6h 降雨量为 830.1mm，12h 降雨量为 954.0mm，5 天降雨量为 1631mm，均为当时国内最大记录。

受强降雨影响，淮北支流洪汝河、沙颖河等河流发生历史罕见的特大洪水，史称"75·8"洪水，板桥、石漫滩 2 座大型水库在 7 月 8 日凌晨不幸溃坝失事。汝河板桥水库 8 日 1 时库水位超过坝顶防浪墙，水库溃决，估算最大溃坝流量达

78800m³/s。水库下游河道堤防冲决，在遂平水面宽展至 10km，平地积水 4.5m 左右。洪河石漫滩水库 8 日 0 时 30 分库水位超过坝顶，溃坝失事。竹沟、田岗 2 座中型水库及 58 座小型水库也相继垮坝溃决失事。洪汝河、沙颍河洪水互窜中下游平原，最大积水面积达到 12000km²。"75·8"洪水，淮河干流正阳关以上洪水总量为 129 亿 m³。干流濛洼、城东湖蓄洪区和南润段、润赵段、邱家湖、唐垛河、姜家湖、董峰湖、上下六坊堤、石姚段、幸福堤、荆山湖等行蓄洪区，在 8 月 15—22 日相继运用。

"75·8"洪水使河南、安徽两省遭受重大洪灾，特别是 2 座大型水库失事，给下游造成了毁灭性灾害。据统计，河南省有 23 个县（市）、820 万人口、1600 多万亩耕地遭受严重水灾，其中遭受毁灭性和特重灾害的地区约有耕地 1100 万亩、人口 550 万人，倒塌房屋 560 万间，死伤牲畜 44 万余头，损失粮食近 10 亿 kg，死亡人口约 26000 人，京广铁路冲毁 102km，中断停车 18 天，影响运输 48 天。遂平、西平、汝南、平舆、新蔡、漯河等城关进水，平地水深达 2～4m。安徽省成灾面积为 912.33 万亩，受灾人口为 458 万人，倒塌房屋 99 万间，损失粮食 3 亿 kg，死亡人口 399 人，水毁堤防 1145km 和其他水利工程 600 余处。

9. 1991 年淮河流域性洪水

1991 年淮河提前入梅，5 月中旬至 9 月初淮河流域出现 8 次暴雨过程，淮河出现 1954 年以来又一次流域性大洪水。沿淮及里下河地区各主要控制站洪水位接近 1954 年，有的甚至超过了 1954 年，致使整个沿淮地区及里下河地区遭受严重的洪涝灾害。

6 月中旬后的淮河第 2 次洪水，淮河润河集以上各站出现当年最大洪峰。息县站 6 月 15 日出现当年最大洪峰流量 5070m³/s；濛洼在 15 日早上开闸蓄洪，王家坝站当日出现年最高水位 29.56m，相应洪峰流量（总）为 7610m³/s；润河集站 16 日出现年最高水位 27.61m，相应洪峰流量为 6760m³/s；正阳关站 18 日出现洪峰水位 25.74m，相应鲁台子站洪峰流量为 6180m³/s；蚌埠（吴家渡）站 20 日出现洪峰水位 20.65m，相应洪峰流量为 6340m³/s。在本次洪水过程中，濛洼蓄洪区和童元、黄郢、建湾、南润段、润赵段、邱家湖、姜家湖、董峰湖等 8 个行洪区先后启用。

在第 2 次洪水过程尚未退尽时，6 月底至 7 月中旬的暴雨造成干流润河集以下当年最大的第 3 次洪水。王家坝闸在 7 月 7 日再次开闸蓄洪，王家坝站 8 日出现洪峰水位 29.25m，相应洪峰流量（总）为 5910m³/s；润河集站 7 月 7 日出现洪峰水位 27.55m，相应洪峰流量为 6350m³/s；正阳关站 11 日在城西湖分洪的情况下，出现年最高水位 26.52m，相应鲁台子站洪峰流量为 7480m³/s；蚌埠站 14 日出现年最高水位 21.98m，相应洪峰流量为 7840m³/s。洪泽湖蒋坝站 7 月

15 日出现年最高水位 14.08m，16 日三河闸年最大下泄流量为 8450m³/s。入江水道由于 6 月来水和本次来水，高邮湖 7 月 11 日出现最高水位 9.22m。在第 3 次洪水过程中，淮河干流除了再次启用濛洼蓄洪区外，又启用了城西湖、城东湖蓄洪区、唐垛湖、上六坊堤、下六坊堤、石姚段、洛河洼、荆山湖行洪区。

据统计，1991 年洪涝灾害中涝灾占 79%，全流域受灾耕地 8275 万亩，成灾 6024 万亩，受灾人口 5423 万人，倒塌各类房屋 196 万间，损失粮食 66 亿 kg，减少粮食约 158 亿 kg，直接经济损失达 340 亿元。

10. 2003 年淮河流域性洪水

2003 年淮河流域出现大面积、长时间暴雨，发生淮河 21 世纪的第一场流域性大洪水，洪水量级略小于 1954 年而大于 1991 年。同期，沂沭泗河水系也出现较大洪水过程，淮河流域出现继 1991 年后的又一次淮沂洪水遭遇。

6—10 月，淮河水系出现 10 次暴雨过程。淮河干流共出现 3 次洪水过程：6 月下旬至 7 月底、8 月中旬至 9 月中下旬和 10 月。淮河干流在 6 月下旬至 7 月底的第 1 场洪水中连续出现 3 次洪峰，淮河干流水位全线超过警戒水位，润河集至淮南河段水位超过历史最高水位。洪泽湖水系濉河出现历史最大洪水，入江水道的金湖、高邮及里下河地区的水位超过或平历史最高。淮河息县站在 7 月 21 日出现最大洪峰流量 2320m³/s；王家坝站在 7 月 3 日出现年最高水位 29.42m，相应流量为 7610m³/s；润河集站 7 日出现年最大流量 7170m³/s，11 日出现年最高水位（鹦歌窝断面）27.80m；鲁台子站 3 日的年最大流量为 7890m³/s，正阳关站 12 日出现年最高水位 26.80m。在怀洪新河首次启用分洪的情况下，淮河蚌埠站 6 日出现年最高水位 22.05m，相应洪峰流量为 8620m³/s。洪泽湖在最大日平均出湖流量 12700m³/s 的情况下，蒋坝站 14 日出现年最高水位 14.38m。入江水道金湖站和高邮湖高邮站分别在 11 日、14 日出现历史最高水位 11.98m 和 9.52m。

淮河南岸诸支流在干流 6 月下旬至 7 月底的第 1 场洪水中出现洪水过程，8 月以后来水不大。在 8 月中旬至 9 月中下旬的淮河第 2 场洪水期间，沙颍河、洪泽湖水系濉河、老濉河再次出现超历年的大水。沂沭泗水系的洪水主要出现在南四湖地区、新沂河，沂沭河洪水次数虽多，但多为中小洪水。

当年淮河共启用濛洼、城东湖 2 处蓄洪区和邱家湖、唐垛湖、上六坊堤、下六坊堤、洛河洼、石姚段、荆山湖 7 处行洪区，其中濛洼蓄洪区先后运用两次。2003 年全面竣工的怀洪新河，在洪水期间首次用于分泄淮河干流洪水。2003 年 6 月 28 日刚通过通水验收的入海水道也在洪水期间首次启用，7 月 16 日最大分洪流量为 1870m³/s。

据统计，河南、安徽、江苏 3 省共有 3730 万人受灾，倒塌房屋 77 万间，农作物洪涝受灾面积为 579 万亩，直接经济损失约 286 亿元。

11. 2007 年淮河流域性大洪水

2007 年淮河流域暴雨过程多、历时长、笼罩范围广，淮河发生了与 2003 年洪水量级相当的又一次流域性大洪水。2007 年 6—9 月，淮河流域共出现 10 次主要暴雨过程。6—7 月淮河干流连续出现 4 次洪水过程。淮河干流全线水位均超警戒水位，超警幅度为 0.53～3.52m，超警戒水位历时为 2～29 天；王家坝—润河集河段超保证水位，超保幅度为 0.29～0.82m，超保历时 45～77h。其中，润河集—汪集河段水位创历史新高。主要支流洪汝河、沙颍河、竹竿河、潢河、白露河、史灌河、池河及里下河地区均出现超警戒水位洪水。其中，洪汝河班台站、竹竿河竹竿铺站、潢河潢川站及白露河北庙集站最高水位分别超过保证水位 0.17m、0.14m、0.88m 和 0.42m；洪泽湖北部支流濉河泗洪站流量超过历史最大值，老濉河泗洪站水位创历史新高，濉河泗洪站、老濉河泗洪站及徐洪河金锁镇站最高水位分别超过警戒水位 1.25m、1.09m 和 0.74m，淮北诸河的洪水明显大于淮南诸河。里下河地区南官河兴化站、西塘河建湖站、串场河盐城站、射阳河阜宁站最高水位分别超过警戒水位 1.13m、1.11m、0.80m 和 0.99m，水位均列历史第 3 位。淮河息县站在 7 月 15 日出现年最大洪峰流量 4250m³/s；王家坝站在 7 月 11 日出现年最高水位 29.59m，相应合成流量为 8020m³/s；润河集（陈郢）站 7 月 11 日出现年最高水位 27.82m，超过历史最高水位 0.16m，相应流量为 7520m³/s；鲁台子站 7 月 11 日出现年最大流量 7970m³/s，正阳关站出现年最高水位 26.40m；蚌埠（吴家渡）站 7 月 20 日出现年最高水位 21.37m，相应流量为 7520m³/s；洪泽湖蒋坝站 7 月 15 日出现年最高水位 13.90m，13 日出现年最大出湖流量 11200m³/s；入江水道金湖站和高邮站于 7 月 11 日、25 日分别出现年最高水位 11.55m 和 8.97m。

当年淮河共启用洪汝河老王坡、淮河濛洼 2 处蓄洪区和南润段、邱家湖、姜唐湖、上六坊堤、下六坊堤、石姚段、洛河洼及荆山湖 8 处行洪区。

据统计，2007 年淮河流域农作物洪涝受灾面积 375 万亩，受灾人口 2474 万人，倒塌房屋 1153 万间，直接经济总损失 152.2 亿元。

12. 2020 年淮河流域性较大洪水

2020 年 6—7 月，淮河流域入梅偏早、出梅偏晚，梅雨期长、降水过程多、大暴雨频发多发于淮南山区。6 月 9 日至 7 月 31 日，淮河出现 6 次强降水过程，淮河干流河南潢川县踅子集—江苏盱眙河段全线超警戒水位，王家坝—鲁台子河段超保证水位，润河集—汪集河段、小柳巷河段水位创历史新高，下游入江水道金湖河段超警戒水位；淮河干流王家坝、润河集、汪集、正阳关、浮山、小柳巷等 6 站最高水位分别为 29.76m、27.92m、27.60m、26.75m、18.35m、

18.12m，列有资料记录以来第2、第1、第1、第2、第2、第1位。王家坝、润河集、正阳关（鲁台子流量）等3站最大流量分别为7260m³/s、8690m³/s、9120m³/s，列有资料记录以来第9、第1、第2位。淮南支流潢河、白露河、史灌河发生超保证水位洪水，淮南支流淠河发生接近保证水位洪水，淮北支流洪汝河、沙颍河、茨淮新河、怀洪新河、新濉河、老濉河发生超警戒水位洪水。

为有效降低淮河中游水位，淮河干流相继启用了濛洼、南润段、邱家湖、上六坊堤、下六坊堤、姜唐湖、董峰湖、荆山湖共8个行蓄洪区，其中前7个行蓄洪区在7月20日7h内相继启用，行蓄洪区短时间内集中使用属历史首次。

13. 2020年沂沭泗洪水

2020年8月13日夜间至8月14日，沂沭河上游地区普降暴雨到大暴雨，局部特大暴雨，沂沭泗河水系有11条河流发生超警以上，3条河流发生超保洪水，5条河流超历史记录。其中沂河临沂、港上、沭河重沟、新安、新沂河沭阳、泗河书院等主要控制站均超警戒水位。沂河临沂站水位暴涨6.00m，流量在24h内上涨44倍，最大实测流量达10900m³/s，为1960年以来最大；还原洪峰流量为14300m³/s，还原最大3天洪量约为12亿m³，洪水重现期约15年。沭河发生1974年以来最大洪水，大官庄站还原洪峰流量为7500m³/s，还原后最大3天洪量为7.1亿m³，洪水重现期约22年；沭河重沟站在12h内流量上涨200倍，水位暴涨约7.00m，最大流量达5940m³/s，为有实测资料以来最大。泗河书院站洪峰流量列有实测资料以来第3位。沂河刘家道口闸、彭家道口闸、沭河大官庄新沭河闸、人民胜利堰闸分别超过保证水位0.34m、0.77m、0.77m、0.65m，沂河刘家道口闸、彭家道口闸、沭河重沟站、人民胜利堰闸、新沭河新沭河闸、大兴镇、石梁河水库泄流量均超历史记录。新沭河大兴镇站8月15日11时25分出现洪峰流量4780m³/s，列1950年有实测资料以来第1位。8月14日23时，石梁河水库出现最大出库流量4830m³/s，列1950年有实测资料以来第1位。

（四）海河流域

海河是我国洪涝灾害最严重的地区之一，海河流域大洪水发生的时间，大多集中在7月下旬至8月上旬。据统计，1368—1948年的581年间，共发生水灾387次，其中北京城被淹12次，天津城被淹13次。历史上的典型大洪水有1569年洪水，1794年7月海河南系洪水，1801年海河洪水、1939年7月、8月海河洪水和1963年8月海河洪水。

1. 1569年（明隆庆三年）海河南系洪水

1569年（明隆庆三年）闰六月中旬至七月，流域内发生了2次特大暴雨洪水，暴雨遍及太行山与燕山山麓，子牙河及大清河上游不少村庄有"日接八缸"

41

或"日接九缸"之说。漳河观台调查洪峰流量达 $16000\,\mathrm{m^3/s}$，为历史洪水之冠。另据各县县志记载，漳卫河系的林县、汲县等 7 县县城俱被水淹；子牙河系的邢台、赞皇等 5 县"大水浸城"；大清河系安州（今安新县）"城几陷"；蓟运河丰润县"人备漂溺大半"。从这些历史资料分析，该年洪水是海河流域 600 余年来的最大洪水。

2．1794 年 7 月（清乾隆五十九年六月）海河南系洪水

1794 年 7 月，海河流域南部发生了一场大暴雨，暴雨中心主要位于滹沱河和卫河流域，滹沱河出现了近 200 年来最大的一场洪水。据不完全统计有 20 个州（县）的 4733 个村庄被"漫淹""浸淹"。此外，滹沱河上游繁峙、五台、代州（县）虽地处背风山区，但也造成较为严重的灾情，共冲塌民房 750 多间，淹冲地亩 1020 余顷，损伤大小男妇 60 余口。该年洪涝灾害范围虽广，但致灾程度不算严重。

3．1801 年 7 月（清嘉庆六年六月）海河洪水

1801 年汛期，海河流域内降雨时间长、范围广，其间又有 3 次降雨强度较大的集中暴雨。从雨情看与 1939 年相似，但从灾年所形成的灾情看，又甚于 1939 年，是一个洪涝并重的特大水灾年。

自 7 月上旬至 8 月中旬（农历六月初至七月中）持续淫雨 40 多天，流域内从南到北许多州（县）都有"夏淫雨连绵四十余日""霖雨四十余日""大雨匝月"等记载，其中有 3 次集中的大暴雨。第一次发生在 7 月 11—17 日（农历六月初一至初七），雨区范围广，雨量也很大。第二次发生在 7 月 23—31 日（农历六月十三日至二十一日），各地先后降雨，雨区范围也很广。第三次发生在 8 月中旬，这次降雨量级相对较小，主要分布于平原地区。

流域各河先后涨发大洪水，尤以永定河、大清河的洪水为最大。根据洪水调查资料，大清河的拒马河紫荆关洪峰流量为 $9400\,\mathrm{m^3/s}$、下游千河口洪峰流量为 $18500\,\mathrm{m^3/s}$，永定河卢沟桥洪峰流量为 $9600\,\mathrm{m^3/s}$，均为历年的首位大洪水。从历史档案看，卢沟桥洪水上涨二丈四尺三寸，高于 1794 年的一丈四尺七寸，为历史记载中最大一次洪水。天津"水淹城砖二十六级"，为明永乐二年（1404 年）建城以来的最高纪录。

各河段洪峰流量均发生在 7 月。由于洪水特大，各主要干支河道均发生漫溢溃决，洪涝范围极广，灾情十分严重。据《清代档案》统计，当年本流域府、厅、州、县共 210 个，受灾 170 个，占 81%，其中绝产 7 成以上的州（县）有 72 个，绝产 9～10 成的有 62 个。受灾州（县）大都分布在流域各河的下游平原区，北部平原受灾更严重。在山区（如遵化、蓟县、昌平、涞水、阜平、平山、朔州、应州、大同、浑源、山阴、怀仁、宁武、繁峙、代县、定襄、五台、忻

州等地）亦遭洪水灾害。这一年是个洪灾涝灾兼有的水灾年，但以洪灾为重。据宛平、房山、良乡、涿州4个州（县）统计，受灾人口27600余人，冲塌房屋8300余间。

4. 1939年7月、8月海河洪水

1939年洪水是海河流域历史上著名的大洪水之一。整个流域从南到北均发生了大洪水，暴雨洪水范围南部还涉及黄河流域的沁河、丹河、汾河流域，北部扩大到滦河流域的中上游。海河流域于7月、8月间连续多次出现暴雨，其特点是暴雨次数多、范围广、暴雨中心位置比较稳定。1939年洪水以海河北系（永定河、北三河）和大清河南支最为突出。潮白河苏庄站最大洪峰流量（还原流量）达11000～14000m³/s，大清河系唐河中唐梅站调查洪峰流量为11700m³/s，均为1801年以来首位洪水。1939年海滦河流域7月、8月两月洪水总量约为300亿m³，仅次于1963年，而北系洪水总量超过80亿m³，为1917年以来最大的一年。由于1939年洪水峰高量大，次数频繁，致使各河中下游河道多处发生漫溢、决口，溃不成堤，下游主要河道决口达79处，扒口分洪7处，造成广大平原地区严重洪涝灾害，洪水淹没面积达49400km²，受灾耕地5200万亩，受灾村庄12700个，被淹房屋150多万户，灾民近900万人，死伤人口1.332万人。1939年洪水使得当时交通几乎全部断绝，冲毁京山、京汉、津浦、京包、京古（北京至古北口）、同蒲、石太、新开（新乡至开封）等8条铁路160km、铁路桥梁49座；冲毁公路565km、公路桥梁137座。天津市地处九河下梢，洪水灾害惨重。

5. 1956年7月、8月海河洪水

1956年7月底至8月上旬，海河流域内各河普遍涨水，尤其是滹沱河及大清河。7月、8月海滦河洪水总量265亿m³，其中，南系占66.6%，北系占20.5%，滦河占12.9%。各水系中，子牙河洪水所占比例最大，为25.9%；各大支流中，滹沱河洪水所占比例最大，为13.1%。

由于1956年暴雨范围广、暴雨中心分散而河道的行洪能力又较差，所以，除滦河外，其他各河都有灾情，其中以大清河、子牙河最为严重。大清河北支各河洪水猛涨，于兰沟洼分洪后，白沟8月6日洪峰流量为2990m³/s，新盖房分洪道8月4日开始分洪，7日8时分洪最大流量达2200m³/s。南支各河都先后涨水，白洋淀十方院水位8月8日22时达9.86m（黄海高程），除有计划分洪外，仍有多处决口漫溢。大清河沿岸决口31处。子牙河滹沱河黄壁庄站8月4日出现的洪峰流量为13100m³/s，5000m³/s以上的流量维持22h，2000m³/s以上的流量维持78h。3日夜间，滹沱河南北堤漫决数十处，北堤决口洪水入磁河故道，一部分洪水顺千里堤入文安洼；南堤决口洪水向东漫流入献县泛区。8月

4 日，滹沱河改道开始决口行洪，在正定下游又入滹沱河。滏阳河各支流同时涨水，沿河决口，大陆泽、宁晋泊连成一片，艾辛庄洪水进村，其下游至衡水间河道决口百余处，与漳河决口洪水汇成一片。8 月 16—17 日在石德铁路衡水以西扒口 7 处，18 日在衡水以东扒口 4 处，连同 2 个涵洞及 2 座铁路桥共 15 个口门，最大过水流量为 2300m³/s。衡水以西各口门洪水入献县泛区，以东各口门洪水入贾口洼。在滏阳河、滹沱河决口的情况下，子牙河献县站仍于 8 月 7 日及13 日出现 1570m³/s、1580m³/s 的洪峰流量。子牙河干流于 9 日上午在大城县姚马渡左堤决口，洪水泄入文安洼。12 日下午在献县右堤郭马房决口，13 日又在滏滹两河（滏阳河、滹沱河）汇流处老河口决口，两处决口洪水皆入贾口洼。

1956 年共淹地 402 万 hm²，据河北省的统计，粮食减产 19 亿 kg，棉花减产1.5 亿 kg，受灾人口 1500 万人，经济损失达 27 亿元。

6. 1963 年 8 月海河洪水

1963 年 8 月上旬，海河流域发生了一场罕见的特大暴雨，暴雨主要发生在南运河、子牙河及大清河流域。暴雨中心 7 天的降雨量达 2050mm，为我国大陆最高纪录。这次暴雨强度之大、雨区范围之广、降雨历时之长均为本流域有实测资料以来所未有，造成了海河流域特大洪水。海河南系子牙河、大清河、南运河三大水系洪水总量达 330 亿 m³。部分中小型水库垮坝，不少河流进入丘陵平原以后，相继漫堤决口，泛滥于豫北、冀南及冀中广大平原，京广铁路沿线桥涵路基受到很大破坏，洪水下泄后，严重威胁天津市及津浦铁路的安全。

据河北省统计资料，邯郸、邢台、石家庄、保定、衡水、沧州、天津 7 个专区 101 个县遭受洪水灾害，占县（市）总数的 96%。其中，被水淹的县（市）有 28 个，被水围困的县城有 33 座，保定、邢台、邯郸 3 市市内水深 2~3m。在22740 个受灾村庄中，被水淹的有 13142 个。农田过水面积 357 万多 hm²，其中约有 200 万 hm² 因灾绝收或基本绝收，13 万多 hm² 良田因水冲沙压，失去了耕种条件。倒塌房屋 1265 万间，有 2545 个村的房屋全部被毁。受灾人口 2200 多万人，约有 1000 万人失去住所。衡水全县倒塌房屋 80% 以上，冀县城关原有3000 多间民房仅剩 15 间。人畜伤亡也是惨重的，据 8 月底统计，死亡 5030 人，伤 42700 人，淹死大牲畜 52000 多头。

工矿企业、交通、电信遭受严重损坏。邯郸、邢台、石家庄、保定 4 市有225 个工矿企业停产，占 4 市工矿企业总数的 88%，物资损失和停产损失达3000 多万元。京广、石德、石太铁路被水冲毁 822 处，合计全长 116.4km；冲毁桥涵 209 座，其中大桥被冲毁 12 座，京广铁路 27 天不能通车。通信线路毁损959.7km。公路被冲毁淹没 6700km，占 7 个专区县以上公路总数的 84%，冲毁公路桥梁 112 座，7 个专区的公路交通几乎全部中断。国家仓储物资也遭受极大损失。据不完全统计，国营商业和供销社损失商品价值4000多万元，粮食被水浸泡1亿多kg。

水利工程也遭受了严重的破坏。中型水库失事5座（刘家台、东川口、马河、佐村、乱木），库容1万m³以上的小型水库失事330座（其中淤平16座），占邯郸、邢台、石家庄、保定4个专区原有数的37%。三大水系主要河道决口2396处，支流河道决口4489处。灌区工程62%被冲坏，扬水站、机井、变电站、高低压线路等设施被冲坏37%～95%。梯田、塘坝的损失占50%以上，平原排水工程约有90%以上被洪水冲毁或淹没。

据河南省安阳、新乡两专区统计，1963年洪水共淹地92.5万hm²，受灾耕地81万hm²，其中绝收的有42.8万hm²。被水包围的村庄有6251个，倒塌房屋198.8万间，死亡585人。

这次洪水所造成的灾害，总计淹没农田6600万亩，减产粮食30亿kg，棉花250万担，倒塌房屋1450余万间，冲毁铁路75km，直接经济损失约60亿元。此外，国家为救灾、恢复各类设施增加开支约10亿元。

（五）珠江流域

珠江三角洲地区为冲积平原，由于受江河洪水和海岸风暴潮的双重影响，洪涝灾害十分频繁。据记载，自15世纪初至19世纪末的500年间，珠江三角洲3个县以上成灾或受灾超过50万亩农田的洪水共发生了128次。

1. 1885年6月（清光绪十一年五月）珠江流域性洪水

1885年6月，珠江流域的西江、北江同时发生大洪水，西江支流柳江、桂江、贺江以及北江支流滃江、滨江均发生近百年来未有的特大洪水。由于西江、北两江同时陡涨，珠江三角洲灾情颇重，广州、肇庆二府属均遭水患，广州市区城内水深一二尺，为数十年未见之水灾。

2. 1915年7月珠江流域性洪水

1915年7月，西江、北江同时发生200年一遇特大洪水，西江梧州站洪峰流量为54500m³/s，遭遇北江横石站洪峰流量21000m³/s，且东江大水，适逢大潮，致使珠江三角洲堤围几乎全部溃决。两广合计受灾耕地1400万亩，受灾人口约600万人。其中珠江三角洲被淹农田650万亩，受灾人口378万人，死伤逾10万人，广州市被淹7天。

3. 1949年7月西江洪水

1949年7月，西江发生近50年一遇特大洪水，梧州站洪峰流量为48900m³/s，但其7天、15天、30天洪量均超过1915年，为西江干流罕见的特大洪水；暴雨洪水造成了严重的洪涝灾害，桂林、柳州、南宁等重要城市尽被水淹，梧州市水淹历半月之久，市区水深达5～6m。据统计，洪水造成56个市

（县、区）408 万人受灾，农作物受灾面积 652 万亩，因灾死亡 131 人，直接经济损失 135.95 亿元。

4. 1998 年 6 月珠江流域性洪水

1998 年 6 月，西江发生 100 年一遇特大洪水，西江梧州站洪峰流量为 52900m³/s，为 100 年一遇；北江石角站洪峰流量为 12600m³/s，西江、北江洪水在思贤窖遭遇，虽然北江洪水不大，但恰逢天文大潮，洪潮相遇，造成珠江三角洲河流发生特大洪水；暴雨洪水造成了严重的洪涝灾害。据统计，洪水造成 114 个县（市、区）1556 万人受灾，815 万亩农作物受灾，因灾死亡 175 人，直接经济总损失 160.60 亿元。

5. 2005 年 6 月珠江流域性洪水

2005 年 6 月中下旬，西江中下游发生了超 100 年一遇的特大洪水，梧州站洪峰水位为 26.75m（1915 年洪峰水位为 26.89m），洪峰流量为 53900m³/s，列百年来第 2 位；北江出现约 10 年一遇的洪水，东江发生近 20 年来最大洪水，西江、北江洪水进入珠江三角洲，恰逢天文大潮，珠江三角洲也发生了特大洪水，暴雨洪水造成了严重的洪涝灾害。据统计，洪水造成广东、广西 163 个市（县、区）1262.8 万人受灾，农作物受灾面积 983.73 万亩，因灾死亡 131 人，直接经济损失 135.95 亿元。

（六）松花江流域

松花江流域 1910 年、1932 年、1957 年、1995 年、1998 年、2010 年、2013 年等年份发生了大洪水。最近的 4 次为 1995 年的第二松花江大洪水，1998 年的嫩江、松花江大洪水，2010 年的第二松花江大洪水和 2013 年的嫩江、松花江、黑龙江大洪水。

1. 1910 年 8 月（清宣统二年七月）嫩江松花江洪水

1909 年、1910 年松花江流域连续两年发生大洪水。1910 年洪水位置偏北，嫩江、松花江干流叠次涨水，造成全流域性大水灾。农历五月下旬，嫩江水涨，泛滥成灾，"上游之嫩江府、东西布哈特，下游之龙江府，大赉、肇州各厅，并甘井子、杜尔伯特旗等处，沿江居民田禾均被淹没，为灾甚巨。"至七月上旬，"松嫩两江合流，立水涨到三丈余，灌入肇州厅城。"七月中旬，因连宵狂风暴雨，松花江哈尔滨沿江一带江水泛涨，高过地面丈余或数尺不等，哈尔滨部分街道也被冲淹，情势极为危险，经道厅督率兵民竭力抢护，始化险为夷。七月底（公历 9 月初），"大雨兼旬，松花江又复盛涨。""双城府南徕流河（今拉林河）水势暴涨""乌苏里江水溢为灾。"据记载，巴彦州淹地万余垧，木兰县沿江七八十里田禾房屋冲毁甚多，呼兰府被淹 10 余屯，耕地 6000 垧，兰西县淹地 4 万余垧（"垧"为古代面积计量单位）。嫩江从上游至下游，嫩江、大赉等厅府旗，沿江居民田禾均被淹没，受灾甚巨。黑龙江省被淹地亩 30 余万垧，灾民 15万余人。

2. 1932 年 8 月松花江洪水

1932 年 6 月下旬至 8 月上旬，松花江及乌苏里江西侧支流和额尔古纳河的部分支流出现阴雨连绵天气，7 月降雨日达 20 天以上，嫩江和第二松花江及其支流出现了洪水，形成了松花江干流特大洪水。1932 年黑龙江省大部分地区遭受洪涝灾害，吉林、内蒙古两省（自治区）沿江市、县和村屯遭受不同程度的水灾。哈尔滨市滨临松花江，受灾最重。洪峰到达之时松花江大堤相继溃决 20余处。滔滔江水闯入市区，居民最集中的道外、道里两区一片汪洋，最大水深5m 以上，只有居住在 2 楼以上的居民才可以暂且避难。当年全市被淹面积达1102.5 万 m²，涌进市区洪水量为 1260.5 万 m³，全市 38 万居民中有 23.8 万多人受灾，2 万多人丧生，12 万人颠沛流离。市内交通断绝，通往东、西、南、北的各条铁路干线也都全部中断，当年北满铁路遭到严重破坏。据不完全统计，共冲毁铁路近 100 处，长度超过 2 万 m，冲毁桥梁 20 多座，铁路交通全部中断。

3. 1957 年 9 月松花江洪水

1957 年汛期，松花江流域降雨频繁，特别是 7—8 月，流域内大部分地区一直阴雨连绵，最多降雨日数达 45 天。嫩江下游西侧支流和第二松花江流域，出现多次大雨和暴雨，使流域内主要江河均出现大洪水和特大洪水。第二松花江上游，嫩江支流雅鲁河、绰尔河、洮儿河均出现 20～50 年一遇的大洪水。松花江干流哈尔滨站出现了新中国成立以来的最大洪水，实测最大流量为 12200m³/s。1957 年松花江洪水是 1898 年以来仅次于 1932 年、1998 年的第 3 位洪水，是新中国成立以来的第 2 位洪水。据有关部门统计，当年水灾面积为 1395 万亩，受灾人口 370 万人，死亡 75 人，冲倒房屋 22878 间，粮食减产 12 亿 kg，直接经济损失约 2.4 亿元。该年洪水由于第二松花江来水占的比例比 1932 年的大，所以洪峰持续的时间比 1932 年短，高水部分退水也较快。

4. 1998 年松花江洪水

1998 年洪水是松花江流域有记录以来最大的流域性特大洪水，6 月下旬、7月下旬和 8 月上旬的 3 场强降雨过程致使嫩江干流和右岸支流均发生大洪水或特大洪水，其中干流江桥站洪水达 480 年一遇，干流堤防数处决口，决口水量约99.3 亿 m³。受嫩江洪水影响，松花江干流下岱吉、哈尔滨、通河、依兰等水文站洪峰流量均突破历史纪录，列历史第 1 位，佳木斯站洪峰流量列历史实测第 2位。1998 年松花江流域洪灾直接经济损失达 480 亿元，是新中国成立以来洪灾损失最重的年份。灾区主要位于黑龙江、吉林两省的西部及内蒙古自治区的东部，受灾县、市 88 个，受灾人口 1733.06 万人，被洪水围困 143.93 万人，紧急转移人口 258.49 万人，倒塌房屋 91.85 万间。农作物受灾面积 739.22 万亩，成灾面积 575.79 万亩，减产粮食 1149.54 万 t，损失粮食 272.1 万 t，死亡牲畜 137.56 万头（只）。

5. 2013 年黑龙江洪水

2013 年 6—9 月，黑龙江省出现 13 次较大降雨过程，黑龙江发生流域性大洪水，黑龙江下游超 100 年一遇，嫩江上游超 50 年一遇，第二松花江超 20 年一遇。黑龙江全省平均降雨量为 427.7mm，比多年同期平均降雨量偏多 27%，累积降雨量超过 100mm 的笼罩面积为 43 万 km^2，占全省总面积的 91%，100～200mm 的笼罩面积为 3.3 万 km^2，200～400mm 的笼罩面积为 16.2 万 km^2，400mm 以上的笼罩面积为 23.5 万 km^2。持续降雨致 39 条河流发生洪水，其中嫩江上游发生超 50 年一遇的特大洪水，松花江发生 1998 年以来最大洪水，黑龙江发生 1984 年以来最大洪水，黑龙江下游同江—抚远江段发生超 100 年一遇特大洪水，嘉荫—抚远江段超过历史最高水位 0.28～1.55m。黑龙江全省有 126 县（市、区）916 乡（镇、场）受灾，受灾人口 541.59 万人，因灾死亡 7 人，农作物受灾面积 265.404 万 hm^2，倒塌房屋 7.40 万间，直接经济损失 327.47 亿元。

（七）辽河流域

辽河流域先后发生 1888 年、1951 年、1960 年、1962 年、1986 年、1995 年等 6 次特大洪水灾害。2013 年浑河上游发生超 50 年一遇洪水。

1. 1888 年 8 月（清光绪十四年七月）辽宁东部洪水

1888 年 8 月，辽宁省东部和吉林省南部部分地区降了一场大暴雨，暴雨中心在鸭绿江下游一带。此次洪水致灾范围大，辽宁省和吉林省 30 余个县（市）不同程度遭到了暴雨洪水的袭击。受灾耕地 320 万亩，其中 185 万亩收获在 3 成以下，赈灾人口 526844 人，淹毙 785 人。

2. 1951 年 8 月辽河洪水

1951 年 8 月 13—15 日，在辽河支流清河流域以西丰、开原一带为中心降了特大暴雨，辽河干流铁岭站洪峰流量为 14200m^3/s，为调查和实测期内最大洪水，其重现期为 120 年。辽宁省东北部、吉林省东南部以及辽河干流、浑河、太子河中下游广大地区遭受几十年来少有的洪涝灾害。暴雨中心地区的清河、寇河暴发山洪，沿河两岸村庄、耕地被席卷一空，西丰县街市尽成泽国，开原新老城外一片汪洋。辽河干流及主要支流漫堤决口 419 处，仅辽河干流巨流河以上就决口 42 处，巨流河以下辽河大堤全部溃决，有 31 个县（市）受灾，灾民 121 万人，死亡 3100 余人，无家可归者 12 万人，农田成灾面积 37.6 万 km^2，倒塌房屋 14.5 万间。冲毁铁路及公路大桥 75 座，沈山、长大铁路被迫中断 40

余天。

3. 1960 年 8 月浑太河洪水

1960 年 8 月，浑河、太子河遭受一次特大暴雨洪水袭击，太子河 24h 最大雨量 503.6mm，太子河流域发生历史最大洪水，辽阳站洪峰流量达 18100m³/s，重现期为 100 年以上。浑河发生了 50～100 年一遇洪水。洪水发生后，浑河、太子河下游堤防严重溃决，洪流互相串通，一片汪洋，浑河、太河汇合处的三岔河站还受潮水顶托，警戒水位以上时间长达 20 天之久，辽宁省 7 个市、吉林省 2 个市，共 25 个县遭受不同程度灾害。受灾人口 145 万人（其中吉林省约有 5 万人），重灾人口 70 万人，死亡及失踪 2414 人（其中吉林省 172 人），淹没耕地 28 万 km²（其中吉林省 1.5 万 km²），辽宁省减产粮食 2.5 亿 kg，倒塌、冲走房屋 22 万间（其中吉林省 2.5 万间），损失耕畜 1.54 万头，沈大、沈吉等 6 条铁路被破坏，长大铁路停车 69h，公路和输电线路也遭到严重破坏，仅吉林省被冲毁的大小桥梁有 120 多座，主要输电线路被冲毁，大连、丹东、本溪和鞍山地区的电力供应中断，使这些地区工业生产所需的电力、燃料原料不能保证供应，生产一度陷于停顿。辽宁省堤防决口 33 处，吉林省堤防决口长达 11km。

4. 1962 年 7 月西辽河洪水

1962 年 7 月下旬，西辽河流域及辽西地区发生了一场大范围暴雨，西辽河最大日雨量 305.1mm，出现了历史上罕见的特大洪水。老哈河位于暴雨中心区，红山水库入库流量达 12700m³/s，相当于 200 年一遇。此场洪水致使昭乌达盟南部的宁城、喀喇沁、赤峰县及东部敖汉旗等地区造成较为严重的水灾，不少地区汪洋一片，老哈河铁路桥被冲毁，昭乌达盟和哲里木盟共有 10 个旗（县）111 万人受灾，受灾面积 258.4 万 km²，损失牲畜 7326 头，倒塌房屋 152250 间，损失粮食 37.4 万 kg，冲毁水库塘坝 15 座。

5. 1986 年 8 月辽河洪水

1986 年 7 月中旬，受气旋等天气东移影响，东辽河中下游连续发生暴雨，暴雨中心在东辽河的中下游梨树县董家屯，最大 1 天雨量 248mm，金山站实测最大 3 天雨量达 360mm，为该地区有资料以来最大值，致使东辽河下游发生了超过堤防防洪标准的特大洪水。洪水发生后，使东辽河中下游堤防全线溃堤，干流双辽、公主岭、梨树 3 县（市）决口 18 处，长度达 1110m，支流排干回水堤决口 84 处，长 10972m。吉林省受灾有双辽县、梨树县、公主岭市和两个农场，共淹 19 个乡 156 个村 686 个自然村屯，受灾人口 113 万人，死亡 28 人，倒塌民房 28.4 万余间，受灾耕地 6.9 万 hm²，其中绝收和收成 30% 以下的占 50% 以上，牲畜死亡散失 3000 头，公路、电力、水利、通信等设施被毁。

6. 1995 年 7 月浑太河、辽河洪水

1995 年 7 月，浑太河、辽河两个水系同时发生大洪水。浑河发生了特大洪

水,太子河发生了较大洪水。暴雨中心浑河、太子河流域,大伙房水库下游流域平均雨量 324mm,太子河流域内平均降水量为 275.6mm。浑河干流抚顺站出现最大洪峰,洪峰流量为 6050m³/s,发生了超 100 年一遇特大洪水,大伙房水库最大 7 天设计洪量超过水库设计标准 1000 年一遇。太子河辽阳站洪峰流量为 1690m³/s,发生了一般洪水。辽河干流铁岭站洪峰流量为 4420m³/s,重现期约 15~20 年。

此场洪水影响了沈阳市、鞍山市、抚顺市、本溪市、营口市、辽阳市、盘锦市、铁岭市和丹东市 9 个市 45 个县(市、区)和 619 个乡镇,受灾人口 672.2 万人,死亡 128 人,损坏房屋 112 万间,倒塌房屋 62.3 万间,受灾农田 98.66 万 hm²,粮食减产 30 亿 kg。有 40 座大中型水库、212 座小型水库受到不同程度的破坏,毁坏堤防 4277km,堤防决口 3598 处,冲坏护岸工程 2235 处;冲毁水闸 1554 座、塘坝 950 座、渡槽和桥涵 5871 座、机电井 9553 眼,损坏机电泵站 1210 座、管理设施 434 处、水电站 20 座。沈阳铁路局辽宁省境内路段 33 处被冲断,冲毁桥涵 54 座、路基 136.4km;冲断国省级公路 16 条、县级干道 92 条,冲毁桥梁 28 座、路基 2440km;103 个乡的通信设施损坏,3 万户电话中断;4 座火电厂 180 万 kW 发电机组被迫停机,2420km 各类配电线路遭受洪灾。广播电视专业设备均受到不同程度的损坏,倒塌和损坏校舍 76 万 m²。

(八) 太湖流域

新中国成立以来,太湖流域较大的流域性洪水发生在 1954 年、1991 年、1999 年、2016 年。

1. 1931 年太湖流域性洪水

1931 年 5—7 月,太湖流域上游区降水量为 800~1000mm,汛期降水量为 1115mm,占全年降水量的 69%。全流域最大 30 天降水量为 487mm,最大 90 天降水量为 834mm。受持续强降水影响,太湖水位最高达 4.46m,受 7 月暴雨影响,太湖流域上游山洪暴发,决堤泛滥,广大平原田水与河水相平,稻苗悉淹水底,棉花大半无收,小轮航线百余条悉数停航,漂流死者比比皆是。浙江毁淹农田 50 多万亩,江苏受灾农田 420 万亩,水稻减产约 5.1 亿 kg,棉花减产 77 万多担。农作物大量减产甚至绝收导致米价飞涨,大量人口死于严重饥荒。

2. 1954 年太湖流域性洪水

1954 年梅雨从 6 月 1 日持续到 8 月 2 日,梅雨期长达 62 天,梅雨量为 588.4mm;降雨历时长,降雨总量大,但强度不大,雨量分布均匀,浙西和杭嘉湖区降雨量相对比较大。全流域地面高程在 4.00m(吴淞基面)以下的地区大都受淹,受灾面积约 868 万亩,占全流域总面积的 15.6%,经济损失 10 亿元。

3. 1991 年太湖流域性洪水

1991 年梅雨从 5 月 19 日持续到 7 月 13 日，梅雨期长达 55 天，梅雨量为 645.0mm，较常年梅雨量偏多 167%，全流域 30～60 天降雨量较大为 489.1～678.8mm，重现期为 32～35 年，降雨时空分布很不均匀，局部地区强度极大，暴雨中心位于湖西区和武澄锡虞区。1991 年大洪水流域受灾面积为 697 万亩，占全流域总面积的 12.6%；经济损失 113.9 亿元。

4. 1999 年太湖流域性洪水

1999 年，太湖流域发生了 20 世纪以来最大的流域性洪水，为梅雨型洪水。暴雨主要集中在 6 月上旬至 7 月上旬，全流域平均最大 7 天至最大 90 天各统计时段的降雨量均超过有实测资料以来降雨量最大值。尽管当时已完成的治太骨干工程在防洪中发挥了巨大作用，但太湖水位仍创有实测资料以来新高，达 4.97m。全流域，特别是下游杭嘉湖地区，灾情十分严重。

1999 年太湖流域梅雨期较常年提前一周，从 6 月 7 日入梅至 7 月 20 日出梅，历时 43 天，全流域梅雨量达 681.0mm，是常年的 2.8 倍。全流域最大 7 天以上各统计时段的降雨量全面创有实测资料以来新高，其中造成太湖出现最高水位的最大 30 天降雨量重现期达 231 年。1999 年流域降雨空间分布南部多于北部。各水利分区中最大 30 天降雨居前 4 位的是浙西、太湖湖区、浦东浦西和杭嘉湖区。导致流域发生洪涝灾害的主要有 3 次降雨过程。6 月 7—10 日为第 1 场降雨，流域面平均雨量达 175mm。15—17 日为第 2 场降雨，面平均雨量为 62mm。6 月 23 日至 7 月 2 日为第 3 场降雨，是造成流域性洪灾的关键，面平均雨量高达 368mm。雨量等值线图显示，这场降雨从西南到东北横贯流域中部，覆盖流域 40% 以上的区域，雨量都超过了 400mm。

太湖水位从 6 月 7 日 2.97m 起涨，至 7 月 1 日突破设计水位达 4.68m，7 月 3 日突破有实测资料以来最高记录，达到 4.83m，至 7 月 8 日涨至最高水位 4.97m，再创新高，比设计防洪水位（1954 年最高水位 4.65m）还高 0.32m，在此期间太湖蓄水 47 亿 m³。流域南部因暴雨集中，湖州、嘉兴、乌镇水位分别达到 5.60m、4.34m 和 4.62m，均接近有实测资料以来最高水位。

1999 年全流域洪涝灾害直接经济损失共 141.25 亿元，占当年流域国内生产总值（GDP）的 1.58%。以湖州、嘉兴损失为最大，分别为 65.77 亿元和 33.39 亿元；其次是杭州、苏州，损失分别为 13.24 亿元、10.30 亿元。此外，还有大量中小城镇受淹，湖州、嘉兴两市 12 个县级以上城镇和苏南 33 个中小城镇都不同程度进水。湖州的南浔、菱湖、千金、善琏、练市等小城镇受淹 7～10 天，水深为 0.5～1.5m。南浔区最高水位为 4.87m，超过实测最高水位 0.48m，除新区外全部受淹。嘉兴市区淹没面积为 10km²，占建成区的 41.2%，受灾 1.58

万户，18条主街、54条小街被淹，淹水深处达0.6～1.0m。苏州市的苏州工业园区、吴江等地也受淹较重。部分圩区圩堤和圩口闸垮塌，仅浙江省就破圩895个，受淹圩区面积为873km²。由于圩区排水动力强，外河水位涨幅大，苏州市昆山、吴县、吴江等市（县）地势略高的无圩或低圩半高地也受淹。全流域受灾农田1031万亩，倒塌房屋3.8万间，1.75万家工矿企业停产，道路中断341条次，主要水路长湖申线、申张线、苏申外港线、苏申内港线均有部分断航。

5．2016年太湖流域性特大洪水

2016年，太湖流域降水异常偏多，年降水量为1855.2mm，较常年偏多52%，位列1951年以来第1位；汛期（5—9月）降水量为1124.4mm，较常年偏多55%，位列1951年以来第2位。尤其是梅汛期，太湖流域继1999年之后再次发生了流域性特大洪水。流域6月19日入梅，7月20日出梅，梅雨量为426.8mm，较常年偏多77%。流域最大15天、30天、45天、60天、90天降水量均位列有实测记录以来前3位。降雨集中在湖西区、武澄锡虞区和太湖区，梅雨量为常年的2倍以上。其中湖西区最大3天、7天、15天降水量均位列有实测资料以来第1位，最大15天降水量重现期超过200年。

2016年4月太湖流域降雨量比常年同期多122%，太湖水位从4月4日起涨，至7月3日达到设计洪水位4.65m，7月6日迅速升高到4.80m，7月8日达到最高水位4.88m，居历史实测第2高水位。太湖水位超4.65m的天数达16天，持续超警戒水位3.80m的天数达46天。太湖周边河网多站水位创有实测记录以来新高，汛期共有73个站点水位（潮位）超警戒水位，江南运河常州至苏州沿线一度全线超保证水位，湖西区、武澄锡虞区的王母观、坊前、溧阳、无锡（大）和青阳等15个站点水位创有实测记录以来新高。此次水位超警历时长，太湖水位6月3日年内首次超警，全年累计超警历时长达97天，为1999年以来超警历时最长的一年。太湖流域江苏苏南及浙江杭嘉湖等地共计30县（市、区）160个乡镇67.14万人受灾，倒塌房屋808间，紧急转移8.75万人，直接经济损失71.2亿元，无人员因灾死亡和失踪。

6．2020年太湖流域性洪水

2020年，太湖流域年降水量为1549.1mm，较常年偏多23%，位列1951年以来第5位；汛期（5—9月）降水量为1055.8mm，较常年同期偏多40%，位列1951年以来第4位。尤其是梅汛期，太湖流域继2016年之后再次发生了流域性大洪水。太湖流域6月9日入梅，7月20日出梅，梅雨量为613.0mm，较常年偏多128%，位列1954年以来第3位。降雨空间分布总体西部大于东部，其中湖西区、武澄锡虞区、太湖区梅雨量均位列1954年以来第2位，其余分区均位列1954年以来前4位。受梅雨带来回摆动影响，全流域最大30天降水量位列

1951 年以来第 2 位，重现期接近 40 年。

入梅后受持续降雨影响，太湖水位迅速上涨，7 月 20 日涨至年最高水位 4.79m，与 1991 年并列为 1954 年有实测资料以来第 3 高水位，仅比 1999 年有实测资料以来最高水位（4.97m）低 0.18m；地区河网水位全面超警，并大面积超保，其中 7 月 7 日单日河网河道、闸坝、潮位站超警站点多达 73 个，占设有警戒水位站点总数的 70%，超保站点多达 37 个，占设有保证水位站点总数的 37%。苏州市吴江区约 4 万亩农田、湖州市长兴县约 1 万亩农田受淹，直接经济损失约 1.5 亿元。

五、灾害影响

历史大洪水事件往往导致大量的人员伤亡、粮食减产绝收、房屋倒塌，引发饥荒、病疫、社会动荡甚至朝代更迭等严重事件。

（一）对区域人员伤亡的影响

历史上超标准洪水往往引发巨大的人员伤亡和人口迁移。古代文献中常有"溺死者无算""死亡枕藉""人畜飘没无算"之类定性描述。1935 年长江中游大水，淹死 14.2 万人。明万历二十一年（1593 年）淮河流域一次特大水灾，从农历四月至八月淫雨不止，据文献记载统计，河南、安徽、江苏、山东等 4 省受灾区域达 120 个州（县）。水灾之后随之而来的是严重饥荒，如《高县志》记载："四月初淫雨至八月方止，四野弥漫庐室颓圮，夏麦漂没，秋种不得播，百姓嗷嗷，始犹食鱼虾，继则餐树皮草根，乃至同类相食，饿殍遍满沟壑，白骨枕藉原野，至冬群盗四起，民多流亡。"1938 年 6 月，国民党政府军为阻止日本侵略军的进攻，先后在河南中牟县赵口和郑州花园口炸堤。洪水破堤而出，直泄东南，在安徽怀远一带汇入淮河。黄泛区从西北到东南长约 400km，宽 30～80km 不等。据统计，决口之后的 8 年间，河南、安徽、江苏等 3 省 44 个县（市），大约 29000km² 的土地和 1250 万人遭受洪水袭击，死难 89 万人。位于黄泛区腹地的中牟、通许、尉氏、扶沟、西华、商水等 6 县人口总数减少到受灾前的 38%。

（二）对粮食安全的影响

粮食损失是洪涝灾害最为直接的影响之一，受灾区域往往产生"大饥""饿殍遍野"的惨象。如 1931 年湖南湘、资、沅、澧四水并发，导致湖南全省 54 县受灾，损失稻谷 1000 万 kg，江西南昌、星子、瑞昌、进贤等县收获全无，灾情之重为数十年之所未见。1938 年黄河花园口决口直接导致河南省 1938—1945 年间的夏粮秋粮减产 90% 以上。粮食的大量损失导致市场上粮食供给大幅减少，粮价飙升，"斗米二百钱""斗米千钱"的现象普遍，粮食短缺导致"人相食"

"易子相食"现象频发,大范围饥荒现象时有发生。据统计,1470—1949年间因水灾引发的饥荒有40年次。大范围饥荒现象的出现经常引发区域社会秩序紊乱,甚至发生战争。

(三) 对区域经济的影响

洪水的浸泡和强大的冲击力往往造成大量房屋倒塌。如《明宪宗实录》记载:"成化十八年八月,乙卯,河南自六月以来,雨水大作,怀庆等府、宣武等卫所坍塌城垣共一千一百八十八丈,漂流军民有司衙门坛庙居民房屋共三十一万四千二百五十四间。"同时洪水的淹没和冲击直接导致灾区耕地被淹或土地质量下降,进而影响受灾当年和以后若干年的农业生产恢复进程。耕地的破坏直接导致农业社会小农经济的破产。据《阜阳地区水利志》(1987年)记载,受花园口决口影响黄泛区的扶沟县产生次生盐碱化土地8.1万亩,严重的地块地表盐碱厚度到达5cm。黄泛区主溜经过的"尉氏、扶沟、西华、太康等县境,堆积黄土浅者数尺、深者逾丈,昔日房屋、庙宇、土岗已多埋入土中,甚至屋脊也不可见。尤可惨者,此种涸出地面,今已满生芦茅丛柳,广袤可达数十里,非经彻底清除,无复耕作。"又据《武强县志》记载:"明万历三十五年(1607年)大水,滹滋交溢,先时城内井水甘美,地称肥腴,经水后地皆碱,水皆咸矣。"由于种子的损毁,农业生产工具、耕牛等牲畜的大量流失,导致农业生产恢复困难,农业歉收造成农民负债累累。乡村惨象叠叠,城市经济也十分惨淡。1932年松花江大水导致哈尔滨市23.8万人受灾,2万多人丧生,市内交通中断,直接经济损失2亿法币。严重水灾导致政府税收减少,严重阻碍了地方经济的恢复。

(四) 对人居环境的影响

超标准洪水除了引发粮食安全问题外,房屋损失、土地冲毁、瘟疫流行等人居环境问题也相伴随。对下游河道功能破坏严重,尤其是黄河泛滥改道,对水系的破坏范围极广,影响深远。1194年黄河改道入淮至1855年止,660年中黄河给淮河留下数千亿立方米的泥沙,不但淤废了淮河独流入海的尾闾,而且使沙颍河以东淮北平原河道全部淤塞壅滞,破坏了河道泄洪排洪能力。水灾之后往往伴随着瘟疫灾害。如清道光二十九年(1849年)湖南省暴发全省性瘟疫,据《湖南省自然灾害年表》记载:"上年水灾创伤未复,本年自三月至六月淫雨不止,湘资沅澧继续大水,全省大荒且疫……武陵户口多灭,沅陵饥死者枕藉成列,村舍或空无一人。"1860年浙江淫雨为灾,嘉兴、湖州两府大疫,死者无算;与此同时,毗邻的江苏苏南一带也发生了瘟疫,无锡"农历五、六、七三个月疫气盛行,死亡相藉";常熟"时疫又兴死亡相继至七月十死二三";吴县一带"秋冬大疫死者甚众"。1861年安徽春夏淫雨为灾,徽州、安庆又暴发瘟疫，安庆"染疫而死亡者十之八九"。

（五）对社会稳定的影响

人口的大量死亡，不仅给人们心理上造成巨大创伤，而且给社会生产力带来严重的破坏。水灾对社会生活影响的另一个方面是造成大量人口流徙，增加了社会的动荡。社会治安混乱、贼盗横行，将"全城米店百余家抢掠一空"等偷盗粮食的现象频发。同时，由于无法糊口，可以看到"贩子驱逐妇女南下者百十成群"，"卖妻鬻女以图苟活"者不计其数。更有甚者，"人死或食其肉，又有货之者，甚至有父子相食、母女相食"的现象时有发生。北宋末年，水灾频繁，1117 年（政和七年）黄河决口，居民死者百余万。1118 年长江中下游大水，死亡甚重，百姓流离，于是 1119 年宋江起义，1120 年方腊起义。农民起义打击了封建王朝，金人乘机入侵，北宋灭亡。

新中国成立后，全国开展了规模空前的江河治理和防洪建设，江河重点防洪区防洪标准大幅提高，遭受淹没的可能性减小，历史上遇洪水动辄决口泛滥的状况不复出现，大洪水防御能力逐步提高，洪患得到初步控制。随着经济社会发展，尽管洪灾经济损失仍较严重，但洪灾对正常生产生活秩序的影响大为减少，救灾和灾后恢复能力明显增强。

第三节　干　旱　灾　害

一、灾害类型

（一）按照干旱的形式分类

干旱可以分为农业干旱、城市干旱和生态干旱。

（1）农业干旱是指因降水少或土壤中水量不足，不能满足农作物及牧草正常生长需求的水分短缺现象。

（2）城市干旱是指因遇到特大枯水年和连续枯水年，造成城市供水水源不足，实际供水量低于正常供水量，致使正常生活、生产用水受到影响的现象。

（3）生态干旱是指湖泊、湿地、河网等生态系统，受到天然降水偏少、江河来水量减少或地下水水位下降等影响，出现湖泊水面缩小甚至干涸、河道断流、湿地萎缩或消失、咸潮上溯等情况，使原有的生态功能退化或丧失的现象。

（二）按照干旱发生的季节分类

干旱可分为春旱、夏旱、秋旱、冬旱和两季连旱、三季连旱，甚至四季连旱。顾名思义，这些季节干旱就是发生在不同季节或者连续多个季节的干旱。

在我国，春旱一般发生在 3—5 月，夏旱一般发生在 6—8 月，秋旱发生在 9—11 月，冬旱发生在 12 月至翌年 2 月。由于我国地域辽阔，不同地区的季节干旱时间略有差异。

（三）按照干旱的成因及影响分类

干旱可以分成气象干旱、水文干旱、农业干旱和社会经济干旱。气象干旱又称为大气干旱，是由降水和蒸发的不平衡造成的异常水分短缺现象。通常以降水的偏少程度作为气象干旱指标。水文干旱是由降水和地表水或地下水的不平衡造成的异常水分短缺现象。通常用某一时间内径流量、河流平均日流量、水位等数据小于某个数量作为水文干旱指标，或用地表径流与其他因子组合成多因子指标来分析水文干旱。农业干旱是由外界环境因素造成作物体内水分不平衡，水分缺乏影响作物正常生长发育，进而导致减产甚至绝收的现象。社会经济干旱是指自然系统与人类社会经济系统中水资源供需不平衡造成的异常水分短缺现象。如果需求大于供给，就会发生社会经济干旱。上述四类干旱中，气象干旱是基础，往往以水文干旱、农业干旱和社会经济干旱三种不同形式表现出来。

（四）按照影响地域、时间和特征的不同分类

干旱可分为平原干旱、山区干旱或农区干旱、牧区干旱、城区干旱。根据干旱影响的时间长短和特征不同可分为永久干旱、季节干旱、临时干旱和隐蔽干旱。

二、灾害特点

通过对我国干旱灾害的形成原因进行分析，可以发现，干旱灾害具有以下主要特点。

（一）必然性

由于我国幅员辽阔，水资源总体短缺，天然降水量以及水资源时空分布不均，而且水土资源的组合很不平衡，干旱灾害在许多地区已经成为一种不可避免的经常性自然灾害。

（二）广泛性

我国旱灾危害地域十分广泛，不仅西北内陆地区经常遭受旱灾的危害，就连降水量较多的长江中下游地区、华南地区和西南地区，也由于降水量年际、年内分配不均匀，常常出现季节性干旱。原来在降水量相对偏少的北方地区经常发生旱灾，近年来南方发生旱灾的频率也在提高，特别是 2010 年西南地区发生百年未遇的特大旱灾，发生的范围之广、影响之大、损失之重都是历史罕见的。同时，旱灾涉及的领域也由以农业为主扩展到工业、城市、生态等领域，

生活、生产、生态用水不足等现象严重。

（三）持续性

在我国历史上，经常出现持续几个月甚至几年的连续旱灾，如海河流域 1637—1643 年出现持续 7 年的干旱灾害，黄河流域 1632—1642 年出现过长达 11 年之久的干旱灾害，长江中下游地区 1958—1961 年连续 4 年、1966—1968 年连续 3 年发生干旱灾害，2000 年和 2001 年连续两年发生波及全国大部分地区的特大旱灾，2010—2012 年发生持续 3 年的西南大旱。这些持续性干旱灾害对经济社会发展产生严重影响。

（四）相对可控性

受技术和经济水平的限制，目前还不能完全战胜干旱灾害，但在长期与旱灾斗争的过程积累了许多有效的防旱抗旱工作经验。实践表明，只要尊重自然规律，通过法律、行政、工程、科技、经济等手段，合理配置和利用水资源，规范人类自身活动，就能够降低旱灾对城乡居民生产生活、经济社会发展和生态环境的影响。

三、灾害时空特征

我国大部分地区属亚洲季风区，受海陆分布、地形、季风和台风影响，降水在地区间差异很大，东南多、西北少；在年季分配上，夏秋多、冬春少；年际变化大，丰水年与枯水年的降雨量变幅，一般南方为 2～4 倍，东北地区为 3～4 倍，华北地区为 4～6 倍，西北地区则超过 8 倍，这些地区还经常出现连续丰水年或枯水年的情况。根据干旱灾害的发生特点和规律，通常将我国在空间上分成 6 个区域，即东北地区、黄淮海地区、西北和内陆地区、长江中下游和太湖地区、西南地区和华南地区。各区域发生干旱的一般规律是：东北地区以春旱和春夏连旱为主；黄淮海地区以春旱、春夏连旱为主；西北地区降水量稀少，为全年性干旱，农作物灌溉水源主要靠高山融雪和少量雨水，如果积雪薄，或气温偏低融雪少，灌溉水不足，将会发生严重旱情；长江中下游地区主要是伏旱或伏秋连旱为主；西南地区多冬旱、春旱，以冬春连旱为主；华南地区虽然降水总量丰沛，但因年际分布不均，春、夏、秋也常有旱情。

（一）东北地区

该地区纬度较高，气温较低，农作物生长季节较短，通常一年一熟。全生长期（4—9 月）作物需水量为 500～600mm，同期降水量东部较大，接近或略大于作物需水量，西部较小，低于作物需水量。春季 4—5 月降水较少，西部降水量一般在 40～50mm，东部降水量为 60～80mm，均低于作物需水量 100～120mm，如遇春季土壤底墒不足，春旱极易发生。春旱发生的频次西部较高，东部较低；初夏 6 月需水量增多，而雨季还未来临，初夏旱易发生；7—8 月雨季降水增多，一般能满足同期作物需水要求，当年降水量偏少和降水年内分配不利时才发生干旱。该地区以春旱、夏旱和春夏连旱为主，夏旱发生频次低于春旱。

（二）黄淮海地区

该地区除淮南、苏北灌溉总渠以南地区外，均位于南北气候分界线的淮河、秦岭以北，降水量一般为 400～800mm，降水集中在汛期，春季降水少。黄河和海滦河平原地区春季 3—5 月作物亏缺水量一般在 120～200mm，春旱严重；初夏雨季未到，时有干旱；盛夏雨季，旱情较少，该地区的易旱季节为春夏连旱，以春旱为主。淮河流域山东南部和山东半岛春季亏缺水量为 100～150mm，苏皖豫地区春季作物亏水较少；夏季雨带北移，苏皖豫地区亏缺水量较多。淮河流域苏皖豫地区以夏旱为主，部分地区以春旱为主，山东南部和山东半岛以春旱为主。

（三）西北和内陆地区

该地区气候干旱少雨，年降水量在 400mm 以下，各季降水量均不能满足作物需水量要求，为全年性干旱，是没有灌溉就没有农业的地区。农作物由于受灌溉水源年内、年际丰枯变化的影响，常出现季节性干旱。新疆北部灌区多发生春旱，南部灌区多发生春旱、秋旱。宁夏多为春夏连旱，甘肃、青海多为春旱、夏旱。宁夏河套灌区、甘肃河西走廊灌区以及青海西宁、海东地区的灌区由于灌溉水源条件较好，干旱发生的频次较少。

（四）长江中下游和太湖地区

该地区位于东亚季风盛行区，多年平均年降水量为 800～1600mm，年降水变率为 10％～25％，作物主要生长期 4—9 月的降水量占全年的 60％～80％，降水变率为 15％～30％。春季多雨，春旱很少发生。在初夏季节遇"枯梅"和"空梅"，以及在夏秋时节副热带高压控制下，出现持续晴热少雨天气时，水稻需水得不到满足，易发生夏旱或夏秋连旱。

（五）西南地区

该地区位于我国东部季风区与青藏高寒区的过渡带。四川中西部，云南、贵州西部多为春旱、夏旱和春夏连旱，贵州东部、四川东部多为夏旱。

（六）华南地区

该地区属湿润季风气候，雨水充沛，农作物一年三熟，无农事休闲地。一年四季中任一生育期的农田水分供应不足，就会引起干旱。海南、广东南部和广西中部为春旱为主的地区，广东东部、广东北部和广西东部为秋旱为主的地区，广西西部为春旱、秋旱为主的地区。

四、历史重大干旱

我国幅员辽阔、地形复杂，特定的地理气候条件、水资源分布与经济社会发展格局在时空匹配上的严重失衡，决定了我国不可能从根本上消除干旱灾害。在全国范围内，局地性或区域性的干旱灾害几乎每年都会发生。严重的干旱灾害对我国社会造成了较为严重的影响。

（一）1637—1642 年（明崇祯十年至十五年）大旱

这是近 500 年来持续性旱灾时间最长、范围最大、受灾人口最多的旱灾。涉及黄河、海河、淮河和长江流域 15 个省份。据文献估计，1637 年、1639 年、1640 年和 1641 年，华北地区年降水量不足 400mm，5—9 月降水量不足 300mm，比常年偏少 3～5 成。这次干旱持续时间长，涉及范围广，干旱灾害有一个逐步发展的过程。在干旱初期，即 1637 年，仅少数地区有庄稼受害和人畜饥馑的现象；第 2 年，即 1638 年，旱区向南扩大到江苏、安徽等省大部分地区，有庄稼受害、人畜饥馑的现象，个别地区有人相食的记载；到干旱的第 4 年和第 5 年，即 1640 和 1641 年，年降水量不足 300mm，5—9 月降水量为 200mm 左右，旱情加重、禾苗尽枯、庄稼绝收，山西汾水、漳河均枯竭，河北九河俱干，白洋淀涸，淀竭、河涸现象遍及各地，人相食的现象频频发生。陕西、山西、河北、山东、河南等省的严重干旱还伴随着出现了蝗虫灾害和严重的疫灾，使灾害更加严重。河南"大旱蝗遍及全省，禾草皆枯，洛水深不盈尺，草木兽皮虫蝇皆食尽，人多饥死，饿殍载道，地大荒"。甘肃大片旱区人相食。陕西"绝粜罢市，木皮石面食尽，父子夫妇相剖啖，十亡八九"。干旱第 6 年和第 7 年，即 1642 年和 1643 年，各地旱情才略有缓解，灾情相对减轻。各地出现重旱的持续年数和起讫年份参见表 1-1。

连年旱灾造成粮食严重大歉收和失收，灾区米价昂贵，崇祯十二年（1639年）每石米值银一两，崇祯十三年以后，石米价格上涨到银三、四、五两不等，加上沉重的赋役，民不聊生，农民揭竿而起，起义不断。陕西关中爆发了李自成、张献忠农民起义，1644 年农民起义军攻入北京，明朝灭亡。严重干旱灾害是导致王朝衰败和社会不稳定的一个重要因素。

（二）1876—1879 年（清光绪二年至五年）大旱

光绪初年，我国北方地区发生了一场严重的大旱灾。从清光绪二年（1876年）到光绪五年（1879 年），大灾几乎遍及北方山西、河南、陕西、河北、山东等 5 省，并波及江苏、安徽等省北部，受灾面积达 77.7 万 km^2。由于此次大灾以光绪丁丑、戊寅两年的灾情最烈，故习惯称之为"丁戊奇荒"，其中又因山西、河南两省受灾最严重，又常被人称为"晋豫奇荒"。

表 1-1　　　　　17 世纪 20—40 年代持续重旱 4 年以上的城市

城市	干旱持续年份	持续年数/年	城市	干旱持续年份	持续年数/年
大同	1626—1633	8	太原	1637—1643	7
大同	1637—1641	5	北京	1637—1643	7
榆林	1627—1640	13	石家庄	1637—1643	7
延安	1627—1640	13	邯郸	1637—1644	8
西安	1633—1641	9	德州	1637—1644	8
临汾	1633—1641	9	菏泽	1637—1644	8
长治	1633—1640	8	莱阳	1637—1641	5
郑州	1634—1641	8	扬州	1637—1641	5
洛阳	1634—1641	8	徐州	1637—1643	7
兰州	1634—1637	4	蚌埠	1637—1641	7
汉中	1635—1641	7	济南	1638—1641	4
安康	1635—1641	7	临沂	1638—1641	4
天津	1636—1642	7	唐山	1639—1643	5
保定	1636—1643	8	九江	1639—1644	6
沧州	1636—1642	7	信阳	1639—1642	4
苏州	1636—1641	6	宁波	1640—1644	5
上海	1636—1641	6	岳阳	1640—1644	5
平凉	1636—1641	6	沅陵	1640—1643	4
银川	1636—1641	6	长沙	1640—1646	7

　　1876 年旱区主要在长江干流一线以北地区，华北地区旱情较重。北京、天津及河北自春至夏亢旱异常，黍麦枯萎，麦无收，秋禾未种，饥民遍野，并伴有疫疫及蝗灾；山西全省重灾，亢旱歉收，灾民生计艰难；山东全省春旱严重，胶东地区春夏大旱，部分麦田颗粒无收，粮价日增，民食艰难；河南全省春夏连旱，灾情严重，通许饥民死而填沟壑者居十之二三，宜阳灾民断炊，牲畜杀绝，吃树皮杂草，太康、正阳等地大旱，池塘沟港无水。陕西大部地区夏秋大旱，歉收，冬麦多未下种，播复枯萎；辽宁锦州、绥中、义县、兴城等地春夏连旱；黑龙江三姓和吉林珲春等地二麦抽穗之际，未雨亢旱，收成仅止三分；内蒙古鄂尔多斯春夏连旱，部分禾苗枯黄；安徽定远、亳州、宿县等多处大旱，涡阳自春至夏魃为灾，赤地如焚；江苏南北部多处夏旱严重，浙江萧山夏大旱，河底涸露；云南北部大理等地夏旱；四川大部干旱，金堂、乐山、简阳夏旱，苗槁。

　　1877 年为极重干旱年，旱区主要分布在华北、西北、内蒙古、华东和西南，其中北方地区为最严重。山西入春后，雨泽愆期，自夏至秋，天干地燥，赤地千里，禾苗枯槁，受灾八十二州（县），饥民达五百余万，饿殍盈途，晋中二十五个州（县）均有人相食记载，为百年未有之奇灾；河南全省特大旱年，春久旱荒，夏秋又大旱无禾，三季未收，秋冬大饥，受灾八十余州（县），饥民五六百万人，草根树皮剥掘殆尽，新安、修武、获嘉、辉县、新乡、林县、武陟、郑州、汝南等地均有"人相食"记载；北京夏旱蝗；天津被旱歉收三分；河北武安春夏亢旱，滦县、唐县、获鹿等地夏大旱，无极等地夏秋亢旱，新乐等地秋冬大旱，全省各季都有旱情，不少州（县）禾稼俱伤，秋禾不登，大旱无禾，井径、元氏、定县有人相食的记载；山东中西部大面积干旱，临朐、德平、济宁春旱，邹县、郓城春夏旱，冠县、莘县秋旱，寿张等地夏秋旱，旱无麦，秋歉收，饥；内蒙古包头春夏旱，伊盟夏秋旱，乌盟、巴盟旱情较重，禾苗枯黄，鄂尔多斯受灾，清水河全县无收；西北陕西、甘肃、宁夏大部，青海东部旱情较重，甘肃临泽四月旱，灵台夏六月旱，夏麦、秋禾歉收；陕西全省极旱，咸阳等地历冬经春及夏不雨，赤地千里，民失种，大饥，人相食，灾情为百年未有；西南的云南、四川灾情也较严重，四川众多州县夏秋大旱，赤地千里，道殣相望，饥死者沿街塞路；云南1876年雨泽稀少，入春后久不得雨，豆麦歉收。该年江苏、安徽、湖北、湖南部分地区亦出现旱情。

1878年为偏重干旱年份，旱区主要分布在华北、西北、内蒙古及华东和华南的部分地区。京师春旱严重，昌平自春至夏不雨；河北邯郸春旱甚，大名春夏旱，民有饿死者，青县、望都大旱民饥，草根树皮刮掘殆尽；山西全省经上年奇旱后，冬春间仍无雨泽，春荒极重，临汾、乡宁、曲沃等州（县）大旱，人相食，忻州岢岚春饥民沿途死无归；豫西春夏大旱，豫北、豫东上年旱后又接春旱，麦尽枯，灾民流亡载道，许州、偃师、博爱等九州县人相食，偃师连续18个月少雨，伊、洛河断流，五谷不登；山东北部旱，德州五月大旱，阳谷春旱，野有饿殍；陕西全省旱，西安、宝鸡、渭南十个州（县）发生重旱，其中蓝田、泾阳、陕县等地六月中旬后亢旱弥月，禾苗枯槁，人食树皮槐叶殆尽，人至相食；宁夏固原、青铜峡等地出现重旱；青海湟中旱灾；甘肃南部秋冬不雨；内蒙古包头、乌盟等地干旱，禾苗枯黄，收成无望。东北黑龙江西部，西南四川、云南和华东江苏、浙江等部分地区也出现旱象。

（三）1928—1929年西北旱灾

1928—1929年黄河中上游及长江中游地区发生的特大旱灾，不但持续时间长，而且范围大、灾情重。其中，1928年以位于黄河上中游的内蒙古、山西、陕西、宁夏、甘肃、河南及位于长江中游的湖北、湖南等地的灾情最重，并连成一片纵贯南北。1929年长江中游地区的旱情缓解，但长江下游的安徽、江苏、浙江形成一个新的旱灾中心。连续两年的大旱，使得各地河水断流、塘湖干涸、井泉涸竭、田地龟裂，老百姓大饥，人们死的死、逃的逃，凄凉万分。据不完全统计，这次旱灾累计饿死300万人、受灾1.2亿人，灾民占当时全国总人口的30%。

（四）1942年大旱

1942年全国大旱，旱区主要分布在东北地区北部和西南部、华北地区大部、西北地区东部、内蒙古中东部，以及华东、西南和华南部分地区。其中，山西中南部灾情较重，长治"四月至六月无雨，收成大欠（歉），饥者众"；河南全省旱灾极重，豫西、豫东春夏大旱，豫北、豫南春夏秋大旱，二麦歉收或无收，秋禾无望，该年饿死300万人、流亡300万人，濒于死亡边缘等待救济者1500万人；山东大部受旱，临朐、淄川和泰安春夏旱，德州春夏秋旱，聊城150天少雨，小麦大部绝收。

（五）1959—1961年大旱

1959—1961年我国连续3年发生了影响范围广、持续时间长的严重干旱，波及全国22个省（自治区），全国农作物因旱受灾面积平均在5亿亩以上，导致粮食连年减产，加之其他因素，粮食供应不足，发生了新中国成立以后严重的"三年困难时期"，引发全国性大饥馑，给人民生命安全和国民经济发展造成了严重危害。

（六）1972年华北大旱

1972年是新中国成立以来全国大范围、长时间严重干旱少雨的一年，重旱区主要在海滦河、黄河流域。除黑龙江、新疆外，北方大部分地区春季干旱少雨，入夏后又持续干旱，形成春夏连旱。旱情严重的海滦河流域，年降水量比多年平均值偏少20%～40%；黄河流域年降水量偏少22%，春季偏少2～5成，汛期偏少3～5成。河北省1972年降水量为351mm，较常年偏少34%；春夏季较常年偏少43%，连续无雨日数一般超过50天，最长达3个月无雨。山西省年降水量为354mm，较常年偏少31%，春夏秋季连旱，是新中国成立以来最旱的一年。北京市年降水量为431mm，较常年偏少29%，其中春季偏少8成。由于来水减少，小水库和塘坝大部分干涸，一些大型水库，如永定河官厅水库、滹沱河岗南水库不得不挖掘死库容，使水库长期在死水位以下运行。严重干旱造成浅层地下水水位普遍下降，一般井水位下降3.00～5.00m，衡水地区1972年6月地下水位最大下降6.90m，引起机泵出力下降和环境地质问题。济南以下黄河断流20天，河道断流长达310km，入海流量减少39%，是黄河下游现代连续断流的第一年。

据统计，1972年全国农作物受旱面积4.6亿亩，占全国播种面积的20.8%；

成灾面积 2.04 亿亩，占播种面积的 9.2%；损失粮食 1367 万 t。河北省受旱面积 4048 万亩，其中减产 30%～50%的有 1685 万亩，减产 50%～80%的有 698 万亩，绝收面积 114 万亩，全省因旱粮食损失 192.3 万 t，减产率为 14%，其中，夏粮减产 38.4 万 t，秋粮减产 153.9 万 t，棉花减产 6421 万 kg，全省受灾人口共计 1178 万人，山区有 100 万人吃水困难，有些牲畜渴死。山西省受旱面积为 3195 万亩，全省 93 个县中有 81 个县成灾，其中重灾县 46 个。天津市受旱面积为 388.9 万亩，成灾面积 298.2 万亩，全市粮食总产量较 1971 年减产 34.7%。

（七）1978 年江淮大旱

1978 年，我国遭受了大范围的严重干旱，长江中下游、淮河流域大部发生严重的夏伏旱，北方大部分地区发生严重的春夏连旱。

入春后，北方大部分地区降水偏少，旱象露头。4 月持续少雨，气温偏高，风大风多，旱情迅速发展。至 4 月底，全国 16 个省（自治区、直辖市）受旱面积已达 4.06 亿亩，其中小麦等夏粮作物受旱 1.79 亿亩，黄淮海地区小麦受旱面积约占全国总数的 80%，不少地区土壤含水量降到 10%以下。5 月冬麦区的降水缓解了部分地区旱情，西北地区旱情基本解除。河南的安阳、新乡，冀南、鲁西持续时间较长。河北、山西等省的部分地区遭遇春夏连旱，旱情严重。南方部分地区春季降水偏少，江苏、安徽、湖北、四川、云南、贵州等省出现旱象。淮河流域大部和长江中下游部分地区，夏季高温少雨，干旱持续 3～5 个月，形成夏秋连旱。

河南北部以及山西、陕西、宁夏、山东等省（自治区）的大部地区，年降水量较常年偏少 2～4 成，其中，河北南部、河南北部降水量只有 300～400mm，比常年偏少 3～4 成，江淮之间大部一般降水量为 450～700mm，也比常年减少 3～5 成。安徽、江苏、上海、浙江、湖南、湖北、河南、陕西、四川等 9 省（直辖市）的部分雨量站年降水量为近 30 年的最小值。长江中下游大部地区夏季降水量只有 100～300mm，比常年同期偏少 3～7 成，其中湖北东北部、安徽北部、江苏南部、上海以及浙江北部地区降水量不到 200mm，比常年同期偏少 6～7 成。

1978 年 1—10 月，长江中下游和淮河的水量为有水文记载以来 40～50 年间的最低值。很多大中型水库蓄水降到死水位以下，大部分塘堰干涸，河溪断流。长江大通站来水量比常年同期少 4 成左右，南京站水位也长期低于常年 1m 左右。淮河来水总量为 27 亿 m³，为有水文记录近 60 年以来最少的一年。1978 年淮河蚌埠闸上来水量，只有多年均值的 7%，其中 5 月、9 月、10 月、11 月蚌埠闸上没有来水，全年关闸控制的时间有 200 多天。该年淮河洪泽湖入湖水量为

30.4 亿 m^3，约为正常年份的 1/10，沂沭泗等入骆马湖水量为 26.6 亿 m^3，比正常年份少 6 成。骆马湖、微山湖一度在死水位以下，洪泽湖长时间处于死水位以下。

1978 年大旱造成全国受旱面积 6.0253 亿亩，成灾面积 2.6954 亿亩。重旱区主要在长江中下游、淮河流域大部和河北南部，其中长江中下游地区旱情最重。江苏、安徽、江西、湖北、湖南、四川等省受旱面积 2.29 亿亩，成灾面积 1.01 亿亩，受旱面积和成灾面积均占全国的 38%。

（八）2000—2001 年全国大旱

2000 年为特大干旱年，发生了 1949 年以来最为严重的全国性旱灾。全国农作物因旱受灾面积 6.08 亿亩，因旱损失粮食 599.6 亿 kg，经济作物损失 511 亿元。新疆、天津、山西、山东、河南等地因旱少雨发生较大面积、高密度的蝗灾。牧业生产也造成巨大损失。旱情严重期间，全国有 2770 万农村人口和 1700 多万头大牲畜出现临时饮水困难。天津、烟台、威海、长春、承德、大连等大中城市发生供水危机，不得不采取非常规的节水限水或远距离调水措施。

（九）2006 年川渝大旱

2006 年重庆、四川东部发生了百年一遇的特大干旱。7—8 月，重庆、四川两个月平均气温分别达到 1951 年以来历史同期最高，其中重庆市綦江县日最高气温达到 44.5℃。7 月，重庆、四川月累积平均降雨量比常年同期偏少 5～8 成；8 月，重庆、四川比常年同期偏少 5～8 成。由于持续高温少雨，8 月长江流域出现较为罕见的主汛期枯水。8 月下旬，重庆市有 2/3 的溪河断流，2718 座小型水库有 473 座干涸，281 座低于死水位，14.2 万座山坪塘有 3.38 万座干涸；全市中小型水利工程蓄水总量为 9.12 亿 m^3，比常年同期少蓄 54%。四川省中小溪河断流 14.69 万条次，有 1100 座小型水库蓄水一度在死库容以下，10.41 万口塘堰干涸。

7—8 月，重庆大部、四川东部发生了百年一遇的特大干旱。重庆市 40 个区（县）中有 37 个发生特大干旱，一度有 1980 万亩农作物受旱、1015 万亩重旱、504 万亩干枯，分别占全市在册耕地面积的 97.5%、50% 和 25%；有 1/3 的乡镇出现供水不足，有 820.4 万人、748.8 万头大牲畜因旱出现饮水困难，饮水困难人口超过全市总人口的 1/4，其中有 147 万群众需政府组织拉水、送水。四川省有 139 个县发生夏伏旱，作物受旱面积 2828 万亩，其中重旱 1748 万亩、干枯 416 万亩；有 443.6 万人、586.6 万头大牲畜因旱出现饮水困难，其中有 135 万人依靠拉水、送水维持生活，一些山区群众日常水源枯竭，要到几千米以外的地方挑水或十几千米外的地方运水。

9 月上旬出现了两次大范围降雨过程，四川重旱区南充、遂宁、广安等地普降大到暴雨，重庆旱区也普降大雨，极大地缓解了四川旱区的旱情，缓和了重庆全市范围的农作物旱情。但重庆市由于前期受旱时间长，一些地方人畜饮水困难一直持续到9月底。

重庆市大部分地区夏伏旱持续天数超过70天，其中巫山县长达111天。四川东部大部分地区夏伏旱持续天数超过45天。

（十）2010年西南大旱

2009年10月至2010年5月，我国西南地区云南、广西、重庆、四川、贵州等5省（自治区、直辖市）发生了历史罕见的特大干旱，干旱持续时间长、强度大、范围广、损失重，对旱区经济社会发展和城乡居民生活生产造成了严重影响。据统计，严重干旱造成5省（自治区、直辖市）直接经济总损失769亿元，约占西南5省（自治区、直辖市）GDP总数的2%。

2009年入秋后，我国西南大部降雨和来水持续偏少，受其影响，10月云南省中北部旱象露头后1个月内波及全省；12月贵州、广西两省（自治区）旱情显现；2010年2月，云南、贵州、广西、四川和重庆等5省（自治区、直辖市）旱情进一步发展加剧；4月初旱情发展到高峰，耕地受旱面积达到1.01亿亩，占全国同期耕地受旱面积的84%，有2088万人、1368万头大牲畜因旱饮水困难，分别占全国的80%和74%。

3月下旬后，西南地区陆续出现降雨过程，重庆、四川、广西等地大部旱情陆续解除，贵州大部、云南西部和南部旱情有所缓和，云南中北部和东部等重旱区旱情仍然持续。5月上旬，西南地区降雨明显增多，除前期降雨较少的云南中北部和东部、贵州局部旱情仍然持续外，其他地区旱情基本解除。

（十一）2011年北方冬麦区大旱

2010年10月至2011年2月，冬麦主产区大部降水持续偏少，累计降水量比多年同期平均偏少5~9成，其中河南、山东两省降水量比多年同期平均偏少8成以上，一些地区3个多月无有效降水，江河来水比多年同期平均偏少2~4成，河北、山西、江苏、安徽、山东、河南、陕西、甘肃等8省冬麦区共有1500多座水库、10.8万个塘坝干涸。

2010年11月中旬，冬麦区旱情开始露头，随后不断发展蔓延。2011年2月上旬，旱情达到高峰，8省冬小麦受旱面积达到1.1151亿亩，占8省冬小麦播种面积的4成，占全国冬小麦播种面积的1/3，有246万人、106万头大牲畜因旱饮水困难。山西、河北、山东、河南、甘肃5省偏远山区部分群众依靠拉水、送水维持基本生活用水，最长拉水距离超过20km，每吨水成本达数十元。2月中旬以后，受旱地区陆续出现降水过程，加之气温回升有利于旱区灌溉，旱情开始缓解。4月初，河南、安徽、陕西、江苏等4省旱情解除，但甘肃、山西、河北、山东等 4 省一些没有灌溉条件的麦田旱情持续。入夏后随着降水增多，以及冬小麦逐渐成熟收割，部分地区持续半年多的旱情全部解除。

（十二）2011 年长江中下游地区大旱

2011 年 1—5 月，长江中下游湖北、湖南、江西、安徽、江苏等 5 省累积降水量比多年同期平均偏少 5 成以上，为近 60 年来同期最少。4—5 月长江干流部分河段及湖南湘江、资水、沅江和江西赣江、抚河、信江、修河等主要河流均出现了多年同期最低水位。6 月初，5 省水利工程有效蓄水量比多年同期平均偏少近 5 成，鄱阳湖、洞庭湖、洪湖的水域面积比多年同期平均分别偏少 85％、24％、31％。

受降水持续偏少、江河来水偏枯及湖库蓄水减少影响，4 月以后长江中下游旱情露头，5 月蔓延至湖北全省、湖南和江西两省中北部、安徽和江苏两省中南部等地区。旱情高峰时，上述 5 省耕地受旱面积达 5696 万亩，因旱饮水困难383 万人。部分山丘区群众只能通过拉水、送水等应急措施解决生活用水。湖北洪湖周边 2533 人因饮水困难被迫临时动迁，十堰近百个集镇被迫分时段供水。湖南 157 个集镇不能正常供水，有些集镇甚至中断供水。旱情不仅威胁到粮食生产和人畜饮水，还影响到河湖生态、水产养殖、航运等诸多方面。

6 月 3 日以后，长江中下游地区旱涝急转，江西、湖南、安徽等 3 省旱情相继解除，湖北、江苏除局部地区外，大部分旱区旱情解除。

（十三）2013 年南方地区高温伏旱

2013 年 6 月下旬至 8 月上中旬，西南地区东部持续高温少雨，贵州、重庆、四川等 3 省（直辖市）旱情迅速发展。8 月中旬，夏伏旱达到峰值，贵州、重庆、四川等 3 省（直辖市）作物受旱面积为 2167 万亩，345 万人、159 万头大牲畜发生饮水困难，分别占全国同期的 25.5％、35.4％和 46.7％。贵州省旱情最为严重，6 月下旬至 8 月上中旬全省平均降水量较多年同期平均值偏少 4 成，江河来水偏少 7 成，有 318 条溪河断流、140 座小型水库干涸，全省 88 县（市、区）中有 86 县（市、区）发生不同程度旱灾，24 县（市、区）发生特大干旱，29 县（市、区）发生严重干旱，遵义和仁怀 2 市城区供水紧张。8 月下旬，受台风影响，西南旱区出现两次较大范围强降水过程，高温天气逐渐减弱，旱情解除。

7 月 1 日至 8 月 15 日，江淮、江南、江汉部分地区持续高温少雨，长江中下游湖南、江西、上海、浙江、江苏、湖北等 6 省（直辖市）35℃以上高温日数为 1951 年以来最多，降水量较多年同期平均值偏少 55％，为 1951 年以来同期最少。湖南湘江、资水、沅江、澧水来水量分别比多年同期平均偏少 2.3％、24.5％、14.5％、11.1％，洞庭湖区总入湖水量较多年同期平均偏少 29.7％。

江西抚河、信江部分河段水位分别比多年同期平均水位偏低 2～3m，创历史新低，鄱阳湖水位较多年同期平均值偏低 2m 多。8 月中旬，旱情高峰时，湖南、湖北、江西、安徽、浙江、江苏等 6 省耕地受旱面积达 7174 万亩，611 万人、159 万头大牲畜发生饮水困难，分别占全国同期的 73.7％、63.9％和 50.0％。湖南、湖北 2 省局部旱情发展快、程度重，耕地受旱面积为多年同期平均值的 4 倍，湖南邵阳城区、邵东、新邵、保靖、株洲、新化、临武等地 36 万城市居民供水受到影响，部分山丘区群众生活用水十分困难，有的需要到 20km 外取水。湖北中部、北部部分地区连续 4 年受旱，枣阳、应城 2 市有 48 万城市居民用水困难。8 月下旬，受台风登陆影响，旱区出现两次较大范围强降水过程，旱情解除。

五、灾害影响

（一）对农业的影响

干旱灾害是对我国农业生产危害最大的自然灾害。

据 1950—2019 年统计资料分析，全国农作物多年平均因旱受灾面积超过 3 亿亩，其中多年平均成灾面积 1.36 亿亩，多年平均因旱损失粮食 1635.7 万 t，见图 1-1。70 年中，全国农作物因旱受灾面积超过 4 亿亩的共 19 年，其中 2000 年、1978 年、2001 年、1960 年、1961 年、1959 年和 1997 年超过 5 亿亩；成灾面积超过 2 亿亩的共 16 年，其中 2000 年、2001 年和 1997 年超过 3 亿亩；因旱粮食损失超过 3000 万 t 的共 10 年，其中 2000 年、2001 年、1997 年和 2006 年超过 4000 万 t。特别值得关注的是 2000 年，全国作物因旱受灾面积高达 6.08 亿亩，占当年播种面积的 25.9％，约为多年平均受灾面积的 2 倍；成灾面积 4.02 亿亩，占因旱受灾面积的比例高达 66.1％，约为多年平均成灾面积的 3 倍；因旱粮食损失接近 6000 万 t，约为多年平均因旱粮食损失的 4 倍，占到当年粮食总产的 13％。

从图 1-1 可见，1950 年以来，我国因旱粮食损失呈现明显增加趋势，主要有以下几方面原因：

（1）随着农业生产规模的不断扩大和农业科技的迅速发展，粮食单产不断提高，同等干旱条件下，旱灾对粮食产量的影响大大增加。

（2）随着社会经济高速发展和人民生活水平的提高，工业生产和城市生活用水挤占农业用水现象日趋严重，尤其是发生较大干旱时，常常弃农业而保生活、生产用水。

（3）随着全球气候变暖，严重甚至特大干旱灾害发生更为频繁，农业生产变得更加敏感、脆弱。

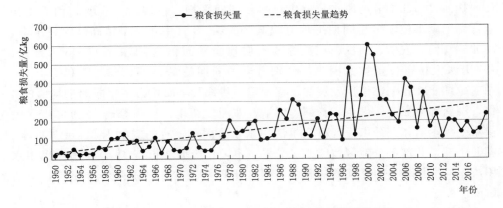

图 1-1　1950—2019 年全国因旱粮食损失量变化情况

（4）由于不同区域气候、地理、水资源等自然条件以及水利基础设施条件等存在较大差异，特别是受全球气候变化的影响，近年来我国干旱灾害区域分布发生了较大的变化，北方地区由于长期以来水资源条件较差，农业灌溉工程比较完善，近些年的干旱对农业造成的损失有所减小，而南方地区干旱灾害发生频率有增加趋势，如 2010 年西南大旱、2019 年长江中下游大旱等都对生活生产造成了较为严重的影响。

（二）对社会的影响

1. 重大干旱对人口的影响

清光绪初年大旱，据估计，受灾人数为 1.6 亿～2 亿人，约占当时全国人口的一半，直接死于饥饿和瘟疫的人口在 1000 万人左右。1920 年直隶、河南、山东、山西、陕西等 5 省大旱灾连同甘肃大地震，造成灾民总数有 2000 万～5000万人，直接死亡人数不详。除直接导致人员伤亡外，历史上重大旱灾还引发广大农民背井离乡，产生流民潮，甚至举家逃荒求生。15 世纪末特大干旱使北方大批人口脱离土地成为流民，是构成当时社会动荡的一个重要因素。1920 年北方 5 省大旱灾后，京汉、津浦、京奉、京绥、陇海各铁路沿线麇集了大批流民，都是等待逃荒的灾民。据统计，1920—1921 年从关内迁往东北的流民超过 30万人。

2. 重大干旱对政治的影响

历史上持续数年或数十年的特大干旱事件常常引发大规模农民起义，造成中国社会的动荡混乱甚至政权的更替。东汉建武二十二年（公元 46 年），蒙古高原发生特大旱灾，游牧于此的匈奴族"人畜饥疫，死耗大半"，王公权贵趁此争权夺利、战争不断，匈奴汗国因此分裂为南匈奴和北匈奴。明朝末年，由于连年发生干旱，老百姓处在水深火热之中，李自成、张献忠等农民起义此起彼伏，明王朝很快走向了灭亡。

（三）对人畜饮水的影响

据 1991—2019 年统计数据，全国每年平均有 2303.36 万农村人口和 1738.37 万头大牲畜因旱发生饮水困难，见图 1-2。20 世纪 90 年代初我国因旱饮水困难问题十分突出，90 年代中后期随着人饮解困工作的推进，有了明显减少，但 2000 年以后又出现明显反弹，尤其是 2001 年、2006 年、2010 年全国农村因旱饮水困难人口都超过了 3200 万人。饮水困难主要发生在水资源匮乏的西北地区、山丘区以及蓄水困难的西南地区。

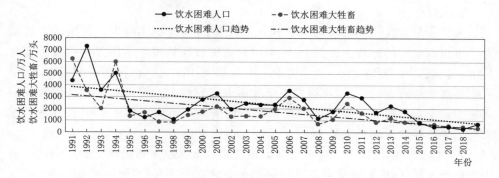

图 1-2　农村因旱饮水困难人口和牲畜数量逐年变化情况

（四）对城市的影响

在城市供水方面，我国 660 多座设市城市中，有 400 多座常年供水不足，其中 110 座严重缺水，城市正常年景年缺水量约 60 亿 m³。近些年来北方大部分地区的连年干旱使城市供水短缺问题更加突出。2000 年大旱，全国有 18 个省（自治区、直辖市）620 座城镇缺水（包括县城），影响人口 2600 多万人，直接经济损失 470 亿元，天津、烟台、威海、大连等城市出现供水危机，居民正常生活受到严重影响。受 2006 年川渝大旱影响，2007 年 3 月嘉陵江水位严重偏低，导致重庆市部分城区供水告急，120 万城市居民生活用水受到严重影响。

（五）对生态的影响

水资源不仅支撑着人们的生活和经济的发展，也支撑着自然生态系统的正常运行。水既是生态系统的重要组成部分，又是生态系统的控制性要素。随着经济社会的快速发展和城乡居民生活水平的不断提高，用水需求大幅增加，导致我国许多地区水资源短缺日益突出。为维持经济社会的发展，多年来，我国许多地区都是以挤占生态用水为代价。特别是北方地区，由于干旱灾害日趋频繁，生态用水受到严重侵害，生态干旱灾害表现为河道断流、湖泊萎缩、地下漏斗扩大、湿地面积减小、生物多样性减少、土壤沙漠化、绿洲萎缩、植被退化甚至死亡等。20 世纪 90 年代，黄河下游几乎年年断流，黄河三角洲生态系统遭到严重破坏，湿地萎缩近一半，鱼类减少 40%，鸟类减少 30%。2002 年，南四湖地区发生 1949 年以来最为严重的特大干旱，湖区基本干涸，湖区 70 多种鱼类、200 多种浮游生物种群濒临灭亡，湖内自然生态遭受毁灭性破坏。20 世纪80 年代以来，"华北明珠"白洋淀多次发生干淀现象。近年来，南方地区干旱缺水现象频发，太湖枯水导致水质恶化、珠江入海口咸潮上溯，都给水体和周边生态环境造成较大的影响。

（六）次生灾害

1. 蝗灾

人类很早就注意到严重的蝗灾往往和严重的旱灾相伴而生。我国古书上就有"旱极而蝗"的记载。根据 1985 年河南省民政厅整理的《历代自然灾害资料汇编》记载，在清代的 193 次旱灾中，次生蝗灾 109 次；在民国时期的 35 次旱灾中，次生蝗灾 29 次。这说明发生旱灾不一定有蝗灾，但蝗灾却往往跟随着旱灾发生，旱灾、蝗灾并发是一种常见的自然现象。历史资料记载中也发现，蝗灾与干旱同年发生的概率最大。

20 世纪 80 年代以来，由于受到干旱气候、土壤沙化和盐碱化的影响，农业生态环境发生了很大的变化，导致新的蝗区不断产生，老蝗区蝗灾反复发生，蝗灾暴发频率有所上升。例如，1985 年，天津的蝗虫迁飞到河北，1995 年和1998 年黄淮海地区蝗虫大暴发，1999 年境外蝗虫还迁入我国新疆，造成大面积农牧区受害。2001 年黄淮海地区的夏蝗尤为严重，河北的安新、黄骅，河南的开封、兰考，山东的无棣、沾化等地出现高密度的蝗虫，最高密度达 3000 只/m^2以上。

2. 火灾

干旱往往伴随着高温、大风天气，对于森林树木密集的地区，枯枝落叶、杂草和灌木丛大量堆积，长期干旱使得树木十分干燥易燃，草地森林火灾的风险很高。一旦发生火灾，可能造成人员伤亡、林木资源损失，伴随的浓烟还会使能见度下降，严重影响灭火及救援实施。

2010 年春季在西南大旱的影响下，森林火灾发生频繁。据统计，仅 2 月 1日至 3 月 10 日，广西就发生森林火灾 331 起，过火面积 9.04 万亩，受害森林面积 1.17 万亩，与 2009 年相比，森林火灾的过火面积增加了 7 成多。

3. 地面沉降

遇干旱年份，有些地区通过抽取地下水来应对缺水问题，但是地下水长期过度超采会引发地面沉降、地下漏斗、海水入侵、咸潮上溯等严重后果。

地下水超采会引发地面沉降。古代高塔如今有"十塔九斜"之说，位于中国千年古都西安的大雁塔在建成 1000 多年后也是略有倾斜。20 世纪 90 年代，随着经济发展和人口快速增长，西安市城市用水急剧增加，当时又赶上气候干旱，河流水量减少。因缺乏城市饮用水，大雁塔周围居民为解决吃水困难问题自行打井，无限制开采地下水，致使大雁塔一带地下水位一度降至 100m 以下，到 1996 年，塔倾斜达到最大程度，倾斜位移达到 1010.5mm。专家分析，除了建筑物的自然沉降因素外，地下水超采引起的不均匀地面沉降是大雁塔倾斜速度加快的主要原因。

地下漏斗是地面沉降的一种，是由于地下水过量开采和区域地下水位持续下降，地下水面呈现漏斗形状的现象。由于地下水超采严重，黄河、淮河、海河流域已出现大面积漏斗。漏斗范围内的地下水水位持续降低，地表土壤干燥沙化，植被减少，生态环境恶化。

4. 海水入侵

海水入侵是指海水通过透水层（包括弱透水层）渗入地下水水位较低的陆地淡水含水层。海水入侵通常发生在临海地区，其发生与干旱密切相关。由于干旱缺水，滨海区超量开采地下水，地下淡水水位下降，海水与淡水的交界面不断向内陆推移，导致地下淡水不断掺杂了海水而咸化。这种环境变化在半湿润半干旱区海岸带的莱州湾沿岸、渤海湾沿岸危害已很严重，在湿润地区的上海、宁波等地也已出现。近年，针对海水入侵，实施了压咸补淡，就是向地下水补充淡水，使海水与淡水交界面往大海方向移动。

5. 咸潮上溯

咸潮上溯是指海洋大陆架的高盐度水团随着潮汐涨潮流沿着河口的潮汐通道向上游推进，咸水扩散和咸淡水混合造成上游河道水体变咸的现象。咸潮上溯是入海河流在河口区存在的最主要的潮汐动力过程之一，也是河口特有的一种自然现象，多发于枯水期和干旱时期。珠江河口枯水期咸潮上溯问题比较严重，近年来珠江三角洲常常受到严重的"咸灾"。频繁出现的咸潮上溯活动已经成为珠江三角洲面临的环境问题之一，不仅会造成严重的生态危害，还会直接影响人民的生活用水、农作物灌溉以及工业用水，制约珠江三角洲的经济发展。

第二章 水旱灾害防御概述

第一节 水旱灾害防御的历史演进

中华民族与洪水干旱作斗争，历史悠久，随着社会的发展，水旱灾害防治能力不断提高。

一、防治水旱灾害的重要性

善治国者，必善治水，历代善治国者均以治水为重。中国自古就是治水大国，中华民族的发展史，从某种意义上讲就是一部治水史。大禹治水是最早和最生动的一个例证。公元前 22 世纪，黄河流域连续发生特大洪水，大水经年不退，到处一片哀叹。大禹受命统率各部族治水，相传他主要采用疏导的方法，经过十多年的努力，治水终于成功。大禹治水是整个社会的集体行动，成就卓著，对社会产生了重大影响，同时也使大禹建立了崇高的威望，并获得指挥和支配的权力。从大禹开始，禅让制变为世袭制，国家政权应运而生。可见，大禹治水成为国家形成的契机和催化剂。《左传》记载：昭公元年（公元前 541年）周大夫刘定公曾赞叹大禹治水的功绩说："美哉禹功，明德远矣。微禹，吾其鱼乎。"也就是说，如果没有大禹治水的成功，我们大家岂不要成为水中鱼了吗？极言治河防洪对于保护人民生命财产的重要性。

水旱灾害对社会发展有重大影响，春秋时期齐国政治家管仲对于治国必先治理自然灾害有精辟的论述："善为国者，必先除其五害。"何谓五害？"水一害也；旱一害也；风雾雹霜一害也；厉（疾病）一害也；虫一害也。"可见水旱灾害自古以来就是对人民生产和生活威胁最大的灾种。晋代学者傅玄（公元 217—278 年）针对当时水旱灾害频繁发生的现实，曾向晋武帝上疏，建议发展水利以克服水旱灾害。他首先阐明对于水旱灾害的看法："圣帝明王，受命天时，未必无灾。是以尧有九年之水，汤有七年之旱。惟能济之以人事耳。"也就是说，水旱的发生纯粹是一种自然现象，和人间政治清明与否无关，人应该积极地改造不利的自然环境。傅玄曾经比较有无灌溉排水条件的农田的优劣，"陆田者，命悬于天，人力虽修，水旱不时，则一年之功弃矣。水田制之由人，人力苟修，则地利可尽。天时不如地利，地利不如人事。"管仲和傅玄的思想体现了古代对水旱灾害的唯物主义认识论。

我国自有文字记载的 3000 年来，治水文献浩如烟海。历朝历代君王中有作为者，都有值得称道的治水业绩。

秦始皇是我国历史上第一位皇帝，在水利上做了两件大事：一是修郑国渠，二是修灵渠。秦始皇登上王位后，为了满足战争对粮食物资的巨大消耗，十分重视发展关中水利，建成了以泾水为源、横贯渭北平原的郑国渠，从而打造出关中的粮仓。灭六国后，为打通中原通往岭南的运道，秦始皇命史禄在湘江（属长江支流）与漓江（属珠江支流）之间开凿运渠。秦始皇三十三年（公元前 214 年）渠成（初名秦凿渠，后来称零渠、灵渠、兴安运渠）。

汉武帝元光三年（公元前 132 年）黄河在瓠子（今濮阳县西南）决口，洪水冲向鲁西南，经过泗水，汇淮河入海。在此后的 20 多年里，黄河连年泛滥，导致连年灾荒。元封二年（公元前 109 年）汉武帝在去泰山祭祀的途中，目睹灾区景象，感慨检讨自己不了解黄河泛滥对下游地区的严重危害，并亲临决口现场主持堵口，命令随行官员自将军以下都要背柴负土参加堵口。公元前 111 年，汉武帝论述了水利在社会经济中的地位，"农，天下之本也。泉流灌浸，所以育五谷也"，要求各地兴建灌溉工程，并制定相应的管理制度。

北宋王安石变法是中国历史的重要事件，目的是富国强兵，而其中重要措施之一就是发展农田水利。熙宁二年（1069 年）由中央政府颁发了推动全国农田水利建设的《农田水利约束》，规定：凡能合理提出在某地应建灌溉工程者，将给予奖励；地方政府对本地拟建工程的工程量、工期和所需材料多少，要绘图上报；工程效益显著的，主持人应予晋升；官吏离任前要对本地农田水利工程进行交接；有夸大虚报的要受处分，拖延不办的要降级。

明太祖朱元璋也以重视农田水利建设著称。洪武二十八年（1395 年）在全国范围"奏开天下郡县塘堰凡四万九百八十七处，河四千一百六十二处，陂渠堤岸五千四十八处"。

清康熙皇帝对水利倾注了极大的心血，曾说："朕听政以来，以三藩及河务、漕运为三大事；夙夜廑念，曾书而悬之宫中柱上。"所谓"河务"，指的是黄河的防洪治理；所谓"漕运"，指的是通过运河进行南粮北调。

关于防治水旱灾害对中国的重要性，马克思、魏特夫也有论述。马克思较早注意到灌溉工程对于亚细亚文明的重要性，在《不列颠在印度的统治》一文中指出："在东方，由于文明程度太低，幅员太大，不能产生自愿的联合，因而需要中央集权的政府干预。所以亚洲的一切政府都不能不执行一种经济职能，即举办公共工程的职能。这种用人工办法提高土地肥沃程度的设施靠中央政府办理，中央政府如果忽略灌溉或排水，这种设施立刻就荒废。"魏特夫在 1957

年出版的《东方专制主义》一书中指出：远古中国的治水，是中国专制主义产生的主因。魏特夫认为在东方农业文明中，农田灌溉依赖大规模的水利工程，这种文明的社会结构为"水利社会"（hydraulic society），以专制和集权的官僚行政系统为特征。

二、工程防洪抗旱的历史演进

黄河是中华民族的母亲河，自先秦至北宋，黄河流域是中国政治经济文化中心，黄河水旱灾害也一直是中华民族的心腹之患，特别是大洪水，更是心腹大患。中华民族为生存发展，一直在与黄河水旱灾害作斗争。远古以来，治黄方略随着历史条件的变化而不断演变、进步，过程大致经历了从障、疏、堤、分、束，到现代的综合治理、系统治理。治理黄河在中国治水史上具有代表性，下面以黄河为主线，介绍历史上工程防洪的历史演进。

"障"。上古时代，先民以采集渔猎为主要生产手段，生产力低下，没有也不可能对河流进行系统整治。人们"择丘陵而处之"，躲避洪水的威胁。大约在距今5000多年前，我国古代社会进入原始公社末期，农业已开始成为社会的基本经济部门。人们为了生产和生活的方便，以氏族为单位，集体居住在河流和湖泊的附近，在自然条件良好的地区，村落分布已相当密集。人们濒水而居固然有很大的便利，但也因此受到洪水的危害，逐步产生了水来土挡的概念，于是修筑一些简单的堤埝把村落保护起来，抵挡洪水的漫溢。相传这一时期的共工氏部落善于修筑堤埝。一直到禹的父亲鲧治水的时候，仍然沿用这一种办法，用类似今天农村常见的护村堤的办法阻挡洪水，因此有"鲧障洪水"的历史传说。障护应是治河防洪的第一阶段。

"疏"。到了公元前22世纪禹的时代，障护的办法已不可能有效地保护居民点和附近农田的安全，于是禹转而采用"决九川距四海，浚畎浍距川"，也就是疏通主干河道入海和在两岸加开若干排水沟，使漫溢出河床的洪水和积涝有可能迅速回归河槽的办法，以减少洪水的停蓄时间。禹采用的以疏导为主的治河方略，比共工氏和鲧的办法前进了一步，从消极防洪进入积极治河。经过人工疏导的河流，排水能力增加，已经部分地改变了河流的自然状态，防洪效果因而提高，不过大水期间仍难免洪水四处横流。相传商代的首都曾经搬迁过5次，地点都在豫北黄河故道的两旁。一般认为，商都五迁是为了躲避洪水。可见疏浚的办法仍有其较大的局限性。分疏是治河防洪的第二阶段。

"堤"。此处指沿河筑堤。防洪堤至迟在公元前9世纪已经出现。在公元前651年各诸侯国间所制定的盟约中就有"无曲堤"的条文，即不许修建只顾自己而损害别国的堤防，可见黄河下游各诸侯国已普遍筑堤。到了战国时代，铁制工具普遍使用，黄河下游地区进一步开发，人口繁衍，城市大批兴建，对黄河的治理也提出了进一步的要求，再不能让洪水像以往一样四处漫流，"与水争地"势不可免，位于黄河下游两岸的齐、赵、魏三国先后在距离黄河主流 25 里的地方修筑堤防，黄河下游系统堤防由此产生。堤防的系统修建显著加大了河床容纳的水量，从而明显提高了防洪标准。当然，堤防比起堤埝来说，不仅是规模大小的不同，它表明了人们已从消极防水到积极治水的飞跃。

长江大堤的起源比黄河晚，这反映出两个地区经济开发的先后和水灾严重程度的不同。长江大堤以湖北的荆江河段最先建设，时间是在公元 4 世纪 50 年代，主要是保护江陵城的安全，此后历代续建，至北宋中期，荆江北岸已形成连贯的大堤，不过仍保留有被称作"九穴十三口"的分洪口门。北宋人所著的《彭城集》一书中记载今湖北省监利县的堤防情况，"濒江、汉筑堤数百里，民恃堤以为业，岁调夫工数十万"，可见当年堤防的规模。明代后期长江水灾加剧，除兴建堤防外，还制定了"堤甲法"的堤防管理维修制度。至于淮河，原本少有水灾，自 1128 年黄河向南改道，夺淮河下游河床为入海通道以来，由于黄河河床的抬高和对淮河的顶托，防洪形势逐渐恶化，淮河两岸洪涝灾害逐渐加剧。至于滨海地区的海塘，是防止海岸坍塌，保护沿海城镇、农田和盐场安全的特殊的堤防工程。海塘起源于汉代，至今已有 2000 年的历史。

纵观历代治河方略演变的历史，可以看到，它是和社会进步、生产力发展、技术水平提高等密切相关并不断进步的。在长达 4000 多年的防洪史中，战国以来的 2500 多年，堤防成为主要的防洪手段。以堤防洪是历史的进步。

"分"。堤防控制了流路，但泥沙淤积使河床不断抬高，西汉时黄河已逐步形成地上"悬河"。河床抬高使河槽行洪能力下降，加剧了洪水威胁。于是汉以后出现"分"流的主张，在下游多开支流，解决下游河道行洪能力不足的问题。直至明朝中叶，分流治理方式一直是治黄的主导策略。另外，在经济合理条件下，堤防的防洪标准有一定限度，当出现超标准洪水时怎样减轻洪水灾害呢？选择低洼的有一定容积的经济相对不发达的地区容蓄洪水，是从古至今经常被采用的一种方法，这就是通常所说的蓄滞洪区。我国的蓄滞洪区建设有着悠久的历史。战国时期文献记载："地有不生草者，必为之囊。"这里所说的囊就是蓄滞洪区。

"束"。对于黄河这样的高含沙河流，分疏解决了干流行洪能力不足的矛盾，而河水的挟沙能力是和流速的高次方成正比，因此，随着水量的分散，流速降低，难免加剧河流主槽的淤积。明代前期在黄河上曾一度奉行以分疏为主的方针，到嘉靖年间，黄河主槽在豫南、苏北一带摆动无定，分流的河道有时有两三条，有时多达 13 条，河道混乱，洪水更难控制，分疏理论碰到了难以克服的困难。到了明代万历年间，著名治河专家潘季驯总结了前人治黄的经验教训，提出"以堤束水"（固定流路）、"束水攻沙"、"以清释浑"的策略，把过去单纯防洪的思路转向注重治水与治沙相结合。潘季驯治黄实现了由分流到合流、由治水到治沙两个转折，抓住黄河泥沙淤积这个根本问题，这是治黄方略的重要转变。这一治黄思想和方法甚至影响至今。

从古代到近代治黄，目标主要是防范洪水威胁与防范河道泥沙淤积，治理范围主要集中在下游的河道与堤防。然而，受认知水平和生产力水平约束，历史上治黄虽然提出并应用了一些解决水沙矛盾的方法，并在一定时期内也取得了成效，但并没有实现水沙平衡，致使河道抬高与防洪问题一直难以根本解决，"河清海晏"也只能成为天下太平的梦想。

民国时期，李仪祉先生针对我国古代 2000 多年治河偏重下游河道的情况进行思辨，认为防洪要上中游建库蓄洪，治沙要下游河道冲沙与上中游保持水土相结合，提出了治黄上中下游并重，除害与兴利（防洪、航运、灌溉、水力发电等）统筹兼顾的治黄新方略。这是一个迥然异于历代方略的治黄思想，它极大地突破了传统上仅着眼于下游而未顾及上中游、仅着眼于除害而未顾及兴利的历史局限，反映了人类治黄认识从单一矛盾走向普遍联系，使治黄方略向前推进了一大步，在治黄史上起到了继往开来的重要作用。

新中国成立后，治黄方略不断发展，针对水沙平衡与防洪问题，以及随着经济社会快速发展而新出现的水资源、水生态、水环境等问题，统筹兼顾，将黄河作为一个整体来考虑治理对策，兴利除害结合、开源节流并重、防洪抗旱并举，治黄进入综合治理阶段。在防洪减淤方面，由新中国成立初期的"宽河固堤"，发展成 20 世纪 50—60 年代的"上拦下排，蓄水拦沙"，并在 70 年代形成了适用至今的"上拦下排，两岸分滞"，控制洪水；"拦、排、放、调、挖"综合措施处理和利用泥沙，总体上形成黄河治理与社会治理相协调、工程措施与非工程措施相结合的综合治理思路。中共十八大以来，习近平总书记亲自擘画，黄河治理进入了黄河流域生态保护和高质量发展新阶段。

抗旱的工程手段主要是人工兴建灌溉工程以补充作物需水。农田灌溉在中原地区起源很早，在战国时期的地理书《周礼·职方氏》中，记载了全国主要有灌溉效益的水体分布情况，而灌溉系统则由有输水、分水、灌水、排水等不同功用的渠道和与之相连的蓄水设施所组成，都江堰、郑国渠、芍陂等著名大型灌溉工程都是这一时期建成的。秦汉以后我国基本经济区逐步向南方扩展，三国至南北朝时期（约公元 3—6 世纪）淮河中下游成为继黄河流域之后的又一基本经济区。隋唐时期（约公元 7—10 世纪）长江流域和珠江流域的经济地位愈显突出，其中长江中下游已成为全国经济的中心。随着经济建设的扩展，灌溉工程也有长足的进步,太湖流域的圩田、长江中游两岸的垸田以及珠江三角洲的基围等,都是带有灌溉系统的农田水利区,直至今日仍是当地农田水利的主要工程形式之一。明清时期,农田水利更进一步在全国普及,边疆地区如新疆、宁夏、内蒙古等都有灌溉面积几十万至百万亩的灌区兴建。坎儿井是干旱、半干旱地区开发和利用地下潜流进行自流灌溉的一种地下暗渠。这种古老的水利设施,在我国主要分布在新疆。新疆坎儿井的暗渠全长达 5000km 以上。

纵观 4000 年的水利史可以看出,在季风气候控制下的我国大部地区,水旱灾害防治是社会安定和经济发展的基本保障,是历代政府不容忽视的国家基本建设之一。

三、防洪抗旱非工程措施

除了因地制宜修建工程防治水旱灾害外,历代不同程度地采取监测预报、法规制度、组织管理、赈济救助等非工程措施。

(一) 水文观测

先秦已有雨量、水位的测定。战国时期,秦国《田律》已规定地方官吏需及时上报雨量及受益、受害田亩,汉、唐、宋时期也都有类似的规定。南宋数学家秦九韶提出各种量雨器计算雨、雪数量的方法。金、明、清时期亦沿用上报雨泽的制度,明、清时期还用以预测洪水及准备防汛。清代北京观象台有逐日逐时记录降水的制度,现存自雍正二年(1724 年)至光绪二十九年(1903 年)共 180 年的观测记录《晴雨录》,分作晴、微雨、雨三级,无定量标准。

古代观测水位的水标尺叫水则或水志。战国时李冰修都江堰时立三个石人作水则,后代演变为在水边山石上刻画。后代大江大河上常在石崖上刻记观测到的大洪水水位。北宋时大量设立河、湖水则。熙宁八年(1075 年),重要河流上已有记录每天水位的“水历”。宣和二年(1120 年),命令太湖流域各处立水则碑,苏州吴江县长桥水则碑大致立于此时,用以记录太湖向吴淞江出口的水位,根据这个水位可以判断农田有无水灾。南宋宝祐四年至六年(1256—1258 年),庆元城(今宁波市)内改进旧水尺,并率定水位与四乡农田淹没关系,用以启闭沿江海排水闸。明代浙江绍兴三江闸也有类似水则。清代,长江、淮河、黄河、海河上多处设置水则,用以向下游报汛。

古代还常用水中岩石来刻画水位,例如长江中的涪陵石鱼,上面刻画有唐代广德二年(764 年)以来的枯水位及有关题刻,沿海还用石刻记载潮水位涨落的高低。

古代关于流量的测算始自北宋。元丰元年(1078 年)已有记载用水流断面计量过水量,也考虑到流速的不同。元代以过水断面一方尺为一徽来计算水程

（相当于流量）。清康熙年间，陈潢提出以每单位时间过水若干立方丈为过水量单位。康熙皇帝提出过闸水量的计算应"先量闸的阔狭，计一秒所留几何"，已与现代流量概念相同。乾隆年间，何梦瑶提出用木轮测水面流速的方法。

清道光二十一年（1841年），北京已有雨量的定量观测。同治四年（1865年），长江在汉口设水位站。各大江河设水文站多始于民国时期。

（二）洪水预报

古代水情预报的基础是对洪水长期观测的经验积累。孟子对中原地区水情的描述是："七八月之间雨集，沟浍皆盈。其涸也，可立而待。"也就是说，这一地区降雨集中于七八月，但雨量并不像南方那样多而持久，所以洪峰持续时间并不长。西汉年间已经出现桃花汛的名称。到了北宋，对黄河全年12个月的水情不仅都有专门的物候名称，而且对这些水汛的性质和成因也都有所说明。宋庆历八年（1048年）成书的《河防通议》对水汛有系统介绍，并以物候为水汛名称，这不仅表明各汛发生的季节，而且表示对某些水汛的成因和特性也有深入的认识。我们目前防汛工作中通用的"桃汛""伏汛""秋汛"和"凌汛"的名称是对古代"举物候为水势之名"的直接继承，并据以确定一年中防汛的重点时段。

历史上也有根据经验和观察对洪水进行定量预报的记录。《宋史·河渠志》记载："自立春之后，东风解冻，河边人候水。初至凡一寸，则夏秋当至一尺，颇为信验，故谓之信水。"根据信水的涨幅可以推算伏秋大汛程度，可见1000年前已经开始纯经验性的洪水预报了。那么，信水有什么特征呢？《河防通议·辩信涨二水》说："信水者，上源自西域远国来，三月间凌消，其水浑冷，当河有黑花浪沫，乃信水也。又谓之上源信水。亦名黑凌。"治河名臣万恭在《治水筌蹄》一书中也记载有黄河上长期和短期洪水预报的经验。他说："凡黄水消长，必有先几。如水先泡，则方盛；泡先水，则将衰。"这是根据洪水形象特征而作的短期预报。直至清代黄河上还有这样的能从事洪水预报工作的"识水高手"。

历史上还有自上游向下游的报汛制度。黄河上具体的报汛制度最初见于明代隆庆年间。据《治水筌蹄》记载："黄河盛发，照飞报边情摆设塘马。上自潼关，下至宿迁，每三十里为一节，一日夜驰五百里，其行速于水汛。"将汛情传递采用军情传递的办法，可见当年对汛情传递的重视。清代还有用羊皮筏报汛的，办法是用整个羊皮充气制成"皮混沌"，上面绑一兵卒，兵卒乘皮混沌下行，至河南境则陆续掷签报警。黄河上用电话向下游报汛的办法1903年在山东最先采用，陕州（今三门峡市）万锦滩水文站于1909年也相继采用。

（三）防洪抗旱立法

水能兴利，也能为害，在于人们如何开发并达到什么目的。历史上利用水来作攻防的手段屡见不鲜。相传在春秋时期，楚国侵犯宋国和郑国，并且拦河筑坝，使位于黄河上游的宋、郑两国泛滥成灾。当时齐桓公是春秋列国的霸主，于是出面干涉，拆除拦河坝，并且胁迫楚国于公元前 656 年在召陵订立和约，其中的条文有"毋曲堤"，即不许修建危害别国的不合理的堤防。在春秋时期作为战争手段的修堤筑坝可能为数不少，因此，此后的一些诸侯会盟中常重申禁止这种以邻为壑的行为，其中最著名的是公元前 651 年在葵丘（今河南兰考县）之会上订的盟约，其中有"毋曲防"或"无曲堤"的提法，主要是指沿河筑堤，不许只顾自己，损害邻国，"毋曲防"或"无曲堤"可以说是我国最早的防洪法规条款。《春秋·谷梁传》还说到，这是"壹明天子之禁"，即重申天子的禁令，可见在更早一些的西周时代已有这种法令。

现在所能见到最早的系统的防洪法令是金代泰和二年（1202 年）颁布的《河防令》，内容是关于黄河和海河水系各河的河防修守法规，共 11 条，其主要内容有：每年要选派一名政府官员沿河视察，督促地方政府和主管水利的机关落实防洪措施；水利部门可以使用最快的交通工具传递防汛情况；州（县）主管防洪的官员每年六月初一到八月底要上堤防汛；平时，分管官员也要轮流上堤检查；沿河州（县）官吏防汛的功过都要上报；河防军夫有规定的假期，医疗也有保障；堤防险工情况要每月向中央政府上报；情况紧急时要增派夫役上堤；等等。其他河流也有适合各自特点的防洪法规。

有关向上级报雨的立法至迟在秦代也已出现。1975 年在湖北省云梦县睡虎地出土的秦代竹简上载有当时的《田律》，其中规定，在作物生长期内要定期上报降雨多少和受益顷亩数，据以调整税收和制定救灾政策。最早的农田灌溉制度出现于汉代，公元前 111 年在今陕西六辅渠上曾"定水令，以广灌田"。至唐代则进一步制定了《水部式》，它是唐王朝颁行的全国性水利法规，至于灌区自行制定的规章制度在今甘肃的敦煌已很详密。此后，各灌区的管理制度日渐普及，并且因各地水资源条件的不同、社会组织和宗法制度的不同而各有特色。

（四）河防机构与官员考绩

据记载，西周时中央政府主要行政机构有"三有司"，即司徒（或司农）主管财政，司马（或司寇）主管军事，司工（或司空）主管建设。据《荀子·王制》记载，司空的职责是"修堤渠，通沟浍，行水潦，安水藏，以时决塞。岁虽凶败水旱，使民有所耘艾"，即防洪、除涝、灌溉是其主要职责。隋代以后政府设六部（吏、户、礼、兵、刑、工）。其中工部的主要任务之一是主管水利行政，而水利业务则由都水监分管。工部管水与都水监管水的职责区分大体是：工部负责制定法规和计划，并负责成绩的考核与官吏的赏罚；都水监则负责水利的施工和管理，属于具体执行机构。明、清两代则不设都水监，农田水利划归地方管理，黄河和运河设置总理河漕或河道总督负责，其他江河防洪由各省地方长官兼管。以清代而言，河道总督为从一品官，还往往兼有兵部尚书、右都御史等衔，而黄河下游的河南、山东和江苏的巡抚为从二品官，河官级别高于地方官，便于统一指挥防洪，防止地方自重，不听统一调遣。

清代河道总督下设机构分文、武两个体系。文职系列分道、厅、汛三级，其中道相当于省级或地区级河道主管部门；厅相当于地区一级；汛则相当于县级，县丞（副县长）之下为主簿。武职系统与之相对应的有：相当道级的有河标副将、参将，厅级设守备，汛级设千总。千总之下又有把总，直接管理一队河兵。各级机构实行逐级分段管理。武职系统的设置适应河防工程半军事化的工作性质。

河防工作由招募的河夫实施，河夫按"铺"进行组织。据《治水筌蹄》记载，明代隆庆年间在南河（经由安徽、江苏北部的黄河，由江南河道总督主管，简称南河）上铺，徐州至邳县的黄河堤"每里三铺，每铺三夫"，其中，南岸从徐州青田浅起，至宿迁小河田止，南铺以千字文编号；北岸从吕梁洪城起，至邳州直河止，北铺按百家姓编号。铺夫的任务是：按分担的防汛地段"修补堤岸，浇灌树株。遇水发，各守信地。遇水决，则管四铺老人振锣而呼。左老以左夫帅而至。右老以右夫帅而至，筑塞之"。由于河夫系临时应征，技术不熟悉，组织也较涣散，于是康熙十七年（1678 年）河道总督靳辅提议，由招募河夫制改作由军队担任河防任务，称作河兵。此后河兵数量逐渐超过河夫，从而使河防系统成为准军事化的组织。

河工官员的考核处分条例是相当严格的，据《清会典·河工》载，顺治初年规定，黄河和运河堤岸，如"修筑不坚，一年内冲决者，管河同知、通判及州（县）等官降三级调用；分司道员降一级调用；总河降一级留任"。如堤岸冲决隐匿不报者，或另致别处冲决者，加倍处罚。如堤防维修后一年以上冲决者，处罚略轻。康熙年间，河工决口处罚办法又有所加重。

（五）防洪抗旱经费筹集

由于防洪是公益性事业，自古以来一般以政府开支为主，同时防洪直接保护洪泛区居民的生命财产安全，所以洪泛区居民也有承担防洪的义务。这种义务以交纳河工税款或河工劳役的形式来体现，同时，河防用工制度和经费的筹集又是国家赋役制度的一部分，因此，其既反映河防工程的特点，又和国家土地制度、赋役制度的变化有直接的联系。

西汉时河工经费和劳役来源已见记载。《汉书·沟洫志》贾让治河三策中提到，当年黄河下游两岸共有十郡，每郡每年"伐买薪石之费岁数千万"，此外每郡每年还要派出河堤吏卒数千人，这是沿河百姓的防洪义务，政府也要进行防洪投资。以建始四年（公元前 29 年）王延世主持黄河堵口为例，当年堵口施工的河工民夫有两个来源：一个是服劳役的百姓，服河役的民工相当于戍边六个月（当时每个成年男子一生中要分别服兵役一年、戍边一年、在京城或其他城市服兵役一月）；另一个是花钱雇夫，当年每雇一夫，一月需钱二千。

宋代堤防岁修和抢险堵口经费也是由政府和沿河地区老百姓共同负担。民间承担的部分最初主要是劳役形式，在洪泛区内的州县按田亩数征发河工劳役，无力承担劳役的也可改交"免夫钱"。如果是堵口大工，就近地区劳役数量不足时，再从远些的地方征调。例如在黄河东流时期，"京东、河北五百里内差夫，五百里外出钱雇夫，及借常平仓钱买梢草，斩伐榆柳。"元丰年间黄河水灾严重，大量征调劳役，以至"本路不足则及邻路，邻路不足则及淮南"。据《宋史·食货志》记载，那年"淮南科黄河夫，夫钱十千。富户有及六十夫者"。可见科敛之重。王安石变法时，鉴于劳役制度弊病甚多，提出免役法（又称募役法），即取消农民劳务负担，而完全变为收取免役钱，再用这笔经费就近雇夫。这种方式比较灵活，农民从繁重和不便的劳役中解脱出来，对稳定农业生产和河防工作都有利。从此"凡河堤合调春夫，尽输免夫之值，定为永法"。这是民间负担的部分。政府也从常平仓和封桩钱中支出一部分河工费用，用来雇夫和购买梢草等河工用料。河防上除雇用民工外，在抢险堵口等紧急情况下还要调动军队参加施工。黄河劳役是沿河百姓十分繁重的负担。据《宋史·河渠志》记载，"黄河调发人夫修筑埽岸，每岁春首，骚动数路，常至败家破产。""河防夫工岁役十万，滨河之民困于调发。"

明代黄河也很不安静，嘉靖初年每年征调河夫多达数十万人。沿河地区负担黄河修防仍以劳役形式为主，根据田产多少，按户摊征。清初则改变形式，"定例河工例价外，酌增银两，分年按亩摊征"，又回到王安石募役法的办法上来。康熙年间，每年按亩摊征河工经费将近九百万两之多，但所雇募的河工技术不熟练，组织也不严密，于是康熙十七年（1678 年）停止招募河夫而改派军队充任河兵。乾隆元年（1736 年）江苏段黄河额定"设二十河营。兵丁九千一百四十五名"，其待遇分战兵和守兵两类。战兵每月给银一两半，守兵一两。

防洪的经费投入是惊人的。以清代嘉庆、道光年间黄河用费为例，嘉庆十一年（1806 年）以后的 10 年间，平均每年岁修、抢修经费为白银 490 万两，道光后期增加到 600 万两上下，另案和大工的开支更大。嘉庆二十五年（1820 年）马营坝堵口先后三次拨款，共 960 万两之多。道光二十四年（1844 年）中牟堵口用白银 1190 万两，而当时全国全年的主要财政收入除征收 900 万石粮（按不同时期粮价约折合 1000 万～2000 万两白银）以外，土地和人丁赋税才不过 4000 万两上下。经常性河工经费预算占国家财政主要收入的 1/10，足以说明当时黄河防洪在国计民生中的重要地位。

历代抗旱经费主要用于灌溉工程的兴建。在早期，大型灌溉工程的兴建大多采用政府征发劳役的形式。据《史记·河渠书》记载，西汉前期所有大型灌溉工程都曾专门征调数万卒（囚徒）或服劳役的工人施工，例如公元前129年修建渭河南岸漕渠时"悉发卒数万人穿漕渠"，此后在今山西西南部"发卒数万人作渠田"。在修建龙首渠时，也曾"发卒数万人穿渠"等。当时在今陕西关中已建成成国渠（今渭惠渠前身）、郑白渠（今泾惠渠前身）、龙首渠（今洛惠渠前身）和漕渠等大型灌区，农田灌溉已十分发达。与灌区的普遍修建相适应，这一时期在灌溉管理制度和水费征收方面也有了长足的进步。汉武帝实施"令吏民勉农，尽地利，平徭行水，勿使失时。"受益群众按灌溉面积多少来平均徭役，进行灌区工程的维修管理。

在有灌溉条件的地方加收水费的做法在后代普遍实行。例如，三国时淮河流域的旱地和水田租税相差数倍；唐代初年在今新疆吐鲁番地区灌溉地亩有收"水课"的记载，"水课"就是"水税"；至宋熙宁三年（1070年）正式出现稻田征收"水税"的名词，可能这时的"水税"已从农业税中脱离出来，成为单独的一项税种。

（六）水旱灾情的奏报

秦代的《田律》中载有：农作物播种后下了及时雨，各县需尽快向朝廷报告受雨面积，在农作物生长季节里下雨，要报告降雨多少和受益亩数，同时，对于旱灾、暴风雨和水潦，也要报告受灾面积。后汉更明确规定有雨泽奏报制度，《后汉书·礼仪志》载："自立春，至立夏，尽立秋，即国上雨泽。若少，府、郡、县各扫除社稷。其旱也，公卿长官以次行雩礼，求雨。"由于在作物生长季节，降雨量多少直接关系农田产量，以至受到政府如此重视。可见，雨泽奏报是直接为预测水旱灾情，并据以尽快制定救灾措施的一项重要工作。故宫博物院里保存的清代地方政府向中央上报雨情的奏折，成为珍贵的历史水旱气象资料。

历代的奏报制度是政府部门按农作物收获季节由下而上逐级呈报的。清政府规定，除边远地区外，一般夏灾限阴历6月底，秋灾限9月底以前奏报。如果延误报灾时间，地方官要受相应惩处。州县官超期半月，判罚薪金6个月；超期一月罚薪一年；超期一个月以上者还要受行政处分直至革职；省级官员延期奏报也要"照例一体处分"。通过灾情奏报制度，政府既可以及时掌握各地受灾情况，以便迅速采取对策，同时也可以及时判断作为主要财政收入的田税的情况。

灾情的奏报只能反映大致情况，对于灾害赈济，还需要进行"勘灾"和

"查赈"。灾害发生后，首先由受灾户填写灾单，然后由州县政府的主管官员（重灾时省级官员要亲自办理）依据汇总的灾单，调查核实受灾的田地数量和受灾程度，以及堤坝、桥梁、道路等设施的损坏情况，称作"勘灾"；而对受灾地区需要救济的灾民人数和赈济办法的核查则称作"查赈"。为防止主管官员谎报灾情或营私舞弊，清代还规定了具体处分办法。例如主管官员亲自过问灾情调查，否则，调查中有谎报行为者，主管官员要一并处分；而查灾官员如有欺骗隐瞒或挟私报复者，都要按不称职来治罪。

（七）灾害赈济

为了备荒，政府首先要有必需的物资储备。先秦时期规定："国无九年之蓄，曰不足；无六年之蓄，曰急；无三年之蓄，曰国非之国也。"也就是说，没有三年度荒的物资储备，遇见大灾将会出现亡国的大动乱，而只要备荒充分，"虽有水旱凶溢，民无菜色。"可见古代把备荒作为重大的国策。

赈济是经常采用的及时有效的一种救灾措施。根据受灾的严重程度不同，赈济又分无偿和有偿两种，形式可以是赈粮，也可以是赈钱。历代政府都建有储粮备荒的常平仓。地方政府在当地发生重大灾情时，有权先行开仓赈济，然后再向上级报告。赈济要分散进行，"勿聚于城"。除政府有防灾储备外，民间也有社仓、义仓等组织。丰年各户集粮入仓，平时有困难可以向社仓借贷。贷粮有一定利息，利息用来弥补损耗和用于管理支出等。在荒年，则无息借贷，或实行义赈。灾荒年份，为了防止民众外流和加速恢复生产，政府除实行灾荒赈济外，也常在赋税、劳役、狱讼等方面实行宽缓政策，以及澄清吏治、抑制豪强等。除开仓赈济、蠲免赋税等补偿措施外，兴办水利、发展林业也是常用的方法。古人认为：大灾之年，"与其蠲赈既荒之后，何如讲求水利于未荒之年。蠲赈之惠在一时，水利之泽在万世。"这是预防灾荒再度发生的未雨绸缪之计。同时，灾年适当兴办水利，也是辅助救灾一举两得的良策。

第二节　防 洪 抗 旱 规 划

防洪抗旱规划是水旱灾害防御的基础性工作，特别是洪涝灾害防御，要充分考虑洪水的流域特性，要从流域整体的角度统筹上下游、左右岸、干支流。

一、防洪规划

防洪规划是为防治某一流域、河段或者区域的洪水灾害而制定的总体安排。根据流域或河段的自然特性、流域或区域综合规划对社会经济可持续发展的总体安排，研究提出规划的目标、原则、防洪工程措施的总体部署和防洪非工程措施规划等内容。规划类型一般有流域防洪规划、河段防洪规划和区域防洪规划。防洪规划应当服从所在流域、区域的综合规划；区域或河段的防洪规划应当服从所在流域的防洪规划。

（一）规划的目标

根据河流的洪水特性、历史洪水灾害，规划范围内国民经济有关部门和社会各方面对防洪的要求，以及国家或地区政治、经济、技术等条件，考虑需要与可能，研究制定保护对象在规划水平年应达到的防洪标准和减少洪水灾害损失的能力，包括尽可能地防止毁灭性灾害的应急措施。

（二）规划的原则

防洪规划的制定应按照确保重点、兼顾一般，遵循局部与整体、需要与可能、近期与远景、工程措施与非工程措施、防洪与水资源综合利用相结合的原则。在具体方案研究中，还要充分考虑洪涝规律和上下游、左右岸的要求，处理好蓄与泄、一般与特殊的关系，并注意与国土规划和土地利用规划相协调。

（1）局部与整体。洪水是一种自然现象，人类还不能完全控制。防洪规划的主要任务之一就是从全局出发，统筹兼顾上下游、左右岸，合理安排洪水。为保障大局和重点保护对象的防洪安全，有时要作局部牺牲。重点保护对象一般指洪水可能造成重大经济损失、毁灭性灾害的地区，如重要城市、工矿企业、基础设施、文物古迹或大面积农田等。

（2）近期与远景。洪水灾害直接威胁人身安全和国民经济的发展，但历次洪水影响范围和严重程度有所差别。要根据各地区或部门对防洪的要求及国家和地方的财力，分别按轻重缓急，采取分阶段有计划地逐步提高不同保护对象的防洪标准和抗灾能力。近期实施方案要与远景计划相适应，一般应优先解决重点保护对象的防洪要求和一般地区防御常遇洪水灾害的要求。

（3）工程措施与非工程措施。工程措施一般耗资很大，并需占用大量土地；非工程措施可用较少投资，减轻洪灾损失，是防洪减灾体系的重要组成部分。在防洪规划中要研究二者的结合，重视非工程措施的安排和建设。

（4）防洪与水资源综合利用。我国水资源总量时空分布极不均匀，在人均、亩均水资源量偏低的流域，河流的开发与治理要考虑综合利用，兴利与除害统筹兼顾，把防洪与水资源综合利用有机地结合起来。规划中既要采取必要的措施，提高保护区的防洪标准，同时也要满足水资源的综合利用要求。要蓄泄兼筹，处理好蓄与泄的关系。山丘区一般以蓄为主，修建山谷水库、水土保持工程，拦蓄洪水，削减水沙洪峰；平原区一般以泄为主，并辅以分蓄洪措施，合理安排洪水出路；转变让洪水尽快入海的传统思维，在确保防洪安全的前提下，尽可能实现洪水资源化。

（三）规划的主要内容

规划主要工作是确定防护对象、治理目标、标准和任务；确定防洪体系布局，包括设计洪水与超标准洪水的总体安排以及与此相适应的防洪措施，划定洪泛区、蓄洪区和防洪保护区，规定蓄滞洪区的使用原则；对拟定的防洪工程措施进行工程方案比拟并初选工程设计特征值；拟定分期实施方案，估算所需要的投资；进行环境效益和防洪经济效益评价；编制规划报告等。

（1）调查研究。收集、分析流域与保护区的自然地理、工程地质条件，水文气象与洪水等资料；了解历史洪水灾害的成因与损失、社会经济现状与今后发展状况；摸清现有防洪措施与防洪标准，广泛收集各方面对防洪的要求；有时还要进行必要的地形测量、河道断面测量和地质勘探工作。

（2）拟定防洪标准。根据规划范围内自然地理和社会经济等因素将其划分为若干防洪保护区，根据保护区不同防护对象的重要性、洪灾损失严重程度、结合可能的防洪措施条件，进行技术经济比较，并根据国家颁布的防洪标准，合理选用。

（3）选择防洪体系。根据流域的自然地理特点和现有防洪体系，综合考虑各部门对防洪的要求，研究各种防洪工程在整个防洪体系中的作用，合理布置水库、堤防、河道整治、分蓄洪工程等措施，并结合研究各项非工程措施，初拟防洪调度方式，提出若干代表性方案。然后在相同条件下，计算分析各方案的防洪作用、工程量、施工年限和投资等，通过综合比较论证，选择最优防洪系统方案。

（4）环境影响和防洪效益评价。防洪工程以减轻洪水灾害、改善人类生存环境为主要目的，它本身是一项环境工程。但是，防洪工程的实施也会带来一些副作用，如牺牲局部保全局，工程施工过程中的"三废"排放、移民安置等，故需要进行环境效益评价。在评价过程中，还应注意对环境敏感因子进行调查，尽量减少对环境的不利影响。防洪效益是指防洪系统实施后，所能减轻的直接与间接洪灾损失。防洪经济效益能用货币表示的部分，以年平均效益作为一项评价指标。年平均效益的计算一般用频率法或长系列洪水资料逐年计算法推求。由于年平均效益并不能全面反映防洪措施的实际效用，因此，必须对典型特大洪水年进行计算分析。为了考虑实际防洪效益的不确定因素，应作敏感性分析，并根据防洪对象的具体条件，按预测的平均经济增长率，估算计算期内各年的效益，以反映洪灾损失随国民经济增长的影响。计算的经济效益只是防洪效益的一部分，此外，还要对不能用货币表示的社会效益、环境效益等加以定性分析。

（5）编制规划报告。一般包括流域自然地理概况、社会经济概况、水文气象与洪水特性分析、历史洪灾损失、防洪工程措施与非工程措施现状、规划比较方案与选定方案的防洪作用、工程投资、施工、移民安迁计划以及规划图表等。

（四）防洪规划编制情况

防洪规划是防洪建设和洪水管理的基础，也是政府行使社会管理和公共服务职能的重要依据。20 世纪 50 年代末至 70 年代，主要江河均开展了流域综合规划编制工作，防洪规划是流域综合规划的重点，防洪规划思路主要是蓄泄兼筹、以泄为主。在这一思想指导下，开展了大规模的河道水系整治和综合治理。其中，在中下游修筑加固堤防，增辟排洪河道，巩固和扩大蓄滞洪区；在下游开辟和扩大泄洪入海通道；在上中游开展水土保持，修建水库拦洪；同时结合水资源开发利用，修建了大量的水资源调控工程，初步建立了以河道堤防、水库和蓄滞洪区为主的防洪工程体系。

20 世纪 70 年代末，我国进入了改革开放的新时期，随着城市化进程的不断加快，城市防洪问题被提到重要议事日程。为适应经济社会发展的要求，在原规划成果的基础上，开始全面补充修订各江河流域的综合规划，防洪规划仍然是这次大江大河综合规划补充修订的重点。防洪不再仅局限于保障人民生活、生产安全，而是要从国土利用、维护人类和自然生态环境的高度，把防洪纳入国家防治重大自然灾害的长远规划之中。

1998 年长江、嫩江、松花江大水后，按照保障经济社会可持续发展对防洪减灾工作的要求，根据《中华人民共和国防洪法》的规定，全国各大流域开展了新一轮的防洪规划工作。这次规划以 20 世纪 50 年代和 80 年代的流域综合规划及防洪规划为基础，系统补充了大量新的观测和调查资料，根据可持续发展的治水思路，站在全局和战略的高度，从妥善处理改造自然与适应自然、控制洪水与给洪水出路、防洪与减灾等关系出发，制定了国家防洪减灾目标和总体战略；运用洪水风险分析以及风险管理的理论和技术，构建了以防洪工程体系和非工程体系组成的综合防洪减灾体系框架，明确了全国防洪区划、防洪总体布局及分区防治对策与重点、洪水管理制度与政策建议、防洪建设总体安排等战略性和政策性问题。此次规划涉及全国七大江河等国家确定的重要江河的防洪，主要建制城市的防洪、沿海受风暴潮威胁地区的防洪（潮）、山洪威胁地区的防洪、部分重要中小河流的防洪以及易涝地区的治理，对有效防治洪水，减轻洪涝灾害，维护人民生命和财产安全，保障经济社会全面、协调、可持续发展作出了部署。2007—2009 年，国务院分别批复了长江、黄河、淮河、海河、松花江、辽河、珠江及太湖的新一轮防洪规划。

七大流域防洪规划是我国防洪减灾工作的重要战略性、指导性、基础性文件，对完善我国防洪减灾体系和提高江河总体防洪减灾能力起到重要的推动作用。

（1）规划科学安排了洪水出路。七大流域防洪规划以科学发展观为指导，在认真总结大江大河治理经验和教训的基础上，坚持以人为本、人与自然和谐相处的理念，根据经济社会科学发展、和谐发展和可持续发展的要求，确定了我国主要江河防洪区，制定了主要江河流域防洪减灾的总体战略、目标及其布局，科学安排洪水出路，在保证防洪安全前提下突出洪水资源利用，重视洪水管理和风险分析，统筹了防洪减灾与水资源综合利用、生态与环境保护的关系，着力保障国家及地区的防洪安全，促进经济社会可持续发展。规划确定，我国主要江河防洪保护区总面积约 65.2 万 km^2，约占国土面积的 6.8%，区内人口、耕地面积、GDP 分别占全国总数的 39.7%、27.8% 和 62.1%。蓄滞洪区共 98处，面积 3.4 万 km^2，其中长江 44 处、黄河 2 处、淮河 21 处、海河 28 处、珠江 1 处、松花江 2 处。

（2）规划明确了防洪减灾总体目标。规划提出全国防洪减灾工作的总体目标是：逐步建立和完善符合各流域水情特点并与经济社会发展相适应的防洪减灾体系，提高抗御洪水和规避洪水风险的能力，保障人民生命财产安全，基本保障主要江河重点防洪保护区的防洪安全，把洪涝灾害损失降到最低程度。在主要江河发生常遇洪水或较大洪水时，基本保障国家的经济活动和社会生活安全；在遭遇特大洪水或超标准洪水时，国家经济活动和社会生活不致发生大的动荡，生态与环境不会遭到严重破坏，经济社会可持续发展进程不会受到重大干扰。具体体现为：全社会具有较强的防灾减灾意识、规范化的经济社会活动的行为准则，并建立较为完善的防洪减灾体系、社会保障体系和有效的灾后重建机制。主要江河流域和区域按照防洪规划的要求建成标准协调、质量达标、运行有效、管理规范，并与经济社会发展水平相适应的防洪工程体系，各类防洪设施具有规范的运行管理制度，当遇防御目标洪水时，能保障正常的经济活动和社会生活的安全。建立法制完备、体制健全、机制创新、行为规范的洪水管理制度和监督机制，规范和调节各类水事行为，为全面提升管理能力与水平提供强有力的体制和制度保障。对超标准洪水有切实可行的防御预案，能确保国家正常的经济活动和社会生活不致受到重大干扰。通过防洪减灾综合措施大幅度减少因洪涝灾害造成的人员直接死亡，洪涝灾害直接经济损失占 GDP 的比例与先进国家水平基本持平。

（3）规划进一步提高了大江大河防洪标准。规划明确，到 2015 年，长江流域荆江河段防洪标准达到 100 年一遇；黄河流域初步建成防洪减淤体系，基本控制洪水，确保黄河下游防御花园口洪峰流量为 22000m^3/s 时堤防不决口；淮河干流中游淮北大堤防洪保护区和沿淮重要工矿城市的防洪标准达到 100 年一遇，洪泽湖及下游防洪保护区的防洪标准达到 100 年一遇以上；海河流域中下游地区防洪标准达到 50 年一遇，永定河防洪标准达到 100 年一遇；珠江流域广州市达到防御西江 100 年一遇、北江 300 年一遇洪水的标准；松花江流域哈尔滨市、长春市的防洪标准达到 200 年一遇，松嫩平原、三江平原等主要粮食生产基地的防洪标准达到 50 年一遇；辽河干流石佛寺至盘山闸段防洪标准达到 100 年一遇；太湖流域防洪标准达到 50 年一遇，重点防洪工程按 100 年一遇防洪标准建设。

二、山洪灾害防治规划

我国山洪灾害点多面广、突发性强、破坏力大，且多发生在偏远山区，交通不便、通信不畅。山洪灾害是严重威胁群众生命财产安全的主要灾种之一，山洪灾害防御工作一直是我国防汛工作中的难点和薄弱环节。据统计，全国山洪灾害防治区面积为 386 万 km^2，受山洪灾害威胁村庄有 57 万个，山洪灾害防治区涉及人口 3 亿人，其中，直接受威胁人口近 7000 万人。党中央、国务院高度重视山洪灾害防治工作，2006 年国务院批复了水利部等五部局联合编制的《全国山洪灾害防治规划》。2010 年 7 月，国务院常务会议决定，"加快实施山洪灾害防治规划，加强监测预警系统建设，建立基层防御组织体系，提高山洪灾害防御能力。"2010 年 10 月，国务院印发了《国务院关于切实加强中小河流治理和山洪地质灾害防治的若干意见》（国发〔2010〕31 号）。2011 年 4 月，国务院常务会议审议通过了《全国中小河流治理和病险水库除险加固、山洪地质灾害防御和综合治理总体规划》。

（一）《全国山洪灾害防治规划》

1. 规划由来

2002 年 9 月 4 日，根据时任国务院副总理、国家防汛抗旱总指挥部总指挥温家宝批示精神，由水利部牵头，会同国土资源部、中国气象局、建设部、国家环保总局编制了《全国山洪灾害防治规划》。2006 年 10 月，国务院正式批复该规划。

2. 规划目标

近期（2010 年）在我国山洪灾害重点防治区初步建成以监测、通信、预报、预警等非工程措施为主与工程措施相结合的防灾减灾体系，基本改变我国山洪灾害日趋严重的局面，减少群死群伤事件的发生和财产损失。远期（2020 年）全面建成山洪灾害重点防治区非工程措施与工程措施相结合的综合防灾减灾体系，一般山洪灾害防治区初步建立以非工程措施为主的防灾减灾体系，最大限度地减少人员伤亡和财产损失，山洪灾害防治能力与山丘区全面建设小康社会的发展要求相适应。

3. 规划内容

该规划主要包括山洪灾害基本情况调查分析和规划措施两部分。第一部分是在对山洪灾害易发区进行深入调查分析评价的基础上，系统分析研究山洪灾害发生的降雨、地形地质和社会经济等因素以及特点和规律，确定我国山洪灾害的分布范围，并根据山洪灾害的严重程度，划分了重点防治区和一般防治区。第二部分是针对不同类型、区域的山洪灾害提出了以降雨及灾害监测、预报预警、防灾减灾预案、人员搬迁、政策法规和管理等非工程措施为主，山洪沟、泥石流沟、滑坡治理及病险水库除险加固、水土保持等工程措施为辅，非工程措施与工程措施相结合的防治方案，提出了近期（2010年）及远期（2020年）山洪灾害防治的目标、总体部署、建设任务、保障措施以及实施意见。

（二）《全国中小河流治理和病险水库除险加固、山洪地质灾害防御和综合治理总体规划》

1. 规划由来

2010年汛期，全国部分地区先后出现局地强降雨，引发部分中小河流漫堤溃堤、一些中小水库出险、局部暴发山洪地质灾害，特别是甘肃舟曲发生特大山洪泥石流灾害，造成重大人员伤亡和财产损失，充分暴露出中小河流和山洪地质灾害是防灾减灾体系的薄弱环节。2010年7月和9月，国务院第120次和126次常务会议，专门研究加快中小河流治理、病险水库除险加固以及山洪地质灾害防治问题，出台了《国务院关于切实加强中小河流治理和山洪地质灾害防治的若干意见》（国发〔2010〕31号），要求进一步加大中小河流治理和病险水库除险加固、山洪地质灾害防治、易灾地区生态环境综合治理力度，保障人民群众生命财产安全，维护经济社会发展大局。按照国发〔2010〕31号文的要求，国家发展改革委会同教育部、民政部、财政部、国土资源部、环境保护部、住房城乡建设部、水利部、农业部、国家林业局、中国气象局等部门及中国国际工程咨询公司，在充分利用各部门已有研究成果的基础上，于2010年12月底完成《全国中小河流治理和病险水库除险加固、山洪地质灾害防御和综合治理总体规划》（以下简称《总体规划》）。其中，水利部、国土资源部组织编制了《全国山洪地质灾害防治专项规划》，纳入《总体规划》，2011年4月，国务院常务会议审议通过《总体规划》。

2. 规划目标

水利部、原国土资源部组织编制的《全国山洪地质灾害防治专项规划》与2006年国务院批准的《全国山洪灾害防治规划》是一脉相承的。规划目标为：

全面查清山洪地质灾害易发区山洪、泥石流、滑坡、崩塌等灾害隐患点的基本情况，完成山洪地质灾害危险性评价和风险区划；在山洪地质灾害防治区基本建成专群结合的监测预警体系，统筹规划建设气象、水利、国土资源专业监测系统，构建气象、水利、国土资源等部门联合的监测预警信息共享平台和短时临近预警应急联动机制，显著提升山洪地质灾害防御能力；优先对危害程度高、治理难度大的山洪地质灾害隐患点实施搬迁避让；对危害程度高、难以实施搬迁避让的山洪沟、泥石流沟和滑坡实施工程治理，并取得显著成效。

利用 5 年时间初步建立与全面建设小康社会相适应的山洪地质灾害防治体系，使山洪地质灾害防治薄弱环节的突出问题得到基本解决，防灾能力显著增强，减少群死群伤，最大程度地减轻山洪地质灾害造成的人员伤亡和财产损失，为山丘区构建和谐社会，促进社会、经济、环境协调发展提供安全保障。

3. 规划内容

《全国山洪地质灾害防治专项规划》在总结全国山洪灾害防治试点建设经验的基础上，对规划对象和范围进行调整，对灾害调查与评价、监测站点布局、预警系统建设、群测群防体系建设等有关内容进行补充完善，并提出了山洪地质灾害工程治理安排。规划的范围由 2006 年国务院批复的《全国山洪灾害防治规划》中 29 个省（自治区、直辖市）的 1836 个县（区、市）增加到 2058 个县（区、市）。规划主要内容如下：

（1）完成山洪灾害防治区的灾害排查、重点防治区及重要城镇的灾害调查；完成地质灾害重点防治区的灾害调查、防治区地质灾害排查和重要集镇地质灾害勘查；建立全国山洪地质灾害调查信息系统，完成山洪地质灾害危险性评价和风险区划，确定预警指标。

（2）在有山洪地质灾害防治任务的 2058 个县（市、区）建立专群结合的监测预警体系，建立和完善山洪地质灾害应急保障系统，提升突发山洪地质灾害应急响应能力。

（3）对危害程度高、治理难度大的山洪地质灾害隐患点内受威胁的 150 万居民实施搬迁。

（4）对直接威胁城镇、集中居民点或重要设施安全，且难以实施搬迁避让的部分山洪沟实施试点治理建设，对泥石流沟和滑坡实施工程治理。

（三）规划实施

2013 年，水利部、财政部印发了《全国山洪灾害防治项目实施方案（2013—2015 年）》，在前期项目建设基础上，补充完善非工程措施，启动了山洪灾害调查评价和重点山洪沟防洪治理。

2015 年、2016 年和 2020 年，水利部先后组织编制了《全国山洪灾害防治项目实施方案（2016年）》《全国山洪灾害防治项目实施方案（2017—2020年）》和《全国山洪灾害防治项目实施方案（2021—2023年）》，巩固提升已建非工程措施，有序推进重点山洪沟防洪治理。

三、抗旱规划

《中华人民共和国抗旱条例》第十三条规定，县级以上地方人民政府水行政主管部门会同同级有关部门编制本行政区域的抗旱规划，报本级人民政府批准后实施，并抄送上一级人民政府水行政主管部门。2007年12月，国务院办公厅下发了《关于加强抗旱工作的通知》（国办发〔2007〕68号），明确要求加强对抗旱工作的统筹规划，各地区结合经济发展和抗旱减灾工作实际，组织编制抗旱规划，以优化、整合各类抗旱资源，提升综合抗旱能力。

2008年水利部启动了全国抗旱规划编制工作，着重就未来10年抗旱应急备用水源工程、旱情监测预警系统、抗旱指挥调度系统、抗旱减灾管理服务体系等方面内容进行规划。2010年9月，《全国抗旱规划》通过水利部组织的审查，并于2011年11月由国务院常务会议审议通过。《全国抗旱规划》是新中国成立以来我国编制的第一个关于抗旱减灾工作的全面规划，是我国抗旱主管部门开展抗旱工作的重要战略性、指导性、基础性的文件。《全国抗旱规划》对全国2863个县级单元进行了系统全面的分析，对以县级行政区为单元的旱情旱灾形势进行系统的总结和分析，提出了严重受旱县、主要受旱县和一般受旱县的受旱县分类体系，并作为抗旱减灾工程建设布局的基本依据；构建了集流域区域水资源配置体系、抗旱应急备用水源工程体系、旱情监测预警和抗旱指挥调度系统、抗旱管理服务体系为一体的现代抗旱减灾体系；针对抗旱应急保障目标的不同，按照不同干旱程度提出了抗旱减灾目标，提出了我国东北地区、黄淮海地区、长江中下游地区、华南地区、西南地区和西北地区抗旱减灾体系布局的思路和重点，明确了未来10年抗旱应急备用水源工程体系、旱情监测预警和抗旱指挥调度系统的建设任务。

此后，水利部会同财政部、国家发展改革委、农业部修编完成了《全国抗旱规划实施方案（2014—2016年）》。

第三节　工　程　体　系

一、防洪工程体系

我国防洪工程体系大体上由拦、排、泄、蓄、分等工程组成。一般是在上游兴建控制性水库，拦蓄洪水，削减洪峰；在中下游平原进行河道整治，加固堤防，开辟蓄滞洪区和分洪道，使其形成一个较完整的防洪工程体系。

（一）水库工程

1. 主要作用

水库是在河道、山谷、低洼地及地下透水层修建水坝或堤堰、隔水墙，形成蓄集水的人工湖。水库是调蓄洪水的主要工程措施之一，也是发展国民经济、保障社会稳定的重要基础水利设施。水库根据下游防洪需要及统一的防洪规划，在保证自身安全的基础上，可以合理拦蓄入库洪水，减少出库流量，错开下游洪水高峰，使下游防洪保护地区的河道水位（或流量）保持在保证水位（或河道安全泄量）以下，以保证防洪安全。过去，国家修建了一些专门防洪的水库，随着技术进步，水库大多由单目标向多目标发展，具有防洪、发电、供水、灌溉、航运等效益的综合利用水库日益增多。

水库有防洪和兴利两大作用。水库的防洪作用体现在削减洪峰流量、错开洪峰到达时间两个方面。水库的兴利作用是指通过水库的调蓄，将河川洪水期或丰水年的多余水量蓄存起来，以提高枯水期或枯水年的供水量，满足各相关部门用水需求，主要包含城乡生活、农业灌溉、工业生产、生态用水、发电、渔业等方面。

在防洪系统中，水库的运用应当与堤防、蓄滞洪区等有关工程合理配合，使其能充分发挥作用。在运用程序上，首先应充分发挥堤防的作用，再适当运用水库调蓄洪水。当水库难以在正常运用情况下保护防洪对象安全时，适当运用蓄滞洪区工程。

2. 建设情况

根据工程规模、保护范围和重要程度，按照国家标准《防洪标准》（GB 50201—2014）对水库进行分类，分为 5 个等别，工程等别指标见表 2-1；水库工程水工建筑物的防洪标准见表 2-2。

表 2-1　　　　　　　　　水库工程的等别

工程等别	工程规模	总库容/亿 m³
Ⅰ	大（1）型	≥10
Ⅱ	大（2）型	1.0（含）～10
Ⅲ	中型	0.1（含）～1.0
Ⅳ	小（1）型	0.01（含）～0.1
Ⅴ	小（2）型	0.001（含）～0.01

表 2-2   水库工程水工建筑物的防洪标准

水工建筑物级别	防洪标准（重现期）/年				
	山区、丘陵区			平原区、滨海区	
	设计	校 核		设计	校核
		混凝土坝、浆砌石坝	土坝、堆石坝		
1	1000～500	5000～2000	可能最大洪水（PMF）或10000～5000	300～100	2000～1000
2	500～100	2000～1000	5000～2000	100～50	1000～300
3	100～50	1000～500	2000～1000	50～20	300～100
4	50～30	500～200	1000～300	20～10	100～50
5	30～20	200～100	300～200	10	50～20

截至 2019 年，全国已建成各类水库 98112 座，水库总库容 8983 亿 m^3，其中：大型水库 744 座，总库容 7150 亿 m^3，占全部总库容的 79.59％；中型水库 3978 座，总库容 1127 亿 m^3，占全部总库容的 12.55％。不同规模水库数量和总库容见表 2-3，不同规模水库数量及占比见图 2-1，不同规模水库库容及占比见图 2-2。

表 2-3   2019 年不同规模水库数量和总库容

水库规模	合计	大型	中型	小型
数量/座	98112	744	3978	93390
总库容/亿 m^3	8983	7150	1127	706

注　数据来源于《2019 年全国水利发展统计公报》。

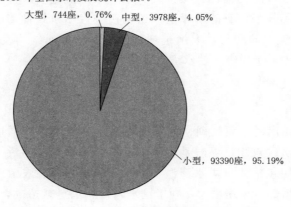

图 2-1　不同规模水库数量及占比

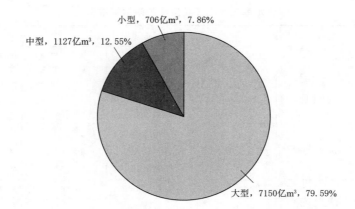

图 2-2　不同规模水库库容及占比

3. 面临的主要挑战

我国水库虽然众多，但有 9.3 万多座为小型水库，这些小型水库有不少建成于 20 世纪五六十年代，由于特殊的历史原因，投入的力量和资金不足，普遍存在勘测设计深度不够，设计采用的水文、地质等基础资料及参数不当的问题，有的甚至没有经过勘测设计，因而给工程留下许多隐患，标准普遍偏低，安全问题较为突出。

根据统计资料，当前我国水库失事主要集中在中小水库，尤其是小水库。溃决大多是遭遇超标准洪水所致，也有水库自身设计施工存在缺陷的原因。

在运行管理方面，我国大型水库有专门的管理机构，运行管理较规范，水库调度和大坝检测检查及维护检修规章制度较完善。但有部分水库，尤其是一些小型水库尚未建立专门的管理机构，运行管理机制不健全；有的水库大坝未设置监测设施或已设置的监测设施损坏失效，不能满足安全监测要求；有的水库未编制调度运用规程；有的水库溢洪道闸门及启闭机锈蚀影响正常使用；部分水库随着使用年限的增长，大坝筑坝材料老化，金属结构及机电设备损坏，水库泥沙淤积侵占调节库容，使水库大坝失事风险增加。

（二）堤防工程

1. 主要作用

堤防工程是指沿河、渠、湖、海岸或行洪区、分洪区、围垦区、水库库区的边缘修筑的挡水建筑物。堤防是世界上最早广为采用的防洪工程。设置堤防的目的及主要作用包括防止洪水泛滥，保护区域内居民、农田及相关设施；使同等流量的水深增加，流速增大，利于输水输沙；围垦或造陆，扩大人类生产、生活空间；抵挡风浪及抗御海潮等。

2. 堤防类型

按照堤防所处位置可分为河（江）堤、湖堤、库堤、海堤、渠堤，以及分洪区、行洪区、围垦区的围堤等；按照堤防功用分为防洪堤、防涝堤、防潮堤、防波堤，遥堤、格堤、月堤、子堤、戗堤等；按照堤防所在河流级别分为干堤、支堤、民堤；按照筑堤材料分为土堤、钢筋混凝土防洪墙和圬工防洪墙等。

干堤是大江大河干流两岸修建的堤。由于干流洪水灾害及其造成的影响较为严重，同时干堤一般保护重要的城镇、大型企业和大片农田，因此，干堤设计标准较高。

支堤是沿支流两岸修建的堤。支堤的防洪标准一般低于所在干流河段的堤防。

民堤是在河道内行洪滩区、湖区修筑的土堤，又称民埝。民堤一般保护范围较小，黄河的生产堤、长江洲滩民垸等都属民堤的范畴。民堤的特点是民修民守，一方面，防洪能力比较低，带有一定的自发性；另一方面，往往给河道排洪或湖泊调洪能力带来较大影响，甚至给干流防洪、流域防洪大局带来危害。1998 年长江大水以后，有计划地实施了"平垸行洪"，废除了部分民堤。

遥堤是河道一岸有两道堤防时，离河槽较远的堤。遥堤增加河道的蓄泄能力，有利于宣泄稀遇洪峰流量。

格堤是河道同岸两道堤防间与水流方向大致垂直的横堤，又称隔堤。圩垸中用以分区的堤，也称格堤。洞庭湖堤垸多有格堤。

月堤是古时在重要堤段上临河或背河一侧修筑的形似新月的堤，又称圈堤。在堤防抢险中也有修筑月堤的。

子堤是为防止洪水漫溢，在堤顶临时抢修的小堤，又称子埝。堤防遇超设计标准的洪水，可能漫溢时，常在堤顶加筑子堤。

戗堤是在堤的临河侧或背河侧加修低于原堤堤顶、具有一定厚度的土工建筑物。在防洪险要堤段，如堤身单薄，满足不了渗透稳定、抗震要求，常以戗堤来加固堤防。临河坡上的戗堤称前戗；背河坡上的戗堤称后戗。防洪墙背水侧大多修有土石后戗。

湖堤是沿湖修筑的约束水流的堤。湖泊水面开阔，水位变化缓慢，水对堤的作用时间一般较河堤长，湖水流速较河流小，水流对堤的淘刷能力低，但风的吹程大，易形成大的风浪，在堤的迎水面一般需做护坡。

海堤是沿海岸修建的挡潮防浪的堤。海堤是围海工程的重要水工建筑物。海堤作为防浪建筑物除承受波浪作用外，同时还要挡潮。在结构上，海堤由挡潮防渗土体和防浪结构两部分组成。海堤一般不允许越浪，其堤顶高程要求较高。海堤内坡多为土坡，因无防浪要求一般不需护面。我国拥有长达 1.8 万 km 的海岸线，一方面，可以开发利用丰富的海洋资源；另一方面，如此漫长的海岸带一直遭受众多自然灾害侵袭。其中，平均每年多达 7 个的登陆台风更是造成当地的重大损失，不仅引起沿海地区的风灾、潮灾及洪涝灾害，而且严重威胁当地的安全与发展。海堤工程能够有效降低台风暴潮等自然灾害产生的威胁和损失，对国计民生起到了重要保护作用。

海塘是沿海岸以块石或条石等砌筑成陡墙形式的挡潮、防浪的堤，又称陡墙式海堤。也有将海堤统称为海塘的。中国东南沿海有修筑海塘的悠久历史，其中著名的有钱塘江海塘等。

防洪墙是保证城镇和重要工矿企业、沿江河、海岸区（部分海塘）的防洪安全或其他特殊要求所采用的一种混凝土或圬工挡水建筑物，又称防汛墙。防洪墙的作用与堤相同。由于城市沿江一带有交通要道，建筑群密集，有时因已建工程的限制，或因城市规划发展的需要，或因土源所限，采用防洪墙，以减少占地和拆迁。防洪墙主要有钢筋混凝土墙和圬工墙。钢筋混凝土防洪墙，多建在地基较软弱、承载能力较小或者受地面条件限制的地段。圬工防洪墙利用圬工自重达到稳定，一般分为两种：一种用混凝土长方体预制件浆砌而成，一种用块石浆砌而成。

3. 建设情况

我国堤防工程防护对象的防洪标准按国家标准《防洪标准》（GB 50201—2014）确定，城市防护区的防护等级和防洪标准见表 2-4，乡村防护区的防护等级和防洪标准见表 2-5。

表 2-4　　　　　　　　城市防护区的防护等级和防洪标准

防护等级	重要性	常住人口/万人	当量经济规模/万人	防洪标准（重现期）/年
Ⅰ	特别重要	≥150	≥300	≥200
Ⅱ	重要	150～50（含）	300～100（含）	200～100（含）
Ⅲ	比较重要	50～20（含）	100～40（含）	100～50（含）
Ⅳ	一般	<20	<40	50～20

注　当量经济规模为城市防护区人均 GDP 指数与人口的乘积，人均 GDP 指数为城市防护区人均 GDP 与同期城市人均 GDP 的比值。

表 2-5　　　　　　　　乡村防护区的防护等级和防洪标准

防护等级	人口/万人	耕地面积/万亩	防洪标准（重现期）/年
Ⅰ	≥150	≥300	100～50
Ⅱ	150～50（含）	300～100（含）	50～30
Ⅲ	50～20（含）	100～30（含）	30～20
Ⅳ	<20	<30	20～10

堤防工程的防洪标准按照国家标准《堤防工程设计规范》（GB 50286—2013），由防护区内防洪标准较高的防护对象的防洪标准确定。堤防工程的级别一般按表 2-6 确定。堤防工程的安全加高值应按表 2-7 的规定确定。1 级堤防工程重要堤段的安全加高值，经过论证可适当加大，但不得大于 1.5m。山区河流洪水历时较短时，可适当降低安全加高值。

表 2-6　　　　　　　　　　堤防工程的级别

防洪标准（重现期）/年	≥100	50（含）～100	30（含）～50	20（含）～30	10（含）～20
堤防工程的级别	1	2	3	4	5

表 2-7　　　　　　　　　　堤防工程的安全加高值

堤防工程的级别		1	2	3	4	5
安全加高值/m	不允许越浪的堤防	1.0	0.8	0.7	0.6	0.5
	允许越浪的堤防	0.5	0.4	0.4	0.3	0.3

我国堤防工程具有类型多、堤线长、分布广的特点。截至 2019 年，全国已建成 5 级及以上江河堤防 32.0 万 km，累计达标堤防 22.7 万 km，达标率为 71.0%；其中 1 级、2 级达标堤防长度为 3.5 万 km，达标率为 81.7%。全国已建成江河堤防保护人口 6.4 亿人，保护耕地 4200 万 hm^2。

4. 面临的主要挑战

我国堤防工程类型多、堤线长、分布广，运行条件差异大，堤身堤基隐患分布随机性强，运行管理水平参差不齐，行业管理难度大。堤防管理工作仍存在管理法规制度体系不健全、工程管理基础薄弱、管养经费不足、管理手段落后、应急处置能力不强等问题，直接影响堤防的安全运行。

我国江河堤防不少是在民堤的基础上，经过多年不断加高培厚而成。堤防本身修建年代较早，先天条件不足，旧的堤防建设方式落后、构造简单，普遍存在基础薄弱、堤身有质量隐患等问题。中小河流堤防大部分为土堤，上游缺少大型控制性水库，往往面临较大防洪压力。

海堤工程还面临波浪溢流等新问题。相关研究表明，近期大部分海堤破坏是由越浪和溢流联合作用于海堤内坡引起的。在全球气候变化、海平面上升和风暴潮变强的新趋势下，该问题更加趋于严重。

（三）分蓄洪工程

分蓄洪工程是用于分泄河道洪水、保障防洪保护区安全的防洪设施，是流域防洪体系的重要组成部分。一般包括进洪设施、分洪道及两岸堤防、蓄滞洪区及堤防、安全避洪设施以及排洪设施等。根据分蓄洪工程布局的不同，可概括分为两种类型：①以分洪道为主体构成的分洪工程。由进洪设施分泄的洪水，经由分洪道直接分流入海、入湖，或进入其他河流，或绕过防洪保护区在其下游返回原河道，这类分洪工程也称分洪道或减河，如海河近海地区的减河、滁河马汊河分洪道等。②以蓄滞洪区为主体构成的分蓄洪工程。由进洪设施分泄的洪水直接或经分洪道进入由湖泊或洼地构成的蓄滞洪区，起到蓄洪或滞洪的作用。

1. 工程组成

（1）进洪设施。设于河道的一侧，用以分泄河道洪水进入分洪道或蓄滞洪区。进洪设施可分为有控制的、半控制的和无控制的 3 种。

1）有控制的进洪设施，即在分洪口门处建设进洪闸（也称分洪闸），当河道流量大于河道安全泄量时，按计划开闸分洪。分洪流量可由进洪闸控制。

2）半控制的进洪设施，是在进洪口门处修建溢流坝或滚水坝，以其顶面高程控制分洪，河道洪水位超过堰顶高程即自然漫溢分洪。分洪流量随洪水位涨落而增减。

3）无控制的进洪设施，包括临时破口分洪，即在计划分洪口门处修建一段自溃堤，采用临时破口进洪措施，一般在计划分洪口门处的堤身内预埋炸药，需要分洪时，临时爆破进洪。为控制分洪流量，防止口门过量扩大，可事先在计划分洪口门两端的堤头和底部用石料裹头和护底。有控制的进洪工程，分洪运用灵活，分流可及时适量，但需较多的投资。临时扒口进洪措施，虽可节省投资，但分洪难以及时适量。

（2）分洪道。分洪道是分洪工程的一个组成部分，是利用天然河道或人工开辟的新河道，分泄江河超额洪水的防洪工程措施。按照分泄江河超额洪水注入的水域将分洪道分为以下 5 种。

1）分洪道入海。临近滨海地区的河道，常因泥沙淤积使河道安全泄量减小，采取开挖分洪道的措施将超额洪水直接排泄入海。

2）分洪道入口临近河流。一条河流排洪能力不足，而临近河流排洪能力有富余，或在洪水遭遇不利的情况下，经分洪道排入临近河流。

3）分洪道入临近湖泊。河道河口堵塞，当河道河水洪峰流量达到一定标准时，则扒开口门通过分洪道将洪水送入临近湖泊。

4）分洪道复归原河道。当河流的某一狭窄河段，排洪能力与其上下游不相应，且采取疏浚、开挖河道或加高堤防措施不可行洪时，可将超额洪水，通过分洪道绕过这一狭窄河段，再回归原河道。

5）分洪道入蓄滞洪区。

（3）蓄滞洪区。蓄滞洪区指洪水临时贮存的低洼地区及湖泊等，其中多数历史上就是江河洪水淹没和蓄洪的场所。蓄滞洪区是我国防御流域性洪水的一项重要工程措施。堤防、水库工程只能防御一定标准的洪水，对于超过堤防、水库防御能力的较大洪水，尚不能完全控制。根据自然条件，因地制宜地利用湖泊洼地和历史上洪水滞蓄的场所开辟蓄滞洪区，有计划地蓄滞洪水，构成流域防洪的重要防线。蓄滞洪区主要作用是分蓄流域超额洪水，保证重点地区的防洪安全。蓄滞洪区包括行洪区、分洪区、蓄洪区和滞洪区4种类型。行洪区是指天然河道及其两侧或河岸大堤之间，在大洪水时用以宣泄洪水的区域；分洪区是利用平原区湖泊、洼地、淀泊修筑围堤，或利用原有低洼圩垸分泄河段超额洪水的区域；蓄洪区是暂时蓄存河段分泄的超额洪水，待防洪情况许可时，再向区外排泄的区域；滞洪区的特征是"上吞下吐"，其容量只能对河段分泄的洪水起到削减洪峰，或短期阻滞洪水作用。蓄滞洪区一般由蓄滞洪区围堤和避洪安全设施构成。

（4）排洪设施。用于排泄蓄滞洪区内的洪水，使区内群众能恢复生产、重建家园。运用机会多的蓄滞洪区可建泄洪闸排洪，反之，可采取破围堤排洪的方式。在不分洪的年份，为排除区内渍水、发展农业生产，往往建有排水设施。排水方式有自排（如排水涵闸）和提排（如电力排水站）两种方法。

（5）避洪安全设施。避洪安全设施包括安全区（围村埝）、安全台（村台、顺堤台）、避水楼（房）以及救生台等。

2. 蓄滞洪区建设情况

我国主要江河蓄滞洪区建设大致经历了以下三个阶段。

第一阶段（1988年以前）：20世纪50年代初期制定的长江、黄河、淮河等流域治理方案，按照"蓄泄兼筹"的治理方针，在规划治理河道增大江河行洪能力、修建山谷水库调蓄洪水的同时，规划安排了江河两岸一些湖泊、洼地作为行洪、滞洪的蓄滞洪区，与水库和河道共同组成防洪工程体系。1950年政务院颁发的《关于治理淮河的决定》中，决定在上游建设蓄洪量超过20亿m^3的低洼地区临时蓄洪工程；中游建设蓄洪量50亿m^3的湖泊洼地蓄洪工程。为防御黄河1933年型大洪水，1951年政务院《关于预防黄河异常洪水的决定》规定，在利用东平湖自然分洪外，设置沁黄滞洪区、北金堤滞洪区分滞黄河洪水。1952年，荆江分洪总指挥部编制了荆江分洪工程计划，上报中央批准实施，确定了建设荆江分洪区和虎西备蓄区。1985年，国务院批转了《关于黄河、长江、淮河、永定河防御特大洪水方案》，明确了蓄滞洪区在防御主要江河特大洪水中的作用和运用方式。

第二阶段（1988—1998年）：在主要江河防洪减灾体系初步形成的情况下，针对蓄滞洪区人口增加、经济发展和分蓄洪水时区内居民的安全保障问题，在开展蓄滞洪工程建设的同时开始重视蓄滞洪区安全建设，以保障蓄滞洪区能够有效运用，在确保大江大河重点地区防洪安全的同时，保障蓄滞洪时区内居民的生命财产安全。1988 年国务院批转了水利部关于《蓄滞洪区安全与建设指导纲要》，确定了以"撤退转移为主、就地避洪为辅"的安全建设方针，对蓄滞洪区的通信与预报警报、人口控制、土地利用、产业活动、就地避洪措施、安全撤离措施、试行防洪基金或洪水保险制度、宣传与通告等方面作出了原则规定。但由于蓄滞洪区建设投入严重不足，仅安排修建了一些蓄滞洪区围堤和部分进洪、退洪口门以及少量围村埝、安全台（庄台）、避水房、避水台等低标准的安全设施。

第三阶段（1998 年以后）：1998 年长江大水、2003 年淮河和黄河洪水后，国家有关部门在湖南、湖北、江西、安徽、江苏、河南、山东等省洪泛区和部分蓄滞洪区实施以"退人不退耕"为主要形式的"平垸行洪、退田还湖、移民建镇"工程，为蓄滞洪区安全建设提供了有益经验。2006 年 6 月，国务院办公厅批转了水利部联合国家发展和改革委员会、财政部提出的《关于加强蓄滞洪区建设与管理的若干意见》（国办发〔2006〕45 号），进一步明确了蓄滞洪区建设与管理的指导思想和原则、目标和任务，为推进蓄滞洪区建设与管理工作提供了重要的政策依据。

根据国务院批复的七大江河防洪规划，国家蓄滞洪区共计 98 处，见表 2-8。

表 2-8　　　　　　　　　　　　98 处国家蓄滞洪区名录

流域	名　　　录	处数
长江	荆江分洪区、涴市扩大区、虎西备蓄区、人民大垸、钱粮湖垸、共双茶、大通湖东垸、澧南垸、西官垸、围堤湖、民主垸、城西垸、建设垸、建新垸、屈原垸、江南陆城垸、九垸、安澧垸、安昌垸、安化垸、南汉垸、和康垸、南顶垸、集成安合垸、六角山、北湖垸、义合垸、君山垸、洪湖分洪区、杜家台、西凉湖、白潭湖、武湖、涨渡湖、东西湖、康山、珠湖、黄湖、方洲斜塘、华阳河、荒草二圩、荒草三圩、蒿子圩、汪波东荡	44
黄河	东平湖、北金堤	2
淮河	濛洼、城西湖、城东湖、瓦埠湖、老汪湖、泥河洼、老王坡、蛟停湖、黄墩湖、南润段、邱家湖、姜唐湖、寿西湖、董峰湖、汤渔湖、荆山湖、花园湖、杨庄、洪泽湖周边（含鲍集圩）、南四湖湖东、大逍遥	21
海河	青甸洼、盛庄洼、大黄堡洼、黄庄洼、永定河泛区、三角淀、小清河分洪区、贾口洼、文安洼、东淀、白洋淀、兰沟洼、团泊洼、宁晋泊、大陆泽、献县泛区、永年洼、良相坡、柳围坡、长虹渠、白寺坡、共渠西、小滩坡、任固坡、崔家桥、广润坡、大名泛区、恩县洼	28
珠江	潖江	1
松花江	胖头泡、月亮泡	2
合计		98

98 处国家蓄滞洪区总面积 3.4 万 km²，总设计蓄洪容积 1080 亿 m³，基本情况统计见表 2-9，国家蓄滞洪区的面积比例、设计蓄洪容积比例见图 2-3、图 2-4。98 处国家蓄滞洪区主要分布在长江、黄河、淮河、海河、珠江和松花江流域，其中长江流域 44 处、黄河流域 2 处、淮河流域 21 处、海河流域 28 处、珠江流域 1 处、松花江流域 2 处，涉及北京、天津、河北、江苏、安徽、江西、山东、河南、湖北、湖南、广东、吉林和黑龙江等 13 个省（直辖市）。按照《关于加强蓄滞洪区建设与管理的若干意见》（国办发〔2006〕45 号）有关蓄滞洪区分类的原则意见，规划将国家蓄滞洪区分为重要蓄滞洪区、一般蓄滞洪区、蓄滞洪保留区 3 类。重要蓄滞洪区是在保障流域和区域整体防洪安全中地位和作用十分突出，涉及省际间防洪安全，对保护重要城市、地区和重要设施极为重要，由国务院、国家防汛抗旱总指挥部或流域防汛抗旱总指挥部调度，运用概率较高的蓄滞洪区。一般蓄滞洪区是对保护重要支流、局部地区或一般地区的防洪安全有重要作用，由流域防汛抗旱总指挥部或省级防汛指挥机构调度，运用概率相对较低的蓄滞洪区。蓄滞洪保留区是为防御流域超标准洪水而设置的蓄滞洪区，以及运用概率低但暂时还不能取消仍需要保留的蓄滞洪区。

表 2-9   98 处国家蓄滞洪区现状基本情况统计

流域	蓄滞洪区数量/处	面积/km²	设计蓄洪容积/亿 m³
合计	98	33592.6	1080.0
长江	44	12055.5	590.6
黄河	2	2942.5	50.8
淮河	21	5282.9	165.3
海河	28	10435.4	198.9
珠江	1	80.3	4.1
松花江	2	2796.0	70.3

除国家明确的蓄滞洪区外，有关地方也根据防洪需要建设了一些地方蓄滞洪区。

3. 面临的主要挑战

（1）防洪工程体系不完善。由于蓄滞洪区建设投入严重不足，工程建设不到位，部分蓄滞洪区的堤防工程、进退洪控制设施等还不完善。大部分蓄滞洪区的现有围堤高程不够、断面不足，分区运用的蓄滞洪区大部分还缺乏隔堤工程；有不少蓄滞洪区围堤险情隐患多；许多蓄滞洪区未建设进退洪控制设施或口门等工程，需要分洪运用时，难以按规划要求适时适量启用。

（2）安全建设严重滞后。蓄滞洪区安全设施不足，区内大部分居民生命财

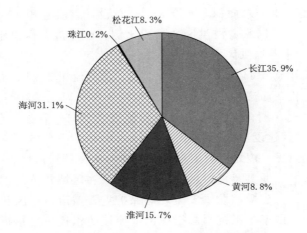

图 2-3 国家蓄滞洪区面积比例分布

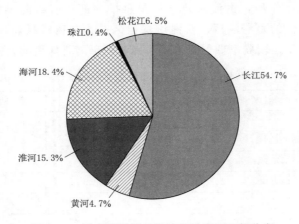

图 2-4 国家蓄滞洪区设计蓄洪容积比例分布

产在分洪蓄水时尚未得到有效的保护，已有安全设施中大部分建设标准偏低，不能满足分洪时保障居民生命安全和减少财产损失的需要。一些传统安全避险方式也已不适应当地社会经济发展的需要。

（3）政策法规不健全。由于蓄滞洪区的特殊性，区内土地利用、经济发展、人口调控等风险管理均需要针对其特点建立相应的管理制度和制定特殊的政策进行调节，目前各类法规政策体系还很不完善。

（4）社会管理薄弱。蓄滞洪区既要对防洪工程进行管理，又要对区内的社会经济活动实施有效的管理。部分蓄滞洪区内无序开发建设问题突出，存在盲目开发和建设现象，人口增长过快，启用难度不断加大。

（5）救助补偿机制不完善。根据 2000 年国务院颁布实施的《蓄滞洪区运用补偿暂行办法》，对国家蓄滞洪区内常住居民蓄滞洪损失给予一定程度的补偿，由于颁布已 20 余年，在补偿对象、补偿标准等方面已不适应新形势，亟待修订完善。

（四）河道整治工程

河道整治的发展是随着社会经济的发展而逐渐发展完善的。公元前 250 年前后，李冰修建了都江堰，创建了鱼嘴和溢水堰控制水量，引岷江之水灌溉成都平原，并总结出"深淘滩，低作堰"的治理原则。

河道整治工程是按照河道演变规律，因势利导，调整、稳定河道主流位置，改善水流、泥沙运动和河床冲淤部位，扩大过水断面等，以适应防洪、航运、供水、排水等国民经济发展要求的工程措施。天然河道受到各种自然条件和人类活动的影响，常会产生冲刷、淤积、坐弯、分汊、溜势改变等不利于安全行洪排涝、航运、供水的问题，需要靠整治河道来解决。河道整治工程主要包括控导工程、护岸工程、堵汊工程、裁弯工程、河道展宽工程和疏浚工程等。

1. 控导工程

控导工程是为控导主流、稳定河势而修建的河道整治工程。河道修建控导工程后，主流受到控制，河势稳定，河槽得以固定，有利于护滩保堤、涵闸引水、航运等功能发挥。控导工程是河道整治工程的主体，同时还包括险工和护滩工程，均是由丁坝、垛、护岸建筑物组成。险工依托堤防修建，出现最早，并随河势变化不断上接下延，工程长度较大，平面形式也多不平顺，控导河势能力较弱。河道系统整治后，一些老险工被部分利用，平面形式也进行了调整，具备了控制河势的功能，这时险工也属控导工程的范畴。护滩工程修建在滩岸上，一般都是临时抢险修建，工程长度较短，平面形式多不规顺，一般情况下迎流段布置垛，导流段和送流段布置丁坝，垛对流势干扰小，有利迎流入弯。丁坝抵抗大流冲刷能力强，不致破坏整个工程布局。垛和护岸对水流干扰小，冲刷坑小，出险概率较小；但是一旦出险，其长度大，抢护难，退守会破坏工程总体布局，修建后需加强防守。垛多为"人"字形，等距离布设，两垛之间一般布设护岸。丁坝多为下挑式，与水流交角 30°～60°。丁坝间距在迎流段、导流段小，有利于流向调整，在送流段可大些，丁坝间距一般与丁坝长度相当，也有些河流采用正挑丁坝，坝间距为坝长的 3～4 倍。

2. 护岸工程

护岸工程早在战国时期就已经出现。黄河上西汉石工护岸已很普遍，东汉更出现了挑溜护岸，宋代护岸种类繁多，明清更大量采用植物（植树）护岸。埽工是古代黄河上一种堵口和护岸建筑物。先秦时就有"茨防决塞"的记载，宋代发展到高潮期，黄河两岸险工地段普遍修有大埽，北宋已修有 16 处埽工，清代把卷埽的方法改为沉厢式的修埽方法。20世纪50年代以来，河道整治由被动的防御发展到有计划、主动的控导河势，由局部河段发展到长河段的整治，由多以单纯防洪或航运为目的的河道整治发展到多目的的河道整治，工程材料由秸、柳、竹、土、桩、绳发展到石料、混凝土、钢材、土工合成材料等，施工方法由人工发展到机械施工，观测方法由人工观察发展到仪器观测，并采用声、电、遥感等先进技术设备。

（1）**按形式划分**。护岸工程是保护江河湖海堤岸免受水流、风浪、海潮侵袭和冲刷所采取的工程措施。按形式可分为坡式护岸、坝式护岸、墙式护岸以及其他形式护岸。

1）坡式护岸。将建筑材料或构件直接铺护在堤防或滩岸临水坡面，形成连续的覆盖层，防止水流、风浪的侵蚀、冲刷。这种防护形式顺水流方向布置，断面临水面坡度缓于1：1，对水流的影响较小，也不影响航运，因此被广泛采用。湖堤防护也常采用坡式护岸。

2）坝式护岸。依托堤防、滩岸修建丁坝、矶头、顺坝以及丁坝、顺坝相结合的T形坝、拐头型坝，起到导引水流离岸，防止水流、风浪直接侵蚀、冲刷堤岸。

3）墙式护岸。靠自重稳定，要求地基满足一定的承载能力。可顺岸设置，具有断面小、占地少的优点，常用于河道断面窄，堤外无滩、又受水流淘刷严重的堤段，如城镇，重要工业区等。海堤防护多采用坡式、墙式以及坡式、墙式上下结合的组合形式。

4）其他形式护岸。如桩式护岸，通常采用木桩、钢桩、预制钢筋混凝土桩和以板桩为材料构成板桩式、桩基承台式以及桩石式护岸，常在软弱地基上修建防洪墙、港口、码头、重要护岸时采用。透水建筑物如杩槎坝、编篱屏、人工环流建筑物、沉树等植树、植草工程也很常用。

（2）**按结构材料划分**。护岸工程按结构材料划分，主要有以下几种类型。

1）块石护岸。这是护岸工程大量采用的结构，具有就地取材、施工简易灵活、适应河床变形、能分期实施、逐步加固等优点。工程的上部护坡及下部护脚均可采用块石。

2）柳石护岸。埽工是我国具有悠久历史的河工建筑物，曾为黄河、永定河广泛采用。柳石枕和柳石搂厢是常用的埽工结构，主要优点是有柔韧性，节约石料，防护效果好。主要缺点是不耐久，特别是暴露在水面以上部分的柳枝易腐损。

3）石笼护岸。用铅丝、竹篾、荆条等作成各种网格的笼状物体，内填块石、砾石或卵石，网格的大小以不漏石为度。将这些构件依次从河底紧密排放至最低枯水位以下护脚。

4）沉排护岸。沉排一般用于护脚或护底，沉排以上岸坡部分抛石压住排头。沉排护岸具有整体性强、韧性大、适应河床变形、抗冲等优点，但成本高，施工技术复杂。

5）混凝土块护岸。采用方形或六角形混凝土预制块，厚度一般在 0.1～0.3m，主要用于河道的堤、坝、岸坡防护风浪。海湖护岸有时采用混凝土异形块体护坡、护脚。

6）土工织物护岸。采用土工织物，如织成模袋，灌注水泥砂浆或混凝土，构成模袋护坡。也有用土工织物长管袋充填砂土、卵石做护脚工程。近年来，还开始利用土工织物、土工格栅、土工带作为加筋材料，用于土心丁坝加筋及软土地基加固处理，以提高土体的抗剪、抗拉强度和整体性。

7）透水桩坝。一种较常用的透水建筑物。一般有木桩、钢筋混凝土桩坝。桩坝现已发展到采用钢筋混凝土桩建造，用水冲钻或震动打桩机打桩，或现浇混凝土灌注桩。

8）杩槎坝。岷江都江堰工程曾使用木杩槎坝截流引水灌溉。杩槎适用于砂卵石河床修作丁坝、顺坝。

9）生物护岸。在河道滩宽流缓的河段，植树种草能缓流防冲，固滩保堤。植树可以呈连续或带状布置，可因地制宜选择树种、草种。

以上护岸形式根据具体情况可以单独使用，也可结合使用。

3. 堵汊工程

堵汊工程是为堵截河道内汊道或滩面串沟所采取的工程措施。堵汊工程能防止串沟夺河，起到塞支强干作用，有利于防洪和航运，但有侵占河道的负面作用。

4. 裁弯工程

裁弯工程是依据蜿蜒型河道河弯发展的自然规律，借助水流的冲刷力，将过分弯曲的河道进行人工裁直的措施，又称人工裁弯工程、裁弯取直。裁弯工程的作用是降低弯道上游河段的洪水位，消除弯道崩岸给堤防、城镇、农业生产、交通线等造成的威胁，缩短航程，改善航运条件等，但有侵占河道的负面作用。

5. 河道展宽工程

河道展宽工程是为增加河道过洪能力，降低洪水位，减免洪、凌灾害，扩大河道宽度而修筑的工程。在河流流经平原或其他较宽阔平坦地区的河段，一般都修有堤防工程，以约束洪水，保护防护区的防洪安全，但在一些河流中，由于原有堤距太窄或因地形、地物或靠近城镇、村庄等原因，使局部河段形成卡口。当遇较大洪水时，因泄流不畅而发生壅水，致使其上游河道的水位升高，加重防洪负担。在冬季结冰的河流，有时因卡口河段卡冰阻水，容易形成冰塞、冰坝，致使水位迅猛上涨，严重威胁堤防安全。在此类情况下，可采取展宽河道的办法，扩大洪水河槽，使与上下游河段的过水能力相适应。展宽河道一般采取以下办法：

（1）两岸退建堤防。适用于平原地区河段，即在河道两岸修建新堤。退堤后主槽两岸都有较宽的滩地，可减轻堤防受水流淘刷的威胁，但土方工程量较大。

（2）一岸退建堤防。适用于一岸为丘陵、山区，或有重要建筑物等情况。

（3）在平原地区河段也可只退建一侧堤防，以减小土方工程量，但对岸堤防靠近主流，易坍塌出险，需进行防护。新堤修建后，老堤主要按以下方式处理：

1）废除。一般采用此方式，尤其是展宽堤段较短时。

2）保留。在一岸退堤且退堤距离较大时采用。一般洪水走原河道，大洪水时使用展宽后河道，与原河道共同泄洪。

6. 疏浚工程

疏浚工程是采用挖泥船或其他手段开挖水下土石方的措施。疏浚的主要任务是：开挖新的航道、运河和港地；浚深、加宽现有航道和港地；开挖码头、船坞及其他水工建筑物的基槽；加宽加深河道行洪断面等。

（五）泵闸工程

1. 主要作用

泵闸是泵站和水闸的简称。

泵站是由泵和其他机电设备、泵房以及进出水建筑物等组成的工程设施。泵站的作用是将水由低处扬至高处，以满足灌溉、排水、供水等要求。主要适用于下列情况：采用自流排灌方式不可能或不经济时；需要机电提水与自流引水相互补充时；抬高井、水库、湖泊及洼地水位进行灌溉或排水时；采用机压喷、滴灌时；进行跨流域调水时；畜牧业供水及城乡供水、排水。按用途泵站可分为灌溉泵站、排水泵站、排灌结合泵站、输水泵站、加压泵站、畜牧业供水泵站、城镇供水泵站、多功能泵站等。

水闸是修建在河道、渠道上利用闸门控制流量和调节水位的低水头水工建筑物。关闭闸门可以拦洪、挡潮或抬高上游水位，以满足灌溉、发电、航运、水产、环保、工业及生活用水等需要；开启闸门，可以宣泄洪水、涝水、弃水或废水，并可对下游河道或渠道供水。在水利工程中，水闸可作为挡水、泄水或取水建筑物，应用广泛。水闸按担负的任务可分为进水闸（也称渠首闸）、节制闸（河道上的称拦河闸）、排水闸（按作用也称排涝闸、泄水闸、退水闸）、分洪闸（也称进洪闸）、挡潮闸、冲沙闸（也称排沙闸、冲刷闸）和分水闸等。

泵闸工程的主要作用是防汛排涝供水。在地势较低、河道数量较少、行洪排水能力较弱的地区，修建泵闸工程进行强排水有利于保障该地区的防汛安全。此外，泵闸工程也用于水质管理，对于改善水体水质也有重要作用。利用闸泵群的调度让河水流动起来，促使内河水体定向、有序流动，以增加河网水体的更换次数，从而达到改善内河水质的目的。

2. 建设情况

截至 2019 年，全国已建成各类装机流量 $1m^3/s$ 或装机功率 50kW 及以上的泵站 96830 处，其中，大型泵站有 383 座，中型泵站 4330 座，小型泵站 92117 座，见图 2-5。

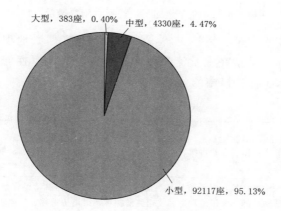

大型，383座，0.40%　　中型，4330座，4.47%

小型，92117座，95.13%

图 2-5　2019 年各类泵站数量及占比

截至 2019 年，已建成流量 $5m^3/s$ 及以上的水闸 103575 座，其中大型水闸 892 座。按水闸类型分，分洪闸 8293 座，排（退）水闸 18449 座，挡潮闸 5172 座，引水闸 13830 座，节制闸 57831 座，见图 2-6。

3. 面临的主要挑战

部分中小型泵站、水闸工程存在运行维护状况较差、病险等问题，影响防洪抗旱减灾效益的发挥。泵站、水闸等穿堤建筑物与堤防的接合部、水库建筑物中闸坝的接合部位是影响防洪安全的薄弱环节，容易出现渗水、管涌等险情，如不能及时发现、及时有效抢护，可能导致溃堤、溃坝等严重后果。

（六）水土保持工程

水土保持就是防治水土流失，保护改良与合理利用山丘区和风沙区水资源，维护和提高土地生产力，以利于充分发挥水土资源的生态效益、经济效益和社会效益，建立良好的生态环境。水土保持工作对于改善水土流失地区的农

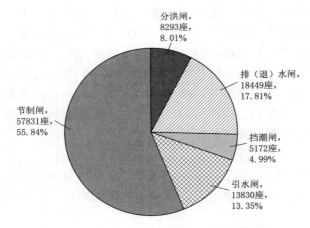

图 2-6　2019 年全国不同类型水闸数量及占比

业生产条件，减少水、旱、风沙灾害，具有重要意义。淤地坝是水土保持工程中比较常见的工程，是指在水土流失地区各级沟道中，以拦泥淤地为目的修建的坝工建筑物。水土保持措施的分类见表 2-10。

表 2-10　　　　　　　　　　　水土保持措施分类

措施分类		具体措施
农业技术措施		等高耕作、带状耕作、沟垄耕作、抗旱保墒耕作、垄作区、旱作农业、雨养农业、生态农业
林草措施		水土保持林、农田防护林、固沙造林、水源涵养林、梁峁防护林、沟道防护林、山坡防护林、梯田地坎造林、道路防护林、渠道防护林、河岸防护林、绿洲防护林、库岸防护林、山地经济林、薪炭林、防护林经营、退耕还林草、封山育林、水土保持种草、合理放牧、复合农林业、径流林业、林业生态工程、天然林保护工程
工程措施	山坡水土保持工程	梯田、水土保持造林整地、护坡工程、固坡工程、山坡截流沟、坡面蓄水工程、沟头防护工程
	沟道治理工程	谷坊、石笼、固床工程、拦沙坝、淤地坝、水坠坝、沟道蓄水工程、山洪及泥石流排导工程、崩岗治理、引洪漫地、滩地治理

　　从防洪减灾的角度，在一定程度，水土保持能够减少洪涝灾害的发生。一方面，因水土保持能够增加或维持入渗量，水土保持工程措施（如水库、梯田等）拦蓄径流的功能也会增强。它们可以削减汛期洪峰，提升工程的防洪、抗洪能力；在枯水季节，也可以补充径流，减小径流的年际变化。另一方面，通过水土保持工程，可以有效地减少河流中的泥沙挟带量，降低河流下游地区的泥沙淤积，这样可以减缓河床的抬高趋势，使得发生洪水时，水位得到控制，在一定程度上提高了防洪堤的抗洪能力。同时通过水土保持工程，也可以减少

泥沙在湖泊及人工蓄水工程中的淤积量，提高其蓄水、调水的能力，在发生洪水时能够更有效地对洪水进行拦蓄。此外，水土保持措施的应用还能较好地降低地质灾害的发生概率，降低泥石流、滑坡等对水利工程的损坏。我国水土流失治理面积见图 2-7。

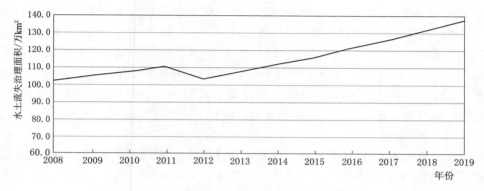

图 2-7　2008—2019 年我国水土流失治理面积

但是，在极端强降雨作用下，淤地坝、谷坊等水土保持工程可能"成串"溃决失事，引发严重的山洪、泥石流灾害。

（七）大江大河防洪工程体系

1. 长江流域

长江防洪治理坚持"蓄泄兼筹，以泄为主"方针，以"江湖两利，左、右岸兼顾，上、中、下游协调"为指导原则，形成了以堤防为基础，三峡水库为骨干，其他干支流水库、蓄滞洪区、河道整治工程、平垸行洪、退田还湖等相配套的防洪工程体系。

（1）堤防工程。

长江流域堤防包括长江干堤、主要支流堤防，以及洞庭湖区、鄱阳湖区、城市堤防等，总长约 64000km，是长江防洪的基础。目前，长江中下游 3900 余 km 干流堤防已基本达标。

荆江大堤、无为大堤、南线大堤、汉江遥堤以及沿江全国重点防洪城市堤防为 1 级堤防。松滋江堤、荆南长江干堤、洪湖监利江堤、岳阳长江干堤（岳阳市城区段除外）、四邑公堤、汉南长江干堤、粑铺大堤、昌大堤、黄广大堤、同马大堤、广济圩江堤、枞阳江堤、和县江堤、江苏长江干堤（南京市城区段除外），洞庭湖区、鄱阳湖区重点圩垸堤防等为 2 级堤防。

仅依靠堤防，长江中下游干流荆江河段（枝城—城陵矶）、城陵矶河段（城陵矶—东荆河口）、武汉河段（东荆河口—武穴）、湖口河段（武穴—湖口）分别可防御 10 年一遇、10～20 年一遇、20～30 年一遇和 20 年一遇洪水。

（2）水库工程。

长江流域已建成大、中、小型水库5.19万座，总库容约4141亿 m³。其中大型水库303座，总库容3000亿 m³，总调节库容1500亿 m³，总防洪库容约800亿 m³。至2023年，纳入上中游水库群联合调度的水库数量共53座，总库容2444亿 m³，其中防洪库容706亿 m³。三峡水库是长江干流控制性工程，总库容450.4亿 m³，防洪库容221.5亿 m³。三峡工程2008年开始试验性蓄水，当年汛后蓄水至172.8m，2009年汛后蓄水至171.41m，2022年发生流域性干旱，蓄水至160.04m，其余年份均蓄水至175m。丹江口、隔河岩、五强溪、柘溪、柘林等部分支流水库在确保大坝安全的前提下，承担所在河流防洪作用，必要时发挥与长江干流洪水错峰的作用，减轻干流的防洪压力。

（3）蓄滞洪区工程。

以防御1954年洪水为目标，为保障重点地区防洪安全，长江中下游干流安排了40处国家蓄滞洪区，总面积为1.2万 km²，有效蓄洪容积为589.8亿 m³。其中荆江地区4处，城陵矶附近区25处（洞庭湖区24处，洪湖区1处），武汉附近区6处，湖口附近区5处（鄱阳湖区4处，华阳河区1处）。根据蓄滞洪区在防洪体系中的作用和运用概率等分类，长江中下游干流国家蓄滞洪区共有重要蓄滞洪区13处，分别为荆江分洪区、洪湖分洪区东分块（洪湖分洪区分隔成东、中、西三块）、钱粮湖垸、共双茶、大通湖东垸、围堤湖、民主垸、城西垸、澧南垸、西官垸、建设垸、杜家台、康山蓄滞洪区；一般蓄滞洪区13处，分别为洪湖分洪区中分块、屈原垸、九垸、江南陆城垸、建新垸、西凉湖、武湖、涨渡湖、白潭湖、珠湖垸、黄湖、方州斜塘、华阳河蓄滞洪区；蓄滞洪保留区16处，分别为浣市扩大区、人民大垸、虎西备蓄区、君山垸、集成安合垸、南汉垸、和康垸、安化垸、安澧垸、安昌垸、北湖垸、义合垸、南顶垸、六角山、洪湖分洪区西分块、东西湖蓄滞洪区。

1998年以前，有分洪控制工程的蓄滞洪区只有荆江分洪工程、汉江杜家台分洪工程，工程建成后发挥了巨大的作用。1998年以后，结合退田还湖、移民建镇，洞庭湖澧南垸、围堤湖、西官垸3处蓄滞洪区修建了分洪闸，进行了安全建设，其中澧南垸在2003年澧水超历史大洪水时分洪，效益显著。截至目前，33处蓄滞洪区围堤建设已达标，9处已建分洪闸，基本完成4处蓄滞洪区的安全建设，正在开展钱粮湖、共双茶、大通湖东、洪湖东分块、杜家台、康山、华阳河等蓄滞洪区建设。武湖、涨渡湖、珠湖、黄湖、方州斜塘安全建设前期工作也正在推进。

支流滁河流域安排了荒草二圩、荒草三圩、蒿子圩（安徽、江苏各一块）和汪波东荡等4处国家蓄滞洪区，总面积为19.5km²，设计蓄洪总容积为1.0亿

m^3。滁河流域 4 处蓄滞洪区均已完成围堤加固、分洪闸建设和移民安置迁建工作。

此外，汉江、赣江等支流设有蓄洪民垸。

（4）河道整治工程。

长江中下游干流河道总长 1893km，共划分为 30 个河段，其中宜枝、上荆江、下荆江、岳阳、武汉、鄂黄、九江、安庆、铜陵、芜裕、马鞍山、南京、镇扬、扬中、澄通、长江口等 16 个河段为重点河段；陆溪口、嘉鱼、簰洲湾、叶家洲、团风、韦源口、田家镇、龙坪、马垱、东流、太子矶、贵池、大通、黑沙洲等 14 个河段为一般河段。

20 世纪 50 年代以来，长江中下游干流开展了较大规模的护岸工程、下荆江系统裁弯工程、部分分汊河段堵汊工程等河道治理工程，共完成护岸 1600余 km，抛石 9100 余万 m^3，修建丁坝 685 座，各类沉排约 520 万 m^2。

（5）平垸行洪、退田还湖工程。

1998 年大洪水后，为构建和谐人水关系，给洪水以出路，将"平垸行洪、退田还湖"纳入长江综合防洪体系。长江中下游平垸行洪、退田还湖的对象是长江干堤之间严重阻碍行洪的洲滩民垸、洞庭湖及鄱阳湖区除重点垸、蓄洪垸以外的部分防洪标准低、"三年两溃"的民垸。考虑到沿江及湖区人多地少和长江洪水的特点，对影响行洪的洲滩民垸采取既退人又退耕的"双退"方式，坚决平毁，对其他的民垸可采取退人不退耕的"单退"方式，即平时处于空垸待蓄状态，一般洪水年份仍可进行农业生产，遇较大洪水年份，则滞蓄洪水。

长江中下游"平垸行洪、退田还湖"共平退圩垸 1442 个，动迁人口约 240万人，恢复调蓄容积 178 亿 m^3，实现了千百年来从围湖造田到退田还湖的历史性转变。经圩垸平退和联圩并圩，目前长江中下游干流河道内仍有已形成封闭保护圈的洲滩民垸 285 个，人口约 89 万人，总面积约 2088km^2；洞庭湖湖区洲滩民垸 159 个，人口约 77 万人，总面积约 816km^2；鄱阳湖湖区洲滩民垸 263个，人口约 95 万人，总面积约 1715km^2。

（6）现状防洪能力。

荆江河段依靠堤防可防御 10 年一遇洪水，通过三峡等上游控制性水库调蓄，在不分洪情况下，可防御 100 年一遇洪水；遇 1000 年一遇或 1870 年同大洪水，三峡水库可控制枝城流量不超过 80000m^3/s，配合运用荆江地区蓄滞洪区，能保证荆江河段行洪安全。

城陵矶河段依靠堤防可防御 10～20 年一遇洪水，考虑本地区蓄滞洪区的运用，可防御 1954 年洪水；通过三峡水库的调节，一般年份基本上可不分洪（洞庭湖"四水"尾闾除外）。

武汉河段依靠堤防可防御 20～30 年一遇洪水，考虑河段上游及本地区蓄滞洪区的运用，可防御 1954 年洪水（其最大 30 天洪量约 200 年一遇）。

湖口河段依靠堤防可防御 20 年一遇洪水，考虑河段上游及本地区蓄滞洪区的运用，可防御 1954 年洪水。

汉江中下游依靠堤防、丹江口水库、杜家台蓄滞洪区及中游部分分洪民垸，可防御 1935 年同大洪水（相当于 100 年一遇）。赣江可防御 20～50 年一遇洪水。长江中下游其他支流大部分可防御 10～20 年一遇洪水。

2. 黄河流域

黄河上游建成了龙羊峡水库、刘家峡水库和宁蒙河段堤防工程，保障了兰州市城市防洪安全，减轻了宁蒙河段洪水威胁。中下游初步建成以中游干支流水库群、下游堤防、河道整治、分滞洪工程为主体的"上拦下排，两岸分滞"的防洪工程体系。上拦工程主要包括三门峡、小浪底、故县、陆浑、河口村等干支流水库；下排工程主要包括黄河两岸大堤、险工及河道整治工程；两岸分滞工程指黄河下游两岸开辟的东平湖和北金堤蓄滞洪区。

（1）堤防工程。

黄河干流堤防主要分布在青海、甘肃、宁夏、内蒙古和黄河下游河段。支流堤防主要分布在汾河、渭河、伊洛河、沁河和大汶河下游河段。

1）黄河干流青海河段堤防工程。黄河干流龙羊峡以下流经青海省贵德、尖扎、化隆、循化、民和等 5 县，全长 276km。青海河段的设防标准为：县城、农防河段分别为 30 年一遇、20 年一遇、10 年一遇，其中贵德、循化和尖扎等 3 县城区河段设防标准为 30 年一遇，设防流量为 4200～4400m³/s，其余农防河段设防标准为 10 年一遇，设防流量为 3660～3730m³/s。近年来，经过黄河干流防洪工程治理，青海省干流堤防长度达 32.424km，护岸长度为 61.037km。根据近年来青海河段过洪情况和河道工程治理现状，青海河段防洪工程已达到设计防洪标准，河道安全过洪流量基本达到或超过 10 年一遇的 3660m³/s。

2）黄河干流甘肃河段堤防工程。黄河干流龙羊峡以下甘肃段流经临夏回族自治州、兰州市、白银市的 14 个县（区），全长 480km。目前，黄河干流甘肃段防洪工程主体工程已基本完工，堤防设防标准除兰州市城区段 72.8km 堤防为 100 年一遇外，其余河段堤防标准为 10 年一遇。各河段设计防洪流量分别为：兰州市城区段 6500m³/s，临夏回族自治州积石山县河段 3730m³/s，永靖县河段 4290m³/s，兰州市农防河段至靖远县祖厉河口以上为 5640m³/s，祖厉河口以下为 5870m³/s。甘肃省有堤防的河段中，除永靖县城局部河段外，安全过洪流量基本达到设防标准。

3）黄河干流宁夏河段堤防工程。黄河干流宁夏河段自宁夏回族自治区中卫市南长滩乡至石嘴山市麻黄沟口，全长 397km（含交叉河段 36km），峡谷型河道主要位于南长滩至下河沿，其余河段河面开阔。宁夏河段堤防总长 416.5km，较连续的堤段主要分布在下河沿至青铜峡水库之间的两岸川地、青铜峡以下至石嘴山的左岸、青铜峡至头道墩的右岸，其余不连续段主要分布在头道墩至石嘴山右岸。目前，吴忠市青铜峡市、利通区，银川市兴庆区堤防设计防洪标准为 50 年一遇，设计防洪流量为 6020m³/s。中卫市，银川市灵武市、永宁县、石嘴山市堤防设计防洪标准为 20 年一遇，设计防洪流量为 5620m³/s。黄河干流宁夏河段堤防经过治理，已全面达到 20 年一遇及以上设计防洪标准，安全过洪流量均达到设计防洪标准。

　　4）黄河干流内蒙古河段堤防工程。黄河干流内蒙古河段自内蒙古自治区乌海市苦水沟口至鄂尔多斯市马栅镇，全长 842.8km（含交叉河段），石嘴山至乌达公路桥及蒲滩拐至马栅乡为峡谷型河道，其余河段河面宽阔。干流河段堤防长 985.6km，较连续的堤段主要分布在三盛公以下的平原河道两岸，其余不连续段主要分布在石嘴山至三盛公库区两岸。堤防设计防洪标准为：石嘴山—三盛公河段为 20 年一遇，设计防洪流量为石嘴山站 5630m³/s；磴口县三盛公库区左岸 19.7km 导流堤、防洪堤设计防洪标准为 100 年一遇标准，设计防洪流量为石嘴山站 6150m³/s。三盛公—蒲滩拐河段左岸设计防洪标准为 50 年一遇，设计防洪流量为三湖河口站 5900m³/s；右岸堤防除西柳沟—哈什拉川河段为 50 年一遇，其余河段均为 30 年一遇，设计防洪流量为三湖河口站 5710m³/s。蒲滩拐—喇嘛湾拐上河段，左岸堤防设计防洪标准为 30 年一遇，设计防洪流量为三湖河口站 5710m³/s；右岸堤防设计防洪标准为 20 年一遇，设计防洪流量为三湖河口站 5510m³/s。黄河干流内蒙古段防洪工程已全面达到 20 年一遇及以上设计防洪标准。

　　5）黄河干流下游河段堤防工程。黄河下游大堤左岸从孟州中曹坡起，右岸从孟津县牛庄起。截至目前，下游大堤共长 1371.1km，其中，左岸长 747.0km，右岸长 624.1km。加上北金堤、沁河堤、大汶河堤、东平湖围堤、河口堤等，黄河下游各类堤防总长 2429.6km；临黄堤有险工 147 处，坝、垛和护岸 5422 道，总长 334.3km；有控导护滩工程 234 处，坝、垛、护岸 5230 道，总长 494.9km。黄河下游设计防洪标准为防御花园口站流量 22000m³/s 的洪水，相应设计防洪流量为：高村站 20000m³/s、孙口站 17500m³/s、艾山站 11000m³/s。黄河下游堤防建有 95 座引黄涵闸。

　　6）渭河堤防工程。渭河下游现有干流防洪堤防 265.42km，左岸 138.32km，右岸长 127.10km。其中西安城区段堤防防洪标准为 300 年一遇；咸阳、渭南城区段堤防防洪标准为 100 年一遇；其余重点河段为 50 年一遇防御标准，相应设计防洪流量为华县站 10300m³/s。

7）伊洛河堤防工程。伊洛河已建堤防及护岸总长 389.3km，险工 43 处，设计防洪标准为 20 年一遇，其中县城段的防洪标准为 50 年一遇，重点城市的城区河段设计防洪标准为 100 年一遇。

伊洛河下游设计防洪流量分别为：龙门镇站 5500m³/s、白马寺站 4600m³/s、黑石关站 7000m³/s。现状安全过流量为：龙门镇站 4600m³/s、黑石关站 2050m³/s。

伊洛河夹滩自然滞洪区位于伊河下游、洛河下游交汇地带，东西长 19km，南北宽约 4km，范围为伊河龙门镇以下和洛河白马寺以下至黑石关河段，总面积为 134km²，包括 10 个乡（镇）149 个行政村，总人口有 29.6 万人，有陇海铁路桥等跨河桥梁 28 座、橡胶坝 10 座。伊洛河夹滩范围堤防已全部建成，防洪标准偃师城市段为 50 年一遇，洛阳境内河段为 100 年一遇，其余河段为 20 年一遇。

伊洛河共建有橡胶坝 49 座，总库容约为 0.85 亿 m³。其中，陆浑水库坝址以上 19 座，陆浑水库、故县水库坝址以下 30 座。

8）沁河堤防工程。沁河下游两岸已建堤防 161.65km，险工 49 处，设计防洪流量为武陟站 4000m³/s。五龙口站发生 2500m³/s 及以上洪水时，沁北自然滞洪区将自然漫溢进水。河口村水库建成后，若遇超过 100 年一遇的洪水，沁南临时滞洪区将可能滞洪。

沁北自然溢洪区东西长约 20km，南北宽为 1.5～3.0km，面积为 41.2km²，区内涉及人口约 5.2 万人，有跨河桥梁 3 座。

沁南临时滞洪区面积约 222km²，区内涉及人口约 21.39 万人，有跨河桥梁 5 座。

9）大汶河堤防工程。大汶河干流河长 239km，自戴村坝至东平湖老湖河道全长 30km，已建堤防 142.26km，设计防洪流量干流戴村坝站为 7000m³/s。戴村坝以上设计防洪标准为 20 年一遇，戴村坝以下左岸设计防洪标准为 50 年一遇，右岸设计防洪标准为 20 年一遇。

（2）水库工程。

黄河干流龙羊峡以下已建、在建水库（水电站）30 余座，其中具有防洪防凌任务的骨干水库有龙羊峡、刘家峡、海勃湾、万家寨、三门峡、小浪底等水库，支流上承担干流防洪任务的水库有伊河陆浑、洛河故县、沁河河口村等水库。

龙羊峡、刘家峡水库联合运用，承担兰州市城市防洪和宁蒙河段防凌任务，兼顾青甘宁蒙河段防洪；海勃湾水库配合龙羊峡、刘家峡水库承担内蒙古河段防凌任务；万家寨水库承担其库区及下游北干流河段防凌任务，兼顾北干流河段防洪任务；三门峡、小浪底、陆浑、故县、河口村等水库联合调度，承担黄河下游防洪任务；三门峡、小浪底两座水库承担下游河段防凌任务。通过三门峡、小浪底、陆浑、故县、河口村五库联合调度，可将黄河下游花园口 1000 年一遇洪水洪峰流量由 42300m³/s 削减至 22600m³/s，接近下游大堤的设计防洪流量 22000m³/s；100 年一遇洪水洪峰流量由 29200m³/s 削减至 15700m³/s。

（3）蓄滞洪区。

东平湖滞洪区由老湖区和新湖区组成，承担分滞黄河洪水和调蓄汶河洪水的双重任务。设计蓄洪水位为 43.22m（国家 85 高程），设计蓄洪量为 30.8 亿 m³，设计分洪能力为 8500m³/s。

北金堤滞洪区是黄河下游防御超标准洪水的重要工程设施，设计分洪能力为 10000m³/s，分滞黄河洪量 20 亿 m³。

黄河上游内蒙古河段建有乌兰布和、河套灌区及乌梁素海、杭锦淖尔、蒲圪卜、昭君坟、小白河等应急分洪区。宁蒙河段大型引黄设施可应急分洪。

（4）河道工程。

主要河道工程：上游宁蒙河段有河道整治工程 140 处；中游小北干流河道整治工程 38 处，总长 168km；下游河段有险工 147 处，总长 334.3km；下游控导护滩工程 234 处，总长 494.9km。

（5）下游滩区。

黄河下游滩区涉及河南、山东 2 省 47 个县（市、区），总面积为 4387.99km²，耕地为 451.86 万亩，人口为 126.27 万人。滩区内修筑有村台、避水台、房台及撤退道路，用于就地避洪和人员撤离。截至 2023 年汛前，黄河下游河道的最小平滩流量已恢复至 4600m³/s，但漫滩概率仍较大。根据现状地形调查分析，当花园口站发生流量为 8000m³/s 的洪水时，下游滩区将大部分受淹。

3. 淮河流域

淮河流域以黄河故道为界，分为淮河、沂沭泗河两大水系，京杭大运河、淮沭河等贯通两大水系之间。经过 70 多年的治理，淮河流域已基本形成由水库、河道、堤防、湖泊、蓄滞洪区、控制性工程等组成的防洪工程体系。在上游水库充分拦蓄、中游行蓄洪区、临淮岗洪水控制工程等防洪工程顺利启用的情况下，淮河干流上游超 10 年一遇，中、下游主要防洪保护区 100 年一遇；主要支流 10～20 年一遇；沂沭泗河中下游约 50 年一遇；排涝标准大多低于 5 年一遇；重要城市、海堤防洪标准基本达到国家规定的要求。淮河流域防洪工程情况如下：

（1）水库工程。

淮河流域内修建水库 6300 余座（不含山东半岛），总库容 313 亿 m³。其中大型水库 45 座，总库容 223 亿 m³；中型水库 178 座，总库容 49 亿 m³；小型水库 6100 余座，总库容 41 亿 m³。其中大型水库控制面积约 2.7 万 km²，占山丘区总面积的 1/3，总库容约 200 亿 m³，其中防洪库容约 70 亿 m³。

淮河干流防洪地位较为重要的 6 座大型水库为：出山店水库，总库容 12.51 亿 m³，防洪库容 6.91 亿 m³；鲇鱼山水库，总库容 9.16 亿 m³，防洪库容 2.21 亿 m³；宿鸭湖水库，总库容 16.38 亿 m³，防洪库容 8.75 亿 m³；响洪甸水库，总库容 26.10 亿 m³，防洪库容 13.83 亿 m³；梅山水库，总库容 22.63 亿 m³，防洪库容 10.65 亿 m³；佛子岭水库，总库容 4.91 亿 m³，防洪库容 0.8 亿 m³。

（2）河道工程。

淮河干流：发源于河南省桐柏山，由西向东，流经河南、湖北、安徽、江苏 4 省，主流在江苏扬州三江营入长江，全长约 1000km，总落差 200m。河道目前设计泄洪能力淮凤集—洪河口为 7000m³/s，洪河口—正阳关为 7400～9400m³/s，正阳关—涡河口为 10000m³/s，涡河口—洪泽湖为 13000m³/s，下游入江入海为 15270～18270m³/s（其中淮沭河相机分洪 3000m³/s）。

茨淮新河：上起沙颖河茨河铺，于怀远县荆山口入淮河，全长 134.2km，设计分泄颍河洪水 2000m³/s。茨淮新河是治淮新辟的大型人工河道，主要功能是减轻沿淮重要城市工矿圈堤和茨淮新河出口以上淮北大堤及颍河左堤的防洪压力，工程于 1971 年开工，1992 年完工。

怀洪新河：上起安徽省怀远县何巷闸，下至江苏省洪泽湖，全长 121km，河道设计分洪流量为 2000m³/s，出口流量为 4710m³/s。怀洪新河是治淮新辟的大型人工河道，主要功能是分泄淮河干流洪水（可与茨淮新河形成接力分洪），扩大流域排水出路，兼有灌溉、供水，改善通航养殖等功能，工程于 1972 年开工，1980 年暂停缓建，1991 年续建，2004 年竣工。

淮河入海水道：上起洪泽湖二河闸，下至黄海扁担港，全长 163.5km，沿苏北灌溉总渠北侧布置，与苏北灌溉总渠形成两河三堤。入海水道是治淮新辟的大型人工河道，可扩大洪泽湖排洪出路，改善灌溉总渠渠北地区的排涝条件和水环境。一期设计泄洪流量 2270m³/s，使洪泽湖防洪标准不低于 100 年一遇，1998 年开工，2003 年主体工程完工并发挥效益，2006 年竣工；二期工程建设将使泄洪能力提高到 7000m³/s，洪泽湖防洪标准提高到 300 年一遇，2022 年 7 月开工建设，预计工期至 2029 年 6 月。

淮沭河：又称分淮入沂工程，是洪泽湖洪水出路之一，亦是淮河与沂沭泗河水系相互调度的主要通道。自洪泽湖二河闸起，至沭阳西关与新沂河交汇，全长 97.5km，设计流量为 3000m³/s，校核流量为 4000m³/s。分淮入沂工程是治淮新辟的大型人工河道，1958 年开工，1980 年暂停缓建，1992 年续建，1995 年完工。

沂河：沂河发源于山东省鲁山南麓，南流至江苏省新沂市苗圩入骆马湖，全长 333km，沂河临沂—刘家道口、刘家道口—江风口、江风口—入骆马湖口段设计流量分别为 16000m³/s、12000m³/s、8000m³/s。

沭河：沭河发源于山东省沂山南麓，与沂河平行南下，南流至江苏省新沂市口头入新沂河，全长 300km，沭河汤河口—大官庄、大官庄—塔山闸、塔山闸—新沂河口段的设计流量分别为 8150m³/s、2500m³/s、3000m³/s。

韩庄运河、中运河：韩庄运河是京杭大运河山东省内最南段，自南四湖（微山湖）湖口至苏鲁边界陶沟河口，长 42.5km，设计流量为 4100~5400m³/s。中运河是京杭大运河江苏省内北段，接韩庄运河，在新沂县二湾至皂河闸与骆马湖相通，下与里运河相接，长 179km，设计流量为 6500m³/s。

新沭河：上起山东省临沭县大官庄，经石梁河水库库区出溢洪闸，至临洪口入黄海，全长 80km。是新中国成立初期"导沭整沂"工程开挖的人工河道，分沭河及沂河洪水东调入海，石梁河水库上游河段按新沭河闸泄洪 6000m³/s 控泄，水库下游按 6000~6400m³/s 控泄。

新沂河：西起骆马湖嶂山闸，向东至燕尾港灌河口入黄海，河道全长 146.3km。是新中国成立初期"导沭整沂"工程中开挖的人工河道，1949—1952 年建凿，1987 年续建完工，用于分泄沂沭泗洪水入海，嶂山闸—口头、口头—河口段设计流量分别为 7500m³/s、7800m³/s。

（3）堤防工程。

淮河流域现有堤防 6.3 万 km，主要堤防 1.1 万 km，其中，1 级堤防 2283km，2 级堤防 2143km。重要堤防有淮北大堤、洪泽湖大堤、里运河大堤、南四湖湖西大堤和新沂河大堤。

淮北大堤：由颍左淝右堤圈、涡西堤圈和涡东堤圈组成，全长 641km，其中淮河干堤从安徽省颍上县饶合孜至江苏省泗洪县下草湾，长 238km。设计洪水位正阳关 26.50m、蚌埠 22.60m、浮山 18.50m，堤顶设计超高 2.00m。

蚌埠城市圈堤：全长 14km，设计洪水位 22.60m，堤顶设计超高 2.50m。

淮南城市圈堤：全长 53.94km，设计洪水位 24.65m，堤顶设计超高 2.50m。

洪泽湖大堤：从江苏省淮阴市码头镇至盱眙县老堆头，长 67.3km。设计洪水位 16.00m，校核洪水位 17.00m，堤顶高程为 19.00~19.50m。

里运河大堤：从江苏省金湖县大汕子隔堤至江都市邵仙闸，长 60km。设计洪水位高邮 9.50m，堤顶设计超高 2.50m。

南四湖湖西大堤：北起山东省济宁市任城区老运河口，南至江苏省徐州市铜山区蔺家坝，全长 131.5km，设计防洪标准为防御 1957 年洪水（相当于 90 年一遇），相应上、下级湖设计洪水位 37.20m、36.70m，设计超高 3.00m。

新沂河大堤：新沂河两岸堤防，上起嶂山闸，至新沂河入海口，两岸堤防全长 283.8km，设计防洪标准为 50 年一遇，设计超高 2.50m。

（4）湖泊。

流域内现有洪泽湖、骆马湖、南四湖、高邮湖等大型湖泊 4 处。

洪泽湖：洪泽湖是淮河中下游最大的平原湖泊型水库，具有防洪、灌溉、航运、发电、水产养殖等综合效益。洪泽湖承泄淮河上、中游 15.8 万 km^2 来水，主要入湖河流有淮河和怀洪新河，入湖支流还有濉河、池河、漴潼河、新汴河等。洪泽湖一般湖底高程为 10.50m，最低为 10.00m；汛限水位为 12.50m，汛末蓄水位为 13.00m；设计洪水位为 16.00m，相应容积为 93.55 亿 m^3；校核水位为 17.0m，相应容积为 119.2 亿 m^3。泄洪河道有入江水道、入海水道、淮沭河、灌溉总渠和废黄河，设计泄洪总流量为 15270～18270m^3/s。

骆马湖：骆马湖位于沂河末端，中运河东侧，是以防洪、灌溉为主，结合航运、发电、水产养殖等综合利用的多功能湖泊，亦是南水北调东线的调蓄湖泊，承接南四湖、沂河干流、邳苍地区 5.1 万 km^2 面积的来水，调蓄后主要由新沂河排入黄海。南北长 20km，东西宽 16km，周长 70km。汛限水位为 22.5m，后汛期蓄水位为 23.0m；设计洪水位为 25.0m，相应容积为 17.52 亿 m^3；校核洪水位为 26.0m，相应容积为 21.39 亿 m^3。

南四湖：南四湖由南阳、昭阳、独山、微山等 4 个湖泊组成，南北长约 125km，东西宽 6～25km，周边长 311km，分为上级湖、下级湖两部分。上级湖、下级湖汛限水位分别为 34.20m、32.50m，后汛期蓄水位分别为 34.50m、32.50m，设计洪水位分别为 37.00m、36.50m，设计总容积为 59.58 亿 m^3。流域面积为 31180km^2，其中湖西地区 21400km^2、湖东 8500km^2，是我国第六大淡水湖，具有调节洪水、蓄水灌溉、发展水产、航运交通、南水北调、改善生态环境等多重功能。

高邮湖：高邮湖地处淮河下游区、淮河入江水道的中段，北接淮河入江水道改道段，南至归江河道，东临里运河西堤，西与安徽省天长市接壤。高邮湖行政隶属主要为江苏省淮安市金湖县及扬州市宝应县、高邮市，高邮湖西部分水域和陆域隶属安徽省天长市。高邮湖总面积为 780km^2，设计水位为 9.50m，相应容积为 38.97 亿 m^3。

（5）蓄滞洪区。

　　淮河流域国家蓄滞洪区现有姜堂湖、寿西湖、董峰湖、汤渔湖、荆山湖、花园湖共 6 处行洪区，面积为 710km²；有蒙洼、城西湖、南润段、邱家湖、城东湖和瓦埠湖共 6 处蓄洪区，面积为 1966km²，设计蓄洪量为 66.8 亿 m³；其余 8 处为滞洪区，面积为 2607km²，设计蓄洪量为 60.4 亿 m³。

　　（6）控制性工程。

　　临淮岗洪水控制工程：是淮河中游的洪水控制性工程，按 100 年一遇洪水设计，1000 年一遇洪水校核。设计洪水位为 28.51m，相应滞洪库容为 85.6 亿 m³，下泄流量为 7362m³/s；校核水位为 29.59m，相应滞洪库容为 121.3 亿 m³，下泄流量为 17965m³/s。临淮岗大坝由主坝和南、北副坝组成，全长 77.51km。主坝长 8.54km，坝顶宽 10.0m，坝顶高程为 31.70m。南副坝长 8.41km，坝顶宽 6.0m，坝顶高程为 32.25m。北副坝长 60.56km，坝顶宽 6.0m，坝顶高程为 32.21～32.95m。主坝上有城西湖船闸下闸首、临淮岗船闸、12 孔深孔闸、49 孔浅孔闸和姜唐湖进洪闸共 5 座建筑物。工程于 2007 年 6 月竣工验收。

　　三河闸：位于洪泽湖东南角，是淮河下游入江水道的控制口门，于 1952 年 10 月动工兴建，1953 年 7 月建成，历经 4 次较大规模加固。闸身为钢筋混凝土结构，共 63 孔，每孔净宽 10m、总宽 697.75m，底板高程为 7.50m、宽 18m，闸孔净高 6.2m，闸门为钢结构弧形门，左、右岸空箱内分别装置水轮发电机组 1 台套，装机容量均为 200kW；门墩架设公路桥，净宽 7m。三河闸按洪泽湖水位按 16.00m 设计、17.00m 校核，设计流量为 12000m³/s。

　　二河枢纽：是淮河入海水道的第一级枢纽工程，位于入海水道与分淮入沂河道的交汇处，其主要建筑物包括二河闸和二河新闸。二河闸建成于 1958 年 6 月，是分淮入沂及淮河入海的关键性工程，又是淮水北调的渠首工程，并兼有引沂济淮的任务，发挥防洪、灌溉、供水、发电等综合效益。工程共 35 孔，每孔净宽 10m，总宽 401.8m，属大（1）型水工建筑物。二河闸分淮入沂设计流量为 3000m³/s，校核流量为 9000m³/s；反向运行引沂济淮设计流量为 300m³/s，校核流量为 1000m³/s；淮水北调设计流量为 750m³/s，受益范围涉及淮安、宿迁、连云港、盐城 4 市。二河新闸主要控制入海水道行洪流量，与淮阴闸联合运行，控制入海水道和分淮入沂的分流比。二河新闸共 10 孔，闸室总宽 120.08m，底板高程为 6.00m，闸顶高程为 18.00m，为Ⅰ等大（1）型工程，设计泄洪流量为 2270m³/s，强迫泄洪流量为 2890m³/s。

　　沂沭泗东调南下工程：主要是扩大沂河、沭河洪水东调入海和南四湖及邳苍地区洪水南下的出路，使沂沭河洪水尽量就近由新沭河东调入海，腾出骆马湖库容和新沂河部分泄洪能力，接纳南四湖及邳苍地区南下洪水。工程于 1972

年开工兴建，1980 年停工缓建，1991 年冬开工复建。东调南下一期、二期工程基本完成。

刘家道口枢纽：位于山东省临沂市，是控制沂河洪水东调入海的关键工程，由刘家道口节制闸、彭家道口分洪闸、刘家道口灌溉放水洞等组成。枢纽承接沂河上游来水，由刘家道口节制闸控制沂河洪水下泄，由彭家道口分洪闸分泄部分洪水经分沂入沭水道入沭河，在沭河大官庄水利枢纽配合下，经新沭河东调入海。枢纽汛期蓄水位按不超过 57.50m 控制，相应库容为 0.14 亿 m^3；非汛期蓄水位为 59.50m，相应蓄水面积为 11.75km^2，库容为 0.34 亿 m^3，回水长度为 10.5km；警戒水位为 60.00m，保证水位为 61.40m。

江风口分洪闸：位于山东省郯城县，沂河右岸，邳苍分洪道入口处。主要作用是分泄沂河洪水入邳苍分洪道，以减轻沂河下游洪水压力。工程于 1954 年 11 月开工，1955 年 6 月建成，为山东治淮第一闸，1999 年进行除险加固；2008 年 12 月在左侧扩建 4 孔新闸，2011 年 5 月竣工。设计分洪流量为 4000m^3/s，1957 年 7 月 19 日最大分洪流量为 3380m^3/s。

大官庄枢纽：位于山东省临沭县，是沂沭河洪水东调的关键控制性工程之一，是连接沭河、分沂入沭水道、新沭河和老沭河的咽喉。由新沭河泄洪闸、人民胜利堰节制闸、南北灌溉洞、分沂入沭调尾拦河坝等组成，兼有分（泄）洪、蓄水、灌溉等综合功能。枢纽死水位为 51.00m，相应库容为 0.036 亿 m^3；非汛期蓄水位为 52.50m；设计正常蓄水位为 55.00m，相应库容为 0.5 亿 m^3。

4. 海河流域

海河流域防洪按照"上蓄、中疏、下排、适当地滞"的方针，经过多年治理，形成了由水库、河道堤防、蓄滞洪区、水闸等组成的分流入海、分区防守的防洪工程体系。

水库工程。大、中、小型水库共计 1597 座，总库容共计 315.54 亿 m^3。其中，山区大型水库 33 座，总库容为 265.26 亿 m^3；中型水库 118 座，总库容为 37.20 亿 m^3；小型水库 1446 座，总库容为 13.08 亿 m^3。

河道堤防工程。为解决流域河道"上大下小"、洪水集中到天津入海的局面，先后在各河系下游新辟了潮白新河、独流减河、子牙新河、永定新河等，扩挖了漳卫新河，并对海河干流、滦河下游河道进行了整治，提高了河道行洪能力。全流域 5 级以上堤防共有 21630km，其中，1 级堤防 1179km，包括永定河三家店至梁各庄左右堤、永定新河右堤、永定河泛区左堤、独流减河左堤、西河右堤、滹沱河北大堤、子牙新河津浦铁路桥以上左堤、大清河千里堤东绪口至枣林庄段、南拒马河右堤、新安北堤、白沟引河右堤、萍河左堤等；2 级堤防 5210km，包括永定河泛区右堤、永定新河左堤、滏阳新河左右堤、子牙新河右堤和津浦铁路以下左堤、滹沱河右堤、白沟河左堤、赵王新渠左右堤、南拒马河右堤、潴龙河右堤、新盖房分洪道左堤、独流减河右堤、卫运河和漳卫新河左右堤、漳河左堤、卫河左右堤、北运河北关闸至土门楼段左右堤、青龙湾减河左右堤、潮白河干流白庙以下堤防、潮白新河堤防、运潮减河左右堤、滦河滦县大桥以下右岸大堤等；3级堤防2594km；4级堤防7264km；5级堤防5383km。堤防达标长度共计11072km，达标率仅为51%，其中海河流域防洪规划1级、2级堤防达标率为63%。

蓄滞洪区。海河流域共有28处国家蓄滞洪区，总面积约10435.4km²，总容积约198.9亿m³。为提高北京城市副中心防洪标准，在温榆河左岸新辟宋庄蓄滞洪区，面积为4km²，容积为900万m³。

滦河流域建有潘家口、大黑汀、庙宫、双峰寺、陡河、洋河、桃林口等7座大型水库，总库容为53.27亿m³。滦河下游干流河道自滦州市至入海口长75km，主要防洪控制工程包括防洪大堤、防洪小埝等工程。滦河干流防洪大堤共计56.2km，其中，左堤由于庄子至王家楼，长11.2km；右堤由京山铁路桥至袁庄，长45km。为减轻中小洪水对滦河行洪滩地村庄的威胁，滦河下游河道两岸修筑了防洪小埝96.1km，其中，左岸自王家楼起，与防洪大堤平顺连接，至吴家铺，长39.6km；右岸起自与防洪大堤连接处的大李庄，至入海口，长56.5km。防洪大堤、防洪小埝与自然高地共同组成洪水防线。现状防洪大堤间过流能力为12350～25000m³/s，防洪小埝间过流能力为4000～6000m³/s。滦河规划按防御1962年型洪水（相当于50年一遇）设计。滦河下游防洪标准基本达到50年一遇。

北三河系共建有密云、怀柔、海子、云州、邱庄、于桥等6座大型水库，总库容为64.98亿m³。重要水闸枢纽包括沙河闸、北关枢纽、榆林庄闸、杨洼闸、土门楼枢纽、筐儿港枢纽、向阳闸、吴村节制闸、南里自沽闸、黄庄洼闸、宁车沽闸、九王庄闸、蓟运河防潮闸等。国家蓄滞洪区包括盛庄洼、青甸洼、黄庄洼和大黄堡洼等4个，总面积为786.5km²，设计总蓄量为11.6亿m³。大黄铺洼是北运河系青龙湾减河的滞洪洼淀，黄庄洼是潮白河的滞洪洼淀，青甸洼是沟河的滞洪洼淀，盛庄洼是还乡河的滞洪洼淀。规划北运河、潮白河防洪标准为50年一遇，蓟运河防洪标准为20年一遇，但现状工程多处不达标，北运河、潮白河现状防洪标准为20～50年一遇，蓟运河现状防洪标准江洼口以上不足20年一遇，江洼口以下不足5年一遇。

永定河系上游现有册田、友谊和官厅等3座大型水库，总库容为48.56亿m³。中下游河道现有三家店拦河闸、卢沟桥枢纽和屈家店枢纽，其中，三家店拦河闸主要作用是向北京城市供水，卢沟桥枢纽是永定河控制性枢纽，屈家店枢纽担负着向永定新河和北运河泄洪的任务。永定新河口建有防潮闸，辅以河道和入海口清淤，以维持行洪能力。河系现有永定河泛区、三角淀、小清河分洪区 3 处蓄滞洪区，总面积为 882.9km²，设计总蓄量为 7.7 亿 m³。永定河泛区承担缓洪、削峰任务；三角淀承纳永定河超标准洪水；小清河分洪区位于大清河系北支中上游，在永定河发生超标准洪水时运用。永定河三家店—卢沟桥段河道长约 17km，设计下泄流量为 6230m³/s，左、右堤均为 1 级堤防，左堤为主堤，按可能最大洪水的标准设防，右堤按 100 年一遇洪水设防。卢沟桥—梁各庄段河道长 63km，河道设计下泄流量为 2500m³/s，左、右堤均为 1 级堤防。永定河泛区从梁各庄至屈家店枢纽，河道全长约 67km，左堤为 1 级堤防，右堤为 2 级堤防，按永定河发生 100 年一遇洪水设防，左堤设计超高为 2.50m，右堤设计超高为 2.00m（东州以下设计超高 2.50m）。永定新河从屈家店枢纽至北塘入海口全长 63km，左堤为 2 级堤防，按永定新河下泄流量为 1400m³/s 的标准设防，右堤为 1 级堤防，按永定河发生 200 年一遇洪水时永定河下泄流量为 1800m³/s 的标准设防。

大清河系现已初步形成上游水库、中游河道及洼淀、下游尾闾泄洪通道的防洪体系。上游山区现有横山岭、口头、王快、西大洋、龙门、安各庄等 6 座大型水库，总库容为 34.32 亿 m³。重要水闸枢纽包括新盖房枢纽、枣林庄枢纽、西河闸、独流减河进洪闸、独流减河防潮闸、王村分洪闸、锅底分洪闸等。现有兰沟洼、白洋淀、东淀、文安洼、贾口洼和团泊洼等 6 个国家蓄滞洪区（小清河分洪区计入永定河系），总面积为 4737.5km²，设计总蓄量为 112.6 亿 m³。堤防主要包括白沟河堤防、潴龙河千里堤、白洋淀千里堤、赵王新河千里堤、东淀千里堤和独流减河堤防。独流减河为大清河洪水主要入海通道，自独流减河进洪闸至防潮闸全长 67km，设计流量为 3600m³/s，左堤为主堤，1 级堤防，是天津城市防洪的南部防线；右堤为次堤，2 级堤防。大清河按 1963 年型洪水设防，相当于 50 年一遇。2017 年设立雄安新区后，为保障雄安新区起步区度汛安全，按照 200 年一遇标准，建设了环起步区的南拒马河右堤、白沟引河右堤、新安北堤、萍河左堤等生态防洪堤，全长约 100km。

子牙河系现有东武仕、朱庄、临城、岗南、黄壁庄等 5 座大型水库，总库容为 36.63 亿 m³。中下游有艾辛庄枢纽、献县枢纽、穿运枢纽和海口枢纽等 4 座重要水闸枢纽。子牙河系现有永年洼、大陆泽、宁晋泊和献县泛区等 4 个国家蓄滞洪区，总面积为 2388.4km²，设计总蓄量为 41.4 亿 m³。子牙河系总体防洪标准按 50 年一遇设计。滏阳河各支流按 5～20 年一遇标准治理，滹沱河按 50 年一遇标准治理（防御 1963 年型洪水）。子牙新河按 50 年一遇洪水行洪能力 5500m³/s 设计、8800m³/s 校核。经过多年治理，中下游河道基本完成了规划治理任务。但经过多年运行，河道泄洪能力下降，滹沱河、滏阳新河、子牙新河河道现状行洪能力较原设计标准降低了 20%～50%。

漳卫河系共有盘石头、小南海、漳泽、关河、后湾、岳城等 6 座大型水库，总库容为 27.29 亿 m³。重要水闸枢纽包括四女寺枢纽、刘庄闸、吴桥闸、庆云闸、牛角峪退水闸、王营盘拦河闸、祝官屯拦河闸、罗寨拦河闸、袁桥闸、西郑庄闸、辛集闸等。国家蓄滞洪区共有 11 个，包括良相坡、长虹渠、柳围坡、白寺坡、小滩坡、任固坡、共渠西、广润坡、崔家桥、大名泛区、恩县洼，总面积为 1640.3km²，设计总蓄量为 25.5 亿 m³。岳城水库以下漳河干流河道全长 117.4km，东王村以上设计行洪流量为 3000m³/s，以下为 1500m³/s；卫河河道全长 388km，安阳河口以下设计行洪流量为 2500m³/s；卫运河河道全长 157km，设计行洪流为 4000m³/s；漳卫新河河道全长 257km，设计行洪流量为 3650m³/s；南运河河道全长 309km，设计行洪流量为 150m³/s。漳河、卫运河和漳卫新河堤防的设计防洪标准为 50 年一遇（防御 1963 年型洪水）。目前，卫河干流（淇门—徐万仓）治理工程正在实施，在老观嘴上游共渠新建盐土庄节制闸，在淇河河口新建小河口节制闸，实施河道清淤、堤防加高等河道治理，工程全部完工后，卫河防洪标准将由 20 年一遇提高到 50 年一遇。

徒骇马颊河系各河为平原排沥河道，没有大型水库和国家蓄滞洪区，修建了宫家闸、营子闸、樊桥闸、坝上闸等一批拦河闸、蓄水闸。

5. 珠江流域

珠江流域形成东江中下游、郁江中下游、北江中上游、柳江中下游、桂江中上游和西江、北江中下游等堤库结合的防洪工程体系，目前西江龙滩二期、柳江洋溪等防洪控制性水库尚未建成。另外还有南盘江中上游与珠江三角洲滨海防洪（潮）两个依靠堤防的防洪工程体系。

（1）堤防工程。

珠江流域建有江堤、海堤 27000 多 km。现建成 1 级江堤约 600km，即北江大堤（现状防洪标准为 100 年一遇）、广州市防洪（潮）堤（现状防洪标准为 200 年一遇）、深圳河防洪（潮）堤（现状防洪标准为 200 年一遇）；2 级江堤包括柳州、南宁、贵港、梧州、惠州、东莞等城市防洪堤，三角洲地区景丰联围、沙坪大堤、江新联围、樵桑联围、中顺大围、佛山大堤、顺德第一联围、容桂大围等堤围，现状防洪标准约 50 年一遇；其他干支流堤防防洪标准为 10～20 年一遇。

（2）水库工程。

珠江流域共有大型水库 139 座，其中，已建成水库 129 座，总库容为 1205.44 亿 m³，防洪库容为 169.60 亿 m³，其中龙滩、百色、大藤峡、乐昌峡、湾头、飞来峡、新丰江、枫树坝、白盆珠水库为防洪重点水库。此外，珠江流域已建成重点中型水库 143 座，总库容为 56.62 亿 m³。

龙滩水库分两期建设，已建成的一期工程对控制西江洪水具有重要作用，可将梧州站全流域型、中上游型洪水由 100 年一遇削减为 50 年一遇。

百色水库是郁江控制性防洪工程，可将南宁市、贵港市的防洪标准由 50 年一遇提高到近 100 年一遇，同时将右江沿岸市（县）城区的防洪标准提高到 50 年一遇。

飞来峡水库是北江控制性防洪工程，与潖江滞洪区、芦苞涌和西南涌分洪水道联合运用，可将石角站 300 年一遇洪水削减为 100 年一遇，100 年一遇洪水削减为 50 年一遇。

大藤峡水利枢纽是珠江流域防洪控制性工程，与龙滩水库联合运用，可将梧州站流域型、中上游型洪水由 100 年一遇削减为 50 年一遇，兼顾削减 100 年一遇以上洪水；结合北江飞来峡水库的调度运用，使广州市有效防御西江、北江 1915 年洪水，将西江中下游及西北江三角洲等重点城市的防洪标准由 50 年一遇提高到 100～200 年一遇，并适当提高西江、浔江和西北江三角洲其他堤防保护区的防洪标准。

（3）蓄滞洪区。

潖江滞洪区是珠江流域最重要的蓄滞洪区，位于北江与支流潖江交汇处，区内面积为 80.3km²，滞蓄洪容量为 4.1 亿 m³，蓄洪水位为 21.82m（江口圩站）。

此外，西江、北江、东江下游还规划有联安围、金安围、清西围、平马围、永良围、东湖围、仍图围、广和围、横沥围等 9 处超标准洪水临时滞洪区。

（4）分洪闸。

芦苞闸、西南闸位于北江大堤三水段，是分北江洪水入芦苞涌、西南涌的控制闸，设计分洪流量分别为 1200m³/s 和 1100m³/s。

（5）现状防洪能力。

南盘江中上游防洪工程体系：曲靖市城区防洪标准达到 30 年一遇，陆良、宜良和沾曲段城区局部河段防洪标准可达到 20 年一遇，其他基本在 10 年一遇。

柳江中下游防洪工程体系：柳州市城区堤防标准基本达到 50 年一遇，其他市（县）堤防标准偏低，大部分城镇及乡村处于不设防状态；洋溪和木洞水库尚在规划当中。

郁江中下游防洪工程体系：郁江中下游由百色、老口两座水库和堤防等组成的堤库结合的防洪工程体系已基本形成。南宁市和贵港市主城区堤段防洪标准基本达到 50 年一遇，百色市主城区、横县堤防工程现状防洪标准接近 10 年一遇；已建百色、老口两座水库共有防洪库容 20.0 亿 m^3，可将南宁城区的防洪标准提高到 200 年一遇。

桂江中上游防洪工程体系：桂林市城区堤防标准达到 20 年一遇，川江、小溶江水库、斧子口水库、青狮潭水库已建成，但桃花江上游黄塘尚未建设，无法将桃花江 100 年一遇洪水削减到 20 年一遇。

西江、北江中下游防洪工程体系：龙滩二期（防洪库容增至 70 亿 m^3）方案尚未实施，西江、北江中下游防洪体系尚未形成，且浔江、西江、西北江三角洲防洪（潮）保护区的防洪能力未达规划标准。北江中下游已形成北江大堤与飞来峡水利枢纽、潖江蓄滞洪区及芦苞、西南分洪水道联合运用的防洪工程体系，可使北江大堤防洪保护对象（包括广州市）达到防御北江 300 年一遇洪水标准。

北江中上游防洪工程体系：防洪工程体系已基本形成，乐昌市和韶关市防洪标准基本达到规划标准。韶关市城区堤防现状防洪标准基本达到 20 年一遇；乐昌市堤防现状防洪标准基本达到 10 年一遇；已建乐昌峡和湾头水库的防洪库容为 2.88 亿 m^3，两库联合调度可将韶关市的防洪标准提高到 100 年一遇。

东江中下游防洪工程体系：防洪工程体系已基本形成，东莞市和惠州市防洪标准基本达到规划标准。东莞大堤、惠州大堤现状防洪标准基本达到 30 年一遇；枫树坝、新丰江和白盆珠 3 座骨干水库总库容为 169.48 亿 m^3，防洪库容为 36.52 亿 m^3，通过三库联合调度，可将博罗站 100 年一遇洪水削减到 30 年一遇以下。

珠江三角洲滨海防潮工程：现状广州中心城区防洪（潮）堤现状防御标准达到 200 年一遇。珠江河口区重点海堤，如深圳西海堤现状防御标准基本达到 200 年一遇，中珠联围现状防御标准基本达到 100 年一遇，番顺联围、蕉东围、万顷沙围、鱼窝头围、白蕉联围、赤坎联围、市石联围现状防御标准基本达到 50 年一遇。

6. 松花江流域

松花江流域由嫩江水系、第二松花江水系和松花江干流水系组成。经过多年建设，松花江流域已基本形成由尼尔基、丰满、白山等大型水库，胖头泡、月亮泡等蓄滞洪区和干支流堤防组成的防洪工程体系。

（1）堤防工程。

嫩江：尼尔基水库以下干流堤防达到 50 年一遇规划防洪标准。齐齐哈尔市城市堤防、保护大庆油田的齐富堤防达到了 100 年一遇的规划防洪标准。

第二松花江：丰满水库以下第二松花江干流堤防（577km）达到了 50 年一遇的规划防洪标准，吉林市、松原市城市堤防达到了 100 年一遇的规划防洪标准。

松花江干流：吉林省段堤防全部达到 50 年一遇的规划防洪标准；黑龙江省段堤防基本达到规划防洪标准，其中哈尔滨主城区达到 200 年一遇的规划防洪标准，佳木斯主城区达到 100 年一遇的规划防洪标准，三岔河—哈尔滨段、哈尔滨—佳木斯段达到 20～50 年一遇的规划防洪标准，佳木斯以下段达到 50 年一遇的规划防洪标准。

截至 2022 年底，已建成堤防总长 7551km，达标长度为 6604km，达标率为 64.2%。其中，干流已建堤防长 3009km，达标堤防长 2992km，达标率为 99.4%。21 条重要支流已建堤防长 4542km，达标堤防长 3612km，达标率为 57.7%。1～2 级骨干堤防长 2834km，达标堤防长 2793km，达标率为 98.6%。其中，1 级堤防长 403km，已全部达标；2 级堤防长 2431km，达标长度为 2390km，达标率为 98.3%。

（2）水库工程。

尼尔基水库位于嫩江干流齐齐哈尔市上游 130km，控制流域面积为 6.64 万 km^2，占嫩江流域面积的 22%。水库主坝为沥青混凝土心墙土石坝，按 1000 年一遇洪水设计，可能最大洪水校核，坝顶高程为 221.00m，最大坝高为 41.5m，总库容为 86.10 亿 m^3，防洪高水位为 218.15m，防洪库容为 23.68 亿 m^3，汛限水位为 213.37m，相应库容为 52.20 亿 m^3，最大泄洪能力为 20300m^3/s。

丰满水库位于第二松花江干流吉林市上游 24km，控制流域面积为 4.25 万 km^2，占第二松花江流域面积的 58%。水库主坝为混凝土重力坝，按 500 年一遇洪水设计，10000 年一遇洪水校核，坝顶高程为 269.50m，最大坝高 94.5m，总库容为 103.77 亿 m^3，汛限水位为 260.50m，相应库容为 69.45 亿 m^3，最大泄洪能力为 20830m^3/s。2012 年丰满水库大坝重建工程开工，2019 年 6 月新坝开始正常挡水。

白山水库位于第二松花江干流上游峡谷段，在丰满水库上游 250km 处，控制流域面积为 1.90 万 km^2。水库主坝为混凝土重力拱坝，按 500 年一遇洪水设计，5000 年一遇洪水校核，可能最大洪水保坝复核，坝顶高程为 423.50m，最大坝高为 149.50m，总库容为 60.12 亿 m^3，汛限水位为 413.00m，相应库容为 49.67 亿 m^3，最大泄洪能力为 10533m^3/s。

嫩江支流建有音河、察尔森等水库，第二松花江支流建有石头口门、新立城等水库，这几座大型支流水库与尼尔基、白山、丰满水库共同调蓄松花江流域洪水。

（3）蓄滞洪区。

胖头泡、月亮泡两个国家蓄滞洪区是松花江流域防洪工程体系的重要组成部分，与白山、丰满、尼尔基水库和城市堤防工程联合作用，共同承担哈尔滨城市防洪任务，使哈尔滨市防洪标准达到 200 年一遇。目前，两个蓄滞洪区已建成，能正常发挥防洪作用。

胖头泡蓄滞洪区位于嫩江下游左岸黑龙江省大庆市境内。区内总面积为 1994km²，蓄滞洪量为 45.7 亿 m³。分洪口位于嫩江老龙口堤防段，分洪口门采用闸堤接合方式，最大分洪流量为 4246m³/s。其中，堤防分洪口门净宽 175m，最大分洪流量为 2027m³/s；分洪闸净宽 204m（12m×17 孔），最大分洪流量为 2435m³/s。退洪口门位于松花江干流肇源老坎子堤段，启用时采用破堤退洪方式，退洪口门净宽 250m，最大退洪流量为 2960m³/s。蓄滞洪区内现有人口 13.83 万人，现有耕地 113.96 万亩（7.60 万 hm²）。

月亮泡蓄滞洪区位于嫩江下游右岸吉林省白城市境内。区内总面积为 803km²，蓄滞洪量为 24.16 亿 m³，在嫩江右堤建有双向过流的汉书闸，用于分蓄嫩江洪水和退洪，闸门净宽 64m（8m×8 孔），设计最大分洪流量为 1221m³/s，退洪流量为 1457m³/s。蓄滞洪区内现有人口 1.51 万人，现有耕地 11.5 万亩（7667hm²）。

7. 辽河流域

辽河流域由东辽河、西辽河、辽河干流和浑太河水系组成。经过多年建设，辽河流域已基本形成由红山、二龙山、石佛寺、大伙房、观音阁等水库，台河口、苏家堡、总办窝堡、双台子河闸、谟家堡闸等水闸和干支流堤防组成的防洪工程体系。

辽河流域防洪重点河段包括东辽河二龙山水库以下河段、西辽河苏家堡枢纽以下河段、辽河干流、浑河浑河闸以下河段、太子河辽阳铁路桥以下河段、大辽河、绕阳河沈山铁路桥以下河段。

辽河流域重要防洪城市包括沈阳、抚顺、本溪、辽阳、营口、盘锦、通辽等 7 座城市。

（1）堤防工程。

西辽河防洪标准基本达到 50 年一遇，辽宁省和吉林省的部分堤段标准为 20 年一遇。通辽市城区堤防防洪标准为 100 年一遇。辽河干流防洪标准石佛寺水库以上为 50 年一遇，石佛寺水库以下为 100 年一遇。盘锦市防洪标准为 100 年一遇。

截至 2022 年底，已建堤防总长 4363km，达标堤防长 3888km，达标率为 82%。其中，西辽河、东辽河、辽河干流、浑河、太子河、大辽河等 6 条干流已建堤防长 2343km，达标堤防长 2184km，达标率为 93%；7 条重要支流已建堤防长 1577km，达标堤防长 1266km，达标率为 65%；12 座城市已建堤防长

442km，达标堤防长 439km，达标率为 99%。1～2 级骨干堤防长 2226km，达标堤防长 2079km，达标率为 93%。其中，1 级堤防长 931km，达标堤防长 827km，达标率为 89%；2 级堤防长 1294km，达标堤防长 1253km，达标率为 97%。

（2）水库工程。

东辽河建有二龙山水库；西辽河建有红山、孟家段、莫力庙等水库；辽河建有石佛寺、清河、柴河等水库；浑河建有大伙房水库；太子河建有观音阁、葠窝等水库。

（3）拦河枢纽。

辽河流域的拦河枢纽主要有西辽河的台河口、苏家堡、总办窝堡 3 座水闸枢纽以及辽河的盘山闸等。

8. 太湖流域

太湖流域形成了以太湖洪水安全蓄泄为重点，充分利用太湖调蓄，北排长江、东出黄浦江、南排杭州湾的洪水蓄泄格局。

（1）环湖大堤。

环湖大堤是拦蓄太湖洪水和调蓄太湖水量的重要工程，总长 297.8km，正按流域 100 年一遇设计水位 4.80m 建设，堤顶设计宽度为 6.0～8.0m（路堤结合段宽 12～24m），其中江苏省直湖港至浙江省长兜港段为"西段"，堤顶高程为 7.00m，上设 0.8m 高挡浪墙；其他部分为"东段"，堤顶高程为 7.00m。按照"西敞东控"的原则，西段大堤口门基本敞开，东段大堤口门全部建闸控制。全线共有 230 个口门，其中 186 个建有控制性工程。

（2）太浦河工程。

太浦河既是承泄太湖洪水和区域涝水的流域性骨干河道，也是向上海市等下游地区供水的主要河道，全长 57.6km，现状防洪按 1954 年型洪水设计（5—7 月承泄太湖洪水 22.5 亿 m^3）；现状供水按 1971 年型枯水设计（4—10 月向下游增加供水 20.0 亿 m^3）。太浦河两岸共有 96 条支河，目前尚有 8 处支河未设口门控制。

太浦河工程主要包括太浦闸、太浦河泵站以及河道两侧配套涵闸等。太浦闸设计流量为 784m^3/s，校核流量为 931m^3/s；太浦河泵站设计流量为 300m^3/s。

（3）望虞河工程。

望虞河是沟通太湖和长江的流域性骨干引排河道，兼有泄洪、排涝、引水等任务，全长 60.3km，现状防洪按 1954 年型洪水设计（5—7 月承泄太湖洪水 23.1 亿 m^3）；现状引水按 1971 年型枯水设计（4—10 月通过望虞河引江入湖

28.0亿 m³）。望虞河两岸支流（不包含断头浜）除张家港未控制以外，其余均已建闸控制。

望虞河工程主要包括常熟水利枢纽、望亭水利枢纽以及河道两侧配套涵闸等。常熟水利枢纽由节制闸、泵站和船闸等组成，节制闸设计流量为375m³/s，校核流量为750m³/s，泵站设计流量为180m³/s。望亭水利枢纽为"上槽下洞"立交的工程结构型式，涵洞设计流量为400m³/s。

（4）新孟河工程。

新孟河是沟通太湖和长江的流域性骨干引排河道，兼有泄洪、排涝、引水等任务，全长116.5km，防洪按流域100年一遇洪水标准设计，引水按1971年型枯水设计。

新孟河工程主要包括干流界牌水利枢纽、奔牛水利枢纽，支流牛塘水利枢纽、前黄水利枢纽以及其他口门建筑物等。界牌水利枢纽由节制闸、泵站和船闸等组成，节制闸设计引排水流量均为745m³/s，泵站设计引排水流量为300m³/s。奔牛水利枢纽由立交地涵、节制闸、船闸等组成，立交地涵设计引水流量为565m³/s，设计排水流量为498m³/s，与京杭运河连通的节制闸设计排水流量为154m³/s。京杭运河以北段两岸和太滆运河北岸口门建闸控制，口门建筑物共计28座，其中牛塘水利枢纽节制闸设计流量为46m³/s，前黄水利枢纽节制闸设计流量为50m³/s。

（5）沿长江其他、沿海、沿杭州湾口门。

沿长江其他（不含望虞河常熟水利枢纽、新孟河界牌水利枢纽）、沿海、沿杭州湾口门建筑物是排泄区域涝水的重要工程，其中部分口门兼具引水功能，主要补充区域水资源量，改善区域水生态环境。

江苏省沿长江其他口门建筑物主要有谏壁枢纽、九曲河枢纽、魏村枢纽、澡港枢纽、新沟河江边枢纽、新夏港枢纽、定波枢纽、白屈港枢纽、大河港枢纽、张家港闸、十一圩闸、走马塘江边枢纽、海洋泾枢纽、浒浦枢纽、徐六泾枢纽、白茆闸、七浦塘江边枢纽、七浦闸、杨林枢纽、浏河枢纽等20座，节制闸总设计流量为5808m³/s，泵站总设计流量为1055m³/s。

上海市沿长江、沿海口门建筑物主要有墅沟闸、新川沙河枢纽、老石洞闸、练祁河闸、新石洞闸、外高桥泵闸、五号沟闸、张家浜东闸、三甲港闸、大治河东闸、滴水湖出海闸、芦潮引河闸、芦潮港闸、中港闸、南门港闸、航塘港泵闸、金汇港南闸、南竹港闸、龙泉港出海闸、张泾河出海泵闸等20座，节制闸总设计流量为4880m³/s，泵站总设计流量为180m³/s。

浙江省沿杭州湾口门建筑物主要有独山闸、南台头枢纽、长山河枢纽、盐官下河枢纽、盐官上河闸、八堡泵站、七堡泵站、三堡泵站等8座，节制闸总设计流量为 2794m^3/s，泵站总设计流量为 960m^3/s。

（6）大中型水库。

太湖流域已有沙河、大溪、横山、青山、对河口、老石坎、赋石和合溪等 8 座大型水库和 18 座中型水库，对保障流域上游防洪和供水安全具有重要作用。流域大中型水库总库容为 15.83 亿 m^3，其中防洪库容为 5.87 亿 m^3。

（7）圩区。

圩区是平原洼地重要的防洪除涝工程措施之一。截至 2022 年底，太湖流域共有圩区 3210 座，圩区面积为 1.77 万 km^2，占流域面积的 48%，总排涝能力约 20000m^3/s。

（8）城市防洪。

太湖流域大中城市结合发展需求和各自特点，分别采用城市大包围、分片控制、分区除涝或地面填高等防洪工程措施，进一步提高城市防洪标准。大中城市的防洪能力已基本达到规划标准。上海市黄浦江干流市区段防汛墙按照 1000 年一遇高潮位（5.86m）设防；杭州、苏州、无锡、常州市中心城区已达到防御 200 年一遇洪水的标准；嘉兴、湖州市中心城区已达到防御 100 年一遇洪水的标准；镇江市中心城区基本达到防御 100 年一遇洪水标准。

（9）江堤海塘。

流域外围江堤海塘全长 512.3km，基本达到 50 年一遇潮位加 11 级风的防御标准，部分达到 100～200 年一遇高潮位加 12 级风的防御标准。

二、抗旱工程体系

抗旱工程体系主要包括蓄水、引水、提水、调水、节水和应急备用水源等工程。

（一）蓄水工程

常见的蓄水工程按蓄水量从大到小分别有水库、塘坝和水窖。在利用河川或山丘区径流作水源时，可在适当地段筑拦河坝以构成水库；还可修筑塘坝等拦截地面径流；也可修建水窖集雨蓄水。通过建设蓄水工程，可以达到调节径流、以丰补欠、发展灌溉、增加供水等目的，从而提高抗旱减灾能力。

1. 水库

水库是在山谷或河道的狭口处筑坝，截住河流水流，把坝上游集水面积的雨水或地表水拦蓄起来，用于供水、灌溉、养鱼、发电以及拦洪削峰等。水库的兴利作用就是进行径流调节，蓄洪补枯，使天然来水能在时间上和空间上较好地满足各类用水的要求。水库在发展灌溉、抗御干旱灾害、保证农业稳产高产、保障人民生命财产安全、提供城乡用水、发展城乡经济等方面发挥了作用，取得了极其显著的经济效益和社会效益。

2．塘坝

塘坝是指拦截和贮存蓄水量不足 10 万 m³ 的蓄水设施，是广大农村尤其是丘陵地区灌溉、抗旱、解决人畜用水等的重要水利设施。根据蓄水量的大小不同，塘坝可分为大塘和小塘。大塘，又叫当家塘，蓄水量超过 1 万 m³，与小塘相比，其灌溉面积大、调蓄能力强、作用大、成效好。根据水源和运行方式的不同，塘坝可分为孤立塘坝和反调节塘坝两类。孤立塘坝的水源主要是拦蓄自身集水面积内的当地径流，独立运行（包括联塘运行），自成灌溉体系；反调节塘坝除拦蓄当地径流外，还依靠渠道引外水补给渠水灌塘、塘水灌田，渠、塘联合运行，"长藤结瓜"，起反调节作用。

（二）引水工程

引水工程包括无坝引水和有坝引水。几千年来，中国各地兴修了许多引水灌溉工程，譬如春秋时期安徽的芍陂，战国时期关中的郑国渠、四川的都江堰，黄河河套宁夏的秦渠、汉渠、唐徕渠，湖南韶山灌区，陕西宝鸡峡引渭灌区、泾惠渠灌区、洛惠渠灌区等，有些至今还在发挥重要作用。2017 年，全国引水工程供水量为 1958.1 亿 m³，除了用于灌溉，也广泛用于城乡居民生活和生产。

（三）提水工程

提水工程指从河道、湖泊等地表水或从地下提水的工程（不包括从蓄水、引水工程中提水的工程）。提水灌溉是指利用人力、畜力、机电动力或水力、风力等驱动提水机具提水浇灌作物的灌溉方式，又称抽水灌溉或扬水灌溉。

1．泵站

泵站是指利用机电提水设备将水从低处提升到高处或输送到远处进行农田灌溉与排水的工程设施。1924 年，江苏武进县湖塘乡建成我国第一个电力排灌泵站——蒋湾桥泵站。至 1949 年，全国农田排灌动力只有 7.1 万 kW，机电排灌面积 405 万亩，占当时全国灌溉面积的 1.6%，主要分布在江苏、浙江、广东等地。新中国成立以来，全国兴建了一大批机电排灌泵站。在大江大河下游（如长江、珠江、海河、辽河等三角洲）以及大湖泊周边的河网圩区，地势平坦，低洼易涝，河网密布，主要发展了以排涝为主、灌排结合的低扬程、大流量泵站工程；在以黄河流域为代表的多泥沙河流，主要发展了以灌溉供水为主的高扬程、多级接力提水泵站；在丘陵山区，蓄、引、提相结合，合理设置泵站，与水库、渠道贯通，以泵站提水解决了地形高低变化复杂、地块分布零散的问题。

2．机电井

机电井就是以电机为动力，带动离心泵或轴流泵，将地下水提取到地面或指定地方的设施。在我国，机电井的发展主要经历了 20 世纪 50—60 年代的初步开发阶段、70 年代的大规模建设阶段和 80—90 年代的巩固发展阶段。截至 2019 年底，全国已建成日取水大于等于 20m³ 的供水机电井或内径大于等于 200mm 的灌溉机电井共计 511.7 万眼。机电井的作用包括发展了农业灌溉，促进农业高产稳产；改善和开辟缺水草场，发展牧区水利；解决部分地区人畜饮水困难。

机电井按井的深度，分为浅井、中井和深井。平原地区，井深小于 50m 为浅井，50~150m 为中井，大于 150m 为深井；山区岩石井，井深小于 70m 为浅井，大于 70m 为深井。按井的口径，分为筒井和管井。筒井口径一般在 0.5m 以上，深度较小，包括土井、砖井及大口井等；管井主体部分的口径一般小于 0.5m，通常较深。

（四）调水工程

在 20 世纪 70 年代以前，调水工程多以农业灌溉为主要目标。从 80 年代起，为缓解城市水资源短缺问题，陆续建成了一批新的调水工程，如引滦入津、引黄济津、引黄济青、引黄入晋、南水北调、引黄入冀补淀等。目前，正在实施的大型调水工程，主要有滇中调水、引额济乌、引江济淮、珠江三角洲水资源配置工程等，这些工程的建设为水量调入区缓解城乡供水短缺、解决农业抗旱减灾灌溉、改善地区生态环境以及保证水量调入区的社会经济发展等方面发挥了重要作用。

（五）节水工程

1. 农业节水灌溉工程

节水灌溉是根据作物需水规律及当地供水条件，高效利用降水和灌溉水，用尽可能少的水投入，取得尽可能多的农作物产出的一种灌溉模式，目的是提高水的利用率和水分生产率。节水灌溉工程措施主要包括以下技术。

（1）低压管道输水灌溉技术。用塑料管或混凝土管等管道输水代替土渠输水，减少输水过程中的渗漏、蒸发损失，减少渠道占地，提高输水速度，加快浇地进度，缩短轮灌周期，有利于控制灌水量。

（2）渠道防渗技术。通过对渠道土壤处理或建立不易透水的防护层，如混凝土护面、浆砌块石衬砌、塑料薄膜防渗和混合材料防渗等工程技术措施，减少输水渗漏，加快输水速度，提高浇地效率。

（3）喷灌技术。利用专门的设备将水加压，或利用水的自然落差将有压水通过压力管道送到田间。

（4）微灌技术。微灌技术包括滴灌、微喷灌和涌泉灌等。微灌可根据作物需水要求，通过低压管道系统与安装在末级管道上的灌水器，将水和作物生长所需的养分以很小的流量均匀、准确、适时、适量地直接输送到作物根部附近的土壤表面或土层中进行灌溉，从而使灌溉水的深层渗漏和地表蒸发减少到最低限度。

2. 工业及生活节水设施

（1）工业节水方面。2017 年，我国工业用水量为 1277 亿 m³。按地区统计，东南沿海地区工业用水量最大，占全国工业用水总量的 44%，占区域用水总量的 35%；西北地区最小，占全国工业用水总量的 5%，占区域用水总量的 6%。2010—2017 年，我国工业用水量维持在 1250 亿～1500 亿 m³，总体上呈现稳中趋降的状态。地区间，东北地区，由于去产能、经济放缓等原因，工业用水量降幅较大，为 44%；华北地区和东南沿海地区降幅较小，分别为 2% 和 3%。从用水强度上看，工业用水效率不断提高，2010—2017 年，全国万元工业增加值用水量下降较为显著，降幅为 48%（按 2010 年可比价），至 2017 年万元工业增加值用水量降至 45.6m³。其中，西南地区下降最为明显，降幅为 58%；华北地区下降最小，降幅为 45%。同其他国家一样，我国工业用水系统是从直流系统逐渐向重复用水系统发展的，大致分为三个阶段，即直流型的工业用水系统、循环型的工业用水系统和现代化工业园区的优化用水系统。

（2）生活节水方面。城市生活节水工作始于 20 世纪 70 年代末 80 年代初，经过长期实践和科技发展，逐步在节水型器具研发与应用、城镇非常规水利用技术、公共供水企业自用水节水技术、供水调度与高效输配水技术、城市供水管网的检漏和防渗技术、公共建筑节水技术、市政环境节水技术以及城市节水信息技术等方面有了较大的突破，建成了一批自主技术示范工程。在节水器具方面，研发了一批节水型用水器具和用水设备，如陶瓷阀芯水龙头、感应式水龙头、充气水龙头、两挡坐便器、联体漩涡虹吸坐便器、电磁式或感应式淋浴器、桶间无水全自动洗衣机、超声波真空型洗衣机等，得到一定程度的推广应用。

（六）应急备用水源工程

发生严重旱情的时候，部分山丘区农村容易出现生活用水短缺，需要动用大量人力、物力给群众拉水送水或者实施应急调水，这些应急措施不但投入大、成本高，而且难以满足广大群众的用水需要。另外，一些城市的供水水源单一，缺少应有的备用水源，难以应对特大干旱、咸潮、水污染等引发的供水危机。解决群众因旱用水困难，提高供水的保证率是我国全面建设小康社会的一个重大问题，抗旱应急备用水源建设是抗旱工作的重要措施。

全国许多城市高度重视应急水源工程建设。北京市已建成日供水 33 万 m³的怀柔应急备用水源。天津市建成蓟州区等应急地下水源。大连市实施了引碧入连、引英入连应急供水工程。长春市完成了引松入长一期、二期工程，城市供水能力大大提高。哈尔滨市建成松花江应急供水工程，从松花江取水的最低水位降低了 1.00m。舟山市建成海底大陆引水工程，从大陆向海岛日引水 8.6 万 m³。

为了解决因气象干旱或突发事件导致临时性缺水问题而修建的水利工程，根据抗旱应急水源工程保障目标的不同，可分为农村人（畜）饮抗旱水源工程、乡镇抗旱应急水源工程和城市应急备用水源工程。

1. 农村人（畜）饮抗旱水源工程

农村人（畜）饮抗旱水源工程主要解决干旱期间乡镇和城市抗旱应急水源不能覆盖的农村分散人（畜）饮困难问题。

建设规模一般按照干旱情形下，以持续 3 个月保证工程覆盖范围内农村人饮 20～30L/（人·d）为标准，畜牧业生产基地按保障牲畜最低饮水为标准确定。

建设内容主要为新建机井、小型引提水工程、蓄水池（塘坝）、小水井、水窖（柜）和小微型工程清淤改造等。

2. 乡镇抗旱应急水源工程

乡镇抗旱应急水源工程主要以乡镇地区抗旱应急供水为目标。

应急供水保障对象包括乡镇居民生活基本用水，重点部门（学校、单位和企业）基本用水，粮食主产区、商品粮基地、经济作物生产基地、畜牧业生产基地、能源基地等基本用水，以及国家级重要自然生态保护区的核心区最基本生态用水。

建设规模一般按照以下标准确定：

（1）人饮按日供水能力不低于日正常供水能力的 20%～30% 或者按保证居民 30～40L/（人·d）确定，重点部门、单位和企业按基本用水需求确定，供水持续时间按最不利干旱持续 2～4 个月考虑。

（2）农业灌溉以保障作物播种期和生长关键期最基本用水为标准，一般最低控制在 20～40m³/亩。

（3）生态抗旱需水按保证发生中度干旱时国家级重要自然生态保护区的核心区最基本生态用水确定。

主要建设内容包括：对已有水源工程的维修改造及连通联调，特别是水库与水库连通、河湖连通、水系联网、地表水与地下水联调；新建机电井、小型水库等抗旱应急水源工程；针对沿海城镇、海岛、矿区和水资源严重短缺地区，建设非常规水源应急工程。

3. 城市应急备用水源工程

城市应急备用水源工程主要以中国设市城市抗旱应急供水为目标。

应急供水优先保障城市居民生活基本用水，其次是重点单位（部门）、企业的基本用水，严格控制高耗水行业的应急用水。城市应急备用水源一般与城市常规水源共同实现城市地表水、地下水、非常规水源等多类型、多水源供水保障体系。

抗旱应急水源工程指导思想是在充分拓展和挖掘现有水利工程的抗旱能力基础上，规划建设规模合理、标准适度的新工程。抗旱应急水源工程与常规供水水源工程共同组成供水保障体系，除了考虑应对特大干旱灾害外，还常常需要考虑应对水污染事件、工程破坏等突发供水危机事件。

第四节　非 工 程 体 系

在多年的实践中，我国逐步形成了组织指挥、法律法规、标准规范、方案预案、监测预警、队伍物资、工程调度管理和行政管理等组成的非工程措施体系，与工程措施紧密结合，共同为水旱灾害防御提供保障与支撑。

一、组织指挥

防汛是人们同洪水灾害作斗争的一项社会活动。由于洪水灾害关系国家经济建设和人民生命财产的安全，涉及整个社会生活，国家历来都把防汛工作作为维护社会安定的一件大事。《中华人民共和国防洪法》规定："各级人民政府应当组织有关部门、单位，动员社会力量，做好防汛抗洪和洪涝灾害后的恢复与救济工作。""防汛抗洪工作实行各级人民政府行政首长负责制，统一指挥，分级分部门负责。"还规定："县级以上地方人民政府水行政主管部门在本级人民政府的领导下，负责本行政区域内防洪的组织、协调、监督、指导等日常工作。""各级政府的防汛指挥机构负责组织领导辖区内的防汛抗洪工作。"同时，对县级以上各级人民政府防汛指挥机构的职责权限等也都作出规定。

1950 年 6 月，中央防汛总指挥部成立。政务院副总理董必武任总指挥，水利部部长傅作义任副总指挥，其办公室设在水利部。1971 年，把防汛与抗旱工作加以整合，成立中央防汛抗旱指挥部，由总参谋部、国家计委、商业部、交通部、农林部、水电部等部门组成，办公室设在水电部。1985 年，重新恢复中央防汛总指挥部，突出防汛抗洪的作用。1988 年，国务院和中央军委决定成立"国家防汛总指挥部"。1992 年，国家防汛总指挥部更名为"国家防汛抗旱总指挥部"，办公室设在水利部。从中央到地方逐步建立健全国家、省、地市、县四级防汛抗旱指挥组织体系，全国有防汛抗旱任务的县级以上人民政府都建立了防汛抗旱指挥机构。进入 21 世纪以后，为进一步强化流域防汛抗旱工作的统一指挥、统一调度，根据《中华人民共和国防洪法》，在没有流域防汛抗旱指挥机构的流域成立了防汛抗旱指挥机构，对黄河、长江流域的防汛抗旱指挥机构进行了充实、调整，松花江流域、淮河流域、珠江流域、海河流域、太湖流域相继成立了防汛抗旱总指挥部。

20世纪80年代以来，各级防汛抗旱指挥机构逐步建立健全了以行政首长负责制为核心的防汛抗旱责任制体系。每年汛前国家防汛抗旱总指挥部都要落实全国大江大河、重点病险水库、主要蓄滞洪区和重要防洪城市的防汛责任人，并向社会公布。各地按照分级管理的原则，也相继向社会公布了辖区内防汛行政责任人，对行政责任人承担的职责进行了明确。大中型和部分重点小型水库均成立了防汛指挥机构，明确了防汛行政责任人和技术责任人。

从20世纪90年代开始，按照防汛抗旱工作正规化、规范化和现代化、"建设一流组织机构、培养一流专业队伍、配备一流技术装备、实现一流管理水平"的要求，不断加强各级政府防汛抗旱办事机构的能力建设。经过多年努力，地市级以上和大多数县级防汛抗旱办事机构基本达到机构健全、人员精良、制度完善、设备先进、工作规范等要求。

2018年，中共中央印发《深化党和国家机构改革方案》。明确指出，将国家安全生产监督管理总局的职责，国务院办公厅的应急管理职责，公安部的消防管理职责，民政部的救灾职责，国土资源部的地质灾害防治、水利部的水旱灾害防治、农业部的草原防火、国家林业局的森林防火相关职责，中国地震局的震灾应急救援职责以及国家防汛抗旱总指挥部、国家减灾委员会、国务院抗震救灾指挥部、国家森林防火指挥部的职责整合，组建应急管理部，作为国务院组成部门。其主要职责是，组织编制国家应急总体预案和规划，指导各地区各部门应对突发事件工作，推动应急预案体系建设和预案演练；建立灾情报告系统并统一发布灾情，统筹应急力量建设和物资储备并在救灾时统一调度，组织灾害救助体系建设，指导安全生产类、自然灾害类应急救援，承担国家应对特别重大灾害指挥部工作；指导火灾、水旱灾害、地质灾害等防治。负责安全生产综合监督管理和工矿商贸行业安全生产监督管理等。

2018年机构改革后，水利部在水旱灾害防御方面的职能包括：组织编制重要江河湖泊和重要水工程防御洪水方案和洪水调度方案并组织实施。组织编制干旱防治规划及重要江河湖泊和重要水工程应急水量调度方案并组织实施，指导编制抗御旱灾预案。负责对重要江河湖泊和重要水工程实施防洪调度及应急水量调度，承担台风防御期间重要水工程调度工作，协调指导山洪灾害防御相关工作。组织协调指导洪泛区、蓄滞洪区和防洪保护区洪水影响评价工作。组织协调指导蓄滞洪区安全建设、管理和运用补偿工作。组织协调指导水情旱情信息报送和预警工作，组织指导全国水库蓄水和干旱影响评估工作。指导重要江河湖泊和重要水工程水旱灾害防御调度演练。组织协调指导防御洪水应急抢险的技术支撑工作。组织指导水旱灾害防御物资的储备与管理、水旱灾害防御信息化建设和全国洪水风险图编制运用工作，负责提出水利工程水毁修复经费的建议。

山洪灾害日常防治和监测预警工作由水利部门负责，应急处置和抢险救灾工作由应急管理部门负责，具体工作由基层人民政府组织实施。

二、法律法规

新中国成立初期，中央人民政府水利部就提出了制订水利法的问题。但在1978年以前，水利专门法律的立法工作没有开展。党的十一届三中全会以后，水利部从20世纪80年代初开始，着手水利法规建设。先是集中力量制定了一些水利工程管理的规章，如《河道堤防工程管理通则》《水闸工程管理通则》《水库工程管理通则》《灌区管理暂行办法》《水利水电工程管理条例》等，并开始起草《中华人民共和国水法》。1985年6月25日，国务院批转了黄河、长江、淮河、永定河防御特大洪水方案。1988年1月21日，新中国诞生了第一部水的基本法——《中华人民共和国水法》（以下简称《水法》），标志着我国水利事业走上了法制的轨道，进入了依法治水的新时期。鉴于防汛和抗洪是保障我国社会主义现代化建设和人民生命财产安全的大事，涉及整个社会生活，有其特殊的重要性，《水法》对防汛与抗洪专门设立了一章，主要对各级人民政府对防汛抗洪工作的领导、单位和个人参加防汛抗洪的义务、防汛指挥机构的权责、防御洪水方案的制定和审批、汛情紧急情况的处理等方面作出了原则规定。

此后，根据我国的国情和实际情况，先后颁布了《中华人民共和国河道管理条例》（1988年6月10日国务院令第3号）、《水库大坝安全管理条例》（1991年3月22日国务院令第77号）、《中华人民共和国防汛条例》（1991年7月2日国务院令第86号）、《蓄滞洪区安全与建设指导纲要》（1988年10月27日国发〔1988〕74号）、《水利建设基金筹集和使用管理暂行办法》（1997年2月25日国发〔1997〕7号）、《河道管理范围内建设项目管理的有关规定》（1992年4月3日水政〔1992〕7号）、《水库大坝注册登记办法》（1995年12月28日水管〔1995〕290号）等，对规范和促进防洪工作起了重要作用。

随着改革开放，我国经济高速发展，城市规模日益扩大，人口不断增加，对防洪保安工作提出了更高的要求。一方面，由于大江大河防洪标准普遍偏低、河湖淤积和人为设障严重、蓄滞洪区运用难度大、一些干部和群众水患意识淡薄等原因，我国防洪工作面临的形势仍然十分严峻。另一方面，社会经济越发展，洪水所造成的损失就越大，如果再遇到新中国成立初期那样的流域性洪水，造成的损失将十几倍甚至几十倍地增加，洪水灾害作为中华民族的心腹之患远未解除。

1991年，第七届全国人大常委会提出要尽快制定《中华人民共和国防洪法》（以下简称《防洪法》），第八届全国人大常委会即将《防洪法》列入立法规划。根据第八届全国人大的立法规划，1994年1月，水利部着手起草《防洪法》。在《中华人民共和国防汛条例》（以下简称《防汛条例》）、《中华人民共和国河道管理条例》（以下简称《河道管理条例》）等防洪立法工作的基础上，认真总结我国防汛抗洪工作的经验和教训，全面分析我国防洪工作中存在的问题，参阅了大量的国外有关资料和文献，结合我国实际，起草了《防洪法》（送审稿），于1995年3月报请国务院审议。1997年8月29日，《防洪法》经第八届全国人大常委会第二十七次会议审议通过，于1998年1月1日起施行。《防洪法》是我国第一部规范防治自然灾害工作的法律，填补了我国社会主义市场经济法律体系框架中的一个空白，也是继《水法》《中华人民共和国水土保持法》《中华人民共和国水污染防治法》等法律之后的又一部重要水事法律。它的制定和颁布实施，标志着我国防洪事业进入了一个新的阶段，对于我国依法防御洪水、减轻洪涝灾害的活动具有重要的指导意义。

《防洪法》从我国的国情出发，明确了防洪工作的基本原则，强化了防洪行政管理职责，规定了规划保留区制度、规划同意书制度、洪水影响评价制度，补充和加强了河道内建设审批管理等几项法律制度，使依法防洪更具可操作性。《防洪法》自颁布实施之日起就显示了巨大的法律威力。1998年，长江及嫩江、松花江流域发生了特大洪水，在抗洪抢险斗争中，湖南、江西、湖北、黑龙江等省依据《防洪法》采取了宣布进入紧急防汛期等措施，为保障抗洪抢险斗争的顺利进行和夺取最后的全面胜利提供了法律保障。

为了提高《防洪法》的可操作性，水利部于1997年9月开始开展了有关《防洪法》配套法规的建设工作，提出了以《防洪法》为核心的、多层次相互配套的防洪法规体系规划，其中包括1件法律、5件行政法规和6件部规章。结合1998年的防汛形势以及党中央、国务院对水利工作和灾后重建工作的要求，水利部加快了《防洪法》配套法规建设步伐。到2001年，国务院出台了《蓄滞洪区运用补偿暂行办法》（2000年5月27日国务院令第286号）。水利部出台了《关于流域管理机构决定〈防洪法〉规定的行政处罚和行政措施权限的通知》（1999年5月10日水政法〔1999〕231号）、《珠江河口管理办法》（1999年9月24日水利部令第10号）、《特大防汛抗旱补助费使用管理办法》（1999年8月11日财政部、水利部财农字〔1999〕238号）等水利部规章和规范性文件。

　　各级地方人民政府也根据国家有关防汛的法规条例，制定了本地区的实施细则及有关配套法规，仅 1998—1999 年两年间，湖北、辽宁、江苏、安徽、山东、陕西、内蒙古等多个省（自治区）出台了防洪法实施办法或防洪条例，初步形成了国家和地方防洪法制体系，使我国的防洪管理和洪水调度逐步规范化、制度化、法制化。

　　2002 年 10 月 1 日修订后施行的《水法》，标志着我国依法治水进入新阶段，也是我国水利立法的新起点。修订后的《水法》重点突出，在法律制度的设计上注意了与《防洪法》的衔接与协调，同时也对《防洪法》未作规定的方面作了补充。2006 年 11 月，水利部印发了《水法规体系总体规划》，其中按照调整内容不同，将水法规分为水资源管理、防洪与抗旱管理、水域与水工程管理等 9 大类，并将有关防洪与抗旱管理的 4 件行政法规和 2 件水利部规章列入正在起草或者论证、拟在"十一五"期间争取完成论证或者争取出台的立法项目。《水法》修订出台后，国务院相继发布了《防汛条例（修订）》（2005 年 7 月 15 日国务院令第 441 号）、《中华人民共和国水文条例》（2007 年 4 月 25 日国务院令第 496 号）等行政法规。水利部出台了《水库降等与报废管理办法（试行）》（2003 年 5 月 26 日水利部令第 18 号）、《黄河河口管理办法》（2004 年 11 月 30 日水利部令第 21 号）、《水工程建设规划同意书制度管理办法（试行）》（2007 年 11 月 29 日水利部令第 31 号）等水利部规章。

　　在《防洪法》配套法规建设方面，水利部出台了《三峡水库调度和库区水资源与河道管理办法》（2008 年 11 月 3 日水利部令第 35 号）、《海河独流减河永定新河河口管理办法》（2009 年 5 月 13 日水利部令第 37 号）等水利部规章，发布了《关于水利部、流域管理机构行政执法项目及依据和国家防汛抗旱总指挥部、流域防汛（抗旱）总指挥部行政强制项目及依据的公告》（2008 年第 25 号）。2017 年 7 月，财政部、农业部、水利部、国土资源部印发《中央财政农业生产救灾及特大防汛抗旱补助资金管理办法》（财农〔2017〕91 号）。2018 年机构改革后，2019 年 11 月财政部、农业农村部、水利部印发了《农业生产和水利救灾资金管理办法》（财农〔2019〕117 号）。

　　为规范山洪灾害防治建设与管理工作，2014 年 1 月，财政部、水利部印发《中央财政山洪灾害防治经费使用管理办法》（财农〔2014〕1 号）；2014 年 3 月，水利部、财政部印发《山洪灾害防治项目建设管理办法》（水汛〔2014〕80 号）。

　　长期以来，我国抗旱减灾工作一直处于无法可依的状态，导致抗旱工作中诸多矛盾和问题无法解决。水利部自 2002 年开始组织《中华人民共和国抗旱条例》（以下简称《抗旱条例》）起草工作，在深入调查研究的基础上，以《水法》为依据，参照国家有关防灾减灾的法律法规和国务院办公厅颁布的《国家防汛抗旱应急预案》（2006 年）、《关于加强抗旱工作的通知》（国办发〔2007〕68 号）等文件，对全国各地多年来抗旱工作的实际情况和成功经验进行了总结和分析，同时还参考了美国、澳大利亚等国家的抗旱法规，起草了《抗旱条例》（送审稿），于 2006 年 11 月报请国务院审议。2009 年 2 月 11 日，国务院第 49 次常务会议审议通过了《抗旱条例》，并于 2 月 26 日颁布施行。《抗旱条例》是我国第一部专门规范抗旱工作的行政法规，其颁布施行填补了我国抗旱立法的空白，标志着抗旱工作进入了有法可依、规范管理的新阶段，对推动和促进今后一个时期我国抗旱减灾事业发展具有重要的现实意义和深远的历史意义。《抗旱条例》内容涵盖了从旱灾预防、抗旱减灾到灾后恢复的全过程，明确了各级人民政府、有关部门和单位在抗旱工作中的职责，建立了一系列重要的抗旱工作制度，完善了抗旱保障机制，为解决抗旱工作中存在的矛盾和问题提供了法律依据。此外，各省（自治区、直辖市）为了规范本行政区的抗旱工作，也开展了抗旱法规的制订工作，安徽、云南、天津、四川、河北、青海、河南、陕西、浙江、重庆、山西、江西、广西、湖北、西藏等省（自治区、直辖市）陆续颁布实施了本地区抗旱条例、实施办法或实施细则。

三、标准规范

经过多年积累，我国水旱灾害防御标准规范体系基本形成，大致可分为防洪、抗旱和综合三类。

（一）防洪类

防洪类标准规范主要包括：《防洪标准》（GB 50201—2014）、《蓄滞洪区设计规范》（GB 50773—2012）、《防洪规划编制规程》（SL 669—2014）、《城市防洪工程设计规范》（GB/T 50805—2012）、《城市防汛应急预案编制导则》（SL 754—2017）、《河道整治设计规范》（GB 50707—2011）、《河道管理范围内建设项目防洪评价报告编制导则》（SL/T 808—2021）、《水利水电工程等级划分及洪水标准》（SL 252—2017）、《治涝标准》（SL 723—2016）、《溃坝洪水模拟技术规程》（SL/T 164—2019）、《水库调度规程编制导则》（SL 706—2015）、《水利水电工程设计洪水计算规范》（SL 44—2006）、《河流冰情观测规范》（SL 59—2015）、《洪水影响评价报告编制导则》（SL 520—2014）、《防洪风险评价导则》（SL 602—2013）、《洪水调度方案编制导则》（SL 596—2012）、《洪涝灾情评估标准》（SL 579—2012）、《洪水风险图编制导则》（SL 483—2010）、《山洪沟防洪治理工程技术规范》（SL 778—2019）、《山洪灾害防御预案编制导则》（SL 666—2014）、《山洪灾害监测预警系统设计导则》（SL 675—2014）、《山洪灾害调查与评价技术规范》（SL 767—2018）、《蓄滞洪区运用预案编制导则》（SL

488—2010)、《蓄滞洪区设计规范》（GB 50773—2012)、《堰塞湖风险等级划分与应急处置技术规范》（SL/T 450—2021)、《凌汛计算规范》（SL 428—2008)、《河道采砂规划编制规程》（SL 423—2021)、《防汛储备物资验收标准》（SL 297—2004)、《防汛物资储备定额编制规程》（SL 298—2004)。

（二）抗旱类

抗旱类标准规范主要包括：《气象干旱等级》（GB/T 20481—2017)、《区域旱情等级》（GB/T 32135—2015)、《农业干旱等级》（GB/T 32136—2015)、《抗旱效益评估技术导则》（SL/T 817—2021)、《干旱灾害等级》（SL 663—2014)、《抗旱预案编制导则》（SL 590—2013)、《旱情信息分类》（SL 546—2013)、《土壤墒情评价指标》（SL 568—2012)、《旱情等级标准》（SL 424—2008)、《土壤墒情监测规范》（SL 364—2015)、《农业干旱预警等级》（GB/T 34817—2017)、《气候风险指数　干旱》（GB/T 42073—2022)。

（三）综合类

综合类标准规范主要包括：《水库调度设计规范》（GB/T 50587—2010)、《水旱灾害遥感监测评估技术规范》（SL 750—2017)、《中国蓄滞洪区名称代码》（SL 263—2000)、《实时工情数据库表结构及标识符》（SL 577—2013)、《水文应急监测技术导则》（SL/T 784—2019)、《水文情报预报规范》（GB/T 22482—2008)、《水情预警信号》（SL 758—2018)、《河流冰情观测规范》（SL 59—2015)。

四、方案预案

水旱灾害防御方案预案作为重要的非工程措施，是突发公共事件预案体系的重要组成部分，是推动水旱灾害防御工作规范化、制度化的重要内容，是针对各类可能出现的洪涝干旱灾害事件，事先准备的行动方案或调度计划。针对江河洪水、渍涝灾害、山洪灾害、台风暴潮灾害等洪涝灾害，以及影响城乡生活、生产和生态等的干旱灾害，编制相应的水旱灾害防御预案，指导区域、流域内的各项水旱灾害防御工作非常重要。

（一）洪水防御预案

洪水防御预案是针对可能遭遇的某一类型洪涝灾害事先制定的工作处置方案，或相关行业（部门）针对本行业（部门）参与防洪工作和减轻洪涝灾害影响与损失而制定的行动工作方案，也可针对重点防护对象，或对防洪排涝影响较大的水库（水电站）、拦河闸坝等工程制定的专门预案。

洪水防御预案主要包括：大江大河防御洪水方案，江河洪水调度方案，超标准洪水防御预案，水工程联合调度方案，城市防洪应急预案，水库（含水电站、淤地坝、拦河闸坝等）、尾矿库汛期调度运用计划及应急抢险预案，蓄滞洪区运用预案，山洪灾害防御预案，台风风暴潮防御预案，堰塞湖应急处置预案，涉河涉水在建工程度汛方案等。

1. 大江大河防御洪水方案

1983年7月，国务院常务会议听取了原水利电力部关于防汛工作的汇报，并指示，黄河、长江的大水20年、30年来一次，遇到特大洪水要有明确的政策和应急措施。遵照指示精神，水利电力部反复研究新中国成立以来与各大江河历次洪水斗争中逐渐形成的防御特大洪水措施，提出了黄河、长江、淮河、永定河防御特大洪水方案。1985年6月25日，国务院以国发〔1985〕79号文批转了水利电力部《关于黄河、长江、淮河、永定河防御特大洪水方案的报告》。

《中华人民共和国防洪法》第四十条规定：有防汛抗洪任务的县级以上地方人民政府根据流域综合规划、防洪工程实际状况和国家规定的防洪标准，制定防御洪水方案（包括对特大洪水的处置措施）。

长江、黄河、淮河、海河的防御洪水方案，由水利部制定，按程序报国务院批准；跨省、自治区、直辖市的其他江河的防御洪水方案，由有关流域管理机构会同有关省、自治区、直辖市人民政府制定，报国务院或者国务院授权的有关部门批准。防御洪水方案经批准后，有关地方人民政府必须执行。各级水利部门和承担防汛抗洪任务的部门和单位，必须根据防御洪水方案做好防汛抗洪准备工作。

江河洪水防御方案主要内容包括：防洪工程体系（堤防工程、重要防洪水库、蓄滞洪区、河道整治工程等）、防御洪水原则、防御洪水安排、洪水资源利用、工作与任务（防汛准备、预报预警、蓄滞洪区运用、抗洪抢险、救灾）、责任与权限等。

目前，已获国务院批复的防御洪水方案有：《长江防御洪水方案》《黄河防御洪水方案》《淮河防御洪水方案》《大清河防御洪水方案》《永定河防御洪水方案》《松花江防御洪水方案》。

2. 江河洪水调度方案

《中华人民共和国防汛条例》第十二条规定：有防汛任务的地方，应当根据经批准的防御洪水方案制定洪水调度方案。

重要江河湖泊和重要水工程的防洪抗旱调度和应急水量调度方案，由水利部流域管理机构编制，报水利部审批后组织实施。其他江河的洪水调度方案，由有管辖权的水行政主管部门会同有关地方人民政府制定，报有管辖权的水利部门批准。洪水调度方案经批准后，有关地方人民政府必须执行。修改洪水调度方案，应当报经原批准机关批准。

洪水调度方案应遵循批准的流域或区域的防洪规划和防御洪水方案，根据洪水特性、防洪工程（包括堤防、水库、蓄滞洪区、拦河闸等）现状，结合气象、水文预报水平及上下游经济社会状况，在分析具有代表性的不同类型、不同量级洪水的防洪调度措施和效果的基础上，开展编制工作。

编制洪水调度方案应工程措施与非工程措施相结合，合理确定防洪工程运用次序、运用时机和蓄泄关系，科学调度洪水。

洪水调度方案应具有现实性和可操作性。编制洪水调度方案时，应认真总结以往洪水调度经验，考虑出现的新情况和新问题，明确各项防洪措施的调度要求。

流域与区域洪水调度方案应相协调。区域洪水调度方案应满足所在流域洪水调度的要求，流域洪水调度方案应考虑流域内的区域防洪要求。

流域或区域防洪体系、经济社会状况等发生变化时，应及时修编洪水调度方案。

目前已获批复的重要江河洪水调度方案有：《长江洪水调度方案》《黄河洪水调度方案》《淮河洪水调度方案》《沂沭泗河洪水调度方案》《大清河洪水调度方案》《永定河洪水调度方案》《漳卫河洪水调度方案》《北三河洪水调度方案》《珠江洪水调度方案》《韩江洪水调度方案》《松花江洪水调度方案》《辽河流域洪水调度方案》《太湖流域洪水与水量调度方案》等。

《洪水调度方案编制导则》（SL 596—2012）明确，洪水调度方案主要包括防洪工程状况、设计洪水、洪水调度原则、洪水调度、洪水资源利用、调度权限、附则等内容。

（1）防洪工程状况。简述防洪保护对象、流域或区域综合防洪体系、防洪标准和现状防洪能力；分述堤防、河道、水库、蓄滞洪区、洪泛区、水闸、泵站等各类防洪措施的建设情况。若数量较多，可列表反映。特别重要的防洪控制性工程可单独表述。

1）堤防。列出主要堤防级别、堤防主要控制点的设计洪水位、超高。若堤防未达标，还应反映主要防洪控制点的保证水位。

2）河道。简述各河段的等级、河道安全泄洪能力等指标；简述分洪道的运用条件、控制水位、泄洪能力等指标。

3）水库。列出主要水库汛限水位、防洪库容、防洪高水位、设计洪水位、校核洪水位、正常蓄水位等指标。

4）蓄滞洪区、洪泛区。简述蓄滞洪区的面积、设计蓄洪水位、蓄洪量、耕地、区内居住人口、需转移安置人口、运用方式、进（退）洪闸、分洪口门情况等；简述洪泛区的土地面积、耕地、居住人口、需转移安置人口等。

5）水闸、泵站。简述主要水闸的设计泄量、最大泄量，主要泵站的抽排能力等。

（2）设计洪水。简述流域或区域洪水特性，说明主要控制站的设计洪水成果。

（3）洪水调度原则。简述洪水调度原则。

（4）洪水调度。按防洪工程的类别（即堤防、水库、蓄滞洪区等），分述控制条件、运用次序及时机等。根据洪水调度原则，妥善处理蓄泄关系、上下游关系、左右岸关系、干支流关系、防洪与抗旱关系，提出标准内洪水和超标准洪水调度方案，明确各类防洪工程措施运用的时机、次序和运用方式。

（5）洪水资源利用。对有洪水资源利用条件的水库、湖泊、水闸、蓄滞洪区等防洪工程，简述洪水资源利用调度的原则和方式。

（6）调度权限。说明各类防洪工程的调度机构及相关机构的权限和职责。

（7）附则。说明洪水调度方案的解释部门、高程采用的基准系统、执行起始时间、特殊情况的处理部门等。

3. 超标准洪水防御预案

江河超标准洪水防御预案以确保人民群众生命安全为首要目标，以确保重点防护目标安全为基本原则，在深入分析超标准洪水风险的基础上，结合现代化水情监测预报系统，采取综合措施有效管理洪水，做到措施可操作、风险可管控、结果可承受，防止演变成系统性、全局性风险。编制过程中应把握相关要点。

（1）定概念。超标准洪水是指超出现状防洪工程体系（包括水库、堤防、蓄滞洪区等在内）设计防洪标准的洪水。因为河道淤积、围堤不达标，造成行洪能力、蓄滞洪容积等与规划设计标准差别较大的，按照实际工况考虑。一般而言，水库、蓄滞洪区等工程按照规则正常调度运用后，某控制节点仍然超过堤防保证水位的，可视为该节点的超标准洪水。

（2）定节点。综合考虑江河洪水特性、防洪工程状况、重点保护对象等因素，结合已有的防御洪水方案或洪水调度方案，确定若干防洪控制节点。以控制节点的水位（流量），作为临近河段不同量级洪水的判定标准。

（3）定标准。在现状防洪能力分析的基础上，以水位为主要指标，分别确定每一控制节点不同量级的超标准洪水标准，黄河等冲淤变化剧烈的河流可根据实际综合考虑水位、流量等要素。一般应选取不少于两个量级的超标准洪水，如节点水位超过保证水位、超过堤顶高程等，确实不具备条件的可仅考虑一种情形。

（4）定目标。分析发生不同量级超标准洪水时，对可能的淹没范围，应逐一梳理分析每个保护区洪水淹没涉及的人田、重要设施等信息，综合评判超标准洪水风险和影响。洪水风险分析应充分利用洪水风险图等已有成果，无洪水风险图或相关情况变化较大的重点地区，根据条件因地制宜采取措施合理分析。遵循生命至上、确保重点的原则，统筹考虑保护人口、经济总量、社会影响、关键设施等多重因素，按照必保、力保、可弃等类别，研究确定不同量级超标准洪水的防护目标。

（5）定措施。按照分段施策、分级防控的原则，针对各控制节点发生的不同量级洪水，结合洪水风险分析、防洪工程状况、防护对象重要性等，逐一研究确定"控、守、弃、撤"等具体措施。

"控"：深入挖掘水库、分洪道、蓄滞洪区等工程潜力，尽可能控制节点水位。综合分析上游来水、下游防洪形势、防洪工程状况等，在确保水库、分洪道、蓄滞洪区等工程自身安全的前提下，适度提高运行水位或加大分洪流量，充分发挥拦洪削峰错峰、引洪分洪作用。

"守"：对必保、力保堤防，根据情况采取加筑子堤等防守措施。通过水文演算分析，测算堤防临水水位，高程不足段提前加筑子堤。结合工程现状和历史险情调查分析，对堤身薄弱段、险工险段加强巡查防守。

"弃"：为确保重点地区防洪安全，适时采取堤防弃守、扒口分洪等措施。当达到特定水位或重点堤防发生严重险情时，及时在选定堤段主动扒口分洪，依次弃守一般堤防，尽力减轻重点堤防防守压力。

"撤"：以保障人员安全为首要目标，及时撤离危险地区群众。根据洪水演变发展和堤防工程状况，分区域、分梯次，有序组织低标准堤防保护区等危险区域人员提前转移，确保群众生命安全。

（6）定任务。根据确定的超标准洪水防御措施，重点立足水利部门职责，分解落实具体工作任务，逐一明确工作内容、工作程序、权责划分等。权责划分应依据法律法规和"三定"规定，与现行管理体制相协调，做到依法依规、清晰明确。一般而言，应细化实化水文监测预报、水工程防洪调度等任务，根据洪水风险分析提出堤防防守、弃守分洪、人员转移的意见；对依法由其他部门或有关地方人民政府负责的事项，如堤防巡查防守、实施破堤扒口、人员转移安置等，由相关水利部门提请有关部门或地方人民政府落实具体措施，有关实施方案择要纳入预案。

1）监测预报。明确不同量级超标准洪水情况下水文监测频次、控制节点洪水预报责任单位，确定实时水情、预报成果的发送范围、时效、程序。明确超标准洪水还原分析的责任单位和有关要求。

2）工程调度。一般应明确水库、分洪道、蓄滞洪区等实施挖潜调度的具体方案，不具备条件的应明确调度原则、总体思路、决策程序。

3）堤防防守。对于需要加强防守的堤防，高程不足的逐段明确加筑子堤的起止位置和高度，薄弱堤段逐一明确具体位置和防守要点。因条件所限无法逐一列明的，应确定相关原则和责任主体。有关地方或部门制定的堤防防守方案，可择要纳入预案，相关安排明显不适合的，应提出修改意见建议。

4）弃守分洪。对于可能弃守的堤防，逐一明确弃守条件、决策程序、责任主体。对于需要扒口分洪的堤防，逐一明确分洪时机、扒口地点、口门宽度、决策程序、实施主体等。因条件所限无法精确提出弃守分洪时机的，应确定相关原则和责任。有关地方或部门制定的堤防弃守和扒口方案，可择要纳入预案，相关安排明显不适合的，应提出修改意见建议。

5）人员转移。明确不同量级超标准洪水条件下，可能淹没区域、人员转移时机、转移责任主体等。有关地方或部门制订的人员转移方案，可择要纳入预案，转移路线、安置地点等明显存在洪水威胁的，应提出修改意见建议。

6）舆论引导。明确超标准洪水防御相关舆情实时监测、分析研判、有序应对的工作机制和有关要求，落实在不同工作阶段，根据洪水预测预报、实时水情工情、洪水还原分析等，有效引导社会舆论、形成抗洪合力的措施。

（7）定格式。超标准洪水防御预案应包括江河洪水与防洪工程状况、超标准洪水防御工作原则、不同控制节点不同量级超标准洪水的主要应对措施、责任与权限等内容。

4．水库汛期调度运用计划

水库、水电站、拦河闸坝等工程的管理部门，应当根据工程规划设计、经批准的防御洪水方案和洪水调度方案以及工程实际状况，在兴利服从防洪、保证安全的前提下，制定汛期调度运用计划，经上级主管部门审查批准后，报有管辖权的水利部门备案，并接受其监督。经水利部认定的对防汛抗洪关系重大的水电站，其防洪库容的汛期调度运用计划经上级主管部门审查同意后，须经有管辖权的水利部门批准。汛期调度运用计划经批准后，由水库、水电站、拦河闸坝等工程的管理部门负责执行。有防凌任务的江河，其上游水库在凌汛期间的下泄水量，必须征得有管辖权的水利部门的同意，并接受其监督。

水库防洪调度应根据经批准的防御洪水方案和水库初步设计，在保证水库自身防洪安全的前提下，对不同类型、不同量级的洪水，按照调度运用计划，控制不同条件下的水位和泄量。

为下游承担防洪任务的水库，应根据下游防洪控制点的防洪控制水位（或安全泄量）和区间洪水组成情况以及洪水监测、预报水平，结合水库本身的防洪要求，提出水库对下游进行补偿调节的防洪调度方式。

由水库群共同承担下游防洪任务时，应分析各水库和各区间洪水的组成，根据水库特性及综合利用要求等，确定各水库预留的防洪库容，提出联合防洪调度方式。

对多泥沙河流水库，其防洪调度方式应综合考虑下游河道减淤和水库减淤要求。

对尚未达到设计要求的水库、有初期蓄水规定的新建水库和存在病险问题的水库，应论证、复核水库防洪调度方式。

对综合利用水库，在不降低水库防洪要求的前提下，可兼顾洪水资源和综合利用。

水库汛期调度运用计划一般包括洪水调度目标、依据、原则，汛期调度控制指标、洪水调度措施、调度权限与职责、调度流程（调度准备、调度会商决策、调度实施等）等内容。

5. 城市防洪应急预案

《中华人民共和国防汛条例》第十一条规定：有防汛抗洪任务的城市人民政府，应当根据流域综合规划和江河的防御洪水方案，制定本城市的防御洪水方案，报上级人民政府或其授权的机构批准后施行。

根据《城市防洪应急预案编制导则》（SL 754—2017），城市防洪应急预案由总体预案、专题预案和重点防护对象专项预案等组成。专题预案应与总体预案相协调，重点防护对象专项预案应服从总体预案和专题预案的安排。

总体预案是城市应对不同类型洪涝灾害的综合应急预案。

专题预案是城市针对可能遭遇的某一类型洪涝灾害制定的预案或相关部门针对城市洪涝灾害制定的预案，包括城市江河洪水防御专题预案、排水除涝专题预案、山洪灾害防御专题预案、台风灾害防御专题预案、洪涝灾害交通管理专题预案等。城市水利（水务）部门可根据城市所受洪涝灾害威胁类型和防洪排涝减灾需要确定。

重点防护对象专项预案是针对城市重点防护对象在应对防洪排涝、抢险应急等制定的专门预案，重点防护对象包括学校、医院、养老院、商业中心、机场、火车站、长途汽车站、旅游休闲场所等重点部位，对城市防洪排涝影响较大的水库、电站、拦河坝等工程，地下交通、地下商场、人防工程以及供水、供电、供气、供热等设施，重要有毒有害污染物、易燃易爆物生产或仓储地，城区易积水交通干道、在建项目驻地、简易危旧房屋及稠密居民区，以及其他重要工程和目标。相关部门和单位可根据实际情况和应急需要确定。

总体预案，主要包括城市概况（自然地理、社会经济、洪涝灾害风险区域划分、洪涝灾害防御体系、重点防护对象等）、组织体系与职责（指挥机构、成员单位职责、办事机构等）、预防与预警（预防预警信息发布、预警级别划分、预防预警行动、主要防御措施等)、应急响应(应急响应的总体要求、应急响应分级与行动、主要应急响应措施、应急响应的组织工作、应急响应启动与终止等)、应急保障(通信与信息保障、避险与安置保障、抢险与救援保障、交通保障、供电与运输保障、治安与医疗保障、物资与资金保障、社会动员保障、宣传、培训和演习等)、后期处置(灾后救助、抢险物资补充、水毁工程修复、灾后重建、保险与补偿、调查与总结等)、附图附件(城市洪涝灾害风险图、避险转移路线及场所图等)等内容。

重点防护对象专题预案的编制应当针对不同等级灾害进行风险分析,明确不同等级灾害的风险区域、危害形式、危害程度等指标;制定有针对性的预警方案、预警发布机制、减灾响应方案和具体减灾措施等。

重点防护对象专项预案应说明重点防护对象概况、周边环境状况;分析防护对象灾害威胁来源,明确不同类型不同等级灾害可能产生的危害后果及危害程度;制定应对不同类型不同等级灾害的防御方案、抢险方案和动员组织方案等。

6. 蓄滞洪区运用预案

编制蓄滞洪区运用预案应符合江河防御洪水方案、洪水调度方案和县级以上人民政府及防汛指挥机构制定的防洪预案的要求。

蓄滞洪区运用预案应由所在地县级人民政府审批。由上级人民政府或者上级防汛指挥机构调度的蓄滞洪区,其预案审批前应征得有调度权限的指挥机构同意。

流域管理机构和省级防汛指挥机构负责辖区内蓄滞洪区运用预案编制的技术指导工作。

国家蓄滞洪区的运用预案由省级水利部门汇总报送流域和水利部备案。

蓄滞洪区运用预案审批后,县级人民政府防汛指挥机构应及时向预案相关人员和单位公布。

蓄滞洪区运用预案应根据流域防洪、蓄滞洪工程和社会经济等情况的变化,适时修订。

《蓄滞洪区运用预案编制导则》(SL 488—2010)明确蓄滞洪区运用预案主要包括蓄滞洪区概况(蓄滞洪区自然地理、社会经济、蓄滞洪特征指标、洪水风险、防洪工程、安全设施、历史运用和补偿等)、组织与保障(指挥机构、抢险救生与物资保障、生活保障、治安与交通保障、医疗保障、宣传保障等)、预警与警报(预案启动和结束时机、宣布的机构、警报分级和对应工作要求等)、转移与安置(安全避洪任务、就地安置、转移安置等)、工程调度与运用(调度方案、工程运用、工程防守与应急抢险等)、返迁与善后(蓄滞洪区居民返迁准备、返迁条件、组织方式和善后等)以及附图附表等内容。

7. 山洪灾害防御预案

山洪灾害防御预案的编制应坚持以人为本，以保障人民群众生命安全为首要目标；坚持安全第一，常备不懈，以防为主，防、避、抢、救相结合；坚持因地制宜，突出重点，具有可操作性；坚持落实行政首长防汛责任制、分级管理责任制、分部门责任制和岗位责任制。

山洪灾害防御预案应根据区域内山洪灾害灾情、防灾设施、社会经济和防汛指挥机构及责任人等情况的变化，及时修订，修订周期不超过3年，并按原报批程序报批。

《山洪灾害防御预案编制导则》（SL 666—2014）明确山洪灾害防御预案主要包括基本情况（自然地理及水文气象、社会经济、山洪灾害概况、山洪灾害防御现状等）、组织体系（组织指挥机构、职责与分工等）、监测预警（监测预警方案、责任人、预警信息发布方式）、人员转移（转移对象、转移路线、安置地点、责任人及联系方式等）、抢险救灾（工作机制、准备工作、处置方案、应急保障方案等）、保障措施（责任落实、设施检查、宣传、培训演练等）、附表和附图、附则等内容。

（二）抗旱预案

抗旱预案主要包括城市、生态、行业（部门）、重点工程专项抗旱预案以及应急水量调度预案等。《抗旱预案编制导则》（SL 590—2013）明确抗旱预案主要包括总则、基本情况、组织指挥体系及职责、监测预防、干旱预警、应急响应、后期处置、保障措施、宣传培训与演练等内容。

1. 城市抗旱预案

城市抗旱预案用于指导城市城区范围内的抗旱工作，重点解决城市发生不同等级干旱缺水情况或水源突发事件时的应急供水保障问题。编制城市抗旱预案应坚持以城乡居民生活用水、重点工业供水为抗旱供水的重点。城市供水水源有水库、河流、地下水及多个水源，应根据水源的类型，确定合理、实用的预警及应急响应指标和条件。城市抗旱预案是总体抗旱预案中关于城市抗旱工作的细化、完善和补充。城市抗旱预案应服从上级行政区总体抗旱预案。

2. 生态抗旱预案

生态抗旱预案用于指导河流、湖泊、湿地、沼泽等重要水域生态区发生干旱情况下应急补水等抗旱工作，以减轻干旱对水生态环境的破坏或影响。

3. 行业（部门）抗旱预案

行业（部门）抗旱预案用于指导发生干旱情况下本行业（部门）参与抗旱、减轻本行业干旱影响和损失等方面的工作。

4. 重点工程抗旱预案

重点工程抗旱预案用于指导承担供水和灌溉任务的重点水利水电工程（如

水库、水电站、泵站、闸坝、灌区等）在发生干旱情况下或水源突发事件时开展调度运用等工作。

5. 应急水量调度预案

《抗旱条例》规定："县级以上地方人民政府应按照统一调度、保证重点、兼顾一般的原则对水源进行调配，优先保障城乡居民生活用水，合理安排生产和生态用水。""按照批准的抗旱预案，制订应急水量调度实施方案，统一调度辖区内的水库、水电站、闸坝、湖泊等所蓄的水量。"

应急水量调度，是指在发生干旱缺水事件时，为保障受旱地区生活、生产和生态基本用水需求，对区域内常规水资源进行合理调配，或紧急实施跨区域、跨流域的水量调度，以增加特殊干旱情况下的供水量。应急水量调度包括两方面内容：一是对受旱地区的现有水源通过转换用水途径、利用水库死库容、截潜流、适当超采地下水和开采深层承压水等非常规措施，增加干旱情形下的可供水量；二是将隶属于不同流域、不同行政区范围内的水资源临时从相对丰沛区调入短缺区，以缓解受旱地区的基本用水需求。

按照《应急水量调度预案编制指南（试行）》（水利部办公厅 2020 年印发）的规定，这类预案的内容主要包括总则（编制目的、编制依据、适用范围、编制原则等）、流域（区域）基本情况和事件分析［流域（区域）的气候、降水、径流等特征、可能出现的风险事件等］、水量调度工程体系（调度工程体系、调水线路等）、组织管理（组织体系组成、预案组织实施、执行和配合、监督机构及职责等）、预警和应急响应（预警内容、等级、方式和发布程序、应急响应级别规定等）、预案启动和实施（启动条件、启动程序、编制实施方案、审批实施方案、组织实施、调度结束等）、后期工作（后期处置、效益评估、预案评估等）、保障措施（组织领导、信息监测、安全措施、经费来源、物资安排、监督检查、宣传培训演练等）、附则（名词与定义、预案解释、预案修订、预案实施时间、预案成果要求等）等内容。

跨流域应急水量调度预案组织实施机构为国务院水行政主管部门或其授权的流域管理机构，同一流域跨省（自治区、直辖市）应急水量调度预案组织实施机构为所属流域管理机构或其授权的部门，跨行政区域应急水量调度预案组织实施机构为涉及行政区域共同的上一级水行政主管部门或其授权的部门。

第五节　水旱灾害防御工作成效

经过新中国成立以来的不懈努力，我国已最大限度地减少了因洪水造成的人员伤亡和财产损失，最大限度地降低了因干旱造成的人畜饮水困难，保障了粮食安全，水旱灾害防御工作成效显著。

一、新中国成立前水旱灾害概况

我国水旱灾害历来频繁严重。20世纪上半叶，长江、黄河、淮河等大江大河仍未得到有效治理，水旱灾害依然严重。1928—1931年黄河流域大旱，遍及13省，灾民达3400万人，赤地千里，饿殍载道；1931—1939年，长江、汉江、淮河、黄河、海河接连发生大水，灾情震惊世界，其中1931年长江、汉江和淮河水灾，长江流域淹没耕地5090万亩，死亡达14.5万人，下游沿江大城市包括汉口均遭水淹，淮河流域淹没耕地7700万亩，死亡7.5万人。

新中国成立前，河湖基本处于无控制的自然状态，水系紊乱，江河湖泊体系尚不足抵御10～20年一遇的中小洪水危害；江河湖泊兴利程度很差，水资源利用水平低下。全国仅有堤防约4.2万km，灌溉面积2.4亿亩（不到总耕地面积的1/5），大中型水库只有23座。缺乏对水利基础资料的调查搜集和全面系统规划。

二、新中国成立后水旱灾害情况

（一）洪涝灾害基本情况

1950年以来，我国每年都会发生不同程度的洪水灾害，如1954年和1998年长江洪水、1963年和1996年海河洪水、1975年和1991年淮河洪水、1998年松花江洪水等。21世纪以来，城市暴雨内涝又十分突出，2007年济南市发生了特大暴雨灾害，2010年广州市、2012年北京市、2016年武汉市、2021年郑州市等都发生了暴雨内涝灾害，近年来一些中小城市也频繁发生暴雨洪涝灾害，对我国经济社会发展造成了严重影响。据统计，1950年以来，洪涝灾害造成我国农作物年均受灾面积1440万亩（图2-8），成灾面积794万亩，因灾死亡人口3994人（图2-9），倒塌房屋173万间，直接经济损失近1599.8亿元（图2-10）。

（二）干旱灾害基本情况

我国干旱灾害具有地域性和广泛性的特点，各时段、各区域都有可能发生干旱，干旱影响逐步从农村扩展到城市，从生活、生产扩展到生态等各个领域。

1950年以来，干旱灾害造成我国作物年均受灾面积2997万亩（图2-11），成灾面积1347万亩，粮食损失163.00亿kg（图2-12）；1991年以来，造成年均饮水困难人口2250万人（图2-13），饮水困难牲畜1695万头，直接经济损失年均852亿元（2006—2018年）（图2-14）。

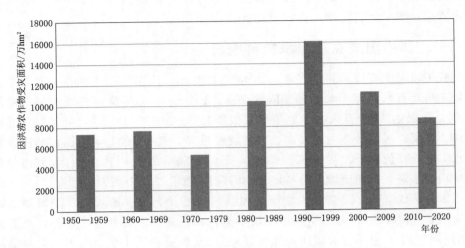

图 2-8　1950—2020 年各年代因洪涝农作物受灾面积统计

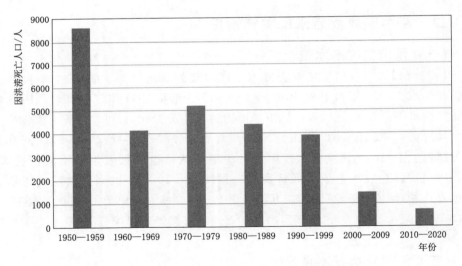

图 2-9　1950—2020 年各年代因洪涝死亡人口统计

（三）山洪灾害基本情况

我国幅员辽阔，山丘区面积约占国土面积的 2/3，山洪灾害发生十分频繁而严重，其总体特点表现为：①分布较广泛、发生频率高；②突发性强，监测预报预警难度大；③成灾较快，破坏力大，严重威胁人民群众生命安全；④具有季节性和区域性。

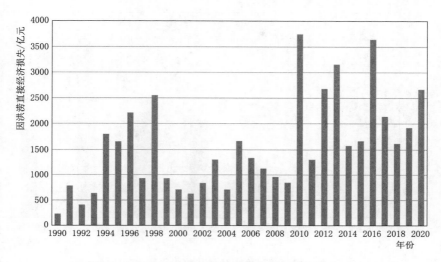

图 2-10 1990—2020 年因洪涝直接经济损失统计

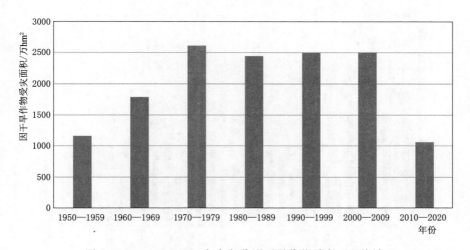

图 2-11 1950—2020 年各年代因干旱作物受灾面积统计

20 世纪 90 年代以前，我国每年因山洪灾害死亡人数约占因洪涝灾害死亡总人数的 2/3，21 世纪开始该占比呈递增趋势，2010 年甚至达到 87.65%（图 2-15）。山洪灾害导致群死群伤事件，是威胁人民群众生命财产安全的突出隐患。近年来发生的典型山洪灾害（如 2005 年黑龙江省宁安市沙兰镇、2010 年甘肃省舟曲县、2012 年甘肃省岷县、2013 年辽宁省清原县等）都造成了大量人员伤亡和财产损失。

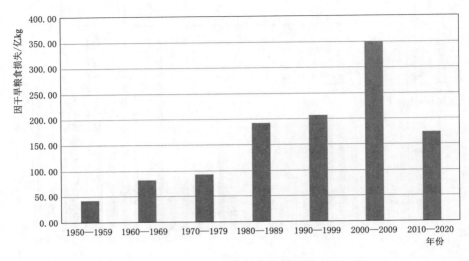

图 2-12　1950—2020 年各年代因干旱粮食损失统计

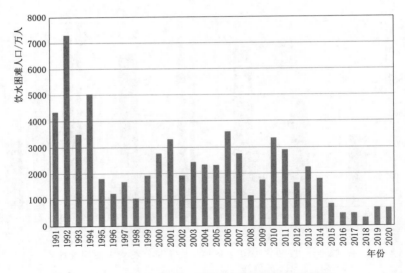

图 2-13　1991—2020 年因干旱饮水困难人口统计

三、新中国成立后水旱灾害防御事业发展

（一）防御理念与时俱进

新中国成立以来，我国的水旱灾害防御理念发展基本上与我国经济社会发展阶段相对应，大致上可以分为四个阶段。

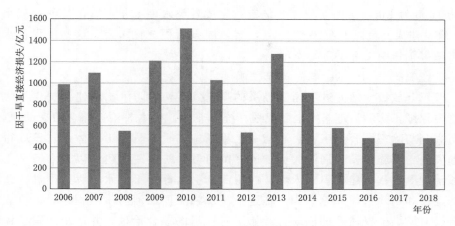

图 2-14 2006—2018 年因干旱直接经济损失统计

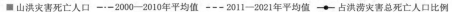
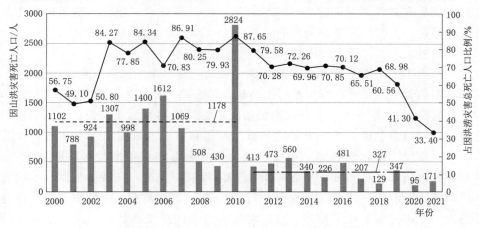

图 2-15 2000—2021 年山洪灾害死亡人口及其占因洪涝灾害总死亡人口比例情况

1. 20 世纪 50—70 年代为第一阶段

新中国成立之初，各大江河流域缺乏控制性工程，河道失治，堤防残破，水旱灾害极为频繁。1950 年，确立了"大力防治水患，有重点地进行河流治本工程，兼及上游水土保持，以求初步消灭严重水灾，同时兴修灌溉工程，以减轻旱灾"的水利工作方针。至改革开放前，主要是兴修防洪、排涝、灌溉工程，并以治理大江大河为重点。这一时期，建设了官厅、刘家峡、丹江口等一大批水库工程，开展了大规模的蓄滞洪区建设、河道整治工作，对四川都江堰、黄河河套灌区等进行了改建和扩建，兴建了河南引黄济卫、江苏苏北灌溉总渠、安徽淠史杭、内蒙古三盛公等大型灌区。截至 1978 年年底，全国整修新修江河堤防 16.5 万 km，保护面积 4.8 亿亩；建成各类水库 8.4 万座，其中大型水库 311 座；建成万亩以上灌区 5249 处，有效灌溉面积 3 亿多亩。这些工程在水旱灾害防御工作中发挥了重要作用。

2. 20 世纪 80—90 年代为第二阶段

改革开放极大地促进了国民经济的高速发展，为防洪工程建设提供了强大的物质保障，防洪治理坚持全面规划、统筹兼顾、标本兼治、综合治理的原则，实行兴利与除害结合，工程措施与非工程措施并重，防洪工程体系建设取得了飞速发展。实施了长江荆江大堤加固、黄河下游防洪工程建设以及淮河和太湖流域治理等，基本建成引大入秦、四川武都引水等骨干供水工程，推进了蓄滞洪区建设和病险水库除险加固。在进一步加强主要江河防洪工程建设、巩固和完善已有防洪工程体系的同时，开始了对江河的综合治理，并逐步加强了流域管理工作。先后出台了《中华人民共和国河道管理条例》《中华人民共和国防汛条例》《中华人民共和国防洪法》，国务院批复了黄河、长江、淮河、永定河防御特大洪水方案；加强了防汛机动抢险队、抗旱服务组织建设，防汛抗旱工作逐步规范化，灾害防范应对能力不断提高。

3. 1998—2011 年为第三阶段

1998 年长江、松花江大洪水后，党中央国务院制定了灾后重建、整治江湖、兴修水利的若干意见，在全国掀起水利建设的高潮。长江中下游堤防全线达标，治淮 19 项工程相继完成，其他江河堤防工程建设也明显加快。长江三峡、黄河小浪底、淮河临淮岗、珠江飞来峡、嫩江尼尔基等一大批骨干水利工程相继建成，开工建设了南水北调东、中线一期工程，全面加强了病险水库除险加固。水利部提出防汛抗旱"两个转变"，即坚持防汛抗旱并举，实现由控制洪水向洪水管理转变，由单一抗旱向全面抗旱转变。进一步加大了工程和非工程措施体系建设力度，初步建成了标准适度、功能合理的防洪工程体系，出台了《中华人民共和国抗旱条例》《国家防汛抗旱应急预案》《蓄滞洪区运用补偿暂行办法》等法规制度，健全了流域和省级的防汛抗旱指挥机构。这一时期主要从以下几个方面实现了突破：

（1）实施了适度的风险管理，通过体制机制创新和法规制度建设防范风险，通过防洪工程建设适度规避风险，通过科学调度水工程分担风险，通过补偿和救助化解风险。

（2）规范了人类活动，开展退田还湖、移民建镇，加大对乱占河道等违法行为的查处力度，增加洪水调蓄场所、畅通行洪通道；强化人员转移避险，主动防御。

（3）推进了洪水资源化，在洪水调度、水资源配置过程中重视洪水资源的利用。

4. 2012 年至今为第四阶段

2014 年 3 月 14 日，习近平总书记在中央财经领导小组第五次会议上提出
"节水优先、空间均衡、系统治理、两手发力"的治水思路。2016 年，习近平
总书记在河北省唐山市考察时发表重要讲话，提出"两个坚持、三个转变"的
防灾减灾救灾理念，即"坚持以防为主、防抗救相结合，坚持常态减灾和非常
态救灾相统一，努力实现从注重灾后救助向注重灾前预防转变，从应对单一灾
种向综合减灾转变，从减少灾害损失向减轻灾害风险转变"，为做好新时期水旱
灾害防御工作提供了总依据、总遵循。2018 年，按照党和国家机构改革安排，
组建应急管理部。国家防汛抗旱总指挥部办公室由原设在水利部调整至应急管
理部。水利部负责水旱灾害防御和日常防汛抗旱工作，组织指导水旱灾害防治
体系建设，组织编制洪水干旱灾害防治规划和防护标准并指导实施，开展水情
旱情监测预警预报、水工程调度、日常检查、宣传教育、水旱灾害防治工程建
设等，承担防汛抗旱抢险技术支撑工作，负责发布水情旱情。根据我国治水主
要矛盾变化，水利部在防汛抗旱工作方面，立足于"防"，聚焦水情旱情监测预
报预警、水工程调度、防汛抗旱抢险技术支撑等主要职责，坚持建重于防、防
重于抢、抢重于救，突出强化预报、预警、预演、预案"四预"措施，着重抓
好山洪灾害防御、水库安全度汛两个难点，全面推进隐患排查整改、方案预案
修订与演练、流域水工程防灾联合调度系统建设、水库汛限水位监管等各项工
作，努力实现"人员不伤亡、水库不垮坝、重要堤防不决口、重要基础设施不
受冲击"的防洪目标和确保城乡供水安全的抗旱目标，牢牢守住水旱灾害防御
底线。

（二）工程防御手段日益完善

1. 防洪工程体系

我国逐步形成水库、堤防、水闸、蓄滞洪区、分洪河道等组成的防洪减灾工
程体系，通过综合运用"拦、分、蓄、滞、排"等措施，大江大河基本具备防御
新中国成立以来实际发生的最大洪水能力。各级水利部门科学实施水工程调度，
加强水库群和梯级水库联合调度，采取河湖联调、湖库联调、库闸联调等措施，
有力防御江河洪水。长江中下游基本形成了以堤防为基础，三峡水库为骨干，
其他干支流水库、蓄滞洪区、河道整治工程以及平垸行洪、退田还湖等相配合
的防洪工程体系，从 2012 年起探索开展长江流域水库群联合调度，最初纳入联
合调度的水库数量仅有 10 座，2021 年纳入联合调度的水工程共 107 座（处），
其中控制性水库 47 座，总调节库容为 1066 亿 m^3，总防洪库容为 695 亿 m^3；国
家蓄滞洪区 44 处，总蓄洪容积为 590.6 亿 m^3；排涝泵站 10 座，总排涝能力为

1562m³/s；引调水工程 4 项，年设计总引调水规模为 241 亿 m³。黄河、淮河、珠江、松花江等流域也都在探索水工程联合调度机制，充分发挥防洪工程体系的整体作用。

2. 抗旱工程体系

我国初步形成大、中、小、微结合的水利工程体系，重大骨干水源工程、农村饮水安全工程、灌区工程、小型农田水利建设等不断推进，南水北调东、中线一期工程相继建成通水，重大引调水和重点水源工程建设不断加强，严重缺水地区水资源调控能力大幅提升，供水保障能力明显提高，中等干旱年份可以基本保证城乡供水安全。实施全国抗旱规划，在 741 个重点旱区县建设小型水库、引调提水工程和抗旱应急备用井等抗旱应急水源工程，干旱年份可保障约 7500 万人、3050 万亩口粮田的抗旱用水需求，基层抗旱水源保障能力显著提高。发生干旱灾害的地区，通过采取水库供水、工程引水、应急调水、打井取水等各项措施，满足城乡生活、生产、生态供水需求。

（三）非工程措施日益健全

在多年的实践中，我国逐步形成了组织指挥、法规预案、监测预警、队伍物资和行政管理等组成的非工程措施体系，与工程措施紧密结合，共同为防汛抗旱提供保障与支撑。

1. 完善的组织体系

我国的防汛抗旱工作实行各级人民政府行政首长负责制。按照统一指挥、分级负责的原则，逐步建立了国家、流域、省、市、县五级组织指挥体系。1950 年就成立了中央防汛总指挥部（国务院议事协调机构），1992 年成立国家防汛抗旱总指挥部，由国务院分管负责同志任总指挥，有关部门和军队的负责人作为组成人员，在国务院领导下，负责领导组织全国的防汛抗旱工作。有防汛抗旱任务的县级以上政府都设立了防汛抗旱指挥机构，由各级政府的负责人担任指挥，统一领导本地区防汛抗旱工作。防汛抗旱关键时刻，各级党委、政府和防汛抗旱指挥部统一指挥，各成员单位各司其职、通力合作，人民解放军和武警部队发挥中流砥柱作用，形成了防灾、减灾、救灾的强大合力，保障了各项工作有力有序有效进行。

2. 健全的法规制度

颁布实施了《中华人民共和国水法》《中华人民共和国防洪法》《中华人民共和国防汛条例》《中华人民共和国抗旱条例》《蓄滞洪区运用补偿暂行办法》等法律法规，地方政府制定了配套法规或实施细则，确保了防汛抗旱工作有法可依。紧急情况下，按照相关法律法规可动员一切社会力量投入防汛抗旱工作。编制完成国家防汛抗旱应急预案，大江大河防御洪水方案和洪水调度方案、水库水电站调度运用计划和防汛应急预案、蓄滞洪区运用方案、堤防和水闸等各类防洪工程抢险预案等方案预案体系不断完善，重点江河水量调度预案和骨干水工程联合调度方案等连续取得重大突破。各级政府、有关部门和单位都制定了防汛抗旱应急预案、防洪调度方案、抢险避险应急预案等各类方案预案，保证了防汛抗旱工作有序开展。

3. 高效的工作机制

每年汛前，国家防汛抗旱总指挥部、水利部及各有关部门，提前对全年的防汛抗旱工作作出全面部署，组织各地落实防汛抗旱各项责任制度，修订方案预案，排查整改度汛隐患，修复水毁工程，落实抢险队伍物资，做好各项防御准备。入汛后（汛期），各级水利部门实行 24h 应急值守，密切关注雨情、水情、汛情、旱情，强化会商研判和预测预报，及时发布水情旱情预警，启动应急响应，依法科学调度水工程，指导地方加强江河堤防、水库大坝等工程的巡查抢护；宣传、工信、公安、民政、自然资源、住建、交通、铁路、农业、卫生、应急、旅游、气象等部门按照职责分工，做好应急抢险救援和灾后恢复救助等工作。汛后，统筹抓好工程蓄水和水量调度，做好冬春抗旱和黄河、松花江等北方河流防凌；总结经验，着手准备下一年的工作。

4. 监测预报预警能力逐步提升

建成各类水文站 12.1 万余处，基本形成了覆盖大江大河和有防洪任务中小河流的水文监测站网和预报预警体系，建成了连接国家、流域、省级和绝大部分市、县的异地视频会商系统。全面开展山洪灾害防治项目建设，在有防治任务的 2076 个县建设了山洪灾害监测预警平台，部署了国家、省、地市三级山洪灾害监测预警信息管理系统。编制县、乡、村和企事业单位山洪灾害防御预案，在乡镇、村组具体划定山洪灾害危险区，明确转移路线和临时避险点，建设自动雨量和水位站、简易监测站，安装报警设施设备，制作警示牌、宣传栏，发放明白卡，组织开展防御演练，初步建成适合我国国情、专群结合的山洪灾害防御体系。每年水利部会同中国气象局开展山洪灾害气象预警服务，有关地区利用山洪灾害监测预警平台及时发布县级山洪灾害预警，向相关防汛责任人发送预警短信，同时依托中国移动、中国联通、中国电信三大电信运营商向受威胁区域社会公众发送预警短信，指导基层人民政府组织做好转移避险。山洪灾害防治项目实施后，因山洪造成的死亡人数明显减少。

5. 防汛抗旱应急队伍建设与物资储备

从 20 世纪 90 年代开始，在长江、黄河等大江大河，以及重点水库、重点海堤等逐步建立了专群结合、军地结合、平战结合、洪旱结合的防汛抗旱抢险队伍。同时，中央和地方各级防汛抗旱指挥部在全国设立多处物资储备仓库，储备应急物资，防汛抗旱过程中，应各地请求，国家防汛抗旱总指挥部紧急调运中央储备物资，支援地方抗洪抢险和抗旱减灾。

6.洪水风险管理

开展全国重点地区洪水风险图编制工作，组织编制重点防洪保护区、国家蓄滞洪区、洪泛区、重点和重要防洪城市、重要中小河流重点河段的洪水风险图。推进蓄滞洪区、洪泛区内非防洪建设项目的洪水影响评价工作，基本形成了分级负责、协调统一的洪水影响评价管理机制，督促各地加大执法监督力度，切实维护防洪安全。

四、新中国成立后水旱灾害防御成效显著

新中国成立以来，我国江河洪水、局地暴雨山洪、城市内涝和干旱缺水等灾害频发重发，给人民群众生命财产安全和经济社会发展造成严重威胁和影响。在党中央、国务院的坚强领导下，水利部门加强与有关部门的协调配合，周密部署、科学防御，各级党委、政府精心组织、全力应对，广大军民顽强拼搏、团结奋战，战胜了历次重特大洪水和干旱灾害，保障了大江大河、大中城市和重要基础设施的防洪安全，保障了城乡生活、生产、生态供水安全，取得了显著成效。

（一）保障了江河安澜

各有关地区党委、政府组织广大军民加强巡查值守，全力做好险情抢护，成功应对了1954年江淮大水、1963年海河大水、1982年黄河大水、1998年长江松花江大水、1999年太湖大水、2003年和2007年淮河大水、2005年珠江大水、2016年长江太湖大水以及2020年长江黄河淮河松花江太湖大水等流域性洪水，保障了防洪安全。洪涝灾害直接经济损失占当年GDP比例的均值从2000年以前的2.28%，减少到21世纪前10年的0.59%和2010—2019年的0.39%（图2-16），在许多地区很大程度上消减了灾难性洪水的风险。在抗御1998年长江、松花江等江河洪水过程中，在党中央、国务院的直接指挥下，国家防汛抗旱总指挥部、水利部组织指导有关地区科学调度水工程，有效开展应急抢险。长江流域湖南、湖北、江西、四川、重庆等5省（直辖市）763座大中型水库拦蓄洪量340亿 m^3，发挥了重要作用；解放军和武警部队20多万人、县级以上领导干部15000多人参与抢险，全国参加抗洪抢险的干部群众8月下旬高峰时达800多万人，广大军民克服高温、酷暑，连续与洪水搏斗了60多个日夜，取得了防汛抗洪的全面胜利，形成了"万众一心、众志成城、不怕困难、顽强拼搏、坚韧不拔、敢于胜利"的伟大抗洪精神。

（二）保障了生命安全

始终把确保人民群众生命安全作为首要目标，组织指导各地落实防御责任，

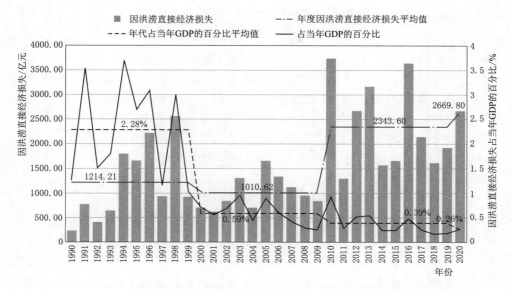

图 2-16 1990—2020 年洪涝灾害直接经济损失及其占当年 GDP 的比例均值

细化转移避险方案，提前转移山洪灾害易发区、中小河流影响区、水库下游威胁区、蓄滞洪运用区等区域的受威胁人员，尽最大努力避免和减少了人员伤亡。据统计，新中国成立以来，我国洪涝灾害造成的人员死亡数字不断减少，20世纪 50 年代、60 年代、70 年代、80 年代、90 年代和 21 世纪前 10 年，洪涝灾害年均死亡人数分别是 8571 人、4091 人、5181 人、4349 人、3809 人和1454 人，2010—2019 年是 776 人，2020 年是 230 人（图 2-17）。20 世纪 50年代和 90 年代两个洪水多发期，洪水量级与 20 世纪 30 年代相当，而洪涝灾害死亡人数却大幅度减少。2010 年以来，针对山洪灾害这一造成人员伤亡的主要灾种，我国大力实施了山洪灾害防治项目建设，基本建立了山洪灾害监测预警系统和群测群防体系，发挥了重要作用，21 世纪前 10 年因山洪灾害年均死亡失踪人数是 1179 人，项目实施后的 2011—2020 年，山洪灾害年均死亡人数下降至 356 人。

（三）保障了供水安全

加强旱情监测研判，科学制订供用水计划，开源与节流并重，强化抗旱水源的统一管理和科学调度，综合采取节水、引水、提水、调水、拉送水等各种措施满足用水需求，战胜了 1959—1961 年大旱、1972 年大旱、1988 年大旱、1997 年大旱、2000 年和 2001 年大旱、2010 年西南大旱、2019 年长江中下游夏秋冬连旱等频繁发生的干旱灾害，全国因旱粮食损失和饮水困难人口数大幅度降低，见图 2-18 和图 2-19，保障了城乡供水和粮食安全。实施了引黄济津、

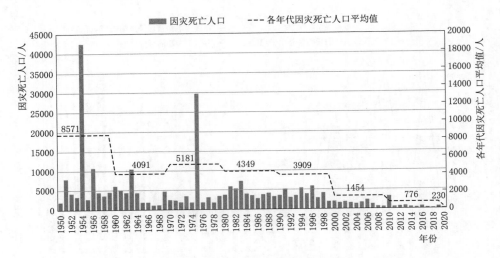

图 2-17　1950 年以来每 10 年因洪涝灾害死亡人口平均值

珠江压咸补淡应急水量调度、引江济太等应急调水，取得了巨大的社会效益、经济效益和生态效益。

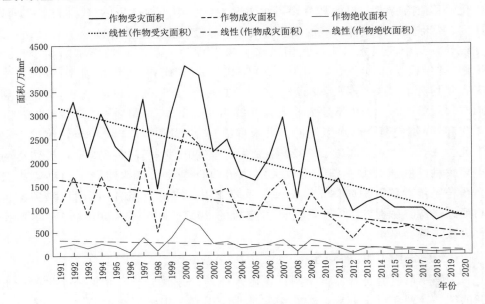

图 2-18　1991—2020 年全国农业旱灾情况

2010 年西南地区发生特大干旱，云南、贵州、广西、四川和重庆等 5 省（自治区、直辖市）高峰时耕地受旱面积达 1.01 亿亩，2088 万人因旱饮水困难，其中 1422 万人长期靠拉运水保障基本生活用水。在党中央、国务院领导下，水利部启动抗旱Ⅱ级应急响应，派出 38 个工作组赴旱区指导，协调北京等 10 个省（直辖市）水利部门、7 个流域管理机构和 3 所科研院校调集机械设备，派出技术人员支援旱区。解放军、武警部队出动兵力 36.2 万人次，为旱区送水 35 万 t、打井 1156 眼。云南、贵州两省首次启动抗旱Ⅰ级应急响应，组织动员各方力量全力抗旱减灾，将灾害影响和损失降到了最低程度。

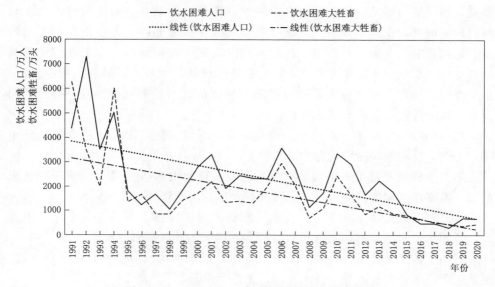

图 2-19　1991—2020 年全国因旱饮水困难情况

第六节　新时代水旱灾害防御工作思路

　　防汛抗旱是水利部门的天职，是必须牢牢扛起的政治责任。坚持人民至上、生命至上，增强底线意识、忧患意识、责任意识、担当意识，立足防大汛、抗大旱，坚持防住为王、"预"字当先、"实"字托底，锚定"人员不伤亡、水库不垮坝、重要堤防不决口、重要基础设施不受冲击"的防洪目标和确保城乡供水安全的抗旱目标，落实预报、预警、预演、预案"四预"措施，贯通雨情、汛情、旱情、灾情"四情"防御，抓紧补短板、堵漏洞、强弱项，从最坏处着想，向最好处努力，牢牢守住水旱灾害防御底线。

一、防汛工作

（一）抓目标

始终把人民群众生命财产安全放在第一位，最大限度减少人员伤亡和财产损失。提前制定洪水应对方案，科学调度防洪工程，及时转移洪水影响区受威胁群众，把是否发生人员伤亡作为判别防汛抗洪工作成败的标准。

（二）抓"四预"

进一步强化预报、预警、预演、预案"四预"措施。努力提高预报精度，加强与气象部门配合，将长期、中期和短期预报成果进行耦合，准确预报洪水量级，落到最小单元。完善预警发布机制，将预报成果直达雨区覆盖内的水利部门和流域管理机构，及时向可能受影响的地区发布预警，提前准备，提前转移。运用数字化手段，对降雨、产汇流和洪水演进模拟预演，为工程调度提供决策支持。细化完善各项方案预案，划定危险区域，增强人员转移、中小水库、重要堤防、城市内涝和重大基础设施防护预案的针对性和可操作性。强化"四预"工作全过程、各环节精准管控。

第一个链条是降雨—产流—汇流—演进，围绕天然状况、工程调控两种工况，正向、反向两种时序，分别分析演算。

第二个链条是总量—洪峰—过程—调度，聚焦洪水各要素，滚动开展分析演算，精细精准调度水利工程，充分发挥水库拦洪削峰错峰作用。

第三个链条是流域—干流—支流—断面，系统考虑上下游、左右岸、干支流，研判主要支流来水，实时预演、科学调控干流重点断面洪水。

第四个链条是技术—料物—队伍—组织，根据洪水预演结果，在重点地区、重要工程，预置巡查人员、技术专家、抢险力量等。

（三）抓调度

以流域为单元，算清算准洪水账，充分运用好水库、河道、蓄滞洪区三种手段。根据水文预报成果，对可能发生的各种洪水组合进行模拟预演，比选制定最优调度方案。统筹考虑水库上下游雨水情、河道承载能力和工程自身安全，依法科学精细调度，确保防洪安全。

（四）抓水库

重点抓好病险水库和中小水库安全度汛。病险水库必须空库运行，牢牢守住安全底线。防汛"三个责任人"（行政责任人、技术责任人、巡查责任人）必须全部到位。水库自然蓄洪后，立即转移洪水威胁区内所有人员。提前预置抢险力量，随时对可能发生的险情进行处置。中小水库切实落实"三个责任人"。标准内洪水出险，一手抓人员转移，一手抓险情处置。超标准洪水，提前组织影响范围内人员转移，确保群众生命安全。

（五）抓重要堤防防守

做好河道洪水过程演进分析和水位流量预报，根据分析预报成果，对重要保护对象的堤防、重大险情的堤段和超警幅度大的堤段，预置抢险力量、物资和设备，做到早发现、早处理、早消险。

（六）抓蓄滞洪区

组织修订蓄滞洪区运用预案，准确掌握蓄滞洪区内县（市、区）、乡（镇）、村庄数量及分布，居住人口数量，重要基础设施、防洪工程和安全设施等情况，做好居民财产登记工作。加强非防洪建设项目监管，保障蓄滞洪区蓄洪容积。做好国家蓄滞洪区建设管理台账更新和安全运用评价工作，完善蓄滞洪区数字"一张图"。做好蓄滞洪区工程运行维护管理，组织做好蓄滞洪区围堤、分区运用隔堤、安全设施和进（退）洪闸等工程运用准备。根据洪水预报，及时作出调度决策，提前发布预警信息。一旦决定启用蓄滞洪区，切实加强组织协调，提前高效转移区内群众，确保人民生命安全。

（七）抓台风、山洪灾害防御

强化预报预警，确保信息传递到人，责任落实到人，提前做好影响区域人员转移，提前做好水利工程调度方案和各项应对预案。

二、抗旱工作

（一）锚定目标

立足确保饮水安全和粮食安全，把是否有力确保居民饮水安全、保障牲畜饮水特别是规模化养殖用水需求，保障粮食作物节令灌溉用水需求作为判别抗旱工作成败的标准。

（二）滚动实施"四预"措施

紧盯降雨、来水、水库蓄水、土壤墒情和咸（潮）情，加强旱情监测，滚动预测预报，及时发布干旱预警，做好供水平衡分析和水量调度预演，动态完善水量调度预案和抗旱保供水预案。

（三）强化水资源统一调度

坚持流域区域统筹、开源节流并重、短期长期兼顾，实施全流域水资源统一调度。在确保生活用水前提下，组织灌区制定完善灌溉用水计划，抢抓取水时机和窗口，科学调度泵站水闸等水利工程精准对接抗旱水源，努力满足灌溉用水需求，为粮食丰收提供水源保障。

（四）预筹兜底措施

对重点供水对象制定抗旱兜底措施，综合采用抗旱应急水源调配、打井、拉水送水等措施，确保实现抗旱目标。立足最不利情况，立足抗大旱、抗长旱，统筹防洪和雨洪资源利用，预筹抗旱水资源，为城乡供水储备充足的抗旱水源。

（五）加强节水措施

强化用水管理，分类制定节水措施。农业用水按照节水灌溉制度开展抗旱浇灌，提高灌溉水有效利用系数。工业用水优化用水工艺，提高水循环利用率，减少新鲜水取用量。城市用水加强中水回用利用率，城市杂用水尽可能利用中水。加强节水宣传，提高群众节水意识，共同做好抗旱工作。

（六）夯实抗旱工程基础

干旱多发易发地区、工程性缺水地区，要加快水源工程、引调提水工程等抗旱工程建设，从根本上解决供水能力不足的问题。

三、组织保障

（一）会商机制

建立完善防汛关键期每天会商机制和抗旱会商机制，及时安排部署防御工作。准确清楚掌握汛情旱情，为指挥决策提供可靠支撑。加强会商研判，及时发布指挥命令。组建水利工程抢险处置专家组，招之即来、来之能战、战之能胜。

（二）责任落实

细化落实水情旱情预报、信息发布、响应机制和指挥调度等工作责任，确保关键岗位责任落到实处。实施水旱灾害防御方案预案备案管理制度，提高编制质量，增强可操作性。加强检查督导，夯实各层级、各环节水旱灾害防御责任。

（三）工作指导

根据降雨和洪水预报，提前向降雨洪水影响区派出工作指导组，帮助指导有关地方落实防御措施。根据抗洪抢险工作需要，及时派出技术专家组，赶赴水库、堤防、水闸等防洪工程抢险现场，加强险情处置的技术指导。根据旱情发展形势，向旱区派出工作指导组，帮助指导有关地方做好抗旱保供水各项工作。

第三章 监测预报预警

水文监测预报预警作为水旱灾害防御重要的非工程措施，是水旱灾害防御工作的尖兵、耳目和参谋。不断加强雨情、水情、工情和灾情等信息监测，及时掌握和准确预报江河湖库洪水、旱情发展变化过程，为有效运用防洪工程和科学制定水旱灾害防御对策提供科学依据、赢得主动；及时发布洪旱预警信息，将预警信息直达水利工作一线和受影响区域的社会公众，保障受威胁区域人员财产安全和经济社会高质量发展，在历年的水旱灾害防御、水工程运行调度、水资源优化配置、水生态保护修复等工作中发挥了重要的作用，取得了显著的经济效益和社会效益。例如，在应对 2020 年长江流域性大洪水过程中，水利部信息中心提供水情预报 5755 站次，长江水利委员会、湖南、湖北、安徽、江西、江苏等提供水情预报共计 20 余万站次，在洪水防御的关键时刻，水文部门提前 5 天精准预测长江 5 次编号洪水，提前 2 天精细预报三峡水库最大入库洪峰流量达 $75000\mathrm{m}^3/\mathrm{s}$，为长江上游骨干水利工程防灾联合调度提供了决策依据，极大程度地降低了长江中下游地区的防洪压力。在应对 2020 年太湖流域性大洪水、淮河流域性较大洪水过程中，由于水文部门提前准确预报，为城市洪水防御和蓄滞洪区运用提供了科学依据，最大程度地避免了社会经济财产损失。

第一节 雨水情监测

一、降水监测

目前，我国的降水监测主要由气象和水利两个部门完成。气象部门拥有地面气象观测站 7 万多个，全国乡镇覆盖率达到 99.6%，观测要素包括降水量、蒸发量、湿度、气温、风速、风向、气压、地温、能见度、天气现象、辐射等；224 部雷达组成了新一代天气雷达网；7 颗风云系列气象卫星在轨运行。水利水文部门拥有雨量站 55413 个，基本实现雨量自动监测。我国正在加快构建气象卫星和测雨雷达、雨量站、水文站组成的雨水情监测"三道防线"。

降水数据依靠降水观测仪器采集。降水观测仪器主要包括观测液体降水的雨量计和观测以雪为主的固态降水的雪量计。可以同时观测降雨和降雪的降水观测仪器称为雨雪量计。

一般的降雨观测仪器使用一定大小口径（如 20cm）的圆形承雨口承接雨水，再经不同方式计测得到降水深度即降雨量。

测量雨量时，既要测量时段降雨量，还要测量降雨过程累计总量，还可能要推算降雨强度。因而，要配用降雨量记录器。虹吸式雨量计是我国新中国成立后最普遍使用的雨量自记仪器。20 世纪 80 年代开始，随着自动化系统和自记仪器的改进，翻斗式雨量计普遍应用。

由于对承雨口承接雨水的计量方法不同，还有一些其他雨量计，如浮子式雨量计、称重式雨量计等。近年来，光学雨量计、雷达测雨、卫星云图暴雨分析等先进的降水量测量方法开始应用。

我国的雪量观测大多由人工进行，几乎不使用自动观测仪器。雨雪量观测仪器主要有加热式、不冻液式、压力式雨雪量计等。单纯的雪量计以称重式、雪深测量为主。

目前尚没有专门的降雹水量的观测仪器。

（一）雨量计

1. 雨量器

雨量器是水文站必备的基本降雨观测仪器，雨量器口径一般为 20cm，直接收集雨水，用专用量筒人工计量降雨。其观测结果往往作为其他雨量自记仪器的比测依据。

2. 虹吸式雨量计

在 20 世纪 70 年代前，虹吸式自记雨量计是唯一的自记雨量计，因其可以比较精确地观测到 0.1mm 的降雨且性能较为稳定，故普遍应用。但虹吸式雨量计只能作日记式的画线记录，不能产生电信号，不适用于自动化仪器，尤其不能用于遥测，所以自 80 年代后，翻斗式雨量计发展迅速，并逐渐替代虹吸式雨量计。

3. 翻斗式雨量计

水文自动测报系统基本使用翻斗式雨量计，通过固态存储器可长期自记雨量，或接入自动化系统，实现降雨量远距离传输等，成为普遍应用的雨量计。翻斗式雨量计把翻斗在翻转过程中接点状态的改变作为电信号输出用以监测降雨量，简单、可靠。

4. 其他雨量计

现已有浮子式、容栅式、光学式、称重式等雨量计产品，但应用尚不普及。

> **知识点：降雨强度划分标准**
>
> 24h 内，降雨量在 0.1～9.9mm 为小雨；
>
> 降雨量在 10～24.9mm 为中雨；
>
> 降雨量在 25.0～49.9mm 为大雨；
>
> 降雨量在 50.0～99.9mm 为暴雨；
>
> 降雨量在 100.0～249.9mm 为大暴雨；
>
> 降雨量大于等于 250.0mm 为特大暴雨。
>
> 注：降雨量是指从天空降落到地面上的液态降水，没有经过蒸发、渗透和流失而在水平面上积聚的深度。

（二）雪量计

水文上基本不使用自记式雪量计，大多采用人工借助雨量器进行降雪量观测。可使用的自记式雪量计有溶液式雨雪量计、融雪式雨雪量计（电加热），只用于特殊需要的场合。极寒的地区使用称重式雪量计（雪垫）、压力式雨雪量计，在我国基本未应用。

（三）雷达测雨

目前，天气雷达是大气降水监测的重要手段。在中小尺度天气系统监测和短临暴雨预警中有着不可替代的作用，受到很多国家和气象、水文等相关国际组织的高度重视。例如，多普勒天气雷达，它向大气中发射脉冲电磁波。由于电磁波在大气中近似直线传播，当遇到云、雾、雨、雪粒子时会发生散射，一部分被散射的能量会被雷达天线接收，即回波信号，可以将气象目标物的信息显示在屏幕上并储存在雷达基数据中。多普勒天气雷达具备自动完成立体扫描模式，简称"体扫"。"体扫"过程中，雷达天线作螺旋式上升。目前多数天气雷达设定 6min 为一个体扫周期。多普勒天气雷达根据反射波长度可分为 X 波段（波长约 3cm）、C 波段（波长约 5cm）与 S 波段（波长约 10cm）。多普勒天气雷达探测雨量时空分辨率高，美国、日本及欧洲一些国家已经实现 S/C 波段雷达和重点地区 X 波段雷达组网降水监测。近几年，我国气象、水利部门也开展了这方面的试点工作，由于存在雷达组网、杂波干扰抑制、雷达设备稳定性、海量雷达雨量数据实时分析与存储、基于雷达反演降水数据的水文预报预警模型兼容等方面的难题，尚未实现大范围业务化运行。

二、水情监测

水情监测项目主要包括江河、湖泊、水库等对象水体的水位、流量、含沙量、冰情、咸情及水质，水库、堰闸、泵站的闸门启闭、泄流、引排水、蒸发量、土壤墒情、地下水，以及应急水文监测等方面。一般由水利系统水文部门及相关水工程管理单位负责监测。截至 2020 年，全国各类水文测站总数达119914 处，其中国家基本水文站 3265 处、专用水文站 4492 处、水位站 16068处，基本实现大江大河及其主要支流、有防洪任务的重要中小河流的水文监测全面覆盖。各流域管理机构和省（自治区、直辖市）水文部门均建有应急监测队伍，初步构建了水文应急监测体系。

（一）水位观测

在我国，水位计是从浮子式、日记式的画线记录水位计开始走向自动化的。20 世纪 50 年代末实现了日记式自记水位计，70 年代开始生产使用浮子式有线遥测水位计和长期自记水位计，80 年代以后随着水文自动测报系统的迅猛发展，国产编码水位计日臻成熟，压阻式压力水位计、超声波水位计开始普遍使用。近些年，雷达水位计和激光水位计开始推广应用。

1. 水尺

水尺是水文站必备的、最准确的水位测量设施，分辨力为 1cm。人工观读水尺取得水位数据可作为约定真值，是其他水位观测仪器数据的比测依据。水尺分为直立式、斜坡式、矮桩式三种类型。应用最多的是直立式水尺。

2. 浮子式水位计

这类水位计是我国应用最多的水位计，目前所占比例高于 90％。浮子式水位计利用漂浮在水位井内随水位升降的浮子来感应水位变化，测量准确度、可靠性高，使用维护要求低，并方便与各种记录、传输仪器配合应用。在可以建设水位测井的地方，优先考虑应用浮子式水位计。

3. 压力式水位计

这类水位计通过感应静水压力来测得水位，可分为压阻式压力水位计及气泡式压力水位计。压力式水位计不需要建设水位测井，只需在水下和岸上仪器之间安装专用电缆或通气管。

4. 超声波水位计

这类水位计是声学技术和电子技术相结合的水位测量仪器，可分为液介式超声波水位计和气介式超声波水位计，后者在我国应用广泛。由于超声波在空气中传播衰减很快，所以气介式超声波水位计的量程不宜太大，且存在受气温、风雨影响测量精度的问题，需要及时修正。

5. 雷达水位计和激光水位计

这两类水位计和气介式超声水位计类似，均为非接触式水位计。它们的水位测量准确度优于超声波水位计，可用于大量程、高要求的水位测量。激光水位计对水面反射区有较高要求，不适合用于一般水文站；雷达水位计应用范围较广，但空中的雨滴、雪花会影响其测量精度。

（二）流量测验

根据流量测验原理不同，流量测验方法主要分为流速面积法、水力学法、化学法（稀释法）及直接法等。在我国，水文站主要采用流速面积法进行流量测验。

流速面积法是通过实测断面上的流速和过水断面面积来推求流量的一种方法，此法应用最为广泛。流速的测量主要采用转子式流速仪和声学流速仪，少量水文站也采用电波流速仪，应急情况下也采用浮标和电波流速仪。其中声学流速仪和电波流速仪自动化程度高，常用于自动监测。

1. 转子式流速仪

转子式流速仪分为旋桨流速仪和旋杯流速仪两类，是最传统的流速测量仪器，广泛适用于水体点流速测量。转子式流速仪测量准确、稳定，结构简单、操作易学，是水文站优先选用的流速测速仪器。但转子式流速仪需要定期拆洗率定，不能长期自动工作，故不适用于流速自动测量。

2. 电波流速仪

电波流速仪利用微波多普勒效应测量水面流速，通过向水面发射微波的回波来测量流速，仪器无须接触水体。电波流速仪适用于高洪时测量流速，水体流速越快，反射信号越强，可用于流速自动测量，适用于桥测和巡测。

3. 声学流速仪

声学流速仪分为时差法流速仪和多普勒流速仪。

时差法流速仪利用时差法测速原理测得水文断面上某一水层或不同水深的两个以上水层的平均流速，用于推求断面平均流速和流量。这种仪器能自动测量流量，不受河流大小限制，适应性较强，测量准确度较高，但安装复杂，成本较高，常用于需要自动测量且有较高要求的水文站。

多普勒流速仪是利用多普勒原理测量流速的仪器，分为点流速仪和剖面（线）流速仪两类，后者可以测量一根垂线上的流速分布，在水文站应用较多，英文简称为 ADCP。多普勒流速仪可安装在测船上，横跨断面时可测得经过处多根垂线的流速分布，得到全断面数据，称为船用走航式 ADCP。如果将仪器固定安装在岸边水平测量，可以得到某一水层一部分的流速数据，称为水平式 ADCP。仪器也可以固定安装在河底或水面，测量一根垂线的流速分布。ADCP 的适用范围很大，测量自动化程度很高。

4. 电磁点流速仪

电磁点流速仪通过在水中产生磁场，水流切割磁力线，利用仪器上的两个电极测量感应电动势，从而测得流速。

5. 浮标测速

浮标是漂浮在水面上的一个标志，是很多水文站必需和备用的测速工具。它的漂移速度就是水面流速，它的运动轨迹就是流向。尤其对山区水文站，在洪水期，可利用浮标测速。

> **知识点：洪水等级划分**
>
> 洪水要素重现期小于 5 年的洪水，为小洪水；
>
> 洪水要素重现期为 5～20 年的洪水，为中洪水；
>
> 洪水要素重现期为 20～50 年的洪水，为大洪水；
>
> 洪水要素重现期大于 50 年的洪水，为特大洪水。
>
> 注：估计重现期的洪水要素项目包括洪峰水位（流量）或时段最大洪量等，可依据河流（河段）的水文特性来选择。
>
> ——摘自《水文情报预报规范》（GB/T 22482—2008）

三、水情自动测报

随着我国经济社会的全面发展，社会对水情信息的需求越来越高，计算机网络、通信和信息技术的发展以及在水情工作中的应用，使得水情信息的采集、传输、处理方式发生了根本变化，水文自动测报系统已成为水情信息采集的主要手段。

水情自动测报是水雨情信息从遥测站通过自动采集、编码自动生成后，将报文自动传输至中心站，并经由其接收、解码、整合与转发全过程自动化的总称。水情自动测报是实现水情工作现代化的重要途径之一，极大地减少水文信息采集、传输、处理、分析工作的人力和物力。其主要优点是可以提高水情信息时效性，为水工程调度决策赢得时间。

（一）系统组成

水情自动测报系统是应用遥测、通信、计算机技术，完成流域或测区内固定及移动站点的降水量、水位、流量、蒸发量、土壤墒情、地下水、含沙量和水质等水文要素以及闸门开度等数据的采集、传输和处理，系统组成由具体功能确定。

水情自动测报系统由若干个遥测站和中心站组成。遥测站负责数据采集和发送。中心站负责数据接收、处理、存储和转发，并对系统的运行进行监控。对于采用超短波通信方式组网的系统，应根据地形条件设置中继站，以提高通信电路质量，满足数据传输要求。

大型水情自动测报系统，如国家防汛抗旱指挥系统工程信息采集系统，由遥测站、集合转发站、水情分中心和水情中心组成。水情分中心主要完成所辖报汛站的水情信息接收、处理、存储，建立水情信息数据库，以提供水情信息查询服务，完成自动编报，通过计算机广域网将水情信息转发至流域和省级水情中心。

（二）工作机制

水情自动测报常用的工作机制有自报式、应答式和混合式三种。

1. 自报式

自报式测报可分为随机自报和定时自报。在自报式系统中，测站按规定时间或被测参数发生一个规定变化时，自动向中心站发送实时的水雨情数据。优点是：实时性强，测站发出的数据是连续变化的；设备工作在掉电状态功耗低；系统结构简单，组网方便；通信为单向，设备成本低，维修方便。缺点是：中心站不能随时查询测站数据和工作状态。

2. 应答式

应答式测报是在测站响应中心站查询，再将采集到的水雨情数据向中心站发送。优点是：中心站可随机或定时查询测站数据；可根据需要改变测站的工作状态，控制性能好。缺点是：测站设备处于值守状态功耗大；通信为双向，设备结构复杂；实时性低于自报式。

3. 混合式

混合式测报兼有自报式和应答式的优点，实时性和可控性高，为水情自动测报系统的主要工作方式，具有现地和远地编程控制功能的定时自报或事件自报功能，并具有查询应答功能。运行方式为：测站由预先设定的定时间隔或参数变化加报标准定时或定量启动通信设备，向水文数据接收中心发送水文数据；测站可接收中心站的查询召测指令，将当前值或过去的存贮数据按指定路径和信道发送；可接收中心站的各种控制命令，完成对时、改变定时自报间隔、改变加报标准等工作。

（三）遥测站

遥测站以数据遥测终端为核心，集自动测报技术、现代通信技术和现地/远地编程技术于一体，实现雨量、水位等水文要素的自动采集、固态存储、自动发送等。它通常采用多种通信方式传输数据，以保证遥测站至中心站的数据传输畅通。通过现地或远程方式可对遥测站进行编程，改变测站设备的运行参数，实现水情信息测、报、控一体化、自动化。

遥测站主要由传感器、采集终端（RTU）、电源系统、通信设备、防雷设备等组成。遥测站自动完成水文数据的采集、存储和向中心站传输，并能对于人工观测的水文数据（如降雨量、水位等）进行人工置数，亦可接收中心站传送的参数并根据数据进行自我修改。

遥测站类型按观测类型分为雨量站、水位站、水文站、地下水站等。

21世纪以来，通过国家防汛抗旱指挥系统一期、二期工程项目的实施，在全国建立了314个水情分中心，完成了2806个中央报汛站的改造，提高了水情信息实时监测能力和采集自动化水平。近年来，国家加大了水文基础设施建设力度，随着水利部山洪灾害防治非工程措施、全国中小河流治理、国家地下水监测工程等项目建设，水文自动测报水平不断提高。截至2018年，全国基本实现了雨量自动监测，90%以上水位站实现了水位自动监测，地下水、蒸发、土壤墒情等要素也逐步实现自动监测，流量、泥沙等自动监测仪器得到越来越广泛的应用。水情信息报送的频次，也由20世纪90年代的3～6h报送1次，发展到目前的1h报送1次，洪水期间甚至几分钟报送1次。

（四）水情信息处理

20世纪80年代末以前，全国水情信息主要依靠邮电部门的通信系统，通过电报传送、人工译电方式，费时费力，时效性差。1986年，采用小型机进行实时水情信息接收处理，大大提高了信息时效性。1995年，全国采用公共分组交换数据网（X.25）替代传统的电报报文方式，实现了全国实时雨水情信息计算机广域网传输。2005年，全国基于2M宽带水利专网，采用水情信息编码方式，实现了全国实时雨水情信息的快速传输。2011年，基于全国统一的实时雨水情数据库标准，开发部署了统一的水情信息交换系统，实现了中央、流域、省、市4级水文数据的全面、高效、准确交换。目前，水利部收齐全国10多万个报汛站的雨水情信息仅需10～15min，而1998年收齐全国3000余个中央报汛站的雨水情信息却要耗时2h，信息时效性有了显著提高。

随着计算机技术的发展和水情自动测报系统建设，水情信息处理逐步向自动化、标准化方向发展。2006年，水利部相继颁布实施了《水情信息编码标准》（SL 330—2005）和《实时雨水情数据库表结构与标识符标准》（SL 323—2005），统一了全国水情信息报汛和信息存储方式。2011年，各地水文部门研发了水情信息质量监控系统，大大降低了报汛数据错报率，提高了水文情报工作效率。2014年，颁布了《水文监测数据通信规约》（SL 651—2014），规定了从水文监测系统中传感器与遥测终端的接口及数据通信协议、测站与中心站之间的数据通信协议，即规定了水情信息从遥测终端到首次入库无线环节的数据传输方式、格式和协议。

四、台风监测

（一）台风及引发灾害

1. 概述

我国地处亚洲大陆东南部、太平洋西岸，大陆海岸线长 18000 余 km，特殊的地理位置决定了我国台风灾害频繁而严重。在西太平洋沿岸国家，我国是受台风袭击最多的国家，平均每年有 7 个台风（本书所述及的台风包括热带风暴、强热带风暴、台风、强台风和超强台风）登陆我国，沿海各省自南向北均可能受到台风的袭击和影响。台风带来的狂风、暴雨、风暴潮及其他次生灾害往往给沿海地区带来重大的人员伤亡和财产损失。据统计，1988—2010 年，我国年均因台风造成的直接经济损失达 283.7 亿元，死亡 431 人，农作物受灾 4073.8 万亩，倒塌房屋 28.6 万间。

近年来，随着全球气候变暖，全球高影响台风事件频发，灾害影响日趋严重。2005 年 8 月下旬，4 级飓风（相当于我国的超强台风）"卡特琳娜"（Katrina）席卷美国南部，至少造成 1833 人死亡，经济损失高达 1338 亿美元。2008 年 5 月，孟加拉湾特强气旋风暴"纳尔吉斯"（Nargis）横扫缅甸，造成 138373 人死亡或失踪，经济损失高达 100 亿美元以上。造成这些重大灾害的主要原因除了台风太强不可抗拒因素外，对灾害后果的严重程度估计不足、政府应急机制不健全、应对迟缓、转移疏散不力等也是非常重要的方面。

在我国，以登陆台风为代表的极端天气事件呈明显增多的趋势。登陆台风的平均强度明显增强，强台风数量明显增多，台风登陆时间更加集中、北上影响明显增多。由于台风强度不断增强，其降雨强度也呈增大趋势，加上经济社会的高速发展对防台风工作的要求越来越高，台风防御的难度进一步加大。

2. 我国台风灾害的特征

台风破坏力极大，是夏秋季节严重威胁华南和华东沿海及内陆省份的灾害性天气之一。我国的台风灾害具有登陆台风多、影响范围广、危害程度高、灾害损失重等特征。

（1）登陆台风多。西北太平洋和南海平均每年有 25 个台风生成，且各月均有台风生成，但相对集中在夏秋之际的 7—10 月，这期间平均每年有 18 个台风生成，占生成总数的 72%。平均每年有 7 个台风登陆我国，最多年份高达 12 个。每年除了 1—3 月没有台风登陆我国，其余月份均有台风登陆，其中盛夏初秋的 7—9 月台风登陆集中，这期间平均每年有 5.7 个台风登陆，占台风登陆总数的 81%。

（2）影响范围广。我国沿海受台风直接威胁的面积约为 48 万 km²，涉及 82

个地级以上城市，直接影响 2.35 亿人。南起海南和广东、广西，北至辽宁的广大沿海地区，都可能受到台风的影响，主要受灾地区为台湾、广东、福建、浙江和海南等，而一些少数近海北上台风，或登陆浙江、福建后北上的台风对江西、上海、江苏、河南、山东、湖北、安徽、湖南、河北、天津、北京、辽宁等省份也会造成严重影响。不仅如此，除我国西北地区少数几个省份外，我国广大的内陆地区也受到深入内陆台风或由此减弱的热带低压的影响，有时也会产生相当大的灾害，甚至超过沿海地区。

（3）危害程度高。台风作为一种灾害性天气系统，一旦生成并登陆，常伴有狂风、暴雨、巨浪、狂潮，具有明显的多灾并发特征。如狂风伴随巨浪对船舶造成的损害，风暴潮导致海水漫滩、冲毁海塘和堤坝，强降水导致农田受淹、城市内涝、交通中断，引发山体滑坡和泥石流等次生地质灾害。如 1975 年 8 月超强台风"妮娜"（Nina）登陆福建晋江后深入内陆，其减弱后的系统长时间滞留河南境内造成持续性大暴雨，致使汝河板桥和滚河石漫滩 2 座大型水库垮坝，26000 余人死亡，经济损失达 100 亿元。

（4）灾害损失重。据统计，1949—2010 年登陆我国的台风共有 433 个，共造成 36106 人死亡，平均每年死亡 582 人；台风造成的直接经济损失从 20 世纪 90 年代年均 100 亿元左右增加至 21 世纪初年均 300 亿元左右。如 2006 年 7 月第 4 号强热带风暴"碧利斯"登陆后与西南季风云系相互作用，致使华南和江南南部出现历史罕见的持续性强降雨，导致山洪暴发，广东北江发生有实测记录以来最大流量的洪水，湖南湘江、广西西江、福建闽江、江西赣江等主要河流发生超警戒水位的洪水，部分城镇被淹，人员伤亡惨重，因灾死亡 843 人，倒塌房屋 39.10 万间，直接经济损失达 348.29 亿元。

随着台风监测预警技术手段的进步以及政府职能作用在防台抗台中的加强和充分发挥，我国台风防御的综合能力得到明显提高，台风造成的人员死亡数呈现下降趋势，但台风造成的直接经济损失却呈较快的上升趋势，20 世纪 80 年代为 30 亿～40 亿元，21 世纪则达数百亿元。这表明，随着我国经济社会的快速发展，台风对我国经济社会的影响日益加深，特别是在全球变暖为主要特征的气候变化背景下，登陆我国台风的平均强度有增强的趋势，台风防御工作仍面临巨大的困难和挑战。

（二）监测手段

目前，我国已基本建成高时空分辨率的台风立体监测体系，自主研发的风云系列气象卫星、多普勒雷达天气观测网、高密度地面自动站、高空探测以及移动观测（移动 GPS/北斗探空、移动多普勒雷达、移动风廓线）等能对台风开展全方位的实时观测，为台风业务和科研提供第一手资料。

1. 卫星遥感监测

目前，我国台风监测以卫星遥感监测为主体。作为国际上同时拥有静止和极地轨道业务气象卫星的 3 个国家之一，我国发射的风云系列气象卫星已成为全球对地观测系统的重要成员，在轨运行的风云三号 B 星、C 星和 D 星，风云四号 A 星，风云二号 G 星、H 星和 F 星，在台风监测业务中发挥了重要作用，使用风云气象卫星数据的国家和地区数量已增至 100 余个。借助风云系列气象卫星和卫星云图分析技术，不仅可以了解台风的定位定强信息，而且还可以了解台风未来的动态和降雨信息，从而及时滚动发布有关台风的预警信息。

2. 天气雷达监测

多普勒天气雷达作为台风监测的主要技术手段，以其高时空分辨率、及时准确的遥感探测能力，在台风监测预警方面成为极为有效的工具。目前我国在沿海地区建设的多普勒雷达监测网络，不但可以及时掌握台风最新动向，而且还可以借助多普勒雷达观测得到的径向速度的变化来实时掌握台风强度的变化。另外，通过多普勒雷达反演的降雨和风场产品还可以实时监测有关台风强降雨和强风的发生发展信息，从而为防御台风决策服务提供较为真实的台风风雨信息。

3. 地面自动气象站观测

目前，借助于稠密的地面自动气象站网不仅可以采集到更精确的风速、风向和降雨数据，而且其实时监测信息还成为台风业务准确定位和台风短时降雨预报的主要依据。业务实践表明，自动气象站对监测台风路径和登陆时间起关键作用。

此外，GPS/北斗探空、风廓线仪等也开始在台风监测中应用。近几年，针对登陆台风逐步开展的移动观测，如移动 GPS/北斗探空、移动多普勒雷达、移动风廓线、移动气象自动站等丰富了台风监测手段，弥补了关键区域监测站点的不足，有效提高了台风的现场观测和预警服务能力。

综上所述，虽然目前我国已初步建成了以气象卫星、多普勒天气雷达、地面自动气象观测站为基础，对台风进行全方位实时监测的综合探测体系，但台风的监测分析更多的是定性监测描述，与国际先进水平比较，我国多源资料的融合及定量应用能力仍较薄弱，主要表现为资料质量控制、多源资料融合定量分析及在数值预报模式中的应用还有相当大的差距；同时，卫星、雷达、自动气象站、闪电定位、GPS/北斗探空以及风廓线等探测资料的大量增加，也对现有的通信网络提出了更高的要求。此外，一些重点流域、沿海地区（包括海岛站）、台风暴雨多发地区尤其是一些中小河流山洪易发区仍然存在观测的盲区，在一定程度上制约着台风监测的精细化水平。

知识点：热带气旋等级划分

超强台风（SuperTY）：底层中心附近最大平均风速大于等于 51.0m/s，也即风力为 16 级或以上；

强台风（STY）：底层中心附近最大平均风速为 41.5～50.9m/s，也即风力为 14～15 级；

台风（TY）：底层中心附近最大平均风速为 32.7～41.4m/s，也即风力为 12～13 级；

强热带风暴（STS）：底层中心附近最大平均风速为 24.5～32.6m/s，也即风力为 10～11 级；

热带风暴（TS）：底层中心附近最大平均风速为 17.2～24.4m/s，也即风力为 8～9 级；

热带低压（TD）：底层中心附近最大平均风速为 10.8～17.1m/s，也即风力为 6～7 级。

——摘自《热带气旋等级》（GB/T 19201—2006）

五、旱情监测

旱情监测信息主要来源于水利、气象、农业等部门。根据旱情信息性质和来源情况，可以分为三类：抗旱基础信息、旱情监测信息、抗旱统计信息。

抗旱基础信息包括与抗旱有关的基础地理信息、社会经济信息、农业基本信息、灌溉面积基本信息、农村人口和大牲畜基本信息、水利工程基本信息、抗旱服务组织基本信息、干旱缺水城市基本情况及供需水情况、重点生态干旱脆弱区基本信息、水量调度方案、抗旱组织机构信息、抗旱法规、抗旱预案、历史旱灾信息、历史遥感数据等。

旱情监测信息是由气象、水文、土壤墒情等监测站点定期监测的信息，包括气象监测信息、地表水和地下水监测信息、土壤墒情信息、农情监测信息、遥感监测信息、水质监测信息等。

抗旱统计信息是由抗旱工作人员层层统计汇总的信息，包括旱情动态统计信息、农业抗旱情况统计信息、旱灾及抗旱效益统计信息、其他行业因旱受灾情况信息、城市干旱缺水及水源情况统计信息、城市抗旱情况统计信息、生态抗旱统计信息、抗旱日常管理信息等。

（一）监测内容

旱情监测内容主要包括气象、水文、农情、遥感、水质等监测信息。

（1）气象监测信息。降水、气温、蒸发等实时、历史、特征及预报数据。

（2）地表水和地下水监测信息。重要江河湖库水源地水位、蓄水量、入库（湖）流量和下泄流量，重要河流取水口水位、流量，重要水量调度控制性水利工程和控制断面流量，以及当地地下水位、可利用水量等数据。

（3）土壤墒情监测信息。农业区耕地不同深度的土壤墒情数据及相关信息。

（4）农情监测信息。农作物生长状况、农业干旱灾害、病虫害等信息。

（5）遥感监测信息。卫星遥感图像与地面监测站点结合，大范围的土壤墒情、地表蒸散发、降雨量、地表温度、植被生长状况以及水质等信息。

（6）水质监测信息。江河、湖泊、水库、地下水、重要水量调度控制断面相应水质信息。

（二）监测手段

旱情监测内容较多，其中专门针对旱情的监测内容是土壤墒情。土壤墒情是指作物耕作层土壤含水量情况。土壤墒情是农业旱情监测的重要指标，是水循环规律研究、农牧业灌溉、水资源合理利用以及抗旱救灾的基本信息。加强土壤墒情监测，提供及时、准确、可靠的土壤墒情信息，可以为抗旱防旱、减灾决策和水资源配置等提供科学依据，满足水旱灾害防御、水资源管理和建设节水型社会的需要。

传统的土壤墒情监测方法是基于墒情站的点监测方式，只能获得少量的点上监测数据，再加上人力、物力、财力等因素的制约，难以迅速而及时地获得大面积的土壤水分和作物信息，而遥感旱情监测具有监测范围广、空间分辨率高、信息采集实时性强和业务应用性好等特性，可有效弥补地面观测系统成本高、空间覆盖率低的缺点，能够为各级防灾减灾部门提供及时高效的决策支持服务。

1. 土壤墒情站

按不同功能，土壤墒情站分固定站、试验站和巡测站三类。

土壤墒情固定站主要对土壤墒情信息进行自动采集和发送，具备自报与远程召测功能。

土壤墒情试验站主要功能包括：对土壤墒情信息进行自动采集和发送，收集降水、蒸发、气压、气温、湿度、风向、风速等相关水文气象信息，校准所辖区域土壤墒情自动采集系统，分析测定所辖区域土壤的理化特性和土壤水分常数等，分析土壤含水量增长和消退规律等。

土壤墒情巡测站利用移动土壤墒情采集设备巡测点上的土壤墒情及其相关信息，对墒情固定监测站进行补充。

单独利用土壤墒情信息评价旱情是不全面的，必须结合河道来水、水库蓄水、地下水等水文水资源信息以及农作物类型、生长期等农情信息加以综合分析才能得出科学合理的旱情评价结果。

2. 旱情遥感监测

旱情遥感监测于 20 世纪 70 年代提出。随着卫星遥感技术的迅速发展，旱情遥感监测模型日益丰富，至 20 世纪末，卫星遥感技术已成为旱情监测的重要支撑手段。目前，卫星遥感技术已广泛应用于大范围干旱的宏观监测中，初步进入了业务化阶段。利用卫星遥感技术主要采集地表的土壤墒情信息，但精度有待提高，尚不能替代地面的土壤墒情监测，应与地面的土壤墒情监测站相互补充、相互融合。

（1）旱情监测指标。旱情监测指标的确定是旱情遥感监测首先面临的问题。干旱主要分为气象干旱、农业干旱和水文干旱等，表征干旱的指标包括降水量、蒸发量、土壤含水量、地表温度、江河来水量、湖库蓄水量、地下水位等。

目前，国外旱情遥感监测多采用卫星遥感指数，如归一化植被指数（NDVI）、植被健康指数（VHI）、植被干旱响应指数（VegDRI）等，间接反映干旱程度；国内旱情遥感监测除了采用卫星遥感指数外，更多通过反演土壤含水量来评估农业旱情。由于干旱的多样性和复杂性，卫星遥感指数和遥感反演土壤含水量作为旱情监测指标，都有一定的适用性，也都存在局限性。

（2）遥感数据源。目前，旱情遥感监测业务应用大多采用气象卫星遥感数据，如美国的 Terra 和 Aqua 卫星、中国的 FY-3 卫星等。这类卫星每天过境两次，但影像分辨率偏低，开展田块尺度的旱情监测难度大。高分辨率卫星遥感影像，如美国陆地卫星，又存在获取时间周期长、难以大范围监测等问题。另外，光学遥感卫星无法穿透云雾，在多云地区监测困难；雷达遥感卫星虽能全天候监测，但存在重访周期长、数据获取成本较高等问题。

（3）模型适用性。目前，旱情遥感监测模型发展迅速，但不同模型有不同的适用范围。如基于可见光红外遥感的旱情监测模型在多云多雨地区难以应用；土壤墒情遥感反演模型适宜于东北、华北旱作物为主的平原地区，而对南方水田区则不适宜。我国国土面积大，植被类型多，地形地貌多样，气候复杂多变，干旱问题极其复杂，很难用一种模型、一种指标来开展全国性旱情监测，必须针对不同下垫面情况，结合作物类型，选择不同的模型，基于多种指标开展综合旱情监测。

（4）监测精度。由于旱情的复杂性、影响因素众多、旱情遥感监测结果验证较为困难等原因，监测精度仍有待提高。旱情遥感监测精度偏低的主要原因如下：

1）用于旱情监测的遥感影像分辨率偏低，与实际地块尺度不匹配，不能真实反映田间旱情程度。

2）无论是光学遥感还是微波遥感，都只能较准确地提供浅层土壤湿度，对深层土壤湿度的反演能力还很有限。

3）受下垫面信息（耕地、水田、作物、白地等）准确性的影响，导致遥感监测的农作物受旱面积可靠性受限，无法与统计的受旱信息进行精确对比分析。

第二节　水　文　预　报

一、洪水预报

根据洪水形成和运动的规律，利用过去和实时水文气象资料，对未来一定时段的洪水发展趋势的预测，称洪水预报。洪水预报是防洪非工程措施的重要内容之一，直接为水旱灾害防御、防汛抢险救灾、水资源合理利用与保护、水利工程建设和调度运用、工农业的安全生产服务。

按预报对象的不同，分为河道洪水预报、水库洪水预报、流域产汇流预报、城市洪涝预报、风暴潮洪水预报、冰情预报等。预报项目主要包括洪峰水位、洪峰流量、洪峰出现时间、洪水涨落过程、洪水总量等。

（一）河道洪水预报

河道洪水预报是指在洪水发生过程中，根据河段上游断面刚刚出现的洪水情况来预报下游断面将要出现的洪水情况。河道洪水预报是短期雨洪径流预报的重要组成部分，常采用相应水位（流量）法、流量演算法等水文学方法来计算。

相应水位（流量）法是依据洪水波在传播过程中的变形规律，利用上、下游水文站的实测流量或水位资料建立上、下游水文站的相应水位（流量）之间的相关关系。利用相应水位（流量）法进行预报需要解决的两个问题是：上游水文站已知水位（流量）在下游水文站所形成的相应水位（流量）的预报；上、下游水文站之间传播时间的预报。下游水文站水位（流量）的预报以及上、下游水文站之间传播时间的预报所依据的预报方案有多种形式。

流量演算法是利用河段中的蓄泄关系与水量平衡原理，将上游水文站的流量过程演算为下游水文站流量过程的方法。常用的演算方法有特征河长法和马斯京根法。特征河长法是通过改变河长并引进特征河长使槽蓄曲线单值化；马斯京根法是不改变河长，通过引进示储流量使槽蓄曲线单值化。为了演算的方便，又通常将单值化的槽蓄曲线处理成线性关系。

1. 洪水波的形成与运动

降雨后，流域内产生的径流向河网汇集，流域各处的降雨和产流通常是不均匀的，注入河网的水量也不相同。在径流大量集中的河段，河槽内水量迅速增加形成洪水波，增加的水量向下游不断传播，称为洪水波的运动。

洪水波流经水文站测验断面时，首先通过断面的是波前部分，此时断面水位持续上升，至波峰到达断面出现洪峰水位为止，接着是波后部分通过，水位逐渐下降，因此在水文站测验断面处可测到一个从涨到落的洪水过程。洪水波的波前部分相当于过程线的涨洪段，波后部分相当于落洪段，波峰通过时出现洪峰。因此水文站的实测水位（流量）过程线的形状可以大体反映在河段中传进的洪水波形状。

洪水波沿河道传播时，一方面受水流本身的水力特性支配，另一方面又受河槽边界条件的约束，在传进过程中沿河旁侧还不断有径流汇入，有时又有漫溢或分流，若下游有较大支流汇入或沿海河口有潮波上溯，还会受到顶托影响。因此，洪水波运动是受着多种因素制约的复杂现象，它使洪水波的形状在传进过程中不断发生变化，这个过程就是洪水波的变形。

虽然洪水波在运动时有所变形，但是对照沿河各水文站同一次洪水的过程线，可以发现一些规律，如起涨和峰现时间是上游先于下游，洪峰高度及洪峰流量则上游大于下游，整个过程的历时却是下游大于上游。这些现象表明，在河段上、下游水文站测得的洪水过程线虽不相同，但一般是相对应的。虽然在不同河段或同一河段不同场次洪水，其上、下游洪水过程的相应程度各有差异，但只要是同一洪水波传进所形成的过程，总是有规律可循的。这就提供了根据河段上游断面水情预报下游断面水情的可能。

2. 相应水位（流量）法

相应水位（流量）法是大流域的中下游河段广泛采用的一种河段洪水预报方法。如上所述，洪水波沿河传进过程中的变形，造成了河段上、下游水文站的洪水过程相应而又不相同的现象。从这种现象入手寻找规律，就可由已知河段上游水文站洪水过程中某时刻已出现的水位（流量），来预报下游水文站未来某时刻的水位（流量）。

上、下游相应水位（流量）是指沿河传进的洪水波某一个位相点，先后经过河段上、下游水文站时所测得的水位或流量。例如：t 时刻上游水文站测得水位 $Z_{u,t}$，若该位相点经过 τ 时间到达下游水文站，测得水位 $Z_{l,t+\tau}$，则 $Z_{l,t+\tau}$ 就是 $Z_{u,t}$ 的相应水位。形成相应水位的流量 $Q_{u,t}$ 与 $Q_{l,t+\tau}$，称相应流量或传播流量。如前所述，洪水波变形的实质是组成洪水波的水流质点流速不等且沿程随时间变化引起的。若着眼于洪水波各个位相的水流断面，就是这些水流断面的流量及其传播速度沿程发生了变化，从而也造成了水深或水位的变化。因此，研究河段上、下游水文站洪水过程的相应规律，应从相应流量的变化入手。造成洪水波变形的内因和外因，在这里就成为造成相应流量及其传播速度变化的原因。

如果洪水波在传进中没有展开，即各位相水流断面的流量没有衰减，属于运动波传进，并且河段没有旁侧入流，则上、下游相应流量的关系为

$$Q_{l,t+\tau} = Q_{u,t} \qquad (3-1)$$

式中：$Q_{u,t}$、$Q_{l,t+\tau}$ 为上游水文站 t 时刻流量与下游水文站 $t+\tau$ 时刻的相应流量；τ 为流量从上游水文站传播到下游水文站所需时间。

如果洪水波属于扩散波传进，但无区间入流，则洪水波各位相的流量沿程发生衰减。在退水期，因涨水期滞蓄在河槽中的水量泄出，又将使流量在传进的过程中逐渐加大，所以上、下游相应流量的关系为

$$Q_{l,t+\tau} = Q_{u,t} \pm \Delta Q \qquad (3-2)$$

式中：ΔQ 为流量在传进中的变化量。

实际上，河段旁侧总是有区间入流的。若计及区间入流，那么上、下游相应流量关系就变为

$$Q_{l,t+\tau} = Q_{u,t} \pm \Delta Q + q_{t+\tau} \qquad (3-3)$$

式中：$q_{t+\tau}$ 为在 $t+\tau$ 时刻能到达下游站的区间入流量。

对于河段的上游水文站不止一个的多支流河段，若不计各河来水的相互干扰顶托作用，可将上游各水文站流量组合为合成流量，作为只有一处入流来处理，上、下游相应流量的关系为

$$Q_{l,t} = \sum_{i=1}^{n} Q_{u_i, t-\tau_i} \pm \Delta Q + q_t \qquad (3-4)$$

式中：$\sum_{i=1}^{n} Q_{u_i, t-\tau_i}$ 为上游 n 个水文站的合成流量；τ_i 为各上游水文站至下游水文站的流量传播时间；$Q_{l,t}$ 为下游水文站 t 时刻流量。

式（3-1）～式（3-4）表达了上、下游相应流量关系。若能确知等式右边各项，就可以求得左边的预报值，τ 就是预见期。然而除了上游水文站流量可以实测得到外，ΔQ 和 q 都是很难准确计算的。因此，相应水位（流量）法就是以上面各式为物理依据，用上、下游水文站的实测流量或水位资料建立相关关系的方法。

这种相关关系可表示为

$$Q_{l,t} = f(Q_{u,t}, i_\Delta, q_{t+\tau}) \qquad (3-5)$$

因为在无旁侧入流的棱柱形河道中，附加比降是洪水波在河段传进中产生变形的主要原因，式（3-2）～式（3-4）中的 ΔQ 是流量和附加比降的函数。

这种方法只着眼于洪水波某一位相水流断面的流量变化，并用相关关系来表示。因此这种关系是经验性的，不能符合严格的水量平衡关系。

一个河段的上、下游相应流量关系与相应水位关系是否等效，取决于该河段的水位流量关系是否稳定。如果稳定，两者是等效的。如果水位流量关系受洪水涨落或回水顶托等影响出现不稳定的绳套关系时，同一流量值就可能有若干个不同的水位与之对应。在这种情况下，如需要预报水位，可先按相应流量关系求得预报流量，再由当时实测的水位流量关系外延，查得预报水位。如果只要预报某水文站的洪峰水位，也可以先预报洪峰流量，然后用事先建立的该水文站的洪峰流量与洪峰水位的相关关系得到洪峰水位。但是这种关系往往受外界条件的影响而不稳定，要分别视具体情况作经验处理。

3. 流量演算法

所谓流量演算法就是利用河段中的蓄泄关系与水量平衡原理，将上游水文站的流量过程演算为下游水文站流量过程的方法。这种方法实际上是用水量平衡方程式代替连续方程式，用槽蓄关系近似地代替动力方程式，将两个方程式进行联解。流量演算法的关键是如何处理好演算河段的槽蓄关系，建立适当的槽蓄方程，使它既能反映河段水流运动规律又便于计算。因此，实用中的各种流量演算法其主要差别就在于对河段槽蓄关系采用了不同的处理。常用的流量演算法有特征河长法和马斯京根法。

（1）不稳定流方程组的简化。

天然河道的洪水波运动属于缓变不稳定流，要得到洪水波在某一瞬时的水力要素，可联解不稳定流方程组（即圣维南方程组）。求解此方程组的途径有水文学与水力学两种。流量演算属于水文学途径。

水文学途径的方法始于20世纪30年代，至今仍广泛应用。这类方法应用到现在已发展成为系统分析的方法。该方法的特点是将研究对象看成是一个接受输入并经过转换产生输出的整体，称为系统。河段的入流为输入，出流为输出，系统的作用就是将入流过程转换为出流过程。天然河道的形态及缓变不稳定流的运动规律非常复杂，几乎无法详尽地描述，系统分析方法则不去深入追究这些细节，而是抓住入流与出流过程的差别是河段调节作用所引起的这一概念，对系统的作用加以分析，人为设计一些模拟系统作用的模型。这些模型往往由一些简单的具有物理概念的单元组成，例如蓄泄关系为线性的水库或使入流过程向下游推移而不改变其形状的渠道等。这些单元的作用以数学方程表示，是概念性的数学模型。流量演算的各种方法也属于这类模型。

（2）河段的水量平衡方程。

河段在有限时段 Δt 内的水量平衡方程式为

$$\frac{1}{2}(I_1 + I_2)\Delta t - \frac{1}{2}(O_1 + O_2)\Delta t = W_2 - W_1 \qquad (3-6)$$

式中：I_1、I_2、O_1、O_2 为河段 L 在 Δt 时段始、末时刻的入流量与出流量；

W_1、W_2 为河段 L 在 Δt 时段始、末时刻的蓄水量。

由式（3-6）可以看出，要由上断面的入流过程推求下断面的出流过程，实际上是已知 I_1、I_2、O_1、W_1，而未知数为 O_2、W_2，必须建立 O 与 W 的关系 $W=f(O)$ 才能联立求解。

（3）河段槽蓄方程。

河段槽蓄方程所对应的曲线称为槽蓄曲线。河段中的槽蓄量 W 应取决于河段中的水位沿程分布，即取决于水面曲线的形状，而水位与流量之间存在着一定的关系，所以有

$$W=f（流量沿程分布，断面水位流量关系） \qquad (3-7)$$

对于稳定流和运动波水流，虽然其水位流量关系都呈单值关系，但它们的流量沿程分布不同，所以其槽蓄方程的形式也不同。对于稳定流，W 与 O 之间呈单一关系，但对于洪水波，W 与 O 之间的关系比较复杂，因为 W 还与河段的水面比降有关。如果槽蓄曲线为单值线性关系，流量演算可大大简化。

（二）水库洪水预报

水库洪水预报是短期雨洪径流预报的一个部分。水库建成以后，在水库蓄水的淹没范围内，水深和水面面积大大增加，水面比降变缓，流速减小，糙率减小；原河槽两岸的部分陆地变成水面，使径流系数增大，地下水位抬升。建库前河道洪水波为扩散波，而水库建成蓄水后为惯性波，它们的汇流特性不同。因为建库以后水深大大增加，所以建库后的波速增加很多，从而使库区洪水波传播时间大大缩短，反映在流域汇流曲线上，峰值增高，峰现时间提前，涨洪段水量增加，洪水历时减小。

1. 建库后河道水力要素和水文特性的变化

在河道上修建水库蓄水后，水力要素与水文特性发生了改变，水库淹没区的汇流规律也与天然河道不同。

（1）汇流速度的变化。根据水力学原理，建库前河道水流属于扩散波，建库后水库水流属于惯性波，波速明显加大，使库区洪水传播时间大大缩短。

（2）洪水过程及洪峰流量的变化。建库后流域汇流历时缩短，在流域汇流曲线上的反映是峰值增高，峰现时间提前，涨水段变陡，涨洪段水量增多，洪水历时减小。据已有的一些分析资料，建库后的洪峰流量一般增大 20%～30%，与建库后汇流条件的改变情况有关。

由于上述变化，当利用建库前实测资料编制入库流量预报方案时，应根据建库前后水文特性变化规律加以修正。

2. 入库流量预报

（1）入库流量与坝址流量。

入库流量是指建库以后通过水库周边进入水库的地面径流量、地下径流量以及直接进入库水面降水转化成径流量的总和。坝址流量则是指建库以前把分散的入库流量演算到水库坝址的流量。

按来水区域不同，入库径流量由 3 个部分组成：一是库区上游各入库水文站实测的径流量，即上游来水量；二是入库水文站以下到水库回水末端处区间面积上汇入库内的径流量，即区间来水量；三是库面直接承受的降水量所转化的径流量。其计算式为

$$Q = q_{上游} + q_{区间} + q_{库面} \tag{3-8}$$

对于许多大中型水库，通常有一个入库水文站，如黄河中游三花区间支流洛河上的故县水库，水库以上汇流面积为 $5371km^2$，入库水文站卢氏站汇流面积为 $4624km^2$，入库水文站控制了 86% 的水库以上汇流面积。

（2）入库流量预报。

如上所述，入库流量由上游来水量、区间来水量以及库面直接承受的降水量组成。对于上游来水量，如果在建库前和建库后均有实测水文资料，便可根据以上流域地理和水文特征确定适当的水文模型，根据实测的降水和流量资料建立水文模型用于预报。

库面产流可以直接根据降水减去蒸发得到，对于库面面积较大，或者是河道型的水库，要考虑不同地点降水到坝址的汇流，如长江上游三峡水库。

建库后造成了一定范围的回水区，如区间面积较大，则区间入流在整个水库入流中也占有一定的比例，不容忽视，对它的预报应予以重视。区间来水量一般缺乏实测资料，由于制作预报方案比较困难，除了采用降雨径流模型以外，另简要介绍几种方法如下：

1）区间入流系数法。该法是假定区间和入库水文站以上流域的产流和汇流规律基本相同，在推求区间来水量和入流过程中，将各入库水文站的流量之和乘以一个系数 α，作为区间入流量。α 值大致等于区间面积 $F_{区}$ 与入库站以上面积 $F_{上}$ 之比值，即

$$\alpha = \frac{F_{区}}{F_{上}} \tag{3-9}$$

这种方法是近似的，只有当区间面积不大，降雨分布比较均匀，区间与上游入库站来水的同步性较好时，才能适用。

2）指示流域法。指示流域法的基本原理是水文比拟法，即在区间面积内找出具有实测资料的，或者在上游找出类似有实测资料的，而其自然地理和水文特征对整个区间又有代表性的小河流域，作为指示流域，分析其产流和汇流规律。例如采用降雨-径流经验关系和单位线汇流的预报方案，则将降雨-径流经验关系移用到区间流域，单位线可以转换为无因次单位线而后移用到区间流域。

如果采用水文模型（如新安江模型），模型中产流参数可以直接移用，汇流参数需要根据区间流域特性进行修改后移用。

3）水量平衡法。如区间流域内缺少实测水文资料，或虽有水文站，但不能反映区间流域特性，可根据水量平衡原理进行还原计算的方法，先求得入库总流量过程，在此过程上扣除上游各入库水文站的相应流量过程，从而推得区间的来水过程。然后以相应区间的降雨资料，进行分析计算，率定水库区间流域的预报模型和方案。

3. 水库调洪计算

（1）水库调洪计算方法。

采用水量平衡方程反映水库蓄水量与出库水量的变化，用水库蓄泄方程反映水库蓄量与泄流能力的关系。

1）水库水量平衡方程。在某一时段 Δt 内，入库水量减去出库水量，应等于该时段内水库增加或减少的蓄水量，水量平衡方程为

$$\frac{Q_1 + Q_2}{2}\Delta t - \frac{q_1 + q_2}{2}\Delta t = V_2 - V_1 \tag{3-10}$$

式中：Q_1、Q_2 为时段初、末的入库流量；q_1、q_2 为时段初、末的出库流量；V_1、V_2 为时段初、末的水库库容；Δt 为计算时段，其长短的选择，应以能较准确地反映洪水过程线的形状为原则（陡涨陡落的，Δt 取短些；反之则取长些）。

2）水库泄流曲线。水库泄洪建筑物可分为有闸门和无闸门两种，其中闸门在水面以下开度称为有压泄流；闸门提出水面为无压泄流，称为全开状态。无闸门的泄洪建筑物泄流时为无压泄流。

当泄水建筑物处于有压泄流状态时，其下泄流量 q 与库水位 H、闸门开度 e 有关，下泄流量是 H、e 的函数，即 $q = f(H, e)$；无压泄流建筑物的下泄流量只与库水位有关，即 $q = f(H)$。

实际应用中，会根据下泄流量计算公式计算出相应的下泄流量曲线数据表，使用时，根据库水位、开度查询即可得出下泄流量。

3）水位库容关系曲线。水位库容关系曲线是表示水库水位 H 与其相应库容 V 之间关系的曲线，以纵坐标为水位、横坐标为库容绘制而成。其函数关系为

$$V = f(H) \tag{3-11}$$

（2）水库防洪调度模型。

水库防洪调度模型是建立在调洪计算方程基础之上，结合水库水工建筑物特性、水库防洪、兴利要求等调度管理规程研制的调度模型。在实际调度模型的建立中，为使操作使用便利，通过设计编程可设置多种计算模式。

1）按照水库调洪规程调度。水库调洪规程是水库调度的指导性文件。主要

包括水库的防洪调度任务、防洪调度原则、防洪调度时段、防洪限制水位、防洪控制断面、各类防洪调度方式及其相应的水位或流量判别条件、泄水设施运用调度（开启方式、开启顺序、开度变化等）等。根据水库调洪规程，将其程序化，编制相应的洪水调度软件，即为按调洪规程制作调洪方案。

2）给定库水位调度。为满足上游防洪要求，设置控制库水位的调洪计算方式，使计算出的库水位过程满足防洪的实际需求。

3）给定出库流量调度。为满足下游防洪要求，通过控制出流的调洪方式，控制下泄流量，进行防洪补偿调节。

4）给定闸门调度。按照以上三种调度方式，计算出的闸门开启顺序和开启方式可能变化比较频繁，不利于实际操作。为使调洪计算的结果更便于实际操作，可设置控制闸门的操作方式，通过操作计算可使库水位、下泄流量满足上、下游的防洪要求，且闸门的启闭简便易行。

5）控制回升水位调度。在进行洪水调度时，通常希望洪水过后的库水位达到某一个设定值，例如正常蓄水位、汛限水位等，同时闸门开启方式尽量简单，以便于实际操作。控制回升水位的调度方式需要提前设定好闸门开启方式及开度组合，用户需从中选择，确定一种作为计算的条件。计算时，给定回升水位，给定开闸时间，给定闸门开启方式及开度，则系统按照给定条件进行试算，计算关闸时间，使得本次洪水结束时，库水位达到回升水位。

（3）水库调洪计算步骤。

对于有控制闸门的水电站，其洪水调度不仅需要计算总的出库流量，还要计算各时段闸门的开度以及通过闸门的下泄流量。在按照调洪规程调度时，首先根据规程给出闸门开度表，包括各闸门开启顺序、开度，进行洪水调度时，按照闸门开度表确定各时段闸门的开度。在按照给定水位、给定出库流量、给定闸门开度计算时，对基本步骤作相应调整，计算步骤如下：

1）读取时段初水位 H_1，查水位库容关系曲线计算时段初库容 V_1。

2）计算汛限水位 $H_{\lim}$ 对应的库容 $V_{\lim}$ 与时段初库容 V_1 之差 $dV = V_{\lim} - V_1$。

此处默认为按照水库调度规程调度，因此目标水位为汛限水位；如果按照给定水位调度，则目标水位为给定的库水位。

3）计算时段平均入库流量 $dQ = \dfrac{Q_1 + Q_2}{2}$，$Q_1$、$Q_2$ 为时段始、末的入库流量。

4）计算出库流量 $Q_O = dQ - dV/\Delta t$，Δt 为计算时段长。如果为给定出库流量调度，则 Q_O 取给定值。

5）如果出库流量 Q_O 小于等于发电流量 Q_E，则无须通过泄水建筑物放水，下泄流量 Q_Y 为 0，直接计算时段末库容 $V_2 = V_1 + (dQ - Q_E)\Delta t$。

6）如果出库流量 Q_O 大于发电流量 Q_E，则初步下泄流量 $Q_Y = Q_O - Q_E$。

7）根据下泄流量 Q_Y 和时段初水位 H_1，计算出各个闸门的开度 R。计算时，按照闸门调度规程，逐步按照闸门的开启顺序和开度进行计算，当计算出的下泄流量大于等于初步下泄流量时，则计算结束，进入下一步；如果调度方式为给定闸门调度，则此步不需要试算闸门开度 R。

8）根据时段初水位 H_1、闸门开度 R，计算时段初下泄流量 Q_{Y1}。

9）对水量平衡方程 $V_2 - V_1 = +\left(dQ - Q_F - \dfrac{Q_{Y1} + Q_{Y2}}{2}\right)\Delta t$ 进行变换，可得

$$V_2 + \frac{Q_{Y2}}{2}\Delta t = V_1 + \left(dQ - Q_F - \frac{Q_{Y1}}{2}\right)\Delta t \tag{3-12}$$

式中：Q_{Y1}、Q_{Y2} 为时段始、末下泄流量。

式（3-12）中右侧为已知量，左侧 V_2、Q_{Y2} 未知，由于水位（库容）与下泄流量存在相关关系，需要通过试算确定合适的 V_2、Q_{Y2}，使得等式成立。

10）计算出时段末水位的变化范围 H_{11} 和 H_{12}，其中 H_{11} 为死水位，H_{12} 为 $V_1 + dQ\Delta t$ 对应的水位。

11）利用黄金分割法求得时段末库容 V_2、时段末水位 H_2，计算 Q_{Y2}，使得式（3-12）成立。

注：黄金分割法（0.618 法）：寻优的时候取区间 $[a, b]$ 范围的 0.618 倍，即 $x = 0.618(b-a)$，如果计算的目标函数值偏大，则取值区间变成 $[a, x]$，下一次迭代计算取 $x = 0.618(x-a)$；如果计算的目标函数值偏小，则取值区间变成 $[x, b]$，下一次迭代计算取 $x = 0.618(b-x)$。如此迭代计算，直到找到符合条件的 x。对于调洪演算来说，就是在最高水位和最低水位之间用 0.618 法找到合适的水位，使得等式成立。

12）计算时段平均下泄流量 $Q_Y = \dfrac{Q_{Y1} + Q_{Y2}}{2}$，时段平均出库流量 $Q_O = Q_Y + Q_E$。

（三）流域产汇流预报

流域产汇流预报是短期雨洪径流预报的重要组成部分，其理论依据是降雨径流形成的物理过程。预见期是暴雨在流域上的汇集时间。降雨径流预报分为两个部分：降雨产流量预报（流域产流预报）和径流过程线预报（流域汇流预报）。

降雨产流量预报是指由降雨量推求其产流量（径流量、净雨量），其实质就是产流计算，即扣损计算。不同的扣损方法就形成了不同的产流量预报方法。常用的预报途径有：降雨径流经验相关图法、下渗曲线法（初损后损法）、在上述基础上发展起来的模拟流域产流规律的产流数学模型法等。预报途径的选择

往往取决于流域的产流方式。流域产流方式可分为蓄满产流与超渗产流两种。降雨径流经验相关图法通常是用于以蓄满产流为主的湿润地区的降雨产流量预报。下渗曲线法通常是用于以超渗产流为主的干旱地区的降雨产流量预报。产流数学模型则有蓄满产流模型与超渗产流模型。

流域过程线预报是指由降雨所产生的径流量（净雨量）来预报流域出口断面处的洪水过程线，其实质就是流域汇流计算。汇流计算一般可分为地面径流、地下径流的汇流计算。地面径流汇流计算方法有经验单位线法、瞬时单位线法、等流时线法。地下径流汇流计算可采用马斯京根法。

流域水文模型在进行水文规律研究和解决生产实际问题中起着重要的作用，流域水文模型是模拟流域水文过程所建立的数学结构。

水文模型按构建的基础可分为物理模型、概念性模型、黑箱子模型；按对流域水文过程描述的离散程度可分为集总式模型、分布式模型、半分布式模型；按数学处理方法可分为确定性模型、随机模型；按结构可分为线性模型、非线性模型；按模型参数可分为时不变模型、时变模型等。

1. 降雨产流量预报

若把闭合流域视作一个系统，降雨量作为系统的输入，蒸散发量和出口断面流量为其输出，而流域蓄水量的变化则可调节降雨的损失量和无雨期的蒸散发量。若是一个不闭合流域，还存在与邻近流域的水量交换，导致流域水量增加的为输入，反之则为输出。跨流域引水的流域，水量平衡方程还应考虑引出或引入的水量。因此，流域产流量计算的水量平衡方程可表示为

$$R = P - E - W_P - W_S - \Delta W \pm R_{交} \pm R_{引} \pm R_{其他} \qquad (3-13)$$

式中：P 为流域降雨量，mm；R 为流域产流量，mm；E 为流域蒸散发量，mm；W_P 为植物截留量，mm；W_S 为地面坑洼储水量，mm；ΔW 为土壤蓄水量，mm；$R_{交}$ 为流域不闭合的径流交换量，mm；$R_{引}$ 为跨流域引水量，mm；$R_{其他}$ 为其他因素引起的水量增减，mm。

天然流域，地面坑洼滞蓄量不大，变动也较小。据研究，在中等或平缓山坡上，填洼量一般为 5～15mm，耕地填洼量为 10～40mm，对平整的土表面，填洼量常小于 10mm。若流域上的塘、坝、水库等水利工程设施多，则地面滞蓄量有时就相当大。植物截留同植物种类、植被覆盖密度关系密切，其变幅较大。对一般流域的植被条件，一次降雨过程中被截留的水量常小于 10mm。但发育完好的森林地区，植物截留量可达次洪降雨量的 15%～25%。由于植物截留量和地面坑洼蓄水与耗于蒸散发的土壤蓄水一样，对降雨产流来讲都是一种损失，只不过各种滞蓄（例如植物截留、土壤滞蓄、坑洼填蓄等）对产流产生影响的机制与消耗机制各不相同。但对于一般的天然流域，如果其植物截留量和地面

坑洼蓄水量不大，常把这三种蓄量合并作为土壤蓄水量来处理。如果研究的是闭合流域，且无大的跨流域引水工程和其他影响流域水量增减的因素，则流域产流量计算的水量平衡方程可简化为

$$R_t = P_t - E_t + W_t - W_{t+1} \qquad\qquad (3-14)$$

式中：W_t、W_{t+1} 为 t 与 $t+1$ 时刻的土壤蓄水量，mm。

用式（3-13）和式（3-14）计算流域产流量，一般只已知降雨量 P_t 和初始土壤蓄水量 W_t，还需两个方程、关系或模式，才能获得方程的定解。在产流量计算中，一般利用田间蒸发计算模式和降雨-径流的关系先推求 E_t 和 R_t。

2. 流域汇流过程预报

降落在流域上的雨水，从流域各处向流域出口断面汇集的过程称为流域汇流。流域汇流包括坡地汇流和河网汇流两个阶段。

在坡地汇流阶段，水流的流速、流向都在不停地变化，并伴随有植物截留、填洼、雨期蒸发、下渗等损失。为计算方便，人为地将径流形成过程概化成产流和汇流两个阶段来处理。因此，降雨经过产流计算后，一切损失均已扣除，所得产流量又有净雨量之称。在汇流计算时就只研究净雨在流域上如何汇集，不再考虑损失。净雨在坡地汇流过程中，有的沿着坡面流向河槽，有的垂向下渗形成壤中流和地下径流后再流入河槽。地面径流流速较大，且流程短，因而汇流历时较短，地下径流是通过土壤中各种孔隙的水流，流速小，汇流历时长；壤中流则介于两者之间。壤中流在流动过程中有时受阻，部分水流又会回归地面成为回归流到达河槽。

在河网汇流阶段，各种水源的径流在汇流时间上的差异就不再存在。河槽中水流的汇流速度比坡地大得多，但因汇流的路径长，汇流时间也比较长。对于大、中流域，地面径流在河槽中的汇流时间远较在坡地的汇流时间长。因此，在研究地面径流汇流时，常忽略坡面汇流阶段；而对于地下径流和壤中流，汇流时间主要取决于坡地汇流阶段，故侧重点也应放在坡地汇流阶段。

流域出口断面的出流过程滞后于净雨过程，其变化较净雨过程平缓得多，这就相当于流域对净雨起了调节作用。如何计算流域的调蓄作用就是汇流计算要解决的问题。对于降雨径流预报，流域的调蓄作用带来了预见期。因此，流域愈大，由降雨预报流域出口断面流量过程的预见期也愈长。

流域的坡地与河网没有明确的分界。因为河网应包括流域上所有汇集水流的大小河渠和沟涧，真正的坡地距离是不长的。大面积的坡地出流现在还无法测到，为了将坡面和河网分开来研究计算，可以由流域出口断面的流量过程及河网槽蓄曲线，用水量平衡原理反推得河网总入流过程。但是这种推算的成果比较粗略，要想和河槽一样列出坡地的不稳流连续方程和运动方程来求解，在

191

确定坡地的自然地理和水力特征方面还有困难。现在比较常用的方法是将坡地和河网看成一个整体，分析研究整个流域的汇流规律。

3. 流域水文模型

流域水文模型在进行水文规律研究和解决生产实际问题中起着重要的作用。随着现代科学技术的飞速发展，以计算机和通信为核心的信息技术在水文水资源及水利工程科学领域的广泛应用，使得流域水文模型的研究得以迅速发展并广泛应用于水文基本规律研究、水旱灾害防治、水资源评价与开发利用、水环境和生态系统保护、气候变化及人类活动对水资源和水环境影响等领域。因此，流域水文模型的开发研究具有广泛的科学意义和实际应用价值。

自然界中的水文现象是由众多因素相互作用的复杂过程。水文现象虽然发生在地表范围内，但与大气圈、岩石圈、生物圈都有着十分密切的关系，属于综合性的自然现象，水文科学属于地学范畴。迄今为止，人们还不可能对所有水文现象的有关要素进行实际观测，不能用严格的物理定律来描述水文现象各要素间的因果关系，还有许多问题未解决，严格的水文规律有待人们去认识和探索。

随着对水文现象及其各要素间因果关系认识水平的逐步提高和研究的不断深入，人们将复杂水文现象加以概化，即忽略次要的与随机的因素，保留主要因素和具有基本规律的部分，据此建立具有一定物理意义的数学物理模型，并在计算机上实现，这种方法称为"水文模拟"。被模拟的水文现象称为原型，模拟则是对原型的种种数学物理和逻辑的概化。所以说，流域水文模型是模拟流域水文过程所建立的数学结构，水文模拟首先就是要开发研制一个水文模型。

目前，国内外开发研制的水文模型众多，结构各异，分类方法也有所不同。综观这些分类方法，大致可以归纳为以下几类。

（1）按模型构建的基础分类。

按模型构建的基础分类，流域水文模型可分为物理模型、概念性模型和黑箱子模型3类。若一个模型的每一个关系式均是严格的以物理定律为基础，则该模型是物理模型；若一个模型的结构、参数具有物理意义，但其结构不是严格的以物理定律为基础，则该模型是概念性模型；若一个模型的关系式无任何物理意义，则该模型是黑箱子模型。

1）物理模型。根据物理或力学上的一些基本定律对水文现象进行描述的模型称为物理模型。其特点是：对水文现象的描述机制清楚，具有物理严密性，通用性好，预测和外延能力强；但由于模型的结构复杂，应用上不可避免地要遇到求解非线性数学难题和估计初始值、边界值和参数值的困难。受人们对水文现象认识水平、水文现象及其边界条件的复杂性和原始资料的局限与可靠性等因素的限制，现阶段完全物理化的物理模型应用于流域水文模拟还存在很大的难度。

2）概念性模型。以物理成因机制作为基础，对水文现象提出假设、概化和数学模拟的模型称为概念性模型。其特点是：模型结构较物理模型简单，具有一定的物理成因机制，易于推广应用，当假设条件与实际情况相近，概化合理时，预测效果好，但通用性较物理模型差。随着人们对水文现象认识水平的不断提高，物理成因机制的逐步物理化，概念性模型可以发展为物理模型。概念性模型既可以描述自然界中水循环的全过程，称为全程模型；也可以描述水循环的子过程，称为分量（或分层）模型，如蒸散发模型、产流模型、水源划分模型、汇流模型等。

3）黑箱子模型。主要依靠数学手段来确定水文现象各影响因素间关系的模型称为黑箱子模型。其特点是：模型结构简单，易研究、易掌握和易推广应用；但因其结构和参数缺少成因机制，模型的通用性和外延能力差，有时可能会得出与通常物理意义上不同的结果。

（2）按对流域水文过程描述的离散程度分类。

按对流域水文过程描述的离散程度分类，流域水文模型可分为集总式模型、分布式模型和半分布式模型 3 类。一般来说，概念性模型和黑箱子模型是集总式模型，而物理模型是分布式模型。

1）集总式模型。集总式模型最基本的特征是将流域作为一个整体来描述或模拟降雨径流形成过程。不同的集总式模型尽管可能具有不同的模型结构和特征参数，但模型本身大多数都不具备从机制上考虑降雨和下垫面条件空间分布不均匀对流域降雨径流形成影响的功能。

2）分布式模型。分布式模型最基本的特征是按流域各处气候信息（如降水）和下垫面特性（如地形、土壤、植被、土地利用）要素信息的不同，将流域划分为若干小单元；在每一个单元上用一组参数反映其流域特征，具有从机理上考虑降雨和下垫面条件空间分布不均匀对流域降雨径流形成影响的功能。根据模型的结构和性质，分布式模型大致可分为以下两类。

a. 构建于概念性模型基础上的分布式模型。构建于概念性模型基础上的分布式模型，简称为"分布式概念模型"或"准分布式模型"或"松散耦合型分布式模型"。其主要特点是在每一个水文模拟的小单元上应用概念性集总式模型来计算净雨，再进行汇流演算，计算出流域出口断面的流量过程。如构建于新安江模型基础上的分布式模型，构建于 CLS（Cross - Layer Shared multi task，交叉层级数据共享多任务）模型基础上的分布式模型等。

b. 以物理方程为基础的分布式模型。以物理方程为基础的分布式模型，简称为"分布式物理模型"或"紧密耦合型分布式模型"。其主要特点是在每一个水文模拟的小单元上应用连续方程和运动方程来构建相邻模拟单元之间的时空关系，应用数值计算方法求解，典型的有 SHE 模型（System Hydrological European Model，系统水文欧洲模型）、TOPKAPI（TOPographic Kinematic Approximation and Integration Model，地形动态近似与积分模型，一种基于物理概念、具有相对较少参数的分布式流域水文模型）、DBSIN 模型（Better Assessment Science Integrating Point and Non-point Sources Model，更佳的综合性点源与非点源污染评价科学系统，集成 GIS、分析工具与模型的系统，用于流域分析、评价与管理）、WETSPA 模型（A Distributed Model for Water and Energy Transfer Between Soil, Plants and Atmosphere Model，模拟流域尺度上的土壤、植被、大气间的水汽传输及能量交换的分布式物理水文模型）等。以物理方程为基础的分布式模型又可以分为以水动力学原理为主要基础和以水文学原理为主要基础两类。SHE 模型属于前者，而 DBSIN 模型属于后者。

3）半分布式模型。半分布式模型是介于集总式模型和分布式模型之间的一种模型。其典型代表是以地形为水文过程空间变异性基础的 TOPMODEL（Topgraphy Based Hydrological Model，一种基于地形的半分布式流域水文模型）。由于 TOPMODEL 和 TOPKAPI 模型既不同于分布式概念模型的结构，又不同于分布式物理模型的结构，国内外一些学者称其为具有一定物理基础的半分布式模型。

（3）其他分类。

1）按数学处理方法分类，流域水文模型可分为确定性模型和随机模型。若模型中每一个结构的关系都是确定的，则该模型是确定性模型，否则是随机模型。确定性模型表示各确定因素之间的关系，随机模型则表示各不确定因素或随机因素间的概率关系，两者数学处理方法不同。

2）按模型结构分类，流域水文模型可分为线性模型和非线性模型。若模型描述的自变量和因变量之间的关系既满足叠加性，又满足均匀性，则该模型是线性模型；虽满足叠加性，但不满足均匀性，或者既不满足均匀性也不满足叠加性，则该模型是非线性模型。

3）按模型参数分类，流域水文模型可分为时不变模型和时变模型。若模型的各参数不随时间变化，则该模型是时不变模型；反之，若模型的参数中至少有一个随时间而变，则该模型是时变模型。

（四）城市洪涝预报

1. 基本概念和特点

城市洪涝是指城市流域范围内由降雨及流经城市河流洪水共同引发的洪涝，

包括内涝和外洪。城市地区下垫面情况较为复杂，大量的道路、建筑及排水管网改变了城市地区的暴雨径流产汇流条件，从而使水文要素和水文过程发生明显改变，致使雨洪径流量增大、洪峰流量加高、峰现时间提前等，加剧了城市本身及下游地区防洪负担。另外，大量水体短时间内无法排走，在城区低洼处往往形成积水，严重影响城市的正常运转。当江河洪水位高，外洪可能导致排涝困难，加剧城市内涝状况。城市洪水预报即是针对城市化地区的水文预报，其预报对象是城市河流洪水及城市内涝情况，预报项目包括洪峰水位、洪峰流量、峰现时间、洪水过程、积水深度、积水时间等。当城市地区的下垫面不透水面积达到30％以上时，应使用城市洪水预报方法。

城市地区的雨洪特性及预报的主要特点如下：

（1）降水量增加。城市的热岛效应、凝结核效应、高层建筑障碍效应等的增强，使得城市的年降水量增加，汛期雷暴雨的次数和暴雨量也增加。

（2）下渗减少。城市兴建和发展后，大片耕地和天然植被为不透水表面所替代，如屋顶、街道、人行道、车站、停车场等，不透水区域的下渗大幅减少。

（3）产流速度和产流量增加。由于城区不透水面积比重很大，截留、填洼及下渗水量减少，造成产流速度和径流量都明显增加。

（4）汇流速度加快。城市河道的治理以及城市排水管渠系统的完善，如设置道路边沟、密布雨水管网和排洪沟等，增加了汇流效率，导致汇流历时缩短，峰现时间提前。

（5）洪峰流量加大。径流量变大和汇流流速的增大，不可避免地要使洪峰流量增大，与自然流域相比，城市地区洪水过程线呈尖瘦形状。

（6）雨水滞留。城市雨水管道设计重现期一般较低，当降雨强度较大时往往排泄不及，造成地面雨水积蓄。

（7）河道顶托。城区河道闸坝多，排水不畅，对洪水调蓄能力差，大雨时常有顶托现象，影响雨洪的宣泄。

（8）基础资料收集困难。下垫面情况（如不透水面积、排水管网布设情况）收集难度大。特别是流量资料的收集存在资料系列短，甚至无实测资料的情况。

（9）预报难度大。城区建设的发展，改变了雨洪的自然规律，使城区洪水预报难度增大。而城市洪水汇流时间加快，洪水预报预见期较短，也增加了预报的难度。

2. 基本步骤

城市洪水预报主要按以下步骤进行。

（1）确定城市洪水预报流域边界。自然流域的边界线是在地形图上根据地形、地貌及等高线划分的，而在城市地区，河道的流域边界线是根据地形及城

195

市排水管网的情况划分的。城市排水系统由管网和排水河网组成。城市面积上产生的暴雨洪水通常先排入管网,然后排入河网,应参考城市河道和地下排水管网的布局来划分集水区。

(2) 确定流域下垫面情况。在河道流量计算之前还要对流域下垫面进行分析。分析的主要依据是流域内实测现状地形图、卫星遥感图以及城市土地使用功能规划图,解译城市建设面积占流域面积的比例。特别重要的是不透水面积的确定,对雨洪过程影响很大。不透水面积百分比是根据上述的流域边界线划分及流域下垫面情况,经分析计算得到。计算时可将建设区划分为楼房区、高校区、工厂区、平房区、仓库区、河道、湖泊、绿地区等多种地块,并量取其面积,乘以表 3-1 中所列的相应不同性质地块的不透水面积百分比,再相加即得本流域的不透水面积,最后除以流域面积即得不透水面积比。

表 3-1　　　　　　　　　　城市地区不透水面积百分比估算表

地块性质	楼房区	平房区	高校区	工厂区	仓库区	河道	绿地区	湖泊
不透水面积比例/%	77	80	60	84	92	50	0	0

以上典型地块的不透水面积百分比,是通过实际调查得到的数据,在具体水文计算时,也可根据实际情况及遥感图、规划容积率、绿地指标等进行调整。

(3) 降雨资料采集及分析。单站降水量采集完毕后,用水文常规方法,如算术平均法或泰森多边形法,求面平均雨量即可。

(4) 洪水资料的采集及分析。水位、流量数据主要用于区间入流、预报参考和修正。应采集预报流域入口水文站的流量作为入流控制,预报断面处的水位流量可作为预报参考和修正。

(5) 确定计算时段。城市流域洪水预报时段选取,根据流域面积(F)不同,可参照以下标准:$F \leqslant 10 \text{km}^2$,时段长取 10min;$10 \text{km}^2 < F \leqslant 20 \text{km}^2$,时段长取 20min;$20 \text{km}^2 < F \leqslant 80 \text{km}^2$,时段长取 30min;$80 \text{km}^2 < F \leqslant 150 \text{km}^2$,时段长取 60min。

(6) 选择预报方法进行洪水预报。按预报目标确定所需预报项目,包括洪峰水位、洪峰流量、峰现时间、洪水过程、积水深度、积水时间等。

3. 基本方法

城市雨洪过程可以划分为地面产流、地面汇流及管网汇流等环节,预报时应针对这些环节分别进行计算。

(1) **产流计算**。城市汇水区面积小,不透水面积大,下渗较少,产流计算侧重于地表径流量分析。常见的有以下几种计算途径:

1) 径流系数法。根据历史雨洪资料,分析出各种不同下垫面条件下的地表径流系数，可制成图表或利用计算机以方便应用。

2）降雨-径流相关图法。根据实测雨洪资料分析结果，或移用相似流域资料建立降雨-径流相关关系。城市产流特性受不透水面积的影响较大，以不透水面积比作参数，可以较好地反映城市流域的特点。

3）下渗曲线法。分析流域的下渗规律，选择适用的下渗方程，根据实测资料确定下渗方程中的参数，并对参数加以地区综合，适用于城市透水区。

（2）**汇流计算**。根据城市雨水汇流的特点，把汇流分为地面汇流、管网汇流、河网汇流三个阶段。由于目前城市洪水预报尚未形成独立的预报方法体系，实践中可用传统水文方法或建立适用的城市洪水计算模型。用于城市汇流计算的传统方法有如下几种：

1）推理公式法。只能推求洪峰流量，不能计算城市洪水流量过程。

2）瞬时单位线法。可用变雨强瞬时单位线法，根据净雨强度的不同，每个时段都选用不同的瞬时单位线。

3）等流时线法。划分等流时线时，需注意排水管网分布。当雨强大于城市排水管网设计能力时，汇流速度趋于常数。

4）管网、河网汇流演进通常采用动力波法、马斯京根法。

5）河网有闸坝处应考虑调度规程进行调洪计算，方法同水库调洪计算方法。

（3）**预报模型**。由于传统方法难以综合反映城市产汇流特点，可在分析城市洪涝规律的基础上，建立城市洪水预报模型。

（五）冰情预报

1. 基本概念和特点

冰凌是冬季的一种水文现象，具有发生、发展及消失的复杂过程。河冰过程是复杂的相互作用，包括水力学、力学以及热力学，同时也受天气和水文条件的影响。不同的河段所处的地理位置及各种影响因素不同，冰凌的形成和演变特点也不相同，其演变过程及规律取决于热力因素、水力因素及河道地形特点等，人类活动在不同程度上也能改变冰凌的演变规律。河冰的形成演变过程概述如下。

（1）水温下降与冰的形成。在冬季开始时，由于气温降低，从水体表面散失的热量将会超过其所获得的热量，这主要是由于入射的短波辐射所引起。水体温度可以降到冰点。当水体温度下降到冰点时，进一步变冷会导致河流水体过度冷却并形成冰晶。在冰点，各种类型冰的形成取决于水流紊动强度、流速和水体的失热率。在缓流区域，水流紊动强度不大，不足以使水体或冰晶在深度上混合，所以，在断面平均水温下降到结冰点以前，薄冰就可能在河里形成。

在低流速区域，会形成完整的薄冰层，而在较高流速区会形成移动的薄冰、水内粒状冰层流、冰盘或充分混合的水内粒状冰流。

（2）水内冰和锚冰的演变。河流里水内冰的形成主要是由于过冷的冰晶体因质量交换而到达了自由水面。当在过冷紊流中混合时，冰晶体积增大，数量增多，并且聚结成为絮状冰。在过冷条件下，河道底部的水内冰晶体，可能会黏结在河床和水下物体上而形成锚冰。锚冰的出现可引起水流阻力、水位和流量的变化。

（3）水面冰的输送和冰盖的形成。当水内冰晶和絮状冰体积增大时，浮力的增加将克服垂直掺混作用而在河流水面形成较高的流凌密度。在表层中的冰体，由于来自水内粒状冰的冻结、上浮以及热力增厚，其体积和强度会进一步增大而形成冰盘。冰盘在沿河流动期间或加入到浮冰中，或当遇到快速移动的冰块时，裂成碎片。部分水面被浮冰覆盖，由于浮冰隔绝了部分空气与水面的热交换，而导致净冰产量减小。

水面冰向下游输移时，会因流冰堵塞而停止。由于拥挤作用而产生流冰堵塞，冰盖便开始形成。一旦冰盖开始出现，上游来冰的堆积将使冰盖向上游延伸，随着冰盖前缘的增长和冰盖的增厚，河流出现稳定的封冻冰盖。

（4）冰盖下冰的输移和冰塞。当冰盖的生长在较高流速断面处停止时，冰盖上游在冬季期间不封冻，这个未封冻河段仍将继续产生水内冰并被输移进入封冻冰盖河段。由于此未封河段具有相对较高的流速，进入冰盖河段的冰体将以冰晶团粒的形式分布在水流中。这些粒块冰团能在冰盖的下面形成冰塞。冰塞的堆积将会导致水位和冰盖的上升，亦易助成开河冰坝的形成。

（5）冰盖的生长、消退和变性。随着固体冰盖表面热量交换，在冰盖空隙中的水，将会从水表面向下结冰，这种热力生长将会超过冰盖的起始厚度而继续向下发展。在春季开始或在冬季期间的温暖时段，由于河水与冰盖之间的紊动热量转移，温暖的河水能显著地加速热力侵蚀过程，冰盖消退就会发生。

在冰盖融化阶段，由于冰盖下侧波纹的形成，河流水体与冰盖之间的紊动热量交换率增大。如果春季流量保持相对稳定，冰盖也将保持稳定直到最终完全融化形成"文开河"。在热力融化完成前如果流量突然增加，冰盖的破裂就会发生，从而形成"武开河"。

在气温上升到冰点以前，由于太阳辐射的作用，冰盖的融化和消退过程就已经开始。透入冰盖的太阳辐射能引起冰盖内部融化和冰结构完整性的破坏。

（6）开河和凌汛。由于河道流量和水位的变化，在水力作用下，冰盖开始破碎的过程称为机械性开河。当上游河段开河融冰时，下游河段若处于封冻状态时，上游大量的冰、水涌向下游，形成较大的冰凌洪峰，极易在弯曲、狭窄河段卡冰结坝，壅高水位，造成凌汛灾害。

（7）河冰演变与预报。如果河道流量出现快速增加，无论是由于径流增加，冰坝溃坝引起的水量释放或由水电站流量变化而产生的洪水波在传播过程中将会在冰盖下面产生压力扰动。这种扰动会进一步将冰盖和冰块裂成碎冰，形成流冰和冰坝。沿河流动的碎冰块，插入静止冰盖而与其他的冰块合并。在流凌向下游前进的过程中，碎冰断续地停止和运动，伴随着冰坝的形成和解体。

从河冰演变过程中可以看出，影响冰情变化的主要因素有热力因素、动力因素、河道形态以及人类活动等。

1）热力因素包括太阳辐射（含散射辐射）、气温、水温等。太阳辐射和地面反射辐射决定大气温度，气温又影响着水温和冰温。因此，气温是影响冰情变化的热力因素的集中表现。气温的高低决定着冰量和冰质，是影响河道结冰、封冻和解冻开河的主要因素，因此可以用气温作为表征热力状况及其变化的基本要素。

2）动力因素包括流量、水位、流速、风力、波浪等。流量的动力作用反映在水流速度的大小和水位涨落的机械作用力上，流速大小直接影响结冰条件和影响冰凌的输移、下潜、卡塞等，水位的升降与开河形势关系比较密切，水位平稳能使大部分冻冰就地消融形成"文开河"，水位急骤上涨能使水鼓冰裂形成"武开河"。水位和流速的变化取决于流量的变化，水位、流速和流量之间具有一定的函数关系，流量大，则流速大，水位高。因此可以用流量的大小作为冰情演变的动力因素。另外流量本身具有热能量，在水温相同时，流量越大，水体储存热量越多，流量越大，水流动力作用越大，在同样的气温条件下，结冰越晚。

3）河道形态包括河道的平面位置、走向及河道的边界特征等。河道的地理位置和走向又与热力因素联系在一起，气温一般随地理纬度的增加而减低，故处于高纬度河流的气温低于处于低纬度的气温，由南向北流向的河段，上游气温高于下游的气温。河道边界特征主要指局部河段的宽窄、深浅、比降、弯曲、分叉等。河道边界特征通过改变水流条件反映出来，故和水力因素联系较密切。在气温和流量变化不大的情况下，在缩窄、弯曲、浅滩、分叉及回水末端等局部河段易发生流冰卡堵、堆积、封冻、结坝现象。

4）人类活动影响，主要指在河道上修建水库、分滞洪区、引水渠和控导工程等。水库调节能改变原河道的流量分配过程，同时又增加了水温，所以水库对冰情的影响反映在水力因素和热力因素上，在河道上修建控导工程能改变局部河段的边界条件，因而也改变了水流的流势和流速分布，对冰情的影响主要反映在水力因素上。

　　由于冰凌过程本身及其影响因素的复杂性，某些河段在冰凌演变过程中往往会发生冰塞、冰坝等各种冰凌灾害，轻者淹没滩地村庄，妨碍引水工程和水电站等正常运行；重者破坏桥梁、水工建筑物，甚至破坏堤防，决溢成灾。因此在生产实践中，需要在充分研究河段冰凌变化特点的基础上，对某些冰凌特征要素进行预报。常见的预报项目有流凌日期、封河日期、开河日期、开河期最大洪峰流量、最高水位和最大10天水量等。

　　2. 预报项目及要求

　　冰情预报按照冰情现象的不同阶段可分为封冻期预报和解冻期预报。封冻期主要预报项目包括流凌日期、封冻日期、冰厚、河段最大冰量和断面流冰量（冰花）、河槽蓄水增量，在不稳定封冻河段还有封冻趋势；解冻期主要预报项目包括解冻日期和解冻形势、开河期最大洪峰流量和最大10天水量等。

　　冰情预报采用的经验方法或统计方法与预报因子的选择关系密切，所选用的气象、水文因子必须符合冰情的物理成因，以保证预报方法的有效性和合理性。

　　预报项目要求可根据生产需要，如提前7～10天预报凌情特征出现的首现日期和各水文站出现该冰情现象的日期，最大洪峰流量和最大10天水量预报一般是预报某水文站开河期出现的最大洪峰流量和最大10天水量。

　　3. 基本方法

　　冰情预报方法从最早的指标法、经验相关法，逐步发展到统计模型和冰凌数学模型，各种方法各有其长，在现行的预报中均有其应用价值。常用的预报方法有下列几种。

　　（1）预报指标法。寻找预报指标是统计预报中最简单的方法。预报指标通常的含义是：当一个或几个气象、水文因子或几个因子的组合达到某临界值时，某种冰情现象可发生。因此，可以将预报因子的前期数量指标视为一种"信号"，用于预报后期可能出现的冰情现象。预报指标可根据群众经验，以谚语和专业人员实践经验为线索，通过历史资料的普查、统计和验证，用选取与要素关系良好的因子之临界值的方法确定。

　　（2）点聚图法。点聚图是用图形来分析离散型要素与预报因子之间相关关系的一种简便方法。图形一般选用直角坐标。单因子点聚图可以要素为纵坐标、以因子为横坐标；双因子点聚图则可将两个因子分别作为纵、横坐标，每组因子对应为一点，相应的要素状态标记在点据旁。冰情预报方案多为包含气象、水文两类因子的双因子点聚图。点聚图的分析应遵循客观分析原则。

　　（3）回归分析方法。回归分析是一种基本的统计预报方法，其主要应用形式有以下两种：

　　1）经验相关法。经验相关可分成前期水力、热力等因子与后期冰情要素之间相关和上、下游相邻河段冰情要素之间的相关两类，一般用相关图形式表示。经验相关图可以是一条曲线，也可以是几条曲线构成的曲线簇。

2）回归方程法。回归方程是根据要素与因子的观测资料求出的两者之间的数学关系式，其中的参数按最小二乘法原则确定。当因子较多时，应选择与要素之间存在成因联系、经相关分析后确定的主要因子进入回归方程。由于回归分析使用的要素和因子资料系同步观测资料，所以经一次回归即可求得方程中的各个参数。

（4）灰色系统模型。GM(0，N) 即灰色系统理论，是一种研究少数据、贫信息不确定性问题的新方法，于 20 世纪 70 年代末提出，现已广泛应用于各个领域。灰色系统理论以"部分信息已知，部分信息未知"的"小样本""贫信息"不确定性系统为研究对象，主要通过对"部分"已知信息的生成、开发，提取有价值的信息，实现对系统运行行为、演化规律的正确描述和有效监控。灰色系统分析对样本量的多少和样本有无规律都同样适用，计算量小，十分方便，不会出现量化结果与定性分析结果不符的情况。

（5）神经网络模型。人工神经网络（Artificial Neural Network，ANN）是在人类对其大脑神经网络认识理解的基础上人工构造的能够实现某种功能的神经网络。它是理论化的人脑神经网络的数学模型，是基于模仿大脑神经网络结构和功能而建立的一种信息处理系统。它实际上是由大量简单元件相互连接而成的复杂网络，具有高度的非线性，能够进行复杂的逻辑操作和非线性关系实现的系统。

（6）数学模型。由河道水力和热力条件构成的冰情数学模型，可通过对冰的生消物理过程的研究，建立冰的变化过程的热力学和水力学方程，在实际观测资料的基础上对这些方程进行解析，模拟冰凌生成、发展、消失的整个过程。较成熟的冰凌数学模型是一维模型，二维模型已有一些研究，但鲜有应用。

（六）风暴潮洪水预报

1. 基本概念和特点

潮位一般由天文潮和气象潮两部分组成。天文潮是地球上海洋受月球和太阳引潮力作用所产生的潮汐现象。它的高、低潮潮位和出现时间具有规律性，可以根据月球、太阳和地球在天体中相互运行的规律进行推算和预报。气象潮是由水文气象因素（如风、气压、降水和蒸发等）所引起的天然水域中水位升降现象。除因短期气象要素突变，如风暴所产生的水位暴涨暴落（风暴潮）外，气象潮一般比天文潮小。

风暴潮是由气压、大风等气象因素急剧变化造成的沿海海面或河口水位的异常升降现象。风暴潮是一种气象潮，由此引起的水位升高称为增水，水位降低称为减水。风暴潮可分为两类：一类是由热带气旋引起的；另一类是由温带气旋引起的。在热带气旋通过的途径中，均可见到气旋引起的风暴潮；温带气旋所引起的风暴潮在沿海各地都可能发生，且主要发生在冬、春两季。这两类风暴潮的差异是：前者是水位的变化急剧，而后者水位变化较为缓慢，但持续时间较长。这是由于热带气旋较温带气旋移动得快，而且风和气压的变化也往往急剧的缘故。

台风风暴潮多见于夏秋季节台风鼎盛时期。这类风暴潮的特点是来势猛、速度快、强度大、破坏力强，凡是有台风影响的海洋沿岸地区均可能发生。风暴潮过程分为初振、激振、余振 3 个阶段。初振阶段，台风中心从距离 300～1000km 处，由于先行涌浪而引起平均水位逐渐上升，增水一般只有 20～50cm；台风强度越强，尺度越大，移速越慢，则岸边的增水越大。初振阶段的时间取决于台风强度、尺度和移速。激振阶段，随台风移动的强制孤立波抵达大陆架，由于水深剧减和海底地形及岸线影响，风暴潮急剧升高；在台风登陆前后几小时内，达到最大值。登陆开阔海岸的台风尺度大、移速慢，引起的岸边的最大增水发生在台风登陆前；反之，发生在登陆后。尺度大、移速慢的台风激振阶段持续时间长。在风暴潮的余振阶段，水位逐渐趋向恢复到正常状态。此阶段包含由于地形及其他效应在内的各类振荡，余振阶段的持续时间可达 2～3 天。

西北太平洋是台风最易生成的海区，全球台风有 1/3 左右发生在这个海区，强度也是最大的。在西北太平洋的沿岸国家中，中国是受台风袭击最多的国家。从历史资料看，几乎每隔三四年就会发生一次特大的风暴潮灾。

温带风暴潮由西风带天气系统引起，我国成灾范围限于黄海、渤海沿岸区域，其中莱州湾和渤海湾沿岸是重灾区。温带风暴潮共有 3 类：冷锋配合低压类（包括江淮气旋、西南倒槽）、冷锋类、强孤立气旋类。

河川兼受径流和潮汐动力作用的河段，称为感潮河段。由于潮汐具有周期性的变化，在涨潮、落潮更替阶段，流向也随之朝相反的方向改变；流速和流量亦随潮位的不同而变化，同一断面流向也很复杂，这种影响自河口沿河上溯，可传播到很远才逐渐消失。由于流量的不同，感潮影响的程度也有差异。感潮河段还可能受到风暴潮引起的增水和减水的影响。

实测潮位减去对应时刻的正常天文潮位预报值，便获得风暴潮位。正常潮位预报准确度的高低，直接影响计算出的风暴潮位和风暴潮预报的准确度。在正常天气状况下，多数潮位站的高潮位预报误差在±30cm 之内，高潮时预报误差在 30min 之内，而一些河口站受上游径流影响，预报误差较大。

2. 预报项目

潮位预报应包括沿海地区受天文潮、风暴潮影响的水位预报以及江河河口和感潮河段本河道水流、天文潮顶托、风暴潮增水作用下的水位预报，其主要内容有：正常潮位短期预报、增水预报、最高潮位及出现时间预报等。正常潮位短期预报是指在天文潮基础上考虑汇合来水和风浪的影响，预报实际出现的潮水位。增水预报是指在强烈气旋影响下潮水位的净增加值的预报。在一次气旋发展过程中，以预报最大的增水水位幅度为主。常见的预报项目有天文潮、风暴潮、感潮河段预报等。

（1）天文潮预报。潮汐分析和预报方法主要采用由开尔文和达尔文提出的调和法。目前世界各国出版的潮汐表几乎都是采用调和方法。我国沿海水利、海洋部门根据实际需要，编印出各自防汛潮汐表。

（2）风暴潮预报。风暴潮预报主要包括增水预报、最高潮位及出现时间预报等。首先，编制风暴潮预报方案，利用潮汐、气象资料，确定台风参数，计算风暴增水；再根据天文潮和增水预报结果，进行天文高潮潮位与高潮相对增水叠加或增水过程与天文潮过程的叠加，综合分析得到高潮位预报结果。

（3）感潮河段预报。感潮河段往往洪潮交错，情况复杂，洪水特性随河道变化急剧改变。实际预报时，要考虑河床动态变化、潮汐强度和上游水利工程影响等综合因素，针对不同情况，选用适合的方法。

3. 基本方法

风暴潮预报一般可分为两大类：经验统计预报和动力数值预报。

（1）经验统计预报方法以历史上大量实测资料为基础，建立气象扰动（如风、气压等）和特定地点风暴潮位之间的经验关系。这种方法简单实用，但是必须依赖预报站长期的验潮资料、增水资料和相应的气象资料。它对罕见的特大风暴潮预报比较困难，预报的精度较低。

（2）动力数值预报方法实质是"数值天气预报"和"风暴潮数值计算"相结合的一种预报方法。数值天气预报给出风暴潮计算所需要的海上风场和气压场；风暴潮数值计算就是在给定的海上风场和气压场的初始条件下，进行数值求解风暴潮的潮位。目前的风暴潮数值模式已经发展得相当复杂，并在实际风暴潮预报业务中发挥越来越大的作用。

风暴潮预报的未来发展主要取决于风暴潮数值预报技术的进步。风暴潮预报虽然取得了可喜的进展，但还需要在风暴潮集合数值预报技术、风暴潮与近岸海浪一体化数值预报技术及风暴潮灾害风险评估技术等方面取得突破。

二、旱情预报

（一）枯季径流预报

常用的枯季径流预报方法有三种：退水曲线法、前后期径流量（流量）相关法和河网蓄水量法。枯季径流预报的预报时段较长，单位常取为 d 或 10d，与洪水预报的预报时段以 h 为单位不同。

1. 退水曲线法

退水曲线法常用以下指标表示：

$$Q_t = Q_0 e^{-t/K} \qquad\qquad (3-15)$$

$$W_t = KQ_t \qquad\qquad (3-16)$$

$$C_g = e^{-\frac{1}{K}} \qquad\qquad (3-17)$$

式中：Q_0 和 Q_t 为起始退水流量和其后 t 时刻的流量；W_t 为 t 时刻的蓄水量；K 为常数，可解释为流域水流平均汇集时间；C_g 为常系数，反映退水速率的快慢，又称流量消退系数。

流量消退系数 C_g 可直接由计算时段（$\Delta t = 1$）始、末的两个实测退水流量来确定，即

$$C_g = Q_{t+1}/Q_t \qquad\qquad (3-18)$$

由于实测流量资料存在观测误差、资料代表性误差等，若只用一组观测值（Q_t，Q_{t+1}）来确定消退系数，会引起较大的参数估计误差。为尽量消除这影响，常选择 n 组观测值

$$(Q_{1,1}, Q_{1,2}), (Q_{2,1}, Q_{2,2}), \cdots, (Q_{n,1}, Q_{n,2})$$

上例样本中第一个脚标是观测序号，第二个脚标为前后时段序号。这观测样本系列要求有一定的容量，以消除观测误差的影响。样本系列选择时还要考虑各种情况，如引起退水过程的不同降水时空分布特性、退水发生在汛初、汛中和汛末的不同代表性等。样本系列中包含的各种特性越多，代表性就越好，率定求得的消退系数越接近流域实际情况。有了一定容量和充分代表性的观测样本，可用最小二乘法来估计消退系数，即

$$\hat{C}_g = \frac{\sum_{i=1}^{n} Q_{i,1} Q_{i,2}}{\sum_{i=1}^{n} Q_{i,1}^2} \qquad\qquad (3-19)$$

2. 前后期径流量（流量）相关法

此法实际上是退水曲线的另一种形式，只不过计算时段长多为月或季。

对于由地下水补给的河流，可以认为地下蓄水量（W_g）与出流量（Q_g）之间为线性关系，其退水流量可由水量平衡方程和蓄量方程解出：

$$Q_g(t) = Q_g(0) e^{-\beta_g t} \qquad\qquad (3-20)$$

$$\beta_r = \frac{1}{k_r}$$

式中：$Q_g(0)$ 为退水开始即 $t=0$ 时河中的流量；β_g 为地下水退水指数。

同理，由河网蓄水量补给的枯季径流，其蓄泄关系也呈线性，则出流量 $Q_r(t)$ 的消退规律为

$$Q_r(t) = Q_r(0)\mathrm{e}^{-\beta_r t} \qquad (3-21)$$

$$\beta_r = \frac{1}{k_r}$$

式中：$Q_r(0)$ 为退水开始即 $t=0$ 时河中的流量；β_r 为河网蓄水量的退水指数。

一般情况下，河网蓄水量的消退速度大于地下水的消退速度，即 $k_g > k_r$。

如果流域的退水过程是上述两种补给的结果，一般不分割水源，可用一个总的退水公式表示，即

$$Q(t) = Q_0(t)\mathrm{e}^{-\frac{t}{k}} \qquad (3-22)$$

因退水流量的水源组成不同，k 值并非常数，即蓄泄为非线性关系，一般取为折线，其斜率分别代表河网蓄水量补给和地下蓄水量补给为主的消退系数 k_r 和 k_g。枯季蒸散发的强弱往往影响退水规律，对于地下水埋深浅、蒸发率季节变化大的流域尤为显著。由于我国冬季气温低，蒸散发能力弱，因此退水过程平缓。

如果预见期内有较大降雨量，则需考虑降雨量的影响，可以将预见期内降雨作参考，建立相关关系。预报时降雨参数为未知量，需由长期天气预报提供，其误差必然直接影响径流预报精度。对枯季降水量小、地下水补给稳定的流域，可建立汛末月平均流量与预报枯季总水量的关系，以增加预见期长度。枯季径流总量往往和汛期径流总量之间存在着一定关系。为避免个别大水年份汛期径流总量受地面径流比重大的影响，可以用汛期的流域吸水量（即降雨量-径流量-蒸发量）与枯季径流总量建立关系。当建立河段上、下游水文站前后期径流相关关系时，若有支流汇入，则可取支流的平均流量为参数。枯季有冰情的河流，枯季径流量受冰情影响。而冰情又与气温的关系较密切，因此我国北方河流的枯季径流预报相关关系常用气温作参数，能获得较好的关系。

3. 河网蓄水量法

枯水季节，流域蓄水量由于降雨补给量小，处于稳定退水阶段，且河槽蓄水量与地下蓄水量之间往往存在良好的相关关系。因此，可以不直接研究退水的动态规律，而是从河网水量平衡角度分析枯季径流量与蓄水量之间的关系，即

$$\int_t^{t+\Delta t} Q(t)\mathrm{d}t = W_{\Delta t} + \int_t^{t+\Delta t} Q_s(t)\mathrm{d}t + \int_t^{t+\Delta t} Q_g(t)\mathrm{d}t \qquad (3-23)$$

式中：$\int_t^{t+\Delta t} Q(t)\mathrm{d}t$ 为在预报期 Δt 内流经流域出流断面的径流总量；$W_{\Delta t}$ 为 t 时

刻的河网蓄水量中，在预见期 Δt 内能流经出流断面的那部分水量；$\int_{t}^{t+\Delta t} Q_s(t)\mathrm{d}t$ 为在预见期 Δt 内，流入河网并流经出流断面的地面径流总量；$\int_{t}^{t+\Delta t} Q_g(t)\mathrm{d}t$ 为在预见期 Δt 内，流入河网并流经出流断面的地下径流总量；Δt 为计算时段。

（二）旱情模型预报

现有的旱情预报技术主要分为：基于数理统计模型的预报和基于物理机制模型的预报两大类。

1. 基于数理统计模型的预报技术

基于数理统计模型的旱情预报是指利用数理统计理论和方法，从大量历史水文气象资料中探求预报对象（如径流）与预报因子（如环流因子、降雨、气温、积雪等）间的统计关系，建立预报模型进行预报。依据预报因子个数的不同，又可分为单因素和多因素预报两类。单因素预报，即利用水文要素自身的历史演变规律来预报未来可能出现的数值。一些具有非线性特点的模型算法，如灰色预测模型、马尔科夫链、人工神经网络、支持向量机等，也陆续被引入到季节水文预报中。相对于单因素方法，多因素预报试图建立径流与所选代表性因子间的统计相关关系，并基于所建立的统计关系进行预报。多因素预报面临着如何合理选择因子个数及类别，以解决拟合效果与预报效果不一致的问题。

2. 基于物理机制模型的预报技术

近年来，伴随地面观测网络的不断发展和遥感数据产品的升级，加之陆面水文模型的发展，这使得获取大范围高时空分辨率的气象数据驱动水文模型，开展大尺度陆面水文模拟成为可能。基于物理机制模型的预报技术是指借助反映流域产汇流特征的水文模型，将预报期内的气象信息（主要是降雨和气温）作为模型输入，通过定量刻画流域水文循环过程完成各水文要素的预报，实现旱情的预报。

（1）基于历史重采样的集合预报技术是将历史同期观测的降雨、气温等时间序列作为未来预报期内可能发生的气象强迫输入集合，驱动水文模型生成未来河道的流量过程集合，实现对未来径流过程的预测。该方法主要用于河道水量和水库入库量的预估研究中。基于历史重采样的预报能力主要取决于陆面初始水文状态（如土壤水、积雪等状态变量）和气候-海洋间的遥相关关系。后者在某些水文气象遥相关显著的地区，引入与水文预报关系密切的气象环流因子可改进预报精度。

（2）基于陆气耦合模型的预报技术是近 20 年发展起来的先进预报工具，考虑气象要素对水文要素的物理驱动作用，构建大气-陆面耦合预报模型进行预报，可有效地延长预见期。主要分为陆气单向耦合预报技术和双向耦合预报技术两大类。

陆气单向耦合预报技术是将气候模式输出的降水和气温等数据，驱动陆面模型，从而实现未来的旱情预报。目前陆气单向耦合预报技术可支撑业务化运行，提供天到季尺度干旱情势展望，能够对当前旱情是否加剧、持续、缓解、消退等可能性作出预报，但受限于气候和陆面水文等产品的质量，旱情预报产品的精度尚待进一步提高。

陆气双向耦合预报技术考虑了大气对陆面水文过程的影响，也考虑了陆面水文过程对大气的反馈，将水文模型嵌入到数值天气模型中，并以降水、蒸散发等作为两种模型相互作用的纽带。目前仍处于实验阶段，对气象模式的时空分辨率和水文模型的大尺度分布式模拟能力都有较高的要求，模型灵活性不高，调试较困难。

（三）旱情预报研究存在的问题及解决途径

1. 基于数理统计模型的预报技术存在问题

基于数理统计模型的预报技术具有计算简单、易于操作等优点，但常存在以下问题：

（1）在全球气候变化和人类活动的双重影响下，预报因子（降雨、气温）与预报要素（径流）间关系具有明显的非平稳特征，而基于历史长序列观测所建立的统计关系难以反映两者间的非平稳特征。

（2）此类预报方法主要是利用数理统计理论和方法，从大量历史水文资料中寻找预报对象与预报因子间的统计关系，建立预报模型进行预报，不考虑陆面水循环的物理过程，存在着物理机理偏弱的缺陷。

（3）机器学习方法是目前新型热点的统计方法，如人工神经网络预测法、支持向量机法等，大多基于样本数目趋于无穷大时的渐近理论，但在实际问题中，样本数量往往有限，因此，一些理论上很优秀的学习方法在实际应用中可能表现不尽如人意，实际应用时更需在有限的信息条件下获得最优结果。

2. 基于物理机制模型的预报技术存在问题

（1）季节气候预报精度过低。数值天气预报和气候预报模式的精度直接影响旱情预报精度。目前基于历史重采样的集合预报技术将历史气候态的气象强迫作为未来可能发生的气象条件，故难以有效地反映陆面水文的极端状况（如干旱）；陆气耦合模型预报技术为预测干旱等极端事件的出现、发展、消退等过程提供了新的途径，但预报的精度依赖于季节气候预报精度，不同的气候模式预报差异较大。

（2）缺乏适用于干旱预报的模型。旱情的发展表现为蠕变性、综合性和复杂性。已有的水文模型大多因洪水预报而诞生，用于旱情预报时有明显的短板。

它们通常注重自然水文状态的模拟，对农业灌溉、水库蓄放水、城市用水等人类活动影响考虑甚少；注重高流量模拟，对低流量模拟效果不佳；在产流机制上大多采用蓄满产流模式，较少采用混合产流模式；模型对土壤水和河道水的蒸发耗散模型的蒸发模块和土壤水运动模块考虑不足等。因此，如何发展适用于干旱预报的模型，仍是当前旱情预报的难点之一。

（3）大气-陆面模型尺度匹配难。目前，气候模式产生的降雨预报产品精度较低，在时空尺度上难以与陆面水文模型匹配，无法用于直接驱动陆面水文模型。通常采用降尺度的方法以解决气候预报与水文模拟两者尺度不匹配的问题。统计降尺度方法操作较简单高效，但缺乏物理机制；动力降尺度方法具有一定的物理机制，但耗时耗能，有时会陷入死循环，实用性不强。因此大气-陆面模型尺度匹配仍是旱情预报研究的难点之一。

3. 解决途径与方法

旱情预报应注重统计模型与物理机制模型相结合的方法，要加强多种统计方法和多种模型方法的对比验证，突出多类型干旱（气象干旱、农业干旱、水文干旱）和旱情的综合预报。通过多种气候模式预报结果的交叉检验与误差校正技术，提高季节气候与水文预报精度；利用统计与动力降尺度相结合的方法，解决大气-陆面模型尺度匹配问题；通过增加人类活动模拟模块、改进蒸发和产汇流计算，发展面向干旱的可适用于高强度人类活动的水文模型。

第三节 水 情 预 警

一、水情信息发布

（一）发布原则

（1）统一发布。水文情报预报由县级以上人民政府防汛抗旱指挥机构、水行政主管部门或者水文机构按照规定权限向社会统一发布。禁止任何其他单位和个人向社会发布水文情报预报。广播、电视、报纸和网络等新闻媒体，应当按照国家有关规定和防汛抗旱要求，及时播发、刊登水文情报预报，并标明发布机构和发布时间。

（2）分级负责。各级水文机构对辖区内的水文情报预报按照职责实行分级管理。

（3）发布审查。各级水文机构在正式提供水文情报预报成果前须严格履行审核、签发程序。

（二）发布内容

当辖区内发生较大汛情、旱情及凌情、咸情、风暴潮等水事件时，各级水文机构应及时向当地水行政主管部门和同级人民政府提供相应的水情信息报告。水情信息报告一般应包括如下内容：

（1）概述。对区域内发生的暴雨洪水、旱情及凌情、咸情、风暴潮等的成因和主要特点进行简要概述。

（2）暴雨洪水。暴雨发生时间、时段、数值、范围、量级、重现期；洪水过程、编号、水位（流量）超警超保、超历史最高（最大）、洪水组成、重现期以及水利工程运用或其他特殊情况。

（3）事件定性。汛情、旱情及凌情、咸情、风暴潮等水事件与历史典型事件的比较、分析、结论等信息。

（4）其他信息。重大事件的水文信息，即为纠正和澄清水事件问题提供的水文信息等。

（三）发布形式

水情信息发布当前主要包括以下几种形式：

（1）采用纸质文字图表方式发布。

（2）利用水情信息查询系统在局域网上发布。

（3）在水情预警汇集等共享平台上发布。

（4）通过广播、电视、报纸、电信、网络、水情预警发布系统等媒体统一向社会公众发布。

（5）指定有关人员统一向新闻媒体和社会公众发布。

二、水情预警发布

为防御和减轻水旱灾害，水文部门密切跟踪监视水雨情变化，如遇特殊水雨情，除向各级水行政主管部门和同级人民政府报告外，还及时向社会公众发布水情预警信号。近年来的实践证明，及时准确的水情预警信息不仅为水旱灾害防御工作提供技术支撑，还能有效提高社会公众防灾减灾意识。

水情预警是指向社会公众发布的洪水、干旱等预警信息，一般包括发布单位、发布时间、水情预警信号、预警内容等。

水情预警信号等级依据洪水量级、枯水程度及其发展态势，由低到高分为四个等级，依次用蓝色、黄色、橙色、红色表示，分别代表一般、较重、严重和特别严重四级危害程度。水情预警信号由预警等级、图标、标准3部分组成。

（一）洪水预警信号

洪水预警信号包括蓝色、黄色、橙色和红色四个预警等级，分别反映小洪水、中洪水、大洪水、特大洪水。洪水预警信号的等级划分指标宜采用与预警级别相应的水位（流量）或者洪水重现期综合确定。

（二）干旱预警信号

干旱预警信号包括蓝色、黄色、橙色和红色四个预警等级，分别反映轻度干旱、中度干旱、严重干旱、特大干旱。干旱预警信号的等级划分指标宜采用降水量距平百分率、连续无雨日数、土壤相对湿度、河道水位（流量）、水库（湖泊）水位、河道来水量距平百分率或水库蓄水量距平百分率等反映干旱程度的单一或多指标，并结合预警区域水文干旱特征综合确定。

（三）预警发布管理

按照《水情预警发布管理办法（试行）》的规定，水情预警由水文机构按照管理权限向社会统一发布。全国涉及 2 个及以上流域（片）的水情预警发布工作由水利部信息中心负责。流域（片）内涉及 2 个及以上省（自治区、直辖市）的水情预警发布工作由水利部流域管理机构水文部门负责。省（自治区、直辖市）辖区内的水情预警发布工作由省级水文部门负责。

各级水文部门要加强水情预警信息推送的时效性和精准性，畅通水情预警信息"最后一公里"，按照管理权限和职责分工，通过通知、工作短信、"点对点"电话等方式直达洪水防御工作一线，通过电视、广播、网站、微信公众号、水情预警发布系统等方式向社会公众发布，实现水情预警发布全覆盖。

有关地区和部门应依据水文机构发布的水情预警信息，按照防汛抗旱应急预案，及时启动相应响应。社会公众应及时做好避险防御工作，减轻水旱灾害损失。

第四章 水旱灾害防御应急响应

根据预报可能发生或已经发生的水旱灾害事件，水利部门适时启动相应级别的应急响应，根据工作职责及相关预案、规程开展监测预报预警、水工程调度及抢险技术支撑等水旱灾害防御相关工作。

第一节 应急响应准备工作

一、汛前工作检查

（一）检查工作制度

汛前检查是消除安全度汛隐患的有效手段，目的是发现和解决安全度汛方面存在的薄弱环节，为安全度汛创造条件。汛前，各级水旱灾害防御部门提早安排部署，对各相关单位汛前检查工作提出具体要求，分级组织汛前大检查，发现影响防洪抗旱安全的问题，责成责任单位在规定的期限内处理，不得贻误防洪抗旱工作。

在汛前检查过程中，要制定检查工作制度，落实检查单位、人员和被检查单位、人员的责任。对检查中发现的问题，将整改任务和责任落实到有关单位和个人，明确责任分工，限期完成整改任务，消除安全度汛隐患。

（二）重点检查内容

每年汛前各级水旱灾害防御部门组织检查组，对辖区的防御准备工作进行检查，重点检查的主要内容如下：

（1）重点防洪工程及水毁工程修复情况，水库、堤防等除险加固情况。

（2）水旱灾害防御组织机构，水库、堤防等防御责任制落实情况。

（3）防汛抢险专家库组建与技术培训情况。

（4）防御准备及工作部署情况。

（5）防汛通信、水文设施、水情监测预报和水工程调度系统建设等情况。

（6）水毁防洪工程修复资金落实情况。

（7）各类防汛抗旱物资器材储备落实情况。

（8）各类水旱灾害防御预案修订、措施落实及防洪调度演练情况。

（9）在建水利工程安全度汛预案制定和措施落实情况。

（10）当前防御工作中存在的突出问题和困难等。

（三）发现问题处置

汛前检查发现的问题，要列出问题清单，逐一落实整改措施，确保安全度汛。汛前江河湖泊水库水位低，雨水较少，施工条件好，有利于隐患处置，应抓住时机处理完成。

（1）汛前水位较低时发现的坍塌、裂缝等隐患要及时处理。

（2）枯水期开堤开坝破口的工程要在汛前堵复。

（3）各类阻碍行洪的障碍物要在汛前及时清除。

（4）对汛前不能完工的除险加固项目，要制定安全度汛措施，确保度汛安全。

二、水毁工程修复

水毁工程修复主要内容为堵口复堤和修复因洪涝受损的水库、堤防（护岸）等防洪工程。

在水毁工程修复的过程中，必须坚持科学指导、统筹兼顾、突出重点及分步进行的指导思想，水毁工程修复应按照"先重点、后一般，先生活、后生产，先应急、后长远"的原则，以防洪安全为重点，分级负责，加快修复。

三、隐患排查

汛前应对堤防、水库、水闸工程等进行一次全面检查，摸清工程状况。如发现问题，要及时处理；暂时不能处理的，要落实安全度汛措施。要及时清除水库溢洪道上的阻水障碍物。要对河道上涵闸及水库溢洪道和输水洞的闸门和启闭设备进行试用，及早检查维修闸门、启闭设备、照明设施、通信设施、交通道路等存在的问题。如不能在汛前完成修复工作，应根据工程情况制定应急度汛方案，并报上级主管部门批准后执行。

（一）堤防检查

堤防检查要求做到全线巡查，重点加强。巡查力量按堤段闸涵险工情况配备；对重点险工险段，包括历史和近期发现并已处理的，尤其要加强巡查。应重点检查以下内容：

（1）检查临河滩地串沟、河道水势流向及冲刷情况。

（2）检查堤顶、堤坡、堤脚有无裂缝、坍塌、脱坡、陷坑、浪坎等险情。

（3）堤防背水坡脚附近或较远处积水潭坑、洼地渊塘、排灌渠道等处有无渗水、管涌现象。

（4）迎水坡砌护工程有无裂缝损坏和崩塌，退水阶段临水边坡有无裂缝、滑塌。

（5）沿堤闸涵有无渗水、管涌、裂缝、位移、滑动等现象，涵闸运用是否正常等。

（二）河道整治工程检查

1. 河势检查

河势是河道内水流平面形态及其发展变化的趋势。预测河势发展，掌握防守重点，对指导防汛抢险是非常必要的。河势检查，一般是先观测现状河势，绘制河势图，然后对照本河段不同时期的观测结果进行分析，找出趋势，预估可能出险的堤段。

2. 河工建筑物检查

河道水流和河床在相互作用中，常使河道建筑物受到冲刷破坏，汛前应对河工建筑物进行检查，着重检查砌石、抛石护岸、坝垛、裹头有无开裂、塌陷、松动、架空、下沉等现象，坝岸工程的根石、基础有无淘刷、走失、下沉等现象，抛石护岸的稳定以及坝岸工程附近的水流流态等。

3. 河道阻水障碍物检查

河道内阻水障碍物严重影响河道泄洪能力，要通过查找阻水障碍，计算阻水程度，制定清障标准和清障计划，按照"谁设障、谁清除"的原则进行清除。另外，河口淤积使河道比降变缓，山洪泥石流堆积堵塞河道，以及码头、栈桥、引水口附近的河势变化等，都会影响行洪，在检查中应予以注意。

（三）水闸（涵洞）检查

河道上的水闸边界条件较为复杂，既有其自身的安全问题，还关系到所在河道堤防的防洪安全。因此，汛前应结合河道堤防一并进行检查。主要对水力条件、闸身稳定、消能设施、建筑物、闸门、启闭机械、动力设备等进行检查。

（四）水库工程检查

汛前应重点检查水库调度运用计划编制和审批、雨水情监测预报预警、防洪调度系统建设等情况，并根据各部分建筑物的工作条件和要求，分别对挡水建筑物、泄洪设施、输水隧洞及管道、闸门及启闭设施等进行检查，特别要重点检查水库溢洪道是否畅通、有无人为设障。对于尚未加固的病险水库，还应特别注意检查其特殊的保安措施和度汛方案。

四、工程防洪能力复核

全面排查水库、湖泊、堤防、蓄滞洪区、分洪河道、闸坝、泵站等工程现状和运用条件，重点排查骨干工程和未经洪水考验的工程，全面掌握流域水工程防洪能力；调查大江大河干流和主要支流、中小河流重要控制断面行洪能力，摸清水库下游河道、滩区等安全泄量，并完成资料整编和数据入库工作。

五、修订完善方案预案

（1）编制修订江河湖泊和水工程防洪调度方案。根据批准的流域防御洪水方案和洪水调度方案，结合流域防洪工程能力和经济社会现状，细化完善江河洪水调度方案，同时研究提出流域典型年洪水、不同量级洪水和不利组合洪水的安排意见和调度方案，以及防御流域超标准洪水的调度方案或口袋方案。按照分级管理的原则，各级水行政主管部门组织修订完善所有具有防洪功能的水库防洪调度方案（汛期调度运用计划），按管理权限完成相关审批工作。

（2）制订遭遇不利情况的流域、区域旱灾防御和水量应急调度方案预案。梳理确定可行的调水线路，保障重点城市、生态脆弱区和工农业生产用水需求。

六、提高监测预报预警能力

（1）提高洪水预报能力。加强水库等防洪工程基础信息核查更新和雨水情信息监测报送，实现江河洪水预报及工程调度运行信息的共享和耦合，促进预报调度一体化。加强与气象部门协作，实现实时雨量、雷达测雨及短期临近精细化降雨预报信息的充分共享，努力延长洪水预见期。组织编制工程洪水预报方案，修编江河重要断面洪水预报方案，强化洪水预报联合会商，努力提高关键期洪水预报精度。

（2）提高旱情监测分析能力。加强水库蓄水量等旱情信息的实时报送和历史信息的收集整理，推进江河湖库旱情预警指标确定，强化旱情信息共享融合。建立旱情监测评估分析常态化机制，加强旱情监测预警综合平台建设，提升旱情大数据综合评估分析智能化水平。

（3）提高水情旱情预警能力。完善预警发布工作机制。核定江河湖库防洪特征值，开展中小河流防洪特征值确定。开展中小水库洪水预警指标确定，明确预警对象及范围。加强预警发布平台建设，拓宽预警发布渠道，加大媒体传播力度，推进预警社会化发布。

七、工程日常巡查队伍及专家库准备

（一）工程日常巡查队伍

由水利、防汛专家和河道堤防、水库、闸坝等工程管理单位的管理人员、护堤员、护闸员等组成。根据日常管理养护掌握的情况，分析工程的防洪能力，划定险工、险段的部位。汛期即投入防守岗位，密切注视汛情，加强检查观测，及时分析险情。要不断积累管理养护知识和防汛抢险技术，并做好专业培训和实战演习。

（二）专家库

专家库要以水利勘测设计、科研院所等为依托，专业涵盖水利水电勘测、设计、施工、科研、水文监测预警以及水旱灾害防御管理等领域。严格专家筛选，建立专家动态管理机制，确保专家质量。

八、信息化系统检查

（一）防汛通信设备检查

充分利用社会通信公网，确保防汛通信专网畅通。健全水文、气象测报站网，确保雨情、水情、工情、灾情信息和指挥调度指令的及时传递。汛前要检查维护各种有线、无线防汛通信设施，组织业务培训，建立值班制度，保证汛期通信畅通。蓄滞洪区应按照预报时限、转移方案和安全建设情况，布置配备通信报警系统。

（二）信息化系统检查

着重对以下方面开展检查：

（1）信息网络系统技术保障机构及责任制落实情况。

（2）系统维护人员及经费落实、外包合约情况。

（3）网络设备及系统检查情况，包括网络互联情况、网络设备及局域网运行状态与维护保养状态。

（4）专用机房建设、环境检查及其维护保养状态。

（5）视频会议系统建设、运行状态及维护保养状态。

（6）网络及信息安全保护措施检查、维护保养状态。

九、培训和演练

（一）人员培训

人员培训主要可分为三个层次：

（1）分管水旱灾害防御工作的行政首长。

（2）政府部门从事水旱灾害防御工作的管理人员及专业技术人员。

（3）相关企事业单位从事水旱灾害防御工作的人员。

对各类人员和队伍应分层次、有计划地进行培训。

（二）演练

演练是指水旱灾害防御部门组织相关单位及人员，依据有关防御方案预案，模拟应对突发洪涝灾害和水利工程抢险的活动。演练可设定防洪调度、险情抢护等科目，可采用模拟推演或现场实战演练等方式。

防洪调度比较适宜于模拟推演方式。江河和水工程洪水预报调度演练，重点演练水情监测、洪水预报、会商研判、调度决策、沟通协调、工程运用等内容。针对演练中暴露出的相关问题，有针对性地做好改进提升。通过演练检验方案预案，磨合机制，锻炼队伍，提高指挥调度决策能力。

险情抢护则比较适宜于采取现场实战演练的方式。通过现场模拟的险情，演练各种险情下防汛抢险技术的应用，提高指挥人员的指挥能力、抢险队伍的实际操作技能。

第二节　应急响应行动

为进一步规范水旱灾害防御应急响应工作程序和应急响应行动，保证水旱灾害防御工作有力有序有效进行，2022年4月16日，水利部修订印发了《水利部水旱灾害防御应急响应工作规程》（水防〔2022〕171号），对全国范围内水旱灾害的预防和应急处置工作进行了规范。

一、防御目标

（1）总目标：坚持人民至上、生命至上，始终把保障人民群众生命财产安全放在第一位。

（2）防洪目标：人员不伤亡、水库不垮坝、重要堤防不决口、重要基础设施不受冲击。

（3）抗旱目标：确保城乡供水安全。

二、应急响应原则

（1）坚持"两个坚持、三个转变"防灾减灾救灾理念，坚持以防为主、防抗救相结合，坚持常态减灾和非常态救灾相统一，努力减轻水旱灾害风险，全面提升水旱灾害防御能力。

（2）坚持系统防御。以流域为单元，全面分析和把握不同流域水旱灾害防御特点和规律，通盘考虑流域上下游、左右岸、干支流，有针对性地做好防御工作。

（3）坚持统筹防御。实现流域区域统筹、城乡统筹，突出重点、兼顾一般，局部利益服从全局利益。做到关口前移，密切关注和及时应对水旱灾害风险。

（4）坚持科学防御。将预报、预警、预演、预案"四预"机制贯穿水旱灾害防御全过程，科学调度运用流域水工程体系，充分发挥水工程防汛抗旱减灾效益。

（5）坚持安全防御。依法依规、有力有效防御，确保人民群众生命财产安全，确保水利工程安全，确保重要基础设施安全，确保城乡供水安全。

三、应急响应等级和启动条件

根据预报可能发生或已经发生的水旱灾害性质、严重程度、可控性和发展程度、发展趋势、影响范围等因素，水旱灾害防御应急响应分洪水防御、干旱防御两种类型，启动和终止时针对具体流域和区域，级别分别从低到高分为四级：Ⅳ级、Ⅲ级、Ⅱ级和Ⅰ级。

特殊情况下，可根据雨情、水情、汛情、旱情、工情、险情及次生灾害危害程度等综合研判，适当调整应急响应级别。

洪水防御应急响应启动的条件一般包括：预报将发生较强降雨过程；预报河流、流域发生洪水；堤防、水库可能出现险情、出现高水位或已出现险情，甚至发生决堤、溃坝情况；蓄滞洪区需启用；地震等自然灾害造成水利工程出现险情；河流出现堰塞湖险情；可能发生山洪灾害或发生较大山洪灾害等。

干旱防御应急响应启动的条件一般包括：农村、城市（城镇）发生干旱，江河湖库重要控制站水位（流量）低于旱警水位（流量）等，各地可因地制宜，规定应急响应启动条件。

四、应急响应行动

根据汛情和旱情发展变化，当发生或预计发生符合应急响应条件的事件时，水利部门根据预案规定，启动相应级别的应急响应。应急响应行动一般包括如下内容：

（1）应急值守。根据不同的应急响应级别，相应强化值班值守，密切跟踪雨情、水情、工情、旱情、险情、灾情，及时落实并报告相关防御措施。响应级别提升，相应增加值守的部门和人员。

（2）会商部署。根据不同的应急响应级别，相应不同范围召开会商，分析研判雨情、水情、工情、旱情、险情、灾情及发展趋势，安排部署防御措施。响应级别提升，相应增加会商的部门、人员。

（3）预测预报。水文部门及时分析天气形势并结合雨水情发展态势，做好雨情、水情的预测预报，加强与气象部门联合会商，制作发布雨水情预报，及时提供重要测站监测信息，情况紧急时根据需要加密测报。

（4）预警发布。按照管理权限、职责分工和本地预警信息发布要求，将洪水或干旱预警信息通过通知、工作短信、"点对点"电话等方式直达防御工作一线和相关责任人，通过电视、广播、网站、微信公众号、山洪灾害预警系统等方式向社会公众发布，提醒防御一线工作人员立即采取防御措施，受影响区域内社会公众及时做好防灾避险或储水、节水等措施。

（5）工程调度。根据调度权限，依据经审批的方案预案，统筹考虑实时雨水情和未来趋势预测，做好水工程水旱灾害防御调度，确保水工程自身安全，确保下游防洪保护对象安全。涉及上下游人员安全时，提前做好预警转移工作。及时统计水库防洪减灾效益。

（6）检查指导。及时派出专家组和工作组，了解掌握汛情、旱情、险情、灾情和水旱灾害防御工作情况，协助指导做好水旱灾害防御工作，每日报送工作开展情况。

（7）信息报送。汛情、旱情、工情、险情、灾情等信息报送要及时、全面、准确。突发重大险情时，所在地的水行政主管部门应在汛情险情发生后1h内报告（紧急情况可越级上报）水利部（水旱灾害防御司），并抄报流域管理机构。应持续跟踪险情处置进展，每日进行续报，延续至险情排除、灾情稳定或结束。

（8）新闻宣传。发布新闻通稿和重要汛情通报，适时反映实时汛情旱情和防御工作部署、成效；做好舆情监测，及时反馈重大情况；及时回应社会关切，有效引导舆论；根据工作需要，做好信息提供、审核、接受采访等工作。

（9）抢险支撑。根据工作需要，按照险情类别调集人员技术力量，做好险情处置技术支撑。同时提请同级应急管理部门做好抗洪抢险及险情处置。水旱灾害防御专家应保持联络畅通，随时提供技术咨询和支撑。水利工程运行管理单位做好工程监测、调度、巡查及险情报告、险情先期处置等工作。

五、响应终止

视汛情和旱情发展变化，根据预案规定，宣布终止或降低应急响应级别。

六、善后工作

（1）应急响应执行。强化应急响应执行，对不响应、响应打折扣的，严肃追责问责。

（2）水旱灾害事件调查。该调查主要包括洪水调查和旱灾调查。洪水调查评估内容主要包括责任制落实、雨水情监测、预警信息发布、工程调度、转移避险、抢险救援以及灾害原因分析、整改提升措施等内容。旱灾调查评估内容主要包括旱情发展过程、旱灾影响和损失、水工程调度、灾害原因、各级责任落实、应对措施合理性及整改提升措施等内容。

（3）水毁工程修复。对影响防洪安全和城乡供水安全的水毁工程，应尽快修复。防洪工程应力争在下次洪水到来之前做到恢复主体功能；水源工程应尽快恢复功能。

（4）蓄滞洪区补偿。国家蓄滞洪区依规分洪运用后，按照《蓄滞洪区补偿暂行办法》进行补偿。其他蓄滞洪区可由地方人民政府参照《蓄滞洪区补偿暂行办法》补偿。

（5）防御工作评价。对年度水旱灾害防御工作的各个方面和环节进行定性和定量的总结、分析、评估，总结经验，查找问题，提出改进措施。

第五章 水 工 程 调 度

新中国成立 70 多年来，已建水工程通过科学调度运用发挥了巨大效益，防洪保安和抗旱供水总体达到较安全的水平，有力支撑、保障了经济社会快速发展。高效、科学、精准调度不仅保障了水工程的安全运行，也进一步挖掘了水工程潜力，最大限度发挥了工程效益。

第一节 水工程调度综述

水工程调度是指合理运用水工程，对江河湖泊天然径流进行调节，改变洪水及水资源在时间和空间上的分布状况，以满足国民经济生产、生活和生态保护需要，达到除水害、兴水利的目的。水工程调度一般应遵循的原则为：保证工程和上下游防洪安全；根据规划与设计的规定，充分发挥除害兴利作用，并考虑各种水利工程与非工程措施的最优配合运用，使综合效益最优；当遭遇设计标准以上的特大洪水或特枯水情时，按照局部服从整体的原则，通过合理调度水工程，使灾害损失降至最低程度。对于兼有防洪、灌溉、供水、发电、排涝、航运、渔业、环境保护、旅游等多种用途的综合利用水工程，应根据其承担任务的主次关系和轻重缓急情况，参照上述原则拟定调度运用方案，以整体综合效益最优为原则进行统一调度。

一、防洪系统调度运用

防洪系统（工程体系）常由河、湖、堤防、水库、分洪闸及分洪道、蓄滞洪区、涵闸、泵站等组成，共同解决一个流域或一个区域的防洪问题。调度手段主要有"拦、分、蓄、滞、排"。

拦，就是发挥水库拦洪削峰错峰作用，用水库库容的空间减小下游的洪峰流量或避免洪峰遭遇，争取下游河道、湖泊安全行蓄洪。

分，就是利用分洪河道，增加洪水出路，减轻干流防洪压力。

蓄、滞，就是运用蓄滞洪区滞纳超过河道标准、湖泊行蓄洪能力的洪水，也是以容纳超量洪水空间赢取河道（湖泊）安全行蓄洪的时间。

排，就是利用水闸、泵站等抽排涝水。在运用中，应明确各单项工程所能解决的洪水量级标准，依据相应的设计洪水、河道安全泄量、水库防洪运用的调度方式等条件，编制整个系统的调度规则，作为实际洪水调度中安排各项工程运用次序和进行统一调度的依据。对于由水库和河道堤防组成的防洪系统，应尽量利用河道宣泄洪水，并视水库入库流量和区间洪水的遭遇组合情况，控制水库泄量进行补偿调节，以达到最大程度地削减下游成灾水量的目的；如还有分（蓄）洪措施配合，一般可根据河道安全泄量和水库调蓄的情况，进行分（蓄）洪水的具体调度。

二、排涝系统调度运用

排涝系统常由排水渠系、排水闸、排水泵站等组成，在沿海地区还包括挡潮闸，以共同解决涝区农田或城市的排涝问题。当排水河道（湖泊）水位较低时，启闭排水闸抢排涝水，尽量降低排水渠系及涝区的水位。排水河道水位上涨高于闸内水位后即关闸，先利用蓄涝区及排水渠系蓄存涝水；根据设计规定，当涝区或城市排涝地区水位已经达到排水标准时，即开动排水泵站排水，尽可能使涝区水位维持在允许限度以内，并适当留出一定的蓄涝容积。当排水河道水位低于闸内水位时，再开闸排水。沿海地区排涝体系常由挡潮闸、泵站及排水渠系组成。高潮时，关闸防止潮水入侵，利用渠系容积蓄存涝水，潮位降低后即开闸抢排，使水位降低至有利于涝水自排的高程。

三、灌溉系统调度运用

灌溉系统常由水库、塘堰、进水闸、灌溉渠系、泵站、机（电）井等组成，共同解决一个地区的农田灌溉问题。按照设计和划分的灌溉范围，制定合理的调度方式。灌区内的骨干水库与中小水库及塘堰应合理配合运用。一般来说，骨干水库调节能力较高，应当先用灌区内中小水库及塘堰的存水，后由骨干水库补充，但在用水高峰季节到来之前，应使灌区内中小水库及塘堰蓄满，以便在高峰时加大供水，满足灌溉要求；如骨干水库调节性能不高，则在水库来水较丰季节先用库水，在水库来水较枯季节先用灌区中小水库及塘堰存水。当自流灌区内还有可供灌溉用的机（电）井时，应根据不同的水情，采用不同的井渠结合的灌溉方案，尽可能扩大灌溉范围及提高灌溉保证率。

第二节　水库（水电站）调度

水库（水电站）调度是指在确保大坝等主要水工建筑物安全的原则下，发挥水库（水电站）的防洪、供水、生态、发电、灌溉、航运等综合效益。

一、调度目标任务

防洪调度，确保水工程自身安全，利用水库的调蓄作用和控制能力，有计划地控制调节洪水，以避免或减轻下游防洪区的洪灾损失。不承担防洪任务的水库，为保证工程本身的防洪安全而采取的调度运用措施，通常也称为水库防洪调度。

蓄水调度，兼顾防洪、供水、生态、发电、航运等方面的需求，统筹上下游、干支流，有序逐步蓄水，提高水库（水电站）群的总体蓄满率，并减少集中蓄对下游河段及供水、生态、航运等带来的不利影响。枯水期水库（水电站）适时补水，加大下游河道主要控制断面流量，尽量满足下游供水、生态、航运等方面的需求。

供水调度，保障流域内及受水区的供水安全，合理配置水资源，充分发挥水资源的综合效益。引调水工程应按批准的年度水量调度计划供水，特殊情况下，经批准后可根据需要适当调整供水量。

生态调度，满足流域主要控制断面的生态基流、相关水生生物生长繁殖所需的特定需求，维护流域生态安全。

应急调度，减轻特枯、水污染、水生态破坏、咸潮入侵、水上安全事故、涉水工程事故、影响引调水工程供水安全等突发事件的影响。

二、防洪调度一般要求

（一）满足下游防洪要求的防洪调度

水库的防洪调度方式，一般可分为固定泄洪调度、防洪补偿调度和防洪预报调度。

1. 固定泄洪调度

对于防洪区紧靠水库下游、水库至防洪区的区间面积小、汇流流量不大或者变化平稳的情况，区间流量可以忽略不计或看作常数，对于这种情况，水库可按固定泄洪方式运用。当洪水不超过防洪标准时，控制下游河道流量不超过河道安全泄量。固定泄洪调度一般分为一级固定泄洪和多级固定泄洪。

（1）一级固定泄洪。对防洪区只有一种安全泄量的情况，水库按一种固定流量泄洪。入库流量超过该泄量的部分蓄在库内，直至库水位达到防洪高水位。

（2）多级固定泄洪。水库下游有几种不同防洪标准与安全泄量时，水库按几种固定流量泄洪的方式运用。一般多按"大水多泄、小水少泄"的原则分级控制。有的水库按库水位控制分级，有的水库按入库洪水流量控制分级。

2. 防洪补偿调度

对于防洪区离水库较远、区间面积及洪水变化较大的情况，为有效发挥防洪库容的作用，一般按补偿调度方式运用。这种调度是以防洪区不超过河道安全泄量为原则，根据区间洪水的大小及洪水传播时间、演进规律，确定水库补偿泄洪流量。区间流量较大时，水库少泄；区间流量较小时，水库多泄，控制两者汇合后的流量不超过下游河道安全泄量或预先制定的某一流量（水位）标准。对于有几种安全泄量或流量（水位）标准的情况，可采取多级防洪补偿调度。根据区间洪水和补偿条件的不同，又可分为考虑洪水传播时间的补偿调度、考虑区间洪水预报的补偿调度和考虑综合因素的防洪补偿调度。

（1）考虑洪水传播时间的补偿调度。当水库泄量到达防洪区的传播时间小于或等于区间洪水传播到防洪区的时间时，水库泄量比区间洪水提前到达防洪区，故可以利用传播时间差按已知区间流量确定水库的防洪补偿泄量。

（2）考虑区间洪水预报的补偿调度。若水库泄量晚于区间洪水到达防洪区，则需要有一定预见期的区间洪水预报，才能预知区间流量并考虑预报误差对水库进行补偿泄洪。

（3）考虑综合因素的防洪补偿调度。对区间面积很大、洪水遭遇组成比较复杂的情况，可以参照洪水发生的基本规律并根据以往实际洪水资料，分析水库对防洪区补偿调度的蓄泄洪量与防洪区的水位、流量及涨率之间的经验关系，据此建立以防洪区水位、流量、涨率等综合因素为参数的防洪补偿调度图，作为指导水库防洪补偿调度的依据。

3. 防洪预报调度

具备洪水预报技术和设备条件，洪水预报精度及准确率较高，蓄泄运用较灵活的水库，可以采用防洪预报调度。防洪预报调度的实施须提前编制预报调度方案，经主管部门严格审查批复后方可实施。通常有以下几种方式。

（1）根据洪水预报提前腾出库容以蓄纳即将发生的洪水。对于有兴利任务的水库，其预泄水量一般以该次洪水过后水库能回蓄到防洪限制水位，不致影响兴利效益为原则来确定。预报调度可以与补偿调度相结合。预报预见期越长、预报精度越高，防洪预报调度效果越好。目前，多采用短期防洪预报调度；中期预报精度较差，实际应用尚不多；长期预报尚处于探索阶段。随着水文预报科学技术水平的提高，防洪预报调度将是提高防洪效益的有效途径。

（2）根据入库洪水（或防洪控制点以上的洪水）的洪峰或洪量的预报进行水库调度。在考虑分级调度的情况下，若预报洪水（考虑预报误差）即将超过下游某一级防洪标准的相应安全泄量时，即可提前按高一级标准的安全泄量泄洪。如预报将发生超过工程防洪标准的洪水（考虑预报误差）时，可提前按确保水库安全的调度方式运用，以提高水工建筑物的安全度。

（二）水库工程安全的防洪调度

为确保水工建筑物的安全，在水库遭遇工程设计洪水时，库水位应不超过设计洪水位；遭遇工程校核洪水时，库水位应不超过校核洪水位。前者称水库正常运用，后者称水库非常运用。

1. 正常运用方式

可以采用库水位或者入库流量作为控制运用的判别指标。按照预先制定的运用方式蓄泄洪水，控制库水位不高于设计洪水位。

2. 非常运用方式

当库水位已达到设计洪水位并继续上涨时，对有闸门控制的永久性泄洪设施（包括非常溢洪道等），可打开全部闸门或按规定的泄洪方式泄洪，以控制发生校核洪水时库水位不超过校核洪水位。如需启用临时性泄洪设施，而启用后会使下游产生严重的淹没损失，或可能冲毁部分水工建筑物，影响水库效益，造成严重后果时，则需要慎重制定合理的启用条件（称启用判别指标）。通常以库水位略高于设计洪水位，或以入库流量略超过设计洪峰流量且有上涨的趋势作为临时性泄洪措施的启用条件。具有较大蓄洪能力的水库，以库水位作为启用条件比较可靠，而且易于掌握。库容较小，设计洪水位与校核洪水位相差不大的水库，以入库流量作为启用条件比较安全。水库非常运用时，宜严格控制泄量不超过入库最大流量，以免人为增加下游的洪灾损失。启用非常运用措施前，应及时做好下游影响区域的预警转移工作。

多泥沙河流水库的防洪调度，还应专门研究采用可减少泥沙淤积量和改善淤积部位的调度方式。

三、防洪调度基础工作

（一）基础资料收集

水库的基本资料是水库防洪调度工作中最基础的工作，为做好水库的防洪调度运用，要收集、整理以下 4 方面的基本资料。

1. 自然地理和社会经济方面资料

（1）水库上、下游控制或影响范围内的地形条件、地质条件、植被覆盖、土壤分布、水系情况及污染源分布等。

（2）水库上、下游控制或影响范围内的有关城镇、耕地、人口、工矿企业和交通干线等资料。

2. 水文气象资料

（1）水库控制范围内的降雨、蒸发、气象、风向、风力和冰冻情况等。

（2）坝址上、下游水文站网布设，各站雨量、水位、流量、流速、水质、含沙量和径流量等特征资料。

（3）洪水传播的时间及流量过程线，人类活动对径流影响等。

（4）各种频率水文分析计算成果，历年水文预报方案和有关编制说明、工作总结等。

3．工程方面资料

（1）水库工程的规划、勘测、设计、施工、验收鉴定等文件。

（2）水库库容、面积、泄流等特征曲线。

（3）库区移民迁移、土地利用、淤积变化、淹没、浸没、库岸坍塌和回水影响资料。

（4）历年检查观测、养护修理、调度运用等总结等资料。

（5）水库上、下游有关工程的主要技术指标和工程质量等资料。

4．其他相关资料

（1）水库上、下游水资源开发利用情况。

（2）库区土地利用和生产建设现状。

（3）下游河道堤防标准、质量状况、河道整治和阻水建筑物构筑物情况。

（4）下游防洪标准、安全泄量、保护范围和对水库的供水、错峰要求。

（5）历年水资源污染危害及处理情况。

（6）历年上级批准的有关文件和协议等。

知识点：水库特征水位及库容

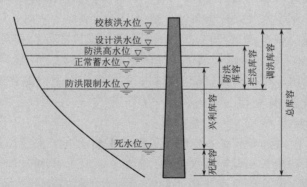

1．正常蓄水位。水库在正常运用情况下，为满足兴利要求可蓄到的高水位。

2．防洪限制水位。水库在汛期允许兴利蓄水的上限水位，也是水库在汛期防洪运用时的起调水位。

3．防洪高水位和防洪库容。防洪高水位指遇到下游防护对象的设计标准洪水时，水库坝前达到的最高水位；防洪库容指防洪高水位至防洪限制水位之间的水库容积。

4. 设计洪水位和拦洪库容。遇到大坝设计标准洪水时，水库坝前达到的最高水位；拦洪库容为设计洪水位至防洪限制水位之间的水库容积。

5. 校核洪水位和总库容。校核洪水位指遇到大坝校核标准洪水时，水库坝前达到的最高水位；总库容指校核洪水位以下的水库容积。

6. 死水位和死库容。死水位指正常运用情况下，允许水库消落的最低水位；死库容指死水位以下的水库容积。

（二）报汛站网布设

水库报汛站网是指在防汛抗旱工作中按照报汛报旱办法及有关要求，报告江、河、湖、海、库雨水情的水文、气象台（站）所组成的流域或区域面上的监测站网。报汛站网通常是在水文、气象站网基础上布设（选定或增设）。布设报汛站网的基本原则是：以能控制和掌握所需汛情的变化为准。在选定站点时应考虑以下因素：

（1）具有代表性和控制性。

（2）满足防汛抗旱、水工程建设和运用、水资源管理与保护及其他有关部门对雨水情的需要。

（3）满足水文作业预报的需要。

（4）具备良好可靠的通信条件。

（5）在国家基本水文站、雨量站中选择，不能满足要求时，可增设新站。

（6）应尽量反映工程运行信息。报汛站网布设后应保持相对稳定（应急报汛站除外）。但如果流域或区域内下垫面等情况发生变化，不能满足要求时，需要及时调整。全国报汛站站号应统一规划，站号编定后不得随意更改。

（三）设计洪水复核

1. 洪水复核程序

（1）收集、整理和复核基本资料。根据《水利水电工程设计洪水计算规范》（SL 44—2006）的要求和设计洪水计算的需要，广泛收集和整理流域自然地理、河道特征、暴雨、洪水以及流域内水利工程和水土保持措施等资料。充分利用实测暴雨洪水资料，并重视历史资料的利用。除需搜集水库原设计阶段成果及所依据的原始数据外，还要重视运行期新增的水文、气象资料，流域和河道内变更等情况。

（2）选择合适的洪水复核计算方法。根据水库流域自然地理因素和水文资料条件，设计洪水复核主要有以下 3 种方法：

1）利用流量资料推求设计洪水。坝址或其上、下游邻近地点具有连续序列30 年以上实测和插补延长洪水流量资料，并有调查历史洪水时，可采用流量资料直接进行频率分析计算，以推求水库设计洪水。当水库运行期较长，有较全面的水库运行期水文资料，且资料可靠时，可根据水库运行期观测资料还原水库历年入库洪水过程，直接计算入库设计洪水。

2）利用雨量资料推求设计洪水。当工程所在河流上下游没有实测流量资料，水库运行期观测资料亦不足以作为设计洪水计算依据，但工程所在地区具有连续序列 30 年以上实测和插补延长的雨量资料时，可利用雨量资料推求设计洪水。

3）缺资料地区综合法估算设计洪水。工程所在流域不仅没有流量资料，也缺乏相应的暴雨资料时，可采用地区综合法估算设计洪水，但应用地区综合法时，应注意设计流域特性的差异，并尽量利用近期大暴雨洪水资料予以检验。

（3）成果合理性分析。成果的合理性检查包括 3 个方面：

1）本工程设计洪水设计洪峰流量和不同时段洪量成果及参数的合理性检查。

2）地区性综合对比检查。

3）本工程不同阶段设计成果合理性对比检查。

不同阶段设计洪水成果的比较，是最终确定推荐采用成果必不可少的环节。由于计算时采用的资料条件不同、采用的方法也可能不完全一致，加之设计人员处理经验上的差别等原因，将不可避免地使复核成果与原各阶段成果存在一定的差别，通过比较，应查找并分析不同阶段成果差异的原因，并对不同阶段成果作出评价。由于不同标准设计洪水的改变涉及面较大，一般情况下，如复核的设计洪水成果与原设计成果相比，偏小在 10％以内或偏大在 5％以内时，可以认定原采用的设计成果仍可继续作为工程设计依据，否则应进行修改。

2. 洪水复核应注意的问题

洪水复核是在新增水文资料的基础上，对设计阶段的设计洪水成果进行复查和评价，一定要注意水库流域不同时期下垫面条件、报汛站网的差异及其对洪水的影响。

（1）重视降雨、水文等基本资料的搜集、整理和分析，使有限的样本对总体具有尽可能高的代表性。

重视特大暴雨和特大洪水资料。包括历史发生的和新增的，因其往往关系到计算参数的趋势变化及设计洪水计算的精度。历史洪水往往包含有较多当地大洪水的信息，若其精度较高，应用于设计洪水计算可以补充实测系列资料的不足，起到延长系列、有效扩大样本容量、减少外延幅度的作用。

重视流域内人类活动的影响。注意搜集对水库的洪水有调蓄影响的其他蓄水、引水和提水工程的情况及其水文资料。为了对水文成果进行合理性分析，不仅需要搜集水库的资料，而且需要搜集流域上、下游以及邻近流域水文资料和水文分析成果。

（2）重视水文资料一致性。为了保证计算的设计洪水具有足够的精度，需对水位、流量资料和洪水调查资料进行必要的复核，对所采用的水文基本资料的可靠性、一致性和代表性进行分析。结合洪水复核的特性，在"三性"分析中，需特别注意资料的一致性。为得到合理可靠的分析成果，需首先将系列数据还原到同一基础之上。

（3）考虑上游新建工程的调蓄影响。上游水库的调蓄对下游洪水的影响要充分被重视。若水库上游有调蓄作用较大的水库或分洪、滞洪等工程，工程调节后的下泄流量过程与水库天然洪水过程相比，一般洪峰及时段洪量减小、峰现时间延后，削峰及延后峰现时间的效应随天然洪水的大小和洪水过程线形状的不同而不同。

（4）注意入库设计洪水和坝址设计洪水的差别。根据水库地形条件，分析坝址设计洪水与入库设计洪水的差别，必要时改用入库设计洪水作为设计依据。一般来说，同样的降水量建库后入库洪量比建库前洪量大，流域汇流时间缩短，入库洪峰流量出现时间提前，涨水段的洪量增大。入库洪水与坝址洪水的主要差别是洪峰流量和短时段洪量。在实际计算中，选择计算坝址洪水还是入库洪水，可主要依据两者的差别大小和水库调洪原则确定。

1）若水库位于原河槽调蓄能力小的深山峡谷中，建库后水库仍为河道型水库，入库洪水与坝址洪水相差较小，可直接采用坝址设计洪水作为工程设计的依据。

2）若库区位于丘陵地区，原河槽调蓄能力较大，建库后水库为湖泊型，则入库洪峰流量与坝址洪峰流量相差较大，宜采用入库设计洪水作为工程设计的依据。

3）若水库的防洪库容较大，设计洪水以较长时段洪量控制，即调洪时间较长时，则可直接采用坝址设计洪水作为水库防洪设计的依据。

4）对于低坝径流式水库工程，宜以坝址设计洪水作为设计依据。

（5）重视设计暴雨和流域产汇流参数复核。若缺少实测流量资料，需利用设计暴雨推求设计洪水的方法对水库设计洪水进行复核。这种情况下，首先，要注意设计暴雨计算过程中，要充分利用本流域历史暴雨资料；当附近地区有特大暴雨资料时，如果在同一暴雨区内，要注意特大暴雨的移用，以保证设计暴雨的可靠性。其次，流域产流和汇流参数必须应用本流域和相似流域暴雨洪水实测资料，以分析这些参数随洪水特性变化的规律，特别是大洪水时的变化规律。当直接采用各省已审定的《暴雨洪水图集》计算设计洪水时，也应注意暴雨和产流、汇流参数的检验问题。现各省采用的《暴雨洪水图集》一般编制于 20 世纪 70 年代后期，未包括 20 世纪 80 年代以来的雨洪资料。如果有新的大暴雨发生，应对暴雨查算成果进行验证，必要时作一定调整。如果有较大量级的实测洪水资料，应充分利用其对《暴雨洪水图集》中产流和汇流参数进行检验。若工程位于省界河流时，应充分考虑邻省暴雨洪水分析成果，并应用邻省《暴雨洪水图集》进行查算，以做进一步的地区综合分析和检验。

（四）洪水预报方案编制

水库洪水预报是根据前期和现时已出现的水文气象等因素，对洪水的发生和变化过程作出预测，是预见未来洪水变化的水文情报预报工作的一部分。及时准确的洪水预报可使汛期水库防洪调度取得更大的主动权，对防御洪水灾害，保障水库工程和下游防护区安全具有重要作用。

水库防洪调度需要提供的洪水预报内容主要有洪水总量、洪峰流量及其出现时间和洪水过程等。

洪水预报一般分为落地雨洪水预报和考虑未来降雨洪水预报。中小水库因流域面积小，落地雨洪水预报的预见期通常较短，因而在防洪调度中的作用受到限制。水库防洪调度应在落地雨洪水预报的基础上，开展考虑未来降雨洪水预报，结合中长期天气预报，分析水文气象趋势，作为洪水调度的参考，以便充分发挥水库的防洪兴利效益。

1. 资料的收集与处理

《水文情报预报规范》（GB/T 22482—2008）规定：对于洪水预报方案（包括水库水文预报及水利水电工程施工期预报），要求使用不少于 10 年的水文气象资料，其中应包括大、中、小洪水各种代表性年份，并有足够代表性的场次洪水资料，湿润地区不应少于 50 次，干旱地区不应少于 25 次，当资料不足时，应使用所有资料。当资料代表性达不到要求时，洪水预报方案应降一级使用。洪水预报方案编制需要流量资料、雨量资料和蒸发资料的支持。

（1）流量资料。各相关水文站的流量资料，若断面为水库，则需要时段入库流量资料；若水库断面是下一级断面的入流，则需要时段出库流量资料。

（2）雨量资料。各相关雨量站的时段雨量资料，无时段资料需提供摘录资料，对于站点的缺测资料，需采用附近站点的资料插值补齐。

（3）蒸发资料。各相关测站的日蒸发资料，将其处理成时段蒸发资料。

根据收集到的资料挑选历史洪水，挑选时应注意各种代表性的洪水均需挑选。

2. 预报方案配置

根据雨量站划分，每单元有且只有一个雨量站，划分采用泰森多边形法，再根据流域水系进行调整，尽量做到每单元代表一个子流域，配置预报断面的入流断面。

3. 预报模型选择

为计算单元配置适合的预报模型，湿润地区一般为三水源新安江模型，半干旱地区可采用陕北模型、河北模型、水箱模型等。河道汇流模型可采用马斯京根法、Nash 瞬时单位线法等。

4. 模型参数率定

采用优选方法与人工调整相结合的方法率定模型参数。优选方法包括单纯形法、遗传算法、SCEUA 法、PSO（粒子群）算法等。率定时，先给定各参数的取值范围，设定目标函数，然后采用优选方法寻优，最后再对优选出的参数进行人工调整，使之更符合参数的物理意义。

5. 预报方案精度评定

选择洪水预报方案精度评定的项目，应包括洪峰流量（水位）、洪峰出现时间、洪量和洪水过程等。根据预报项目的合格率评定预报方案精度。

（1）误差指标。洪水预报误差可采用以下三种指标：

1）绝对误差。水文要素的预报值减去实测值为预报的绝对误差。

2）相对误差。绝对误差除以实测值，以百分数表示，即为相对误差。

3）确定性系数。确定性系数反映洪水预报过程与实测过程之间的吻合程度。确定性系数最大值为 1，越接近于 1，吻合程度越好。

（2）预报许可误差。

1）许可误差。许可误差是指依据预报成果的使用要求和实际预报技术水平等综合确定的误差允许范围。

2）洪峰预报许可误差。降雨径流预报以实测洪峰流量的 20％作为许可误差；河道流量（水位）预报以预见期内实测变幅的 20％作为许可误差。当流量许可误差小于实测值的 5％时，取流量实测值的 5％；当水位许可误差小于实测洪峰流量的 5％所对应的水位幅度值或小于 0.10m 时，则以该值作为许可误差。

3）洪峰出现时间预报许可误差。以预报根据时间至实测洪峰出现时间之间时距的 30％作为许可误差，当许可误差小于 3h 或一个计算时段长，则以 3h 或一个计算时段长作为许可误差。

4）径流深预报许可误差。径流深预报以实测值的 20％作为许可误差，当该值大于 20mm 时，取 20mm；当该值小于 3mm 时，取 3mm。

5）过程预报许可误差。取预见期内实测变幅的 20％作为许可误差，若该流量小于实测值的 5％，当水位许可误差小于以相应流量的 5％对应的水位幅度值或小于 0.10m 时，则以该值作为许可误差；预见期内最大变幅的许可误差采用变幅均方差。

（3）预报项目的精度评定。

1）一次预报的误差小于许可误差时，为合格预报。合格预报次数与预报总次数之比的百分数为合格率，表示多次预报总体的精度水平。

$$QR = \frac{n}{m} \times 100\% \qquad (5-1)$$

式中：QR 为合格率，取 1 位小数；n 为合格预报次数；m 为预报总次数。

2）预报项目的精度按合格率的大小分为 3 个等级，见表 5-1。

表 5-1　　　　　　　　　　　　　　预报项目精度等级表

精度等级	甲	乙	丙
合格率/%	$QR \geqslant 85.0$	$70.0 \leqslant QR < 85.0$	$60.0 \leqslant QR < 70.0$

（4）预报方案的精度评定。当一个预报方案包含多个预报项目时，预报方案的合格率为各预报项目合格率的算术平均值，其精度仍按表 5-1 的规定确定。当主要项目的合格率低于各预报项目合格率的算术平均值时，以主要项目的合格率等级作为预报方案的精度等级。

四、汛期调度方案（运用计划）编制

水库年度汛期调度方案（运用计划）应当依据流域防御洪水方案和洪水调度方案，工程规划设计、调度规程，结合枢纽运行状况、近年汛期调度总结及当年防洪形势等编制。对存在病险的水库，应当根据病险情况制定有针对性的年度汛期调度方案（运用计划），确保安全度汛。

汛期调度方案（运用计划）主要包括：编制目的和依据、防洪及其他任务现状、雨水情监测及洪水预报、洪水特性、特征水位及库容、调度运用条件、防洪（防凌）调度计划、调度权限、防洪度汛措施等，其中，防洪（防凌）调度计划应包含调度任务和原则、调度方式、汛限水位及时间、运行水位控制及条件、下泄流量控制要求、供水、生态、调沙、发电和航运等其他调度需求。

五、实时防洪调度

水库实时防洪调度是指在防洪调度中，根据实时水情、雨情、工情、险情、灾情及预报的入库和下游区间洪水过程，利用不断更新的洪水信息，通过不断求解优化决策模型，滚动调整水库调度方案，对汛期出现的各种入库洪水经调节计算作出科学合理的蓄泄安排。随着水文气象监测预报技术、计算机技术、卫星遥感技术的进展和水库洪水预报调度自动化系统的建设，此方法日臻完善，应用愈加广泛。

（一）类型与特点

按照洪水预报模型引用的降雨信息类型和防洪调度方案选择的理论和方法的不同，可细分为如下类型。

（1）面临时刻为实测降雨且假定以后无雨，用短期洪水预报模型预报洪水过程，参照规划设计的调度规则和方式，依据实时水情、雨情、工情、险情及灾情，选择防洪调度方案。

（2）面临时刻为实测降雨，未来时期考虑气象部门的短期降雨预报信息，再用短期洪水预报模型预报洪水过程，参照规划设计的调度规则和方式，依据实时水情、雨情、工情及灾情，抓主要矛盾，选择防洪调度方案。

（3）在第（1）类方法预报洪水过程的基础上，依据实时水情、雨情、工情、险情及灾情，经验性地拟定数个可行调度方案，从中优选一个满意的防洪调度方案。

（4）在第（2）类方法预报洪水过程的基础上，依据实时水情、雨情、工情、险情及灾情，经验性地拟定数个可行调度方案，从中优选一个满意的防洪调度方案。

面临时刻实测降雨信息和实际水情、雨情、工情、险情及灾情，进行水库防洪实时调度，比规划的防洪调度方法的预见期增长，防洪效益明显增加。但是，由于洪水预报有一定的误差，所以风险增加；面临时刻为实测降雨，未来时期考虑气象部门的短期降雨预报信息，依据实时水情、雨情、工情、险情及灾情，进行水库防洪实时调度，其预见期更长、效益更大，相应的风险亦有所增加。

（二）应用条件

（1）建立水情、雨情、工情、险情及灾情遥测信息处理、洪水预报、洪水调度和警报系统；信息传递畅通率和误码率满足《水文自动测报系统技术规范》（SL 61—2003）要求；降雨径流预报方案的精度达到《水文情报预报规范》（GB/T 22482—2008）相应要求。

（2）工情、险情、灾情信息采集、传输及时准确。

（3）主管部门已审批或同意所编制的防洪预报调度规划方式及其规则、实时防洪调度方案选择方法、超标准洪水防御预案、预报误差的弥补措施等。

（4）调令及预警信息传递的通信系统畅通、稳定。

（三）基本思路

（1）当预报水库将发生洪水时，应在洪水入库前将库水位降到防洪限制水位，其下泄流量及下游区间流量之和不应超出下游河道的安全行洪能力。

（2）当库水位处于防洪限制水位时，若全流域出现降雨，且预报洪水将大于或等于水库承担下游防护区的防洪标准，则可根据批准的防洪调度运用方式进行调蓄，其下泄流量不应大于入库洪水流量。承担错峰任务的水库，若预报水库下游至控制点区间出现暴雨洪水，按照水库防洪调度规则中的有关规定和年度防洪调度计划中所明确的开始、停止错峰判别条件实施调蓄。

（3）按照正常的防洪调度方式运用，当库水位已达到防洪高水位，即可认为水库已完成对下游承担的防洪任务。若预报水位将继续上涨，则应根据当时水情采取以保坝为主的运用方式，适当加大下泄流量，在泄洪时仍应控制一次洪水过程的最大下泄流量不得大于同样洪水于建库前发生的坝址洪峰流量。

（4）有条件实行预报调度的水库，其洪水预报方案必须经有关主管部门审定，并根据经批准的实施预报调度规程和防洪调度运用方式，对水库出现的各种洪水进行实时调度决策。

（5）在实时调度中，要随时根据洪水修正预报成果、调整蓄泄方式；同时，在采用洪水预报成果时，要考虑预报误差适当留有余地，以策安全。

（6）当入库洪峰过后，或已停止错峰，水库的退水阶段如仍处于主汛期，则要在确保工程和下游河道安全的前提下，把库水位逐步降到防洪限制水位。若已接近汛末，可参照多年水情资料和当时中长期气象预报综合分析，结合汛末蓄水需求，作出调控库水位的安排，按程序报批后实施。

第三节　蓄滞洪区和分洪道调度

一、蓄滞洪区调度

蓄滞洪区是我国防洪工程体系的重要组成部分，与水库、堤防等联合运用共同防控洪水。洪水来临时，充分利用河道泄洪、运用水库拦蓄洪水，如果仍不能够使洪水安全下泄，再适时启用蓄滞洪区，分蓄超额洪水，最大程度地减轻洪水灾害损失。

（一）蓄滞洪区调度运用

蓄滞洪区应按照防御洪水方案或洪水调度方案的规定进行调度运用，启用前根据蓄滞洪区运用预案，指导蓄滞洪区内人员转移与安置等工作。

目前我国蓄滞洪区启用大概分为三个阶段：

（1）运用决策。根据流域雨水情和防洪情势，按照调度权限作出蓄滞洪区启用决策。

（2）运用准备。主要是组织蓄滞洪区内人员转移安置；同时做好分洪口门和进洪闸开启准备，无闸门控制的要落实口门开口方案和口门控制措施。

（3）工程运用。该阶段包括分洪闸的开启、口门处堤防的开挖或爆破、水库型蓄滞洪区的拦河闸控泄等。

（二）蓄滞洪区运用后期处置

蓄滞洪区运用后期处置主要是蓄洪退水和返迁善后。蓄滞洪区既是重要的防洪设施，又是区内居民赖以生存的家园。分洪停止后，视江河水情适时采取措施使区内蓄滞的洪水及时退出。退水主要有四种方式：①开启退水闸退水；②开挖退水口门退水；③开启泵站排水；④利用原分洪口门自流退水。在蓄洪持续期间，做好区内居民安置与生活保障，以及防火防疫等工作。区内洪水退出后，积极采取有力措施，确保转移人员有序返迁，区内生产生活逐步恢复。

蓄滞洪区运用后由国家给予一定的补偿。2000 年国务院出台了《蓄滞洪区运用补偿暂行办法》（中华人民共和国国务院令第 286 号），规定在蓄滞洪区运用后，国家对于区内常住居民遭受的农作物、专业养殖、经济林、住房以及无法转移的家庭农业生产机械、役畜和家庭主要耐用消费品等的水毁损失进行补偿。

二、分洪道调度

当洪水位将超过河道保证水位，或洪水流量将超过河道保证流量时，作为保障保护区安全引导、分泄超额洪水进入容泄区的工程，分洪道是河流防洪系统中重要的组成部分，只有过洪能力，没有明显调蓄作用。工程通常在河道的一侧，借用天然河道或利用低洼地带两侧筑堤而成。分洪道根据泄洪出路，一般有直接分洪入海、分洪入蓄洪区、分洪入临近其他河流（湖泊）、绕过保护区泄入原河道等几种情况。分洪道启用程序与蓄滞洪区启用程序基本类似。

第四节　涵闸泵站调度

一、涵闸调度

涵闸是涵洞、水闸的简称。涵洞是堤、坝内的泄、引水建筑物，用于水库放水、堤垸引泄水。水闸是修建在河道、堤防上的一种低水头挡水、泄水工程。汛期与河道堤防和排水蓄水工程配合，发挥控制水流的作用。涵闸数量多，分布广，在历年防汛抗灾中发挥重要作用。

每年汛前，要根据工程设计和现状，经调查了解并征求有关部门的意见，编制年度运用计划，并经上级主管部门批准后执行；要建立和完善洪水预报系统、防洪调度系统，为防洪调度决策提供支持；要建立专家库，具体负责提供专业的技术咨询；要开展全面的汛前检查，对薄弱环节、险工险段采取工程措施，抓紧进行加固、修复；对一时难以解决的，要落实应对措施；汛前，结合涵闸实际情况调整闸前水位，做好防洪准备。

汛期，应按防汛组织责任到岗，密切关注河道的水位、流量和上游闸涵的泄洪情况，对重点部位 24h 不间断巡查，及时、准确向上级主管部门报告；涵闸的防汛调度，应严格按照批准的调度运用计划和上级主管部门的指令，结合涵闸工程现状和管理运用经验，依据水文气象预报情况，本着兴利服从防洪、局部服从整体的原则进行；对于上、下游梯级涵闸，防汛调度应由主管部门实施联合调度；涵闸泄水前要通知有关各方做好准备，穿堤涵闸要根据河道的水位适时启闭，确保洪水不倒灌、内涝能排出。

年度调度运用计划中的兴利部分，每年汛后根据实际蓄水和汛后可能的来水情况进行修订。

二、泵站调度

泵站承担着农业灌溉、排除涝水、调水供水等重任，在防洪排涝、水资源的合理调度和管理中起着不可替代的作用。当前水泵管理中，核心为设备管理，保证水泵运行能力。

泵站的优化调度主要是研究泵站科学管理的优化技术和调度决策，即在一定时期内，按照一定的最优准则，在满足各种约束条件的前提下，使泵站运行的目标函数达到最大或最小。在泵站优化调度中应考虑社会、经济、环境、资源、政策等多方面的因素。根据泵站运行的不同要求，其优化调度的目标包括弃水量最小、能耗最小和经济效益最大等。

第五节　水工程联合调度

水工程联合调度是对河道堤防、水库（含水电站、航电枢纽）、蓄滞洪区、涵闸、泵站、引调水工程等进行统筹安排，协调好流域区域、干支流、上下游、左右岸的关系，正确处理防洪、防凌与供水、生态、发电、航运等目标间的关系，合理安排各工程间的运用时机和次序，各级管理部门、工程运行管理单位依据批准的水工程调度运用计划分工协作，以协同发挥工程体系的整体作用和效益。

一、水工程联合调度发展历程

水工程联合运用经历了调度对象从单一水库向包含水库、排涝泵站、蓄滞洪区、引调水工程等多工程联合转变，时间跨度从汛期调度向全年（汛前消落、汛后蓄水、全年供水调度）全过程调度转变，调度目标从单一防洪调度向防洪、供水、发电、生态、航运、应急等多目标综合调度转变。总体来看，水工程联合调度发展历程可以分为以下三个阶段：

（1）规划设计。在进行水库规划设计时，根据工程的防洪标准、开发任务和规模等，拟定防洪库容、调节库容及其水库的调度运用方案。这时的入库或坝址设计洪水往往选取最恶劣的组合，从偏安全考虑，一般取外包值，调度运用方案也多只考虑单库。

（2）联合运用。随着水工程的不断投运，不论是在发挥作用产生效益方面，还是对下游水文过程的影响方面，必然造成连锁反应、叠加效应。例如：有时从单一水库角度来看，调度可能是正确的，但是由于库群累加影响，最终结果可能是不良的或不科学的。因此水库群联合运用时，既要从流域的整体调度任务需要，将水库群的防洪库容或调节库容集总安排使用；又要根据流域与区域或上游与下游或干流与支流调度任务的需求，将流域任务与区域任务解耦到每一座水库。联合运用时，要通过水工程联合调度运用计划对工程系统的调度原则、目标、方案、权责等作出规定，指导实时调度。

（3）实时调度，也可称作预报调度。在研究联合调度时，需要考虑上下游的预报，到了实时操作层面，预报的作用将会更加显现。这时面对的是场次洪水，通过分析研判，可以对洪水的来源和组成及其未来一段时间的变化趋势等作出基本的预判，在水工程联合调度运用计划确定的原则和方案的指导下，明确当前的调度目标，进一步实时优化调度方案，合理安排水工程运用时机和次序，动态分配各水库调蓄任务，在保证防洪安全的前提下，实现水库群库容和运行水位的动态管理，科学合理地利用洪水资源，进一步发挥水工程更大的综合效益。

在开展水工程联合调度工作时，应抓住主要矛盾，先易后难，逐步推进。根据流域（或区域）水工程调度要解决的突出问题（如防洪、供水），抓住重点骨干工程，开展监测预警预报能力建设、调度运用方案专题研究、水工程联合调度运用计划编制、调度平台研发等基础工作，开展调度实践和经验总结，不断提升联合调度水平；根据需要，不断拓展联合调度的领域，扩大联合调度的水工程范围，理顺管理体制机制，逐步强化水工程联合调度的制度建设。

二、水工程联合调度基本原则

（1）坚持局部服从全局、兴利服从防洪、电调（航调）服从水调、常规调度服从应急调度的原则，实行统一调度、分级负责，在服从防洪总体安排、保证水工程自身安全的前提下，协调防洪、供水、生态、调沙、发电、航运等关系，充分发挥水工程综合效益。

（2）坚持依法调度。根据相关法律法规和部门规章，各级管理部门和水工程运行管理单位依据批准的水工程联合调度运用计划，分级负责，强化组织、协调、实施和监督。

（3）防洪调度，坚持统筹流域与区域、上下游、左右岸、干支流，根据流域（区域）洪水防御原则，合理安排工程运用时机和次序，最大限度降低洪水风险，减少灾害损失；防洪调度应兼顾综合利用要求；结合水文气象预报，在确保防洪安全、有效控制洪水风险的前提下，合理利用水资源。

（4）蓄水调度，综合考虑防洪、供水、生态、发电、航运、泥沙、淹没等因素，统筹安排干支流、上下游水库蓄水进程。蓄水期间水库下泄流量按相关规定或要求执行。

（5）供水调度，对兼有所在河流和跨流域供水任务的水工程，应与本流域水资源统一调度相协调。枯水期运用，应统筹协调供水、生态、发电、航运等方面对水资源的需求，下泄流量不小于规定或要求的下限值。

（6）生态调度，应贯彻"生态优先，绿色发展"理念，保障干支流、重点湖泊基本生态用水需求，服务流域水生态环境保护与修复。

（7）应急调度，在发生特枯水、水污染、水生态破坏、咸潮入侵、水上安全事故、涉水工程事故等突发事件时，应服从有调度权限的水行政主管部门的调度。

三、水工程联合调度运用计划

（一）计划编制要求

（1）应遵循批准的流域或区域综合规划、防洪规划及防御洪水方案、洪水调度方案、水量分配方案、生态流量（水位）控制指标、应急水量调度预案等，结合流域或区域的径流洪水特性、防洪及综合利用需求、已建工程调度规程和运行现状，在研究联合调度措施及其风险与效益的基础上编制。

（2）应协调流域防洪与水资源综合利用的关系，在确保防洪安全的前提下，统筹考虑流域水资源、水生态、水环境需求。

（3）流域水工程联合调度运用计划编制应开展专题研究，当改变工程原有调度方式时，应通过相关论证和审批。

（4）流域水工程体系、重要保护对象防洪标准等发生变化时，应及时修编计划。

（5）水工程联合调度运用计划由有管辖权的流域管理机构、县级以上水行政主管部门编制，经上级主管部门批准后方可执行。

（二）主要内容

水工程联合调度运用计划主要包括以下内容：

（1）纳入联合调度运用范围的水工程名录。

（2）防洪、水资源、生态等调度的原则、目标和调度方案。

（3）主要水工程的调度方式及调度权限。

（4）监测计量、信息报送和共享要求等。

（三）纳入联合调度的水工程

应将承担防洪和水资源调配任务的工程纳入流域水工程联合调度运用计划，一般可遵循以下原则：

（1）对联合防洪调度目标河段有防洪任务的水库、位于上游且具有较大调蓄影响的水库、位于下游且库区回水具有顶托影响的水库，应纳入流域水工程联合调度运用计划。

（2）堤防范围应覆盖流域防洪保护对象所在河段，并可根据需要纳入其他可能受影响河段的堤防。

（3）承担防洪任务的蓄滞洪区应纳入流域水工程联合调度运用计划。

（4）应在评估联合防洪调度目标河段内生产圩堤行蓄洪作用的基础上，确定纳入流域水工程联合调度运用计划的生产圩堤。

（5）应在评估排涝泵站排涝对防洪形势影响的基础上，确定纳入流域水工程联合调度运用计划的排涝泵站。

（6）对联合防洪调度目标河段具有防洪控制作用或水位顶托影响显著的防洪闸应纳入流域水工程联合调度运用计划。

（7）对防洪具有显著影响的分洪工程应纳入流域水工程联合调度运用计划。

（8）对水资源调配具有显著影响的引调水工程应纳入流域水工程联合调度运用计划。

（四）防洪调度

防洪调度是水工程联合调度关注的重点，包括标准内洪水调度和超标准洪水调度，应分不同情况合理确定防洪调度方式。

（1）联合防洪调度目标河段发生标准内洪水，应根据预报来水、目标河段防洪形势，确定投入联合调度的防洪工程和调度方式。

1）未超警戒水位时，可发挥水库调蓄能力，合理调控河道行洪水位。

2）超过警戒水位但未超主要控制站防洪控制水位或流量时，可提出降低联合防洪调度目标河段防洪压力的水库群调蓄及及时下泄方案；应明确生产圩堤行蓄洪运用水位。

3）预报超主要控制站防洪控制水位或流量时，应提出降低联合防洪调度目标河段水位或流量的水库群调度方式，充分发挥水库群调蓄能力。应提出联合防洪调度目标河段及其上下游邻近河段排涝泵站限排方案，明确蓄滞洪区运用方式。

（2）当流域发生标准内洪水、河段发生特大洪水时，应在确保流域防洪安全的基础上，编制该河段超标准洪水运用方案。

（3）流域发生超标准洪水且多个目标河段发生超堤防设计水位洪水时，应按照尽量保障流域重点保护对象防洪安全、减少防洪损失的原则，提出流域超标准洪水联合调度运用计划。

（五）蓄水调度

每年汛末水库开展蓄水调度，具体开始蓄水时间根据水库承担的防洪任务及防洪形势确定，并合理安排蓄水过程。干支流、上下游水库蓄水应统一协调，以满足流域水资源利用要求。有条件实施提前蓄水的水库，应开展专题研究，并编制提前蓄水计划，经有调度权限的水行政主管部门批准后执行。

（六）供水调度

按照批复的水量分配方案和年度水量调度计划，通过水工程联合调度，满足控制断面最小下泄流量要求，保障流域生活、生产用水安全。水库枯水期应结合供水调度，逐步消落，汛前按规定时间消落至防洪限制水位或以下。

（七）其他

通过水工程联合调度，满足各主要控制断面生态流量，维护生态环境用水安全。在防洪形势和雨水情条件许可的情况下，可制定生态调度方案，相机开展单库或者水库群促进典型鱼类自然繁殖的生态调度试验。根据实际需求和水库运行情况，可开展抑制水华的生态调度等。

当流域内发生特枯水、水污染、水生态破坏、咸潮入侵、水上安全事故、涉水工程事故等突发事件时，视当时水情、工情等具体情况适时启动水工程应急水量调度。

四、水工程联合调度保障措施

（一）开展相关基础研究

根据所在地区、流域特点，针对水工程联合调度的技术需求，制定水工程联合调度技术研究顶层设计。开展流域区域降雨径流及暴雨、洪水特征的分析，提升径流洪水监测预警预报技术水平；研究工程影响下的径流-洪水演进分析技术，提升工程调度情境下的径流-洪水预演能力；研究水工程联合调度的建模及优化求解技术，提升水工程联合调度的计算效率及精度；开展水工程联合调度方案研究，提出面对不同水文情景的调度方案，重点突破联合防洪调度、联合蓄水、联合供水、联合消落等方案；开展多目标联合调度研究，协调各种目标的协同竞争关系；开展水工程联合调度的效益及影响研究，评估对下游水文泥沙及其水生态影响。

（二）建设信息汇集及共享平台

逐步建立包括流域内相关水利部门、水工程运行管理单位、气象、电力调度、交通运输部门等的信息汇集及共享平台，实现相关气象、水文、工程运行、调度需求、调度命令等信息及时汇集及共享。

（三）建设具有"四预"功能的水工程综合调度系统

以物理流域为单元、多维时空数据为底板、水利模型为核心、水利知识为驱动，以数字化场景、智慧化模拟、精准化决策为路径，结合数字孪生流域和数字孪生工程建设具有预报、预警、预演、预案"四预"功能的流域水工程综合调度系统，支撑实现流域防洪、水资源管理与调配等智能业务应用。

（四）建立联合调度管理体制机制

从信息共享、调度方案优化研究、多目标共赢、沟通协调、调度执行等方面，逐步建立包括水利、交通运输、农业、电力调度、气象、水工程运行管理单位等多部门、跨区域共商共赢的水工程联合调度机制。

五、水工程联合调度应用实践

（一）水工程联合调度在 2020 年长江洪水防御中的作用

2012 年国家防汛抗旱总指挥部首次批复了 2012 年度长江上游水库群联合调度方案，对三峡、二滩、紫坪铺、构皮滩等 10 座水库的调度原则和目标、洪水调度、蓄水调度、应急调度、调度权限、信息报送和共享等方面进行了明确，为水库群联合统一调度提供了依据。2014 年纳入长江水库群联合调度范围的水库增加到 21 座，2017 年又扩展到了城陵矶河段以上的长江上中游 28 座水库，2018 年长江中游汉江梯级、鄱阳湖水系、陆水等重要控制性水库也进一步纳入联合调度范围，长江上中游联合调度水库数量增加到 40 座，以三峡水库为核心，溪洛渡和向家坝水库为骨干，金沙江中游群、雅砻江群、岷江群、嘉陵江群、乌江群、清江群、汉江群、洞庭湖"四水"群和鄱阳湖"五河"群等 9 个水库群组相配合的涵盖长江湖口以上的上中游水库群联合调度体系逐步形成。2019 年除长江上中游 40 座控制性水库外，长江中下游地区的 46 处蓄滞洪区、宜昌—湖口河段（含洞庭湖区和鄱阳湖区）的 10 座重要排涝泵站以及南水北调中线引江济汉工程、南水北调中线一期工程、南水北调东线一期工程、引江济太等 4 项引调水工程也纳入到了联合调度范围，长江流域水工程联合调度体系初步形成。2020 年水利部批复的长江流域水工程联合调度运用计划将金沙江乌东德水库也纳入了联合调度范围，长江上中游控制性水库数量增加至41座。至此，纳入长江流域联合调度范围的水工程共计101座（处），其中：控制性水库总调节库容为884亿 m^3 ，防洪库容为598亿 m^3 ；蓄滞洪区规划总蓄洪容积为591亿 m^3 ，排涝泵站设计排涝能力为1562 m^3/s ，引调水工程年设计总引调水规模为241亿 m^3 。

2020年汛前，40座水库水位全部按照调度计划消落到汛限水位以下，为防洪调度留足库容777亿 m^3 （其中汛限水位以下217亿 m^3 ）。在水利部的组织下，还专题开展了1954年洪水预报调度演练、大洪水水文监测演练、预报调度方案的修订完善，为迎战可能发生的大洪水做好了坚实的技术准备。7—8月大洪水期间，水利部和长江水利委员会强化监测预报预警、滚动会商分析研判，共向三峡等水库发出调度指令93份，向相关省（直辖市）发出有关蓄滞洪区、洲滩民垸、排涝泵站等防洪工程运用文件8份。根据对水库群拦蓄洪水的统计，2020年5次编号洪水期间，长江流域联合调度水库群拦蓄洪水约490亿 m^3 。

长江1号洪水期间水工程调度。 2020年7月上旬（7月1—13日），根据来水预测和形势研判，会商确定主要以控制城陵矶水文站不超过保证水位34.40m、降低鄱阳湖区水位为调度目标，并利用三峡水库158m以下库容对城陵矶附近地区实施防洪补偿调度，同时限制城陵矶、湖口河段农田涝片排涝泵站对江、对湖排涝，必要时启用鄱阳湖区洲滩民垸分蓄洪水，全力减轻长江中下游防洪压力。在此期间的防洪调度以三峡水库为主，长江上游及中游控制性水库群联合运用施以配合。三峡水库自7月1日起控制出库流量在35000 m^3/s 左右，7月4日，为兼顾航运应急调度，为运输重要物资时船舶通过三峡—葛洲坝两坝间创造条件，长江委调度三峡水库7月5日6时起将出库流量减小至30000 m^3/s ，7月5日16时起三峡水库出库流量恢复至35000 m^3/s ，7月6日，为了实现城陵矶（莲花塘）站水位不超保证水位34.40m的调度目标，长江委调度三峡水库进一步拦洪削峰，逐步压减出库流量，最小压减至19000 m^3/s 左右并维持，7月13日水库水位涨至155m左右。7月2日14时，三峡水库入库洪峰流量达53000 m^3/s ，削峰率约34%，7月2日库水位由146.30m左右开始起调，7月4日拦蓄至149.50m左右，三峡水库拦蓄洪量约25亿 m^3 。上中游水库群共拦蓄洪水73亿 m^3 ，延缓了中下游主要控制站水位上涨速度，减小了上涨幅度，莲花塘站、湖口站水位均未超过保证水位。

长江2号洪水期间水工程调度。 2020年7月中旬（7月14—21日），主要以控制城陵矶站尽量不超过保证水位为目标，在保证荆江河段和三峡库区防洪安全的前提下，继续兼顾城陵矶附近地区防洪。洞庭湖水系主要水库在确保自身安全的前提下，减少入湖水量，减轻中下游干流的防汛压力。在预报长江上游还有较大暴雨洪水的情况下，利用后续洪水来临前的间歇期，在保证中游干流堤防安全和汉口站水位不超过 29.00m 的前提下，将莲花塘站调度目标水位适当提高至34.90m，三峡水库适时加大下泄流量，尽量降低水位，腾出库容。7 月 14—21日，长江上游地区暴雨范围扩大，来水增加，三峡水库 7 月 18 日 8 时出现入库洪峰流量 61000m³/s。此次过程，三峡水库最高调洪水位为 164.58m，该阶段三峡水库共拦蓄洪水约 88.2 亿 m³，出库流量由 7 月 16 日的 31000m³/s 左右逐步增加至7 月 23 日的 45000m³/s 左右，削峰率为 46%。上中游水库群共拦蓄洪水约 173 亿m³。通过上中游水库群的联合调度，莲花塘站没有超过保证水位。

长江 3 号洪水期间水工程调度。 2020 年 7 月下旬（7 月 22—30 日），主要以三峡水库最高调洪水位不超过 165m（为实现荆江河段 100 年一遇防御目标和三峡大坝防御特大洪水留有调度空间）、控制城陵矶站水位不超过 34.90m 和汉口站水位不超过 29.00m、尽量避免启用蓄滞洪区为目标，合理利用三峡及其他干支流水库为洞庭湖洪水拦洪、错峰，实现上游洪水与洞庭湖洪水有序错峰，全力减轻湖区防洪压力。鉴于预报后期仍有较大量级的洪水过程，为统筹上、下游防洪安全，三峡水库及时逐步加大出库流量至 45000m³/s，预泄腾库，至 7 月25 日 12 时库水位降至 158.56m，为迎战后续洪水创造了有利条件。27 日 14时，三峡水库出现入库洪峰流量 60000m³/s，相应出库流量在 38800m³/s 左右，削峰率约 35.3%，29 日 8 时最高调洪水位为 163.36m，该阶段三峡水库拦蓄洪水约 33 亿 m³。上中游水库群共拦蓄洪水约 56 亿 m³。通过水库拦洪削峰错峰，莲花塘站洪峰水位（34.59m，7 月 28 日 12 时）没有超过 34.90m，超过34.40 的幅度控制在 0.20m 以内，其他站点水位均在保证水位以下。

长江 4 号、5 号洪水期间水工程调度。 8 月中下旬（8 月 11 日至 9 月 1 日），长江 2020 年第 4 号洪水、第 5 号洪水接连形成。两次洪水洪峰（流量为62000m³/s、78000m³/s，为三峡建库以来最大入库洪峰）量大、间隔期短（峰现时间分别是 8 月 15 日、8 月 20 日），洞庭湖地区降雨过程没有结束，中下游干流及两湖地区水位仍处在高水位，这是水库群防洪调度最艰难的时期。鉴于三峡及上游水库群的防洪库容在前期洪水过程中大量经被运用情况，水利部和长江水利委员会抓住间歇期进行了预泄腾库，拟定该阶段水工程防洪调度目标为减轻川渝河段（特别是重庆市主城区）防洪压力、降低三峡水库库尾淹没风险、避免荆江分洪区运用，同时保障中下游地区防洪安全。8 月 11—31 日，暴雨主要出现在岷江、沱江、嘉陵江、涪江以及上游干流区间，两次暴雨过程强度巨大，落区基本重叠，且基本没有间歇，致使岷江高场站发生超历史纪录洪水，沱江、涪江、嘉陵江以及干流朱沱—寸滩江段发生超保证洪水，除了发挥暴雨区的水库群为该流域防洪拦蓄洪水之外，动用金沙江、雅砻江和乌江水库群全力拦蓄水量，其中金沙江最下游梯级向家坝水库出库流量一度减小至 $4000\text{m}^3/\text{s}$ 左右，最高调洪水位为 379.70m（正常蓄水位为 380.00m），乌江流域水库群也通过上、下游梯级配合，将彭水水库的日均下泄流量减小至 $300\text{m}^3/\text{s}$。长江上游水库群（不含三峡）累计拦蓄洪量约 82 亿 m^3，将寸滩站 110 年一遇的洪峰削减至 25 年一遇，将 130 年一遇的最大 7 天洪量减小至 40 年一遇。4 号和 5 号洪水三峡水库入库洪峰流量分别达到 $62000\text{m}^3/\text{s}$ 和 $78000\text{m}^3/\text{s}$。三峡水库的调度既要满足中下游地区防洪要求，又要最大程度地降低三峡水库库尾淹没风险，减轻库区防洪压力。由于三峡水库为河道性水库，库尾水面线受到入库洪峰、坝前水位和出库流量等因素的影响，这也是调度的关键点之一，需要通过上游水库削减入库洪峰，控制三峡水库坝前水位降低洪水的起调水位，从而减小库尾洪水楔形体、降低库尾水位。在此过程中三峡水库控制出库流量由 $41500\text{m}^3/\text{s}$ 逐步增加至 $49400\text{m}^3/\text{s}$，削峰率分别为 33.1% 和 36.7%，库水位最高涨至 167.65m。三峡水库在长江 4 号、5 号洪水期间累计拦蓄约 108 亿 m^3，避免了荆江分洪区分洪。

据长江水利委员会水文局反演计算，通过上中游水库群的联合运用，降低长江干流川渝河段洪峰水位 $2.90\sim3.60\text{m}$，降低中下游干流宜昌—莲花塘段洪峰水位 $2.00\sim3.60\text{m}$，降低汉口—大通段水位 $1.10\sim2.00\text{m}$，避免了宜昌—石首河段水位超保证水位，缩短中下游干流各站超警时间 $8\sim22$ 天。

（二）2020 年淮河大洪水水工程联合调度

2020 年淮河洪水主要有以下 4 个特点：

（1）入梅早，梅雨期长，梅雨量大。2020 年淮河于 6 月 11 日入梅，较常年偏早 8 天，至 8 月 1 日出梅，梅雨期长达 51 天。梅雨量为 510mm，较常年偏多 134%。梅雨期时长和梅雨量均仅次于 1991 年，列有资料记录以来第 2 位。

（2）降水过程多，强度大，暴雨区面积广。入汛后，淮河流域共出现 6 次强降雨过程，雨带稳定重叠于沿淮及以南地区。500mm、800mm、1000mm 以上暴雨覆盖面积分别为 9.9 万 km^2、2.5 万 km^2、0.9 万 km^2。其中 800mm 以上强降雨覆盖了正阳关以上淮河以南全部区域，降雨量为常年同期的 2 倍。

（3）干流洪水涨势猛，水位高，部分河段超历史。淮河干流水位涨势迅猛，王家坝站、润河集站、正阳关站从警戒水位涨至保证水位分别仅用时 49h、33h、30h，且这 3 个站水位在 11h 内相继超保证水位，在 9h 内相继达到洪峰水位。王家坝站和正阳关站最高水位分别为 29.76m 和 26.75m，均列有实测资料以来第 2 位；润河集站、汪集站和小柳巷站最高水位分别为 27.92m、27.60m 和 18.12m，均列有实测资料以来第 1 位。

（4）淮河南部支流汇流快，同步涨，水量大。暴雨覆盖区的淮河南部山区主要支流史灌河、淠河、潢河和白露河洪水汇流迅速,几乎同步上涨,部分河流发生超历史洪水。史灌河蒋家集站洪峰水位为 33.64m,洪峰流量为 4610m³/s,分别列有实测资料以来第 1 位和第 2 位;白露河北庙集站洪峰水位为 33.71m,洪峰流量为 1760m³/s,分别列有实测资料以来第 2 位和第 1 位。

在迎战 2020 年淮河洪水过程中,各级水利部门采用水工程联合调度新技术,突出主动调度、科学调度和精准调度,水工程防洪减灾效益显著。

第一个阶段是"拦"。洪水在上游时,联合调度上游骨干水库,提前预泄腾库和精准拦洪削峰错峰。鲇鱼山、梅山、响洪甸、佛子岭等 15 座大型水库最大拦蓄洪量约 21 亿 m³。其中鲇鱼山、梅山、响洪甸水库削峰率近 80%,削减史灌河、淠河、洪汝河洪峰流量约 4~6 成,降低淮河干流王家坝站、润河集站和正阳关站洪峰水位 0.14~0.58m。联合调度石漫滩和田岗水库精准拦蓄洪水,有效避免了老王坡蓄滞洪区的分洪运用。

第二个阶段是"分"。当洪水向中游演进,王家坝站水位迅速上涨,是否启用濛洼蓄洪区及其启用时机成为新的焦点和难点。根据《淮河洪水调度方案》有关规定,当王家坝站水位达到 29.30m 时,可以启用濛洼蓄洪区分洪,但是水利部努力探寻最优方案。当预报王家坝站水位将突破 29.30m 保证水位但不会超过 29.50m 时,经综合研判,水利部商有关地方初步考虑暂不启用濛洼蓄洪区分洪。当预报王家坝站水位将继续上涨,最高水位可能超过王家坝闸堰顶高程 29.76m 达到 29.90m 时,水利部及时提出濛洼蓄洪区分洪的调度意见。7 月 20 日,国务委员、国家防汛抗旱总指挥部总指挥王勇在水利部主持召开防汛会商会,决定开启王家坝闸向濛洼蓄洪。此后,安徽省商淮河水利委员会,又相继启用了邱家湖、南润段、姜唐湖、董峰湖、上六坊堤、下六坊堤和荆山湖等 7 个行蓄洪区。此次洪水过程中启用的濛洼等 8 个行蓄洪区总蓄滞洪量约 20.5 亿 m³,降低淮河干流王家坝—蚌埠河段洪峰水位约 0.20~0.40m。

第三个阶段是"排"。行蓄洪区调度运用的主要矛盾解决后,洪泽湖水位居高不下成为新的主要矛盾,调度的核心是"排"。在洪水来临前,提前调度洪泽湖三河闸敞泄,将洪泽湖水位降至汛限水位以下约 0.60m,腾出近 8 亿 m³ 调蓄库容,为上游洪水快速下泄创造了有利条件。在洪水进入洪泽湖后,维持三河闸敞泄,用足苏北灌溉总渠、废黄河、分淮入沂等洪泽湖排水通道的安全泄量。在淮河、沂河洪水遭遇后,挖掘潜力调度淮沭河沿线排涝闸分泄洪水,同时压减骆马湖以下中运河排泄流量,全力排泄淮河洪水,待沂沭河洪水转退后,又及时恢复分淮入沂排泄洪水。正是由于提前预泄和后期排泄,成功将洪泽湖水位控制在警戒水位以下,既保证了洪水安全入江入海,又避免了鲍集圩行洪区、淮河入海水道的启用和淮沭河滩地行洪。

第六章　山洪灾害防御

我国地处东亚季风区，局部超强暴雨频发，地质地貌环境复杂，加之人类活动影响，山洪灾害频发、多发，是世界上山洪灾害最严重的国家之一。山洪不同于发生在平原或低洼区域的洪水，它特指由局部地区短历时强降雨引发的急涨急落的溪河洪水，一般多发生在流域面积小于200km²的山丘区河流中。全国初步查明的山洪沟约1.98万条。山洪灾害因其突发性强、难以预测和破坏力大等特点，给人民群众生命财产安全造成严重威胁。据统计分析，1949年以来，我国因洪涝灾害死亡27万余人，其中19万余人是因山洪灾害造成的。近年来，随着人类社会经济活动逐步向广度和深度发展，尤其毁林开荒、陡坡垦殖、矿山开采、乱弃废渣、过度放牧等行为，改变了原有地表结构，加剧了山洪灾害的发生。

第一节　山洪灾害及防治项目基本情况

一、山洪灾害成因与特点

（一）山洪灾害基本概念

山洪是指局部地区短历时强降雨引发的急涨急落的溪河洪水，一般发生在流域面积小于200km²的山丘区。山洪灾害是指山丘区由溪河洪水对人民生命、财产造成损失的自然灾害。

（二）山洪灾害成因

根据世界气象组织统计，全球将山洪（flash flood）作为最"致命"灾害排第一位或第二位的国家有105个。国外有关机构均把山洪（flash flood）和江河洪水（river flood）区分开来，并采取不同的防治措施。山洪与流域洪水、江河洪水相比，最主要的区别是历时短（洪水过程一般小于12h），预报预警难度相对较大。

山洪灾害的致灾因素具有自然和社会双重属性，其形成、发展与危害程度是降雨、地形地质等自然条件和人类经济活动等社会因素共同影响的结果。

1. 降雨因素

降雨是诱发山洪灾害的直接因素和激发条件。主要是强降雨迅速汇聚成强大的地表径流而引起的，降雨量大，特别是短历时强降雨，在山丘区特定的下垫面条件下，易引发溪河洪水灾害。近年来，受全球气候变化和极端天气的影响，山洪灾害多发频发的形势依然严峻。2005 年 6 月 10 日 12—15 时，黑龙江省宁安市沙兰镇遭遇特大暴雨，3h 降雨量为 120mm，暴雨频率为 200 年一遇，沙兰镇断面洪峰流量为 850m³/s，洪量约 900 万 m³，共造成 117 人死亡，其中小学生 105 人。2006 年 7 月 14—17 日，受第 4 号强热带风暴"碧利斯"外围云系影响，湖南东南部、广东东北部、福建南部普降超强暴雨，最大 24h、12h 降雨量分别为 343mm、311mm，暴雨频率约 500 年一遇，暴雨山洪造成 618 人死亡、114 人失踪。

2. 地形地质因素

地形地质因素是发生山洪灾害的物质基础和潜在条件。我国地形西高东低，自西向东呈三级阶梯分布，山地丘陵面积约占国土面积的 2/3，自然条件复杂。各级阶梯过渡的斜坡地带和大山系及其边缘地带，山区山高沟深，河谷纵横，地势起伏大，谷坡稳定性差，地表风化物和松散堆积物厚，岭谷高差大、山地坡度陡、河床比降大，易形成山洪灾害。部分小流域特殊的地形地貌，更易形成集中的产流汇水条件，致使山洪陡涨陡落，破坏力强。

3. 经济社会因素

经济社会因素是山洪灾害的主导因素之一。山丘区资源无序开发、城镇不合理建设、房屋选址不当，人类活动对地表环境产生剧烈的扰动，导致或加剧了山洪灾害。

（1）建房选址不当加剧了山洪灾害的危害程度，由于人口增长、地形条件限制和对山洪灾害危害性认识不足，山丘区居民房屋选址多在河滩地、岸边等地段，或削坡建房，一遇山洪极易造成人员伤亡。

（2）山丘区城镇由于防洪标准普遍较低，经常进水受淹，往往损失严重。不合理的炸山开矿、削坡修路、筑坝建桥等活动影响山体稳定，缩窄行洪通道，降低行洪能力，是加剧山洪灾害的主要原因之一。

（3）盲目的河滩宿营、野炊、旅游等人员活动增加了山洪灾害风险。由于流动人员主动防灾避险意识淡薄、自救能力差以及避险转移不当等原因，每年都会造成不同程度人员伤亡。

（三）山洪灾害主要特点

1. 分布广泛，数量大

以溪河洪水灾害尤为突出。我国山洪灾害防治区面积约占我国陆地面积的 40%，有 29 个省（自治区、直辖市）和新疆生产建设兵团的 305 个地市、2076 个县（市、区、旗、团场等）有山洪灾害防治任务，受山洪灾害威胁的村庄有

57 万个，危险区多达 51 万个。

2. 突发性强，难预测

山丘区暴雨常具突发性，从降雨到山洪灾害形成，一般只有数小时，甚至不到 1h，加之目前监测站网覆盖率低，对局地短历时降雨预报精度偏低，可预见性差，监测预报预警困难，给山洪灾害的预测预防带来很大的困难。全国山丘区 53 万个小流域汇流时间不超过 1h 的约占 51%，不超过 2h 的约占 96%。2005 年 6 月，黑龙江沙兰河上游突降暴雨，洪水约 1.5h 便到达沙兰镇导致山洪灾害发生；2012 年 5 月，甘肃省岷县局部遭遇强降雨，约 40min 后便发生山洪灾害；2015 年 5 月，四川雷波县强降雨仅 20min 后便形成山洪灾害等。

3. 季节性强，频率高

我国的山洪灾害主要集中在 5—9 月的汛期，尤其是 6—8 月主汛期更是山洪灾害的多发期。西南横断山区、秦巴山区、江南丘陵地区和东南沿海地区的山丘区山洪灾害集中，发生频率高。据不完全统计，1950—2000 年发生山洪灾害8.1 万次，平均每年 1600 多次。新中国成立后我国共发生山洪事件 53235 场次，平均每县 25 场次，河南省南阳市方城县是有记录以来山洪灾害发生次数最多的县，共发生 717 次。

4. 破坏性大，成灾快

因山高坡陡，溪河密集，山丘区洪水汇流快，加之人口和财产集中分布在相对低洼地带，往往在洪水过境的短时间内即可造成较大灾害。灾害造成人员伤亡，农田冲毁，基础设施损坏，生态环境破坏。1981 年 7 月 9 日，大渡河支流利子依达沟暴发山洪泥石流，冲毁了奶奶包隧道出口的桥梁，致使 442 次旅客列车翻覆，共造成 275 人死亡或失踪，成昆铁路运营中断 15 天；2005 年 6 月10 日，黑龙江省沙兰镇山洪灾害导致 117 人死亡，其中小学生 105 人；2010 年8 月 7 日，甘肃省甘南藏族自治州舟曲县突发强降雨，县城北面的罗家峪、三眼峪泥石流下泄，由北向南冲向县城，造成沿河房屋被冲毁，泥石流阻断白龙江，形成堰塞湖，特大山洪泥石流灾害共造成 1501 人死亡，264 人失踪；2013 年 8月 16 日，辽宁省清原县山洪灾害导致南口镇 58 人死亡，84 人失踪。

二、山洪灾害影响分析

（一）严重威胁人民群众生命安全

山洪灾害是目前洪涝灾害中致人死亡的主要灾种。1950—1990 年，因山洪灾害死亡 15.2 万人，年均死亡 3707 人；1991—2000 年，年死亡 1900～3700人；2000—2010 年，年均死亡 1079 人；2011—2022 年，年均死亡失踪 308 人。总体上山洪灾害占洪涝灾害死亡人数的 60%～75%。通过开展山洪灾害调查评价，汇总历史山洪灾害 53235 场次，累计死亡约 3970 万人，四川和江西两省最多，分别为 1996 万人、1962 万人。另外，旅游、出行、徒步、务工、溯溪等流动人员对当地气候特点不熟悉，山洪预警可能出现盲点，有的人甚至不听劝阻，涉险过河，造成人员伤亡。

（二）制约山丘区经济社会发展

当前山丘区城镇建设布局缺乏科学规划，与河争地，在河道边、山洪出口一带兴建住房，侵占河道，是城镇化建设较为普遍的现象之一，交通、水利、能源、通信等基础设施建设中破坏山体稳定性，引发泥石流、滑坡等山洪灾害的事件时有发生，加之对森林植被的破坏，水土流失加剧，弃渣任意堆放，引发或加剧了山洪灾害，严重制约着山丘区经济社会的发展，威胁人民生命财产安全。

三、山洪灾害防治项目建设概况

山洪灾害防治项目是世界范围内涉及人口最多、区域最广、建设内容最为繁琐的以非工程措施为主的防灾减灾类项目。2010—2022 年，水利部在全国 29 个省（自治区、直辖市）和新疆生产建设兵团的 305 个地市、2076 个县（市、区、旗、团场等）持续开展山洪灾害防治工作，共投入项目建设资金 394 亿元，其中，中央财政补助资金 300 亿元，地方建设资金 94 亿元；非工程措施建设资金 282 亿元，重点山洪沟防洪治理资金 112 亿元。

（一）防治思路

山洪灾害防治以最大限度减少人员伤亡为首要目标，坚持"以防为主，防治结合""以非工程措施为主，非工程措施与工程措施相结合，形成综合防治体系"的原则。以县为单元开展山洪灾害调查评价、监测预警系统、群测群防体系等非工程措施建设和重点山洪沟防洪治理，建立以非工程措施为主，非工程措施与工程措施相结合的山洪灾害防治体系。

1. 以非工程措施为主

在非工程措施建设方面，逐步形成了"一个总目标、两个体系"的基本技术思路，以有效减少人员伤亡为总目标，以自动雨量站、自动水位站和监测预警平台为主体的专业监测预警系统，以基层责任制体系、防御预案、宣传培训演练和简易监测预警设施设备为核心内容的群测群防体系，坚持"突出重点，兼顾一般"的原则，按照轻重缓急，积极稳妥推进，旨在山洪灾害重点防治区全面建成非工程措施与工程措施相结合的综合防灾减灾体系，在一般防治区，初步建立以非工程措施为主的防灾减灾体系。

专业监测预警系统以气象预报为前导，以自动监测系统为基础，以监测预警平台和预报预警模型为核心，实现雨水情自动监测与预警决策；群测群防体系以县、乡、村、组、户五级责任制体系为核心，以预案为基础，以简易监测预警设备为辅助手段，通过宣传培训演练，为群众提供简易监测设备和报警手段，以提高群众主动防灾避险意识和避灾常识。专业监测预警体系和群测群防体系互相结合、互为补充。

山洪灾害调查评价是建立"专群结合"山洪灾害防御体系的基础。通过调查评价，基本查清了山洪灾害防治区的范围、人员分布、社会经济和历史山洪灾害情况，以及山丘区小流域基本特征和暴雨特性，分析了小流域暴雨洪水规律，对重点沿河村落的防洪现状进行评价，确定了预警指标，划定了山洪灾害危险区，明确了转移路线和临时避险点。

2. 采取必要的工程措施

对山丘区受山洪灾害威胁又难以搬迁的重要防洪保护对象，如城镇、大型工矿企业、重要基础设施等，根据所处的山洪沟特点，通过技术经济比较，因地制宜推进重点山洪沟防洪治理，优先开展具备治理条件、近期发生过山洪灾害且损失严重的重点山洪沟治理，提高治理山洪沟沿河村镇和重要基础设施的防洪能力，有效消除高风险地区防洪安全隐患。

3. 加强山丘区生产活动管理

对处于山洪灾害易发区、生存条件恶劣、地势低洼且治理难度较大地方的居民，考虑农村城镇化的发展方向及经济社会发展要求，结合乡村振兴战略实施，引导实施易地搬迁。加强山洪灾害威胁区的土地开发利用规划与管理，主动规避山洪灾害风险。加强对开发建设活动的管理，防止加剧或导致山洪灾害。此外，进一步规范山丘区人类社会活动，使之适应自然规律，主动规避山洪灾害风险，避免不合理的人类社会活动导致山洪灾害。

（二）山洪灾害防治项目建设

党中央、国务院高度重视山洪灾害防治工作，中央领导多次作出重要指示批示。2006 年，国务院批复了水利部等 5 部局联合编制的《全国山洪灾害防治规划》。2010 年 7 月，国务院常务会议决定："加快实施山洪灾害防治规划，加强监测预警系统建设，建立基层防御组织体系，提高山洪灾害防御能力。"2010 年 10 月，国务院印发了《国务院关于切实加强项目实施中小河流治理和山洪地质灾害防治的若干意见》（国发〔2010〕31 号）。2011 年 4 月，国务院常务会议审议通过了《全国中小河流治理和病险水库除险加固、山洪地质灾害防御和综合治理总体规划》。2013 年，水利部、财政部印发了《全国山洪灾害防治项目实施方案（2013—2015 年）》，在前期项目建设基础上，补充完善非工程措施，启动了山洪灾害调查评价和重点山洪沟防洪治理。2017 年，水利部编制印发了

《全国山洪灾害防治项目实施方案（2017—2020 年）》，巩固提升已建非工程措施，有序推进重点山洪沟防洪治理。2021 年，水利部组织编制印发了《全国山洪灾害防治项目实施方案（2021—2023 年）》，进一步巩固完善山洪灾害防治体系，提升防御能力和水平。

项目实施主要分四个阶段。

1. 县级非工程措施项目（2010—2012 年）

根据国务院常务会议精神，以《全国山洪灾害防治规划》为依据，在 2009 年山洪灾害防治非工程措施试点基础上（中央财政投入 2 亿元），2010 年 11 月，水利部、财政部、国土资源部、中国气象局等联合启动了山洪灾害防治县级非工程措施项目建设，明确了省级人民政府负总责、县级人民政府负主责的管理责任，用 3 年时间初步建设了覆盖全国 29 个省（自治区、直辖市）和新疆生产建设兵团的 2058 个县级山洪灾害防治非工程措施体系。全国累计投资 117 亿元，其中，中央财政补助资金 79 亿元，地方落实建设资金 38 亿元。初步建立了县、乡、村山洪灾害防御责任制体系，建立了村、组、户包保防御组织。建设自动雨量站 5.2 万个，配备简易雨量（水位）监测和报警设备设施 120 万个，形成山洪灾害防治非工程措施体系雏形。通过山洪灾害防治县级非工程措施项目建设，全国开始将山洪灾害防御工作纳入地方政府责任范围。

2. 全国山洪灾害防治项目（2013—2015 年）

依据《全国山洪灾害防治规划》和《全国中小河流治理和病险水库除险加固、山洪地质灾害防御和综合治理总体规划》，2013 年 5 月，水利部和财政部联合印发了《山洪灾害防治项目实施方案（2013—2015 年）》，在山洪灾害防治县级非工程措施项目的基础上开展山洪灾害调查评价、非工程措施补充完善和重点山洪沟防洪治理三项主要建设任务。全国累计投资 143 亿元，其中，中央财政补助资金 116 亿元，地方落实建设资金 27 亿元。初步完成了全国山洪灾害调查评价，基本查清山洪灾害防治区的范围、人员分布、社会经济和历史山洪灾害情况；补充建设自动监测站点 2.3 万个，图像、视频监测站点 2.7 万个，建设 30 个省级、305 个地市监测预警信息管理系统，完成 2058 个县的计算机网络及会商系统完善，补充建设简易监测站 16 万个，报警设施设备 40 万台（套），编制修订县、乡、村山洪灾害防御预案 32 万个，完成了 342 条重点山洪沟防洪治理。

3. 全国山洪灾害防治项目（2016—2020 年）

2016—2020 年，全国山洪灾害防治项目主要建设任务是利用山洪灾害调查评价成果，优化自动监测站网布局，继续完善监测预警系统，升级完善省级山洪灾害监测预警平台，复核、检验预警指标，补充升级预警设施设备，持续开展群测群防体系建设，继续实施重点山洪沟防洪治理。全国共投资 92 亿元，其中，中央财政补助资金 75 亿元，地方落实建设资金 17 亿元。2016—2020 年完成对自动监测站点调整补充和更新改造升级，截至 2019 年底，累计建设自动雨量站、水位站 7.7 万个，补充预警设施设备 32 万个；升级完善省级监测预警信息管理系统，实现共享共用、预报预警和在线监控等核心功能；开展补充调查评价，初步实现调查评价成果集成、挖掘分析和拓展应用；持续开展 2076 个县群测群防体系建设；完成 277 条重点山洪沟防洪治理，实现了山洪灾害防御体系从"无"到"有"的历史性突破。山洪灾害防治项目建设内容框架见图 6-1。

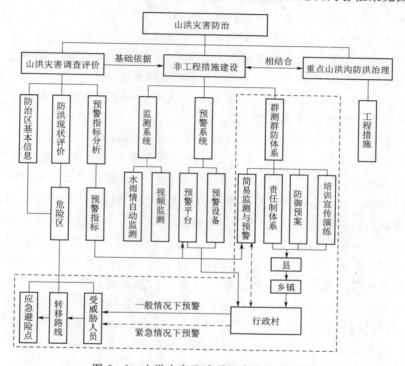

图 6-1 山洪灾害防治项目建设内容框架

4. 全国山洪灾害防治项目（2021—2023 年）

2021—2023 年，按照全面规划、突出重点、补齐短板、夯实基础的原则，突出灾害的监测预防和预警能力提升，继续实施山洪灾害补充调查评价、山洪灾害监测预警能力巩固提升、群测群防体系建设、重点山洪沟防洪治理。全国共投资 74 亿元，其中，中央财政补助资金 61 亿元，地方落实建设资金 13 亿元。

（三）山洪灾害防治项目建设成果

通过 10 多年来山洪灾害防治项目实施，创造性地建设了适合我国国情的专群结合的山洪灾害防治体系，填补了我国山洪灾害监测预警体系空白，探索了有中国特色的群测群防模式，发挥了显著的防灾减灾效益。同时，项目延伸和拓展了国家防汛抗旱指挥系统，显著提升了我国基层防汛信息化水平和决策指挥能力，主要取得了以下几方面成果：

（1）初步完成了全国山洪灾害调查评价，基本查清山洪灾害防治区的范围、人员分布、社会经济和历史山洪灾害情况。调查评价范围覆盖全国 29 个省（自治区、直辖市）和新疆生产建设兵团 755 万 km² 国土面积，涉及 2076 个县（市、区、旗、团场等）、157 万个村庄、9 亿人口、15 万个企事业单位。首次构建了覆盖全国的小流域精细划分和属性分析技术体系，基本查清了山丘区 53 万个小流域的基本特征和暴雨特性，分析了小流域暴雨洪水规律，填补了我国山丘区小流域洪水灾害预报预警技术空白。划分了 51 万个危险区，调查了 5.3 万场历史山洪灾害、25 万座涉水工程和 57 万套监测预警设施设备；分析评价了近 17 万个沿河村落的现状防洪能力，确定了临界雨量和预警指标。形成了全国统一的山洪灾害调查评价成果数据库。

（2）基本建成了山洪灾害自动监测系统。截至 2019 年，全国山洪灾害自动监测站点达 13.2 万个，其中新建 7.7 万个，共享气象水文部门站点 5.5 万个，布设简易监测站 32 万个，形成了山洪灾害防治区的水雨情自动监测站网和乡村简易监测网络，自动雨量站的平均密度为 38km²/站，整体达到规划要求，基本解决了基层山洪灾害防御缺乏监测手段和设施的问题。与山洪灾害防治项目建设之初相比，全国自动监测站点数量是 2006 年（6000 站）的 22 倍，最小报汛时段缩短到 10min，监测数据入库时间缩短到 5～10min，数据信息量增加了 100 余倍，基本能满足局部地区短时强降雨的实时监测需求，部分地区实现了雨水情信息的共享。建设图像（视频）站 2.6 万个，能够对部分重点小型水库、河道重点部位进行实时监视。

（3）建成了国家、流域、省、市、县五级山洪灾害监测预警平台。建成了连接国家级、7 个流域机构、30 个省级（含新疆生产建设兵团）、305 个地市级和 2076 个县级的山洪灾害监测预警（或监测预警信息管理）平台，在基层基本实现了雨水情自动监测、实时监视、预警信息生成和发布、责任人和预案管理、统计查询等功能，有效提高了基层水行政主管部门对暴雨山洪的监测预警水平，提高了预警信息发布的时效性、针对性、准确性。初步建成了省、市、县三级视频会商系统，部分区域还将防汛计算机网络、视频会商系统部署到乡镇，延伸和扩展了国家防汛抗旱指挥系统，有效提升了基层防汛指挥信息化水平和决策能力。

（4）初步建立了中国特色山洪灾害群测群防体系。指导各地建设了县、乡、村、组、户五级山洪灾害防御责任体系，编制（修订）了县、乡、村和有关企事业单位山洪灾害防御预案，明确了防御组织机构、人员及职责、危险区范围和转移路线等内容。遵循因地制宜、土洋结合、互为补充的原则，在山洪灾害防治区县、乡、村配备无线预警广播、手摇报警器、铜锣等报警设施设备119万套；持续组织开展培训演练1291万人次，确定危险区临时避险点，制作宣传栏或警示牌81万块，发放明白卡7955万张，增强了基层干部群众防灾避险意识和自防自救互救能力。

（5）开展了重点山洪沟防洪治理。以"保村护镇、守点固岸、防冲消能"为目标，主要采取堤防、护岸、疏浚等措施，完成1152条重点山洪沟防洪治理，保护49276个村庄，627万人受益，有力支撑了脱贫攻坚战和美丽乡村建设。

（6）为山洪灾害防御工作奠定了人才基础、技术基础和数据基础。全国8000多个单位、10万余人投入项目建设，培养了一批专业技术、管理人才。通过10余年山洪灾害防治实践，明确了我国山洪灾害防治总体技术路线、技术框架和实施方案，初步形成了适合我国国情的山洪灾害防治技术体系，取得了小流域下垫面提取、产汇流特征分析、无资料地区小流域暴雨洪水和预警指标确定方法等原创成果，制订了山洪灾害防治部颁技术标准5项。通过山洪灾害调查评价，积累了大量基础资料，总数据量达102TB。

（四）建设成效

项目实施以来，发挥了很好的防灾减灾效益。截至2022年底，防御体系累计发布预警短信2.53亿条，启动预警广播331万次，发布山洪灾害气象预警991期（央视播出259期）。根据《中国气候变化蓝皮书（2022）》，1961—2021年，中国极端强降水事件呈增多趋势，年累积暴雨（日降水量大于等于50mm）站日数呈增加趋势，平均每10年增加4.5%。而与极端强降雨增加形成鲜明对比的是，2011—2022年因山洪灾害死亡年均约308人，较项目实施前的2000—2010年平均死亡1179人大幅减少74%。部分地区在降雨强度、洪水量级、倒塌房屋数量超过历史灾害的情况下，人员伤亡大幅度减少。各级政府和山丘区群众将已建监测预警系统和群测群防体系赞誉为"生命安全的保护伞"和"费省效宏、惠泽民生的德政工程"。

第二节　山洪灾害调查评价与风险评估

一、山洪灾害调查评价

山洪灾害调查评价是指对山洪灾害防治区山洪孕灾环境、致灾因子、承灾体、防灾能力等进行全面系统的现场调查和分析评价。主要内容包括：调查了解山丘区小流域水文气象、下垫面条件、历史山洪灾害及历史洪水、自然村落及城集镇人口、企事业单位分布及社会经济、基础设施、现有防御设施设备等情况，进而划定山洪灾害危险区，确定转移路线和临时安置点；测量重点沿河村落河道地形，开展小流域暴雨洪水计算，对重点沿河村落、城集镇等防灾对象现状防洪能力进行分析，按危险性等级划分各级危险区，分析确定雨量预警指标或水位预警指标，获得防灾对象现状防洪能力、各级危险区人口及房屋分布以及预警指标等重要信息，为山洪灾害防治提供更为深入和详细信息支撑的系列工作。

2013—2016 年，我国首次比较全面系统地开展了山洪灾害调查评价工作，调查了全国山丘区 2138 个县级单位，3.25 万个乡镇，46.8 万个行政村，156.5 万个自然村，涉及国土面积 756 万 km²，总人口 9.1 亿人。基本查清了山洪灾害防治区的范围、人员分布、社会经济和历史山洪灾害情况，具体划定了山洪灾害危险区，明确了转移路线和临时安置点；首次按流域水系划分了 53 万个小流域单元，系统分析了小流域下垫面特征和暴雨洪水规律；对 16 万个重点沿河村落防洪现状进行了评价，初步确定了预警指标，绘制了 10 万张危险区图。主要成果已汇集到全国山洪灾害调查评价成果数据库，并应用到各级监测预警平台。

2017—2020 年，在 2013—2015 年山洪灾害调查评价基础上，对 28066 个新增山洪灾害隐患点和 18 个新增县开展调查评价，完成了 800 个县预警指标检验复核，不断提高预警指标精准度，并在 28 个省开展山洪灾害调查评价成果的集成与拓展应用；2021—2023 年继续开展山洪灾害补充调查评价，完成了 414 个重点城镇和 12923 个重点集镇的调查评价，编制了 2076 个县（市、区、旗、团场等）危险区动态管理清单，在 29 个省开展了动态预警指标分析。

链接：山洪灾害调查评价工作内容

1. 山洪灾害调查工作内容

（1）以县级行政区划为单位，通过内业整理和现场调查，获取县（市、区、旗、团场等）、乡（镇、街道办事处）、行政村（居民委员会）、自然村（村民小组）和山洪灾害防治区内的企事业单位（包括受山洪灾害威胁的工矿企业、学校、医院、景区等）的基本情况和位置分布，包括居民区范围、人口、户数、住房数等，初步确定山洪灾害危害程度。

（2）以省级行政区划为单位，以水文分区或县级行政区划为单元，收集整理山洪灾害防治区水文气象资料和小流域暴雨洪水分析方法。

（3）对统一划分的小流域及其基础数据进行现场核查。根据地形地貌、社会经济和涉水工程变化情况，以及分析评价工作需要，使用现场采集终端，对小流域出口节点位置、土地利用和土壤植被进行核查，对有变化的区域提出修改建议。

（4）在共享第一次全国水利普查有关水利工程成果的基础上，重点调查防治区内影响居民区防洪安全的塘（堰）坝、路涵、桥梁等涉水建筑物基本情况。

（5）调查统计各县历史山洪灾害情况，包括山洪灾害发生次数，发生时间、地点和范围，灾害损失情况。重点是新中国成立以来发生的山洪灾害，确保不遗漏发生人员伤亡的山洪灾害事件。

（6）在受山洪灾害威胁的沿河村落（城镇、集镇），通过现场查勘、问询、洪痕调查和专业分析等方法，调查历史最高洪水位或最高可能淹没水位，调查成灾水位，综合确定可能受山洪威胁的居民区范围（危险区），调查危险区内居民基本情况、企事业单位信息，在工作底图上标绘出危险区范围及转移路线和临时安置点。

（7）对具有区域代表性的典型历史山洪参照水文调查规范开展调查，调查洪水痕迹，对洪痕所在河道断面进行测量，并收集历史洪水对应的降雨资料，计算洪峰流量，估算洪水的重现期。

（8）对需要防洪治理的山洪沟基本情况进行调查，内容包括山洪沟名称、所在行政区、现状防洪能力、已有防护工程情况；山洪沟附近受山洪威胁的乡（镇）、村庄数量；人口、耕地、重要公共基础设施情况；主要山洪灾害损失情况、需采取的治理措施等。

（9）以县级行政区划为单元，统计山洪灾害防治非工程措施建设成果，包括自动监测站、无线预警广播（报警）站、简易雨量站和简易水位站等的位置和基本情况。

（10）对影响重要城（集）镇、沿河村落安全的河道进行控制断面测量，以满足小流域暴雨洪水分析计算、现状防洪能力评价、危险区划分和预警指标分析的要求。控制断面测量成果要反映河道断面形态和特征，标注成灾水位、历史最高洪水位等。

（11）在防治区山洪灾害调查的基础上，对重点防治区（部分重要城镇、集镇和村落）内受威胁的居民区人口，住房位置、高程和数量等进行现场详查，以获取居民沿高程分布情况。

2. 山洪灾害分析评价工作内容

（1）分析山洪灾害防治区内小流域暴雨洪水特征。主要针对五种典型频率，分析计算小流域标准历时的设计暴雨特征值，以及以小流域汇流时间为历时的设计暴雨和对应设计洪水的特征值。

（2）确定山洪灾害重点防治区内沿河村落、集镇、城镇等防灾对象的现状防洪能力。主要包括成灾水位对应流量的频率分析，以及根据五种典型频率洪水洪峰水位及人口和房屋沿高程分布情况，制作控制断面水位-流量-人口关系图表，分析评价防灾对象防洪能力。

（3）划分山洪灾害重点防治区内沿河村落、集镇、城镇等防灾对象的危险区等级。将危险区划分为极高、高、危险三级，并科学合理地确定转移路线和临时安置地点。

（4）确定山洪灾害重点防治区内沿河村落、集镇、城镇的预警指标。重点分析流域土壤较干、较湿以及一般三种情况下的临界雨量，进而确定准备转移和立即转移雨量预警指标。

——资料来源：国家防汛抗旱总指挥部办公室　中国水利水电科学研究院：全国山洪灾害防治项目（2010—2015 年）总结评估报告

二、山洪灾害风险评估

1. 山洪灾害风险评估指标

影响山洪灾害的因子总体上可以分为降雨因素、下垫面因素以及人类活动因素 3 个方面，主要集中在自然村落与河网位置关系、小流域短历时强降雨特性、汇流时间、洪峰模数、涉水工程、房屋类型、现状防洪能力、监测预警设施设备等方面。根据风险分析基本要素，结合全国山洪灾害调查评价数据，将山洪风险评估指标归类为以下三种：

（1）危险性：①降雨因子，100 年一遇 3h、6h 设计暴雨值及变差系数 C_v；②地形因子，洪峰模数及汇流时间。

（2）承险体：受山洪威胁的沿河村落的人口、房屋及居民家庭财产类型。

（3）易损性：3 类和 4 类房屋占比、自动监测站和简易监测站站点密度。

应用全国山洪灾害调查评价成果和山区河道洪水频率图，综合山丘区自然村落房屋结构类型和分布、人口分布，分析致灾因子、孕灾环境、承灾体的脆弱性，综合分析小流域山洪风险，以小流域为单元绘制不同等级的山洪风险图。

2. 山洪灾害风险区域

根据全国山洪灾害风险评估成果，高风险区主要集中分布在以下 6 个区域：

（1）武夷山脉，涉及广东、福建、浙江、江西等 4 省，人口密集，城市化程度高，降雨充沛，是山洪灾害高发频发区。

（2）横断山脉，涉及四川、重庆、云南等3省（直辖市），位于中国地势第二级阶梯与第一级阶梯交界处，自然灾害较多，山洪灾害频发。

（3）秦巴山地，涉及陕西、甘肃、河南、四川、重庆等5省（直辖市），北邻渭河平原，其间有大断裂，为北仰南倾的断块构造，山势陡峭，河流短促，多急流，易形成山洪灾害。

（4）太行山、燕山山脉，涉及河北、山西、北京等3省（直辖市），临近中国政治中心，人口密度大，城市化程度高。

（5）陕北黄土高原，位于中国中部偏北，涉及甘肃、陕西（北部）、内蒙古等3省（自治区），地势由西北向东南倾斜，大部分为厚层黄土覆盖，经流水长期强烈侵蚀，逐渐形成千沟万壑、地形支离破碎，作为西部中心，人口密度大，易受到山洪灾害影响。

（6）长白山脉，涉及辽宁、吉林、黑龙江等3省，山峰峡谷较多，水源充足，近些年山洪灾害频发。此外，受降雨强度、地形地貌特征和人员分布等因素综合影响，中风险区和低风险区则在全国山洪防治区广泛分布。

第三节　山洪灾害监测预警体系

一、山洪灾害监测预警设施

随着我国山洪灾害防治项目建设和山洪灾害防御体系的逐步形成，目前初步建立了以国家级和省级山洪灾害气象风险预警为先导，专业监测预警和群测群防相互结合的递进式山洪灾害监测预警体系。山洪灾害专业监测预警系统以气象预报为前导，以自动监测系统为基础，以监测预警平台与预报预警模型为核心，实现雨水情自动监测与预警决策。群测群防体系以县、乡、村、组、户五级责任制体系为核心，预案为基础，以简易监测预警设备为辅助手段，通过宣传培训演练，为群众提供简易监测设备和报警手段，旨在提高群众主动防灾避险意识和避灾常识。专业监测预警体系与群测群防体系互相结合、互为补充。

目前我国已建立了世界上最大规模的山丘区实时雨水情监测网络，与山洪灾害防治项目建设之初相比，全国自动监测站点数量是2006年（6000站）的22倍，最小报汛时长缩短至10min，传输时长为5～10min，总信息量增加了100余倍，基本能满足局部地区短时强降雨实时监测需求，实现了全国雨水情信息共享。初步建立了全国和部分省份山洪灾害气象预警系统，建成了纵贯中央、流域、省、地市、县的监测预警平台，有效提高了基层防汛部门对暴雨山洪的监测预警水平，提高了预警信息发布的时效性、针对性和准确性。

由于山丘区地形、地貌复杂，局地小气候特征明显。已建设的自动雨水情监测站点仍有可能捕捉不到局部突发性暴雨，存在监测"盲区"，此外，山洪灾害暴发常常导致通信、供电中断，进而致使自动监测体系"失灵"。为此，群测群防体系成为自动监测系统的有效补充和备份。充分发挥简易监测站点数量多、造价低、手段丰富多样的优势，弥补专业监测站点密度不足的缺陷，在专业监测预警设施失效，通信、电力中断的情况下，山洪灾害防御可实现自测自报，"村自为战、组自为战"。

二、预警信息发布

预警信息发布是指充分利用县级山洪灾害监测预警平台、省级山洪灾害监测预警平台、突发事件预警信息发布平台、新闻媒体、百姓通、政务通以及微信群、QQ群等多种渠道和方式及时发布山洪灾害预警信息。

（一）基于预警指标的预警

充分利用目前初步建成的全国1个国家级、7个流域机构、30个省级、305个地市级和2076个县级的山洪灾害监测预警（或监测预警信息管理）平台，向相关防汛责任人发送预警短信，启动预警广播，为地方政府组织山洪灾害转移避险提供支撑。

（二）面向社会公众的山洪灾害预警

2020年，水利部办公厅、工业和信息化部办公厅联合印发《关于依托移动通信网络发布山洪灾害预警信息工作的通知》（办防〔2020〕102号），要求加强山洪灾害监测预报预警，进一步扩大预警信息覆盖面，最大程度解决预警信息发布"最后一公里"问题，建立依托移动通信网络向社会发布山洪灾害预警信息合作机制。

省级水行政主管部门和通信主管部门建立工作机制，督促指导县级水行政主管部门与当地基础电信运营企业加强沟通协调，明确山洪灾害预警信息发布责任部门、责任人，根据预警信息发布范围和时效性要求，落实信息源、传递通道、发布程序、发布方式等事项；支持指导县级水行政主管部门不断提高山洪灾害监测预报预警的准确率、时效性和精细程度，开发制作适合面向社会公众发布的山洪灾害预报预警产品，建立完善预警信息发布审签制度，落实好预警信息源，与同级通信主管部门及各基础电信运营企业建立安全、稳定、可靠的山洪灾害预警信息传输通道。县级水行政主管部门负责具体实施山洪灾害预警工作。

水行政主管部门根据山洪灾害预警信息等级和紧急程度，确定信息发布优先级别，由通信主管部门组织基础电信运营企业采用公益应急短信息方式，使用统一短号码如"12379"向指定区域内的所有人员发布，确保预警信息发送快捷、权威，实现指定区域内人群全覆盖。

各基础电信运营企业保障山洪灾害预警信息发布通道畅通，做好应急通信保障，提高山洪灾害预警信息发布的速度和通达率，并及时将预警信息发布情况反馈相关通信主管部门和水行政主管部门；水行政主管部门加强监测预警设施设备及平台检修维护，保障其正常运行。

（三）山洪灾害气象预警

水利部、中国气象局联合开展山洪灾害气象预警工作，共同制作山洪灾害气象预警信息，其中橙色及以上等级预警信息在中央电视台天气预报节目播出（截至 2022 年底，共制作山洪灾害气象预警 997 期，其中 258 期在中央电视台播出），并及时在国家突发事件预警短信平台和中国天气网、全国山洪灾害防治网发布，提醒各地做好山洪灾害实时监测、防汛预警和转移避险等防范工作。

第四节　　山洪灾害群测群防体系

山洪灾害群测群防体系建设范围涉及县、乡（镇）、村，重点是村，主要内容包括责任制体系建立，县、乡、村山洪灾害防御预案编制，简易监测预警与人员转移，宣传、培训和演练等。《山洪灾害群测群防体系建设指导意见》（办汛一〔2015〕13号）明确提出，山洪灾害防治区内的行政村应按照"十个一"标准建设群测群防体系，即建立 1 套责任制体系，编制 1 个防御预案，至少安装 1 套简易雨量报警器（重点区域适当增加），配置 1 套预警设备（重点防治区行政村含 1 套无线预警广播），制作 1 个宣传栏，每年组织 1 次培训、开展 1 次演练，每个危险区确定 1 处临时避灾点、设置 1 组警示牌，每户发放 1 张明白卡（含宣传手册）。"十个一"规范了群测群防体系村组单元的建设内容和数量要求。山洪灾害群测群防体系见图 6-2。

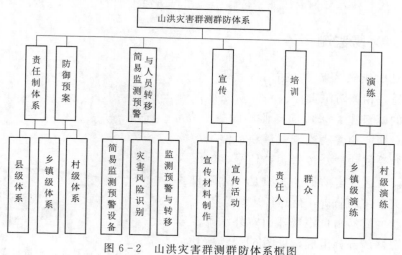

图 6-2　山洪灾害群测群防体系框图

一、组织机构与责任制体系

山洪灾害防御工作实行各级人民政府行政首长负责制，建立县、乡（镇）、行政村、村组、户五级山洪灾害群测群防责任制体系，建立县、乡（镇）、行政村三级群测群防组织指挥机构。

有山洪灾害防御任务的县级行政区，山洪灾害防御工作由县级人民政府负责，由县级防汛抗旱指挥部统一领导和组织山洪灾害防御工作。有山洪灾害防御任务的乡（镇）成立相应的指挥机构。县级、乡（镇）级防汛指挥机构可根据实际情况设立转移组、调度组、保障组及应急抢险队等工作组。有山洪灾害防御任务的行政村成立山洪灾害防御工作组，落实相关人员负责雨量和水位监测、预警发布、人员转移等工作。

山洪灾害防治区内的旅游景区、企事业单位均应落实山洪灾害防御责任人，并与当地政府、防汛指挥机构保持紧密联系，确保信息畅通。

二、山洪灾害防御预案

山洪灾害防御预案是指在现有防治设施条件下，针对可能发生的山洪灾害，事先做好防、避、抢、救各项工作准备方案。防御预案是防御山洪灾害中实施指挥决策、调度以及抢险救灾的依据，是基层组织和人民群众防灾、救灾各项工作的行动指南。地方各级人民政府，尤其是基层的县、乡（镇）、村级，应根据各地的特点，因地制宜地制定各地的防御预案。

山洪灾害防御预案分县（市、区）、乡（镇）和行政村三级编制，危险区、企事业单位、社会管理网格的防御预案参照村级要求编制。

三、简易监测预警

在受山洪灾害威胁的社区（人员聚集区）等地，相关防汛责任人和群众在灾害风险识别的基础上，采用简易监测预警设备，利用相对简便的方法监测雨量和水位等指标并及时向受威胁群众传播预警信号，组织人员转移。社区灾害防御的本质是"风险自我识别，灾害主动防御，信息传达到位"。

现状的简易雨量报警器由室外承雨器和室内告警器两部分组成，见图6-3。室外承雨器采用翻斗式雨量计采集降雨量，雨量数

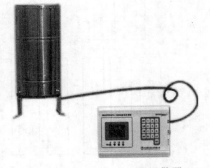

图6-3　一种简易雨量报警器

据通过无线或有线传输发送至室内告警器。室内报警器具有雨量统计功能，通过微处理器分析和判断降雨数据，达到临界雨量时发出声、光、语音多种方式警报。

近年又出现了"一对多"的面向社区的山洪灾害雨量预警系统，可实现一处监测，多处入户报警，见图6-4。

 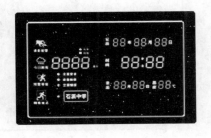

（a）雨量监测站　　　　　　　　　　　（b）室内报警器

图6-4　一种"一对多"山洪灾害雨量预警系统

简易水位报警器根据各监测点实际情况，醒目标注警戒水位、转移水位、历史最高水位等特征水位线或标识，既可观测水位，又可以起到宣传和警示作用。2013年以后，逐步发展简易水位报警器，具备实时水位监测、预警水位（准备转移、立即转移）指标设定、报警以及报警数据查看等功能，见图6-5。

图6-5　一种简易水位报警器

简易水位报警器可实现水位监测和报警设备一体化，能进行原位报警；监测与报警设备也可分离，以实现上游监测、下游报警。结合摄像装置，既可对洪水上岸造成冲淹的灾害进行报警，也可对河道内活动、强行涉水过河等行为进行警示警告。简易水位报警器布设地点应考虑预警时效、影响区域、控制范围等因素综合确定，尽量在山洪沟河道出口、山塘坝前和人口居住区、工矿企业、学校等防护目标上游。可沿河流沿线，按10～20km的间距布设，见图6-6。

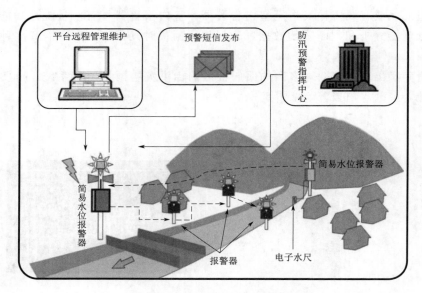

图 6-6　水位报警器布设示意图

四、山洪灾害防御知识宣传

在山洪灾害防治区，应采用会议、广播、电视、网络、报纸、宣传片、宣传栏、宣传册、挂图及明白卡等多种方式持续宣传山洪灾害防御常识；在危险区设置警示牌、危险区标牌、避险点和转移路线标识牌等。每年应至少开展一次宣传活动，使群众掌握山洪灾害防御常识，了解山洪灾害危险区域，熟悉预警信号和转移路线，提高群众主动防灾避险意识，掌握自救互救能力。

山洪灾害防御宣传材料包括宣传画册、宣传光碟、明白卡、宣传栏、警示牌、标识标牌、挂图、传单等，要按省级统一要求和统一规格样式进行制作、安装和发放。

明白卡需标明山洪灾害危险区名称，受威胁户主名字及家庭人口状况，应急避险点名称、位置及转移路线，防汛负责人姓名及联系方式，预警信号形式等信息。

警示牌需标明山洪灾害区名称，所在行政村以及所属小流域，应急避险点名称、位置及转移路线，预警转移信号（包括准备转移和立即转移信号），危险区、应急避险点及转移路线示意图，转移责任人，县、乡（镇）防汛机构及值班电话等信息。

五、山洪灾害防御知识培训

群测群防工作中的培训可分为两大类：一是针对基层山洪灾害防御责任人

的培训，二是针对山丘区干部群众的培训。

（1）对县、乡、村各级负责人和工作人员进行山洪灾害防御工作培训，主要包括：①山洪灾害基础知识及防御常识；②山洪灾害防御体系详解；③县、乡（镇）和村各级山洪灾害防御预案；④监测预警设施使用操作；监测预警流程；⑤人员转移组织；山洪灾害防御宣传、培训、演练工作内容及方法等。通过培训，全面提高广大基层工作人员山洪灾害防御工作能力，掌握山洪灾害防御日常工作内容和正确防灾避灾方法，使山洪灾害防御工作落到实处，充分发挥防治措施的作用和防御机构的职能。

（2）对山丘区的村民、抢险队员和企事业单位的员工、学生开展山洪灾害基本常识培训，主要包括：①山洪灾害基础知识及防御常识；②水雨情信息的获取；③预警信号传递；④避险转移及抢险、自救、互助的技能等。通过加强培训，使山丘区干部群众充分了解山洪灾害的特性，掌握水雨情和工程险情的简易监测方法，熟悉预警信号及其发送和传递方式，以及避险转移路线等，提高群众的防御避险意识和自救能力，使基层防御机构抢险队员能熟练掌握应急抢险救助的技能。

六、山洪灾害防御演练

由县级水行政主管部门组织或指导，山洪灾害防治区内的乡（镇）和村，定期组织防御山洪灾害应急演练，旨在提高防御工作能力，使群众熟悉预警信号、转移路线和避险地点，提高人民群众遇到山洪灾害时的自救能力和逃生能力，检验山洪灾害应急预案和措施的可行性，提升防汛抢险队伍、各响应部门的应急能力。

乡（镇）级演练的项目和内容应丰富齐全，包括预警发布、紧急转移、抢救伤员、防疫等内容。村级演练则可适当简化，主要内容为预警信息发布和人员转移。

演练时应注意：组织较大规模的演练，须报当地政府和有关部门批准；以人员的转移避险为主，不应转移财物或携带生活用品和食物；注意避免转移年迈的老人，或者身体不适的群众，以免发生意外；如果转移路线横跨公路时，演练中要注意来往车辆，必要时应对公路进行临时交通管制。

第五节 山洪灾害防治工程措施

一、山洪沟防洪治理情况

山洪沟防洪治理作为山洪灾害防治工程措施，是山洪灾害防治的重点。

2013 年以来，水利部商财政部先后编制印发了《全国山洪灾害防治项目实施方案（2013—2015 年）》《全国山洪灾害防治项目实施方案（2017—2020 年）》《全国山洪灾害防治项目实施方案（2021—2023 年）》，明确了重点山洪沟的治理任务、范围、标准与措施。2013—2022 年，中央财政投入重点山洪沟防洪治理资金 112 亿元，安排实施 1152 条重点山洪沟防洪治理，提高了治理山洪沟沿河村镇和重要基础设施的防洪标准和防冲能力，在重点山洪沟所在小流域初步建成了非工程措施与工程措施相结合的防治体系，有效消除了高风险地区防洪安全隐患，进一步夯实了山洪灾害防御基础，为山丘区如期全面打赢脱贫攻坚战提供了强有力的安全保障。

二、山洪沟防洪治理基本原则

2019 年 5 月 31 日，水利部颁布了水利行业标准《山洪沟防洪治理工程技术规范》（SL/T 778—2019），8 月 31 日正式实施。该规范的颁布实施，填补了流域面积 $200km^2$ 以下山区河流工程防洪治理规范的空白，对进一步规范和指导山洪沟防洪治理工程规划、设计和管理，切实提高我国山洪沟防洪治理的技术水平具有重要指导意义。在山洪沟防洪治理工作中，主要坚持以下基本原则：

（1）以人为本，保障安全。以保护山洪沟沿岸人员生命安全为首要目标，合理选择护岸工程、堤防工程、排导工程等措施，与监测预警设施设备、应急预案和防汛责任制体系等非工程措施相结合，形成山洪灾害综合防御体系。

（2）突出重点，统筹兼顾。以岸坡防护为治理重点内容，在城镇、集中居民点和重要基础设施等重点河段合理布设工程措施，提高重点防护对象的防洪抗冲能力，降低山洪冲刷危害；统筹协调防洪、排涝、水资源利用、水土保持、生态环境保护等方面的关系；顺应山洪沟自然特性，综合考虑流域内山洪的流量、流速、壅高、跌落、漫溢、岸坡冲刷及河床淘刷等因素，处理好上下游、左右岸的关系，防止洪水风险转移和次生灾害发生。

（3）人水和谐，注重生态。重点山洪沟防洪治理在确保山洪沟防洪安全的前提下，贯彻因地制宜、就地取材的原则，应注重工程措施与周围人文景观和生态环境相协调；要维护河道自然形态和原有浅滩深潭、自然阶梯等微结构，保护生物群落。

山洪沟治理案例治理前后对比见图 6-7。

三、山洪沟防洪治理主要措施

（一）治理方案

根据山洪沟河道、洪水和灾害特点，合理确定治理方案和工程布置。一般

（a）治理前

（b）治理后

图 6-7　四川省马边县雪口山乡山洪沟治理前后对比

按照"护、通、导"的原则确定。

（1）"护"即加固或修建护岸、堤防等，其中新建堤防须经充分论证，依据设计洪峰流量及地形条件进行合理布局。

（2）"通"即对重点河段及山洪沟出口清淤疏浚，畅通山洪出路。

（3）"导"即利用截洪沟、排洪渠等设施，导排洪水，减少山洪危害。有条件的，可利用撇洪渠减轻重要防护对象的防洪压力。

（二）工程措施

根据山洪沟所在的地形、地质条件，以及岸坡植被等情况，因地制宜地确定工程措施，主要包括护岸工程、堤防工程和河道清淤疏浚工程，并辅以其他相关措施。山洪沟防洪治理各种工程措施布置应重视防冲、消能和坡脚防护，维持河势稳定，不得缩窄河道行洪断面，不得在河道范围内修建拦挡设施。

第七章 防汛抢险技术

第一节 洪涝险情概述

我国水库、闸站数量和堤防长度位居世界第一，工程安全维护和汛期抢险任务十分繁重。近年来，各大流域接连遭受大洪水考验，如 2016 年长江流域中下游洪水、太湖流域、海河流域较大洪水，2020 年长江流域性大洪水、淮河流域性较大洪水等。洪水防御期间，水库、堤防、闸站等防洪工程各类险情不断，根据险情类别及特点分类施策，第一时间开展有效的抢护处置对减少灾害损失、保障防洪安全十分重要。

一、险情定义

本章所称险情是指防洪活动中需要密切监视、及早发现、及时处置的危险或风险状况。除工程险情外，还包括堰塞湖险情等。

工程险情是影响安全运行可能导致水工程失事的危险情况。我国水工程按其修建的目的或服务对象可分为：防止洪水灾害的防洪工程；防止旱、涝、渍灾，为农业生产服务的农田水利工程（也称灌溉和排水工程）；将水能转化为电能的水力发电工程；改善和创建航运条件的航道和港口工程；为工业和生活用水服务，处理和排除污水、雨水的城镇供水和排水工程；防止水土流失和水质污染，维护生态平衡的水土保持工程和环境水利工程；保护和增进渔业生产的渔业水利工程；围海造地，满足工农业生产或交通运输需要的海涂围垦工程等。一项水利工程同时为防洪、灌溉、发电、航运等多种目标服务的，称为综合利用水利工程（也称"水利枢纽工程"）。这些水工程，在建设和运行期间，受暴雨、洪水、冰冻、雷电、风浪、高潮、地震与地质灾害、工程老化等自然因素影响，以及受操作失误和人为破坏等因素影响，容易出现整体或局部结构变化甚至破坏，或效能、功能降低等危险情况，可能造成或加剧洪水危害，应尽力避免或减轻其严重的后果。根据险情的成因、性质和发生部位，结合各地多年来抢险实践及管理经验，通常将工程中常见险情大致分为渗水、管涌、塌陷、滑坡、裂缝、崩塌、漫溢、溃决、冰凌、风浪潮、溢洪道险情、闸涵泵险情等12 类。

堰塞湖险情指受自然因素影响而发生重大山体崩塌、滑坡阻断江河的危险情况。无论是堆积体上游形成堰塞湖造成异常水位壅高，还是天然堆积体溃决形成超常洪峰流量，都可能对沿江河两岸居民与设施造成毁灭性的灾难，需要尽力采取应急处置措施，消除或减轻其危害性。

二、险情分类

险情一般有两种分类方法。一种是以堤防、河道整治工程、水库和堰塞湖等为对象进行分类；另一种是以险情属性进行分类。

（一）按对象分类

按对象进行分类的险情如下：

（1）堤防险情。堤防堤身及堤基经常出现的险情有渗水、管涌、塌陷、滑坡、裂缝、崩塌、漫溢、溃决、冰凌、风浪潮等。

（2）河道整治工程险情。河道整治工程经常出现的险情有塌陷、裂缝、崩塌、漫溢、溃决、冰凌、风浪潮等。

（3）水库险情。水库经常出现的险情有渗水、管涌、塌陷、滑坡、裂缝、崩塌、漫溢、溃决、冰凌、风浪潮、溢洪道险情、闸涵泵险情等。

（4）堰塞湖险情。堰塞湖是由于地震、降雨、冰川融化、冻融等引发山体滑坡、崩塌、泥石流等形成堰塞体堵塞河道，导致其上游壅水形成的湖泊。堰塞湖险情主要有堵塞险情和坝体险情。

（二）按属性分类

按属性进行分类的险情包括：渗水、管涌、塌陷、滑坡、裂缝、崩塌、漫溢、溃决、冰凌、风浪潮、溢洪道险情、闸涵泵险情及堰塞湖等险情。

三、险情巡查及报送

（一）险情巡查

险情巡查是指以发现险情为目的的人员或利用设备巡回往返对工程进行查看行为。

1. 巡查周期

巡查分为日常巡查、定期巡查和特别巡查。

（1）日常巡查。由堤防、水库等水工程管理单位运行维护专业人员按照管理规定进行的日常巡查。正常运行期的日常巡查次数通常每月不少于2次，每次间隔不多于7天。

（2）定期巡查。定期巡查一般于每年汛前、汛中、汛后各进行1次。工程管理单位组织运行维护专业人员按照相关规章制度，查阅检查、运行、维护记录和监测数据等档案资料，对工程进行全面详细的巡查。

（3）特别巡查。发生地震，遭遇大洪水、台风、高水位、河水位骤变、大暴雨、低气温以及其他影响工程安全运行的特殊情况时，在应急状态时组织的巡查，应做到险情早发现、早报告、早处置。

2. 巡查方法和要求

（1）**日常巡查**主要为眼看、耳听、脚踩、手摸等直观方法，或辅以锤、钎、钢卷尺、放大镜、石蕊试纸等简单工具器材，对工程表面和异常现象进行检查。对于已安装视频监控系统的工程，可利用视频图像辅助跟踪检查。

眼看——查看临水侧堤、坝附近水面是否有漩涡；临水侧护坡块石是否有移动、凹陷或突鼓；防浪墙、堤（坝）顶是否出现新的裂缝或原有的裂缝有无变化；堤（坝）顶是否有塌坑；背水坡堤（坝）面、堤（坝）脚及镇压层范围内是否出现渗漏、突鼓现象，尤其对长有喜水性草类的地方要仔细检查，判断渗漏水的浑浊变化；堤（坝）附近及溢洪道两侧山体岩石是否有错动或出现新裂缝；通信、电力线路是否完整等。

耳听——耳听是否有不正常水流声。

脚踩——脚踩检查堤（坝）坡、脚是否出现土质松软或潮湿甚至渗水现象。

手摸——当眼看、耳听、脚踩发现有异常情况时，用手做进一步临时性检查，对长有杂草的渗漏处，用手感测试水温是否异常。

日常检查人员在轮换班时应做好交接工作，检查时应带好必要的辅助工具和记录笔、簿以及照相机、摄像机等设备。

汛期高水位情况下进行巡查时，宜由数人列队进行拉网式检查，防止疏漏。

（2）**定期检查**和**特别检查**除采用日常检查的方法外，还可根据检查目的和要求，采用开挖探坑（或槽）、探井、钻孔取样或孔内摄影、注水或抽水试验、投放示踪剂、超声波探测、潜水员探摸或水下摄影、水下机器人等探测技术和方法进行。

定期检查和特别检查，工程管理单位应制定详细的检查计划和临时调度方案，并做好如下准备工作：

1）安排好工程调度，为相关地表工程检查以及水下检查创造条件。

2）做好电力安排，为检查工作提供必要的动力和照明。

3）排干检查部位的积水，清除检查部位的淤积物。

4）安装或搭设临时交通设施，便于检查人员行动和接近检查部位。

5）采取安全防范措施，确保人员及设备安全。

6）准备好检测所需工具、设备、车辆或船只等，以及量测、记录、绘草图工具和照相机、摄像机等。

当江河湖泊达到警戒水位（流量）、水库水位达到汛期运用限制水位时，增加巡查人员投入，加密巡查次数。

每次巡查均应做好翔实的现场记录。如发现异常情况，除应详细记述时间、部位、险情和绘制草图外，必要时开展测量、摄像，在现场做好标记，并在第一时间按规定程序上报。

每次巡查后应在1～2个工作日内对巡查原始记录进行整理，并作出初步分析判断。巡查记录、图件和报告等均应整理归档。

（二）险情报送

险情报送应坚持早发现早报告的原则，为抢早抢小争取主动，努力把风险和损失降到最低。巡查人员发现险情后，应立即上报当班巡查负责人。巡查负责人应立即报告工程管理单位负责人，并同时组织技术人员对险情进行判断。险情经鉴别后，工程管理单位应立即向上级主管部门和防汛指挥部门报告。当发生重大突发险情和重大灾情时，可以越级报告。

对于水库（水电站、淤地坝、尾矿坝）、堤防（河道整治工程）、涵闸、泵站以及其他防洪工程出现可能危及工程安全的突发险情，要特别关注。当上述工程出现溃坝、决口或垮塌等险情的前兆时，为重大突发险情。

突发险情报告内容应包括工程基本情况、险情态势以及抢险情况等。

突发险情报告分为首次报告和续报，原则上应以书面形式逐级上报，紧急情况下，可以采用电话或其他方式报告，并以书面形式及时补报。

突发险情发生后的首次报告指确认险情已经发生，在第一时间将所掌握的有关情况向上级部门报告。

续报指在突发险情发展处置过程中，根据险情、灾情发展及抢险救灾的变化情况，对报告事件的补充报告。续报内容应按要求分类上报，并附必要的险情、灾情图片。续报应延续至险情排除、灾情稳定或结束。

1. 水库（水电站）工程险情报告内容

（1）基本情况：水库名称、所在地点、所在河流、建设时间、主管单位、集雨面积、总库容、大坝类型、坝高、坝顶高程、泄洪设施、泄流能力、汛限水位、设计水位、校核水位、是否病险等。

（2）险情描述：出险时间、出险位置、险情类型、当前库水位、蓄水量、是否病险、入库流量、出库流量、下游河道安全泄量，水库溃坝对下游的影响范围、影响人口及重要基础设施情况，雨情、水情，险情具体情况等。

（3）抢险情况：抢险组织、指挥，受威胁地区群众转移情况等；抢险物资、器材、队伍和人员情况，已采取的措施及抢险方案；抢险进展情况；存在的主要问题与困难；现场联系人及联系方式等。

2. 堤防（河道）工程险情报告内容

（1）基本情况：堤防名称、所在地点、所在河流、管理单位、堤防级别、警戒水位、保证水位、堤顶高程、安全泄量、堤防高度、断面情况、护坡及堤基处理情况等。

（2）险情描述：出险时间、出险位置、险情范围、险情类型、河道水位、河道流量，雨情、水情，设计标准与险情具体情况，堤防（河道）工程决口可能的影响范围、影响人口及重要基础设施情况，险情具体情况等。

（3）抢险情况：抢险组织、指挥，受威胁地区群众转移情况等；抢险物资、器材、队伍和人员情况，已采取的措施及抢险方案；存在的主要问题与困难；现场联系人及联系方式等。

3. 水闸（泵站）工程险情报告内容

（1）基本情况：水闸名称、所在地点、所在河流、管理单位、水闸类型、水闸孔数、闸底高程、闸顶高程、闸孔尺寸、启闭方式、过流能力、特征水位等。

（2）险情描述：出险时间、出险位置、险情类型、河道水位、河道流量，雨情、水情，水闸（泵站）失事可能影响的范围、影响人口及重要基础设施情况，险情具体情况等。

（3）抢险情况：抢险组织、指挥，受威胁地区群众转移情况；抢险物资、器材、队伍和人员情况，已采取的措施及抢险方案；存在的主要问题与困难；现场联系人及联系方式等。

4. 堰塞湖险情报告内容

（1）险情描述：发生位置、所在河流、堰塞体高度、顺河长度、横河宽度、堰塞体组成、估算体积、初估蓄水量、初估水深、来水情况、过流情况、水位上涨情况，堰塞湖形成原因，上游雨情、水情，湖水位上涨、蓄水量增加情况，预估堰塞湖蓄满量及影响范围，堰塞体上游及溃决后下游的影响范围、影响人口及重要基础设施情况。

（2）抢险情况：抢险组织、指挥，受威胁地区群众转移情况等；已采取的措施及抢险方案，抢险物资、器材、队伍和人员情况等；存在的主要问题与困难；现场联系人及联系方式。

四、抢险主要原则

抢险是指防洪工程设施出现险情后，通过工程措施和非工程措施进行紧急处置的过程，主要包括险情检查、分析研判、险情抢护等环节。由于工程性质、作用、保护对象、受损原因、险情类型不同，其抢险基本原则和方法也各不相同。险情处置总体原则如下：

（1）以人为本。把确保人民群众生命安全放在第一位，必要时及时组织受威胁区域人员转移，同时高度重视抢险人员的安全。

（2）及早准备。险情处置通常需要紧急调用大量的人力、物力与设备装置，若无预案和必要的准备，很可能束手无策、贻误战机，必须提前准备，宁可备而不用，不可用而无备。

（3）及早发现。重视隐患排查与监测，尽可能在第一时间发现险情。

（4）及早报告。险情处置的关键在抢早抢小，发现险情后要第一时间报告有关部门，以便组织抢险。疏于报告或隐瞒不报，很可能酿成大祸。

（5）及早研判。要尽快对险情成因、变化趋势与可能后果，处置方案合理性、可行性等进行科学研判，避免出现重大决策失误。

（6）全力抢险。险情发展快、抢险时间紧，不允许有丝毫拖延，必须以最快的速度组织人力、物力开展抢险，尽最大努力在尽可能短的时间内控制险情。

第二节 抢 险 方 法

一、堤防及河道整治工程险情抢护

（一）渗水险情

1. 险情说明

渗水是指土堤、土石坝在较高水位作用下，背水坡面或坡脚附近地表面出现土壤渗水的现象，是较常见的险情之一，如未及时有效处理，可能发展为管涌、流土、漏洞或滑坡等险情。按险情发生的部位分为坝体渗漏、坝基渗漏、坝头绕渗、其他建筑物渗漏等险情。渗水险情示意见图7-1。

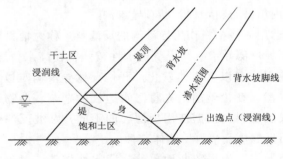

图7-1 渗水险情示意图

2．原因分析

发生渗水的主要原因如下：

（1）水位超过堤防（坝）设计标准，高水位持续时间较长。

（2）堤身、坝体断面不足，背水坡偏陡。

（3）堤身、坝体土质为砂土或粉砂土，透水性强，又无有效的防渗或导渗设施。

（4）堤（坝）质量不好，碾压不实，土壤孔隙率大，或内部有隐患。

（5）地基透水性强，未作适当处理或原有防渗措施遭受破坏等。

3．抢险原则

抢险原则为"临水截渗，背水导渗"。临水截渗即在堤（坝）临水侧用不透水或相对不透水材料截断渗水，从而减少渗水量；背水导渗即在堤（坝）背水坡上做反滤排水，通过反滤排出清水，避免险情扩大。

4．抢险方法

渗水险情传统的处置技术主要有临水截渗、背水坡反滤沟导渗、背水坡贴坡反滤导渗、透水后戗导渗 4 种。

（1）临水截渗。临水截渗适用于渗水险情严重的堤段，如渗水出逸点高、渗出浑水、堤坡裂缝及堤身单薄等情况。一般应根据临水的深度、流速、风浪的大小、取土的难易，酌情采取复合土工膜截渗、黏土前戗截渗、桩柳（土袋）前戗截渗等方法。

（2）背水坡反滤沟导渗。当堤背水坡大面积严重渗水，而在临水侧迅速做截渗有困难时，如果背水坡无脱坡或渗水变浑情况，可在背水坡及其坡脚处开挖导渗沟，排走背水坡表层土体中的渗水，恢复土体的抗剪强度，控制险情的发展。根据导渗沟内所填反滤料的不同，导渗沟可分为三种：

1）在导渗沟内铺设土工织物，其上回填一般的透水料，称为土工织物导渗沟。

2）在导渗沟内填砂石料，称为砂石导渗沟。

3）因地制宜选用一些梢料作为导渗沟的反滤料，称为梢料导渗沟。

（3）背水坡贴坡反滤导渗。当堤身透水性较强，在高水位下浸泡时间过久，导致背水坡面渗流出逸点以下土体软化，开挖反滤导渗沟难以成形时，可在背水坡做贴坡反滤导渗。在抢险前，先将渗水边坡的杂草、杂物及松软的表土清除干净，然后铺设反滤料。根据使用反滤料的不同，贴坡反滤体可以分为土工织物反滤体、砂石反滤体和梢料反滤体三种。

（4）透水后戗导渗。当堤防断面单薄，背水坡较陡，对于大面积渗水，且堤线较长，全线抢筑透水压渗平台工作量大时，可以结合导渗沟加间隔透水压渗平台的方法进行抢险。透水压渗平台根据使用材料不同，有砂土后戗、梢土后戗等两种方法。

5. 注意事项

（1）在抢护渗水险情之前，应先查明渗水原因和险情程度。如渗出的是少量清水，预报水位不再上涨，则应加强观察，注意险情变化，可暂不处理。若遇渗水严重或已开始渗出浑水，必须迅速处理，防止险情扩大。

（2）抢护渗水险情时，应尽量快速将渗水导出。

（3）背水坡反滤排水只能缓解堤坡表面土体的险情，而对于防止渗水引起的滑坡效果不大，必要时还应做压渗固脚平台，以控制可能因背水坡渗水带来的滑坡险情。

（4）如渗水堤段的堤脚附近有潭坑、池塘，应在抢护渗水险情的同时，在堤脚处抛填块石或土袋固基，以免因堤基变形而引起险情扩大。

（5）砂石导渗要严格按质量要求分层铺设，尽量减少在已铺好的层面上践踏，以免破坏反滤层。

（6）渗水抢险常用背水坡开挖导渗沟、做透水后戗和临水坡做黏土防渗层的方法，汛后应对这些措施进行检查、处置。凡是处理不当或者属临时性措施的，在后期施工中均要彻底清除所用的各种临时物料；如果背水坡开挖了导渗沟，若反滤料铺设符合设计要求，可以保留，但要做好表层保护；不符合设计要求的，汛后要清除沟内的杂物和填料，按设计要求重新铺设。如果抢险时使用了比堤身渗透系数小的黏土做后戗台，应予以清除，必要时可重新做透水后戗，或者设置贴坡反滤。

（二）管涌险情

1. 险情说明

管涌是指土堤、土坝背水坡及堤、坝、水闸下游侧附近地面、地基土层中细颗粒在渗流作用下，从粗颗粒孔隙中被带走或冲出的一种集中漏水现象。管涌又称为翻沙鼓水、泡泉或地泉等，涌水口径小者几毫米，大者几十厘米，孔口周围多形成隆起的沙环。管涌发生时，水面出现翻花，随着上游水位升高、持续时间增长，险情可能不断恶化，如不及时抢险，大量涌水翻沙会逐渐破坏堤、坝或水闸地基的土壤骨架，致使通道扩大，基土被淘空，从而引起建筑物塌陷，造成决堤、垮坝、倒闸等事故。管涌险情示意见图 7-2。

2. 原因分析

发生管涌的主要原因如下：

（1）堤、坝或水闸地基为透水层，或透水地基表层虽有黏性土覆盖，但遭破坏，在上游水位升高时，渗透坡降变大，渗透压力增大，当渗透坡降大于土

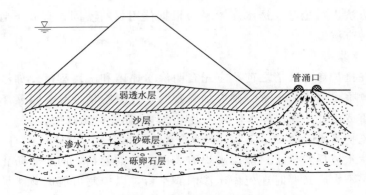

图 7-2　管涌险情示意图

堤土坝自身或堤、坝、闸基土体允许的渗透坡降时，即发生渗透破坏，形成管涌。

（2）地基土层中含有透水层，背水覆盖层的压重不足。

（3）工程防渗止水或排水设施效能低或损坏失效。

3. 抢险原则

管涌抢险应按照"临截背导，以导为主""导水抑沙，降低渗压"的原则。出现管涌险情，除了在背水侧抢筑围井减小水头差，并采取反滤导渗措施导水抑沙外，还可以在临水侧坝坡采取"前堵"措施。减小水头差，制止涌水带沙，并留有渗水出路，这样既可使沙层不再被破坏，又可以降低附近渗水压力，使险情得以控制。

管涌险情的危害程度可从以下几方面分析判别：

（1）管涌一般发生在背水堤脚附近地面或较远的坑塘洼地。距堤脚越近，危害性越大。一般以距堤脚 15 倍水位差范围内的管涌最危险，在此范围以外的次之。

（2）有的管涌点距堤脚虽较远，但是，随着管涌不断发展，即管涌口直径不断扩大，管涌流量不断增大，带出的沙越来越粗，数量不断增大，这也属于重大险情，需要及时抢险。

（3）有的管涌发生在较远的农田或洼地中，管涌口内有沙粒跳动，似"煮稀饭"，涌出的水多为清水，险情稳定，可加强观测，视情况进行处理。

（4）管涌发生在坑塘中，水面会出现翻花鼓泡，水中带沙、色浑，有的由于水较深，水面只看到冒泡，可潜水探摸是否有凉水涌出，或观察是否在洞口形成沙环。

（5）堤（坝）背水侧地面隆起、膨胀、浮动和断裂等现象也是产生管涌的前兆，可能是现有水压力不足以顶穿上部的覆盖土层，但随着水位的上涨，有可能顶穿，因而对这种险情要高度重视并及时进行处理。

4.抢险方法

管涌险情的影响因素不同，或者管涌发生部位不同，险情表现形态就不同。针对不同情况下的险情，应采用不同的处置方法。堤防、水库大坝、土石围堰和水闸等都可能发生管涌险情，本节主要介绍堤防管涌险情抢险方法，其他工程管涌险情可参考使用。管涌险情的处置技术有反滤围井、反滤压盖、蓄水反压、透水压渗等方法。

（1）反滤围井。在管涌出口处用编织袋或麻袋装土抢筑围井，井内同步铺填反滤料，从而减少水头差，制止涌水带沙。反滤围井俗称"养水盆"。这种方法适用于发生在地面的单个管涌或管涌数目虽多但比较集中的情况。围井面积应根据地面情况、险情程度、物料供给等来确定。围井高度应以能够控制涌水抑沙为原则，不能过高，一般不超过1.5m，以免围井附近产生新的管涌。对管涌群，可以根据管涌口的间距选择单个或多个围井进行抢险。围井与地面应紧密接触，以防漏水使围井水位无法抬高。围井内必须用透水材料铺填，切忌用不透水材料。根据所用反滤料的不同，反滤围井可分为砂石反滤围井、土工织物反滤围井、梢料反滤围井、装配式反滤围井等形式。

（2）反滤压盖。在堤（坝）背水侧出现大面积管涌或管涌群时，如果反滤料源充足，可采用反滤压盖的方法，降低涌水流速，制止地基泥沙流失，稳定险情。反滤压盖必须用透水性好的材料，切忌使用不透水材料。根据所用反滤材料不同，可分为砂石反滤压盖、梢料反滤压盖、土工织物反滤压盖、防汛土工滤垫等。

（3）蓄水反压。蓄水反压原理是通过抬高管涌区内的水位来减小临水侧外水头差，减小出逸水力坡降，降低渗透压力，达到稳定管涌险情的目的。该方法的适用条件是：闸后有渠道或堤后有坑塘，利用渠道水位或坑塘水位进行蓄水反压；覆盖层相对薄弱的老险工段，结合地形，做专门的大围堰（或称月堤）充水反压；极大的管涌区，其他反滤压盖难以见效或缺少砂石料的区域。蓄水反压主要有渠道蓄水反压、塘内蓄水反压、围井反压等形式。

（4）透水压渗。在河堤背水坡脚抢筑透水压渗台，以平衡渗水压力，增加渗径长度，减小渗透坡降，且能导渗滤水，防止土粒流失，使险情趋于稳定。此法适用于管涌险情较多、范围较大、反滤料缺乏，但砂土料丰富的堤段。具体做法是：先在管涌发生的范围内将软泥、杂物清除，对较严重的管涌或流土出口用砖、砂石、块石等填塞；待水势消杀后，再用透水性大的砂土修筑平台，即为透水压渗台，其长、宽、高等尺寸视具体情况确定。

水下管涌险情抢护。堤防背水侧、大坝下游侧的坑、塘、水沟和渠道内经常发生水下管涌，可结合具体情况，采用反滤围井、水下反滤层、蓄水反压、填塘法等处理办法。

5. 注意事项

（1）在抢护管涌险情时，不得在出水口使用不透水材料。

（2）反滤导渗材料如细砂、粗砂、碎石的颗粒级配要合理，既要保证渗流畅通排出，又要防止下层细颗粒土料被带走。此外，反滤层的分层要严格掌握，不得混杂。

（3）用梢料或柴排上压土袋处理管涌时，必须留有出水口，严禁中途将土袋搬走，以免渗水大量涌出加剧险情。

（4）在临水侧进行"前堵"时，应使用黏土或不透水材料，也可使用堵漏灵、管涌停等新材料。

（5）管涌抢险多数是采用回填反滤料的方法进行处理，有时也采用稻草、麦秆等作为临时反滤排水材料；对于后者，汛后必须按反滤层的要求重新处理。对前者则应探明原因，重新复核后分别对待。若不能满足反滤层要求，汛后必须按要求进行处理。

（三）塌陷险情

1. 险情说明

塌陷险情也称跌窝，是指在高水位或雨水浸注作用下，土堤、土坝突然发生局部凹陷的现象。堤顶、堤坡、戗台以及堤脚附近均有可能发生。这种险情既破坏堤防的完整性，又常缩短渗径，增大渗透破坏力，还有可能降低堤坡阻滑力，引发滑坡险情。随着塌陷的发展，渗水的侵入，或伴随渗水管涌的出现，或伴随滑坡的发生，可能导致堤防、大坝发生突然溃决的重大险情。塌陷险情示意见图7-3。

陷坑　　　　天井

图7-3　塌陷险情示意图

2. 原因分析

（1）堤防有隐患。堤身、堤基内有獾、狐、鼠、蚁等动物洞穴，坟墓、地窖、防空洞、树坑夯填不实等人为洞穴，过去抢险用的木材、梢料、树根等日久腐烂形成的空洞等。遇大水浸泡或雨水淋泡，隐患周围土体湿软塌落而成塌陷。

（2）堤防施工质量差。如堤身堤基局部填土不密实，施工段间接头未处理好，土块架空，水沟浪窝回填不实，以及临水侧涵管断裂或土石接合部漏水等，经高水位浸泡或雨水淋泡而形成塌陷。

（3）堤防与穿堤建筑物接合部的薄弱环节。泵站管道、涵闸管壁经长期运行，发生断裂、渗水、漏洞等险情未能及时发现和处理，使堤身或堤基内的土壤局部被水流冲走、架空，最后支撑不住，发生塌陷。

3. 抢险原则

根据险情出现部位及原因，采取不同措施。条件允许的情况下，尽量采用分层填土夯实的办法彻底处理。条件不允许时，可作临时性填土处理。如塌陷处伴有渗水、管涌、漏洞等险情，可采用填筑反滤导渗材料的办法处理。险情危险程度判断：背水侧无渗水、管涌，或坍塌不发展，或坍塌体积小、位置较高的情况，为一般险情；伴随着背水侧有渗水或管涌现象，为较大险情；与渗水管涌有直接关系，或坍塌持续发展，或体积大、位置深的情况，为重大险情。

4. 抢险方法

抢护塌陷险情首先应当查明原因，针对不同情况，选用不同应急处理技术。

（1）翻填夯实。凡具备抢险条件而未伴随渗水、管涌或漏洞等险情的均可采用此法。先将塌陷内的松土清出，然后分层填土夯实，直到填满塌陷，恢复堤防原状为止。如塌陷出现在水下且水不太深时，可修土袋围堰或桩柳围堰，将水抽干后，再予翻筑。翻筑所用土料，如塌陷位于堤顶或临水坡时，宜用防渗性能不低于原堤土的土料，以利防渗；如位于背水坡宜用排水性能不低于原堤土的土料，以利排渗。

（2）填塞封堵。为了消除临水坡水下塌陷，凡不具备水上抢险条件的均可采用此法。可用草袋、麻袋装黏性土或其他不透水材料直接在水下填塞塌陷，待全部填满后再抛投黏性散土加以封堵和帮宽。要封堵严密，防止从塌陷处形成渗水通道。

（3）填筑反滤料。针对不宜直接翻筑的背水塌陷，为了消除伴随有渗水、管涌或漏洞险情，可采用此法抢险。先将塌陷部位松土和湿软土壤挖出，然后用粗砂填实，如果涌水水势严重时可加填石子或块石、砖块、梢料等透水料消杀水势后，再予填实。待塌陷部位填满后，可按砂石反滤层的铺设方法抢险。

5. 注意事项

（1）抢护塌陷险情应当查明原因，针对不同情况，选用不同方法，备妥料物，迅速抢险。在抢险过程中，必须密切注意上游水情涨落变化，以免发生意外。

（2）翻挖时，应根据土质留足坡度或用木料支撑，以免塌陷扩大。需筑围堰时，应适当围得大些，以利抢险工作和漏水时加固。

（四）滑坡险情

1. 险情说明

滑坡指土堤、土坝边坡失稳发生滑动的现象，小型滑坡亦称为脱坡。一般可分为堤（坝）本身与地基一起滑动和只有堤（坝）本身局部滑动两种。前者滑裂面较深，滑动体较大，多呈圆弧形，也有的呈折线形，坡脚附近地面土壤推挤外移、隆起，有时沿地基软弱滑动面一起滑动；后者滑动范围较小，滑裂面较浅。滑坡开始时往往在堤（坝）顶上或坡上发生裂缝或蛰裂，随着裂缝的发展即形成滑坡。通过对裂缝的观测分析，可预估滑坡险情。

（1）从裂缝的形状判断。滑动性裂缝的主要特征是，主裂缝两端有向边坡下部逐渐弯曲的趋势，两侧常分布有与其平行的若干条小裂缝。

（2）从裂缝的发展判断。滑动性裂缝初期发展缓慢，后期逐渐加快，而非滑动性裂缝的发展随时间逐渐减慢。滑坡险情严重时可能导致堤防、水库大坝溃决，应及时进行抢险。

滑坡险情示意见图 7-4。

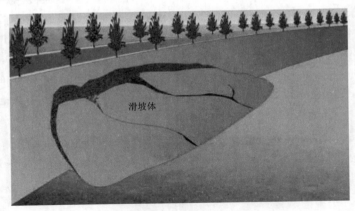

图 7-4 滑坡险情示意图

2. 原因分析

（1）高水位引起背水坡滑坡。高水位持续时间长时，浸润线升高，土体抗剪强度降低，渗透水压力和土重增大后，导致背水坡失稳而引起滑坡。边坡较陡时，更容易发生。

（2）水位骤降引起临水坡滑坡。临水坡在土体仍处于大部分饱和、自重大、抗剪强度低的状态下，水位骤降后，土体来不及排水，且出现反向渗水压力，致使滑动力加大，引起土体失稳而滑坡。

（3）堤（坝）本身或地基有缺陷而引起滑坡。如断面单薄、边坡陡、有隐患等，使堤（坝）本身的稳定安全系数不足。在水位升高、土体抗剪强度降低并受到渗透水压力作用的情况下，易发生滑坡。

（4）地基处理不彻底，有淤泥层；堤脚坝脚外有水塘未回填，或虽回填但质量不好；堤坝顶部或坡上堆放重物；遇到地震力等情况下，边坡失稳，出现滑坡。

（5）堤（坝）施工中，土料不合要求，含水量不当，碾压不实，以及冬季施工中用冻土块修筑等，使堤（坝）质量达不到设计要求，遇到高水位时发生滑坡。

（6）堤（坝）背水坡坡脚设有混凝土或浆砌石护脚，未设排水，或虽有排水但已堵塞，高水位时，浸润线升高，也易造成滑坡。

3. 抢险原则

造成滑坡的原因是滑动力大于抗滑力。因此，滑坡的抢险原则是"增阻、减滑""上部削坡减载、下部固脚压重"。如果在高水位时采取临河截渗和背河导渗，降低浸润线，减少渗透压力；背水坡滑坡可采取导渗还坡，恢复堤坡完整。如果临水侧有条件时，可同时采取临水帮戗措施，以减少堤（坝）体内的渗流，进一步稳定堤（坝）。如果地基不好，或靠近背水坡脚有水塘，在采用固基或填塘措施后，再行还坡；临水坡滑坡可采取护脚、削坡减载。如果堤（坝）断面单薄、质量差，为补救削坡后造成的削弱，应采取加筑后戗的措施予以加固。

4. 抢险方法

滑坡抢险抢护方法有滤水土撑法、滤水后戗法、滤水还坡法、前戗截渗法、固脚阻滑法等。

（1）滤水土撑法。在背水滑坡范围修筑导渗沟，以减小渗水压力并降低浸润线，消除产生背水滑坡的条件；继而间隔修做土撑，以增加阻滑力，解决因滑坡对堤坝断面的削弱问题。此法适用于背水坡排渗不畅、滑坡范围较大、取土又较困难的堤段、坝段。

（2）滤水后戗法。在背水滑坡范围内作导渗后戗。此法适用于断面单薄、坡度过陡，有滤水材料和取土较易处。

（3）滤水还坡法。采用反滤结构，恢复堤坝断面。此类方法适用于背水坡由于土壤渗透系数小引起堤坝浸润线升高，排水不畅，而形成严重滑坡的堤段、坝段。

（4）前戗截渗法。用黏性土修筑前戗截渗。遇到背水堤滑坡严重，范围较广，而临水侧有滩地时，采用此法，也可与抢护背水坡同时进行。

（5）固脚阻滑法。增加抗滑力，制止滑坡发展，以稳定险情。在滑坡范围内将块石、土袋、铅丝石笼等重物抛投在滑坡体下部坡脚附近，使其能起到阻止继续下滑和固基的双重作用。滑动面上部和顶部重物要移走，还要视情况将坡度削缓，以减小滑动力。

5. 注意事项

（1）滑坡是一种极为严重的险情，一般发展很快，发现坡面有裂缝应立即处理。在险情十分严重采用单一措施无把握时，可考虑临背同时抢险、多种方法同时抢险，以确保安全。

（2）填筑施工必须自下至上，逐级进行，即先做好基脚，才能做堤坡。而挖除工作则相反，必须从上至下，逐级挖除，即必须从顶部挖起，逐步挖到下部。

（3）在滑坡严重的堤段施工，比如处理深层滑动的滑坡，必须特别注意已滑动土体的稳定性。必要时应设置临时的监测点，监测堤脚水平位移，以防不测事件发生。

（4）在滑坡体上筑导渗沟，应尽可能挖至滑裂面，否则起不到导渗作用，反而有可能跟随土坡一起滑下来；如情况严重，时间紧迫，至少应将沟的上下端大部分挖至滑裂面，以免工程失效。反滤材料的上部要做好覆盖保护，切勿使滤层堵塞，以利排水。

（5）渗水严重的滑坡体，要避免大批人员践踏，以免险情扩大；在滑动土体的中上部不能用加压的办法阻止滑坡，因土体开始滑动后，土体结构已经破坏，抗滑能力降低，加压后加大了滑动力，会进一步加剧土体滑动。在滑体的上、中部也不能用打桩的方法来阻止土体滑动，因打桩会使土壤震动，抗剪强度进一步降低，也会加剧滑坡险情发展。

（6）在滑坡部位土壤湿软、承载力不足的情况下，采取填土还坡措施时，必须注意观察，上土不宜过急、过量，以免超载，影响土坡稳定。

（五）裂缝险情

1. 险情说明

裂缝按其出现部位可分为表面裂缝、内部裂缝；按其走向可分为横向裂缝、纵向裂缝、龟纹裂缝；按其成因可分为沉陷裂缝、干缩裂缝、冰冻裂缝、振动裂缝。裂缝是常见的一种险情，也可能是其他险情的预兆，应高度重视。裂缝险情示意见图 7-5。

图 7-5 裂缝险情示意图

2. 原因分析

（1）基础土壤承载力差别大，引起不均匀沉陷。

（2）施工时土壤含水量大，引起干缩或龟裂。

（3）修建中淤土、冻土、硬土块上堤，碾压不实，以及新旧土接合部未处理好，在浸水饱和时，易出现各种裂缝，甚至蛰裂。

（4）高水位渗流作用下，背水坡由于抗剪强度降低，引起弧形滑坡裂缝，特别是背水有塘坑、坡脚软弱时，容易发生。

（5）临水坡被冲刷淘空以及水位骤降时，引起临水坡半月形滑动裂缝。

（6）由于堤身坝体存在隐患，在渗水的作用下引起局部蛰裂。

（7）与建筑物接合处因接合不良，在不均匀沉陷以及渗水作用下引起裂缝。

（8）地震破坏等。

造成裂缝的原因往往不是单一的，常常是两种或两种以上的原因同时存在。另外，有些次要原因经过发展有可能变成主要原因。

3. 抢险原则

（1）横向裂缝是最危险的裂缝。若已横贯堤（坝）身，水流易于穿越，冲刷扩宽，甚至形成决口。若部分横穿，也会缩短渗径、抬高浸润线，使渗水加重引起堤身坝体破坏。因此，对于横向裂缝，不论是否贯穿均应迅速处理。

（2）纵向裂缝如仅系表面裂缝，可暂不处理；但应注意观察其变化和发展，并应堵塞缝口，以免雨水进入。较宽较深的纵缝，则应及时处理。

（3）龟纹（干缩）裂缝一般不宽不深，可不进行处理；裂缝较宽较深时，可用较干的细土填缝，用水涸实。

4. 抢险方法

(1) 灌填缝口。灌填缝口适用于裂缝宽度小于 3～4cm，深度小于 1m，不太严重的纵向裂缝及不规则纵横交错的龟纹裂缝，经观察已经稳定时。

(2) 裂缝灌浆。缝宽较大、深度较小的裂缝，用自流灌浆法处理；如果裂缝宽且深、开挖困难，可用压力灌浆法处理。对于已稳定的纵横裂缝都适用，但不能用于滑动性裂缝，以免裂缝发展。

(3) 开挖回填。开挖回填适用于没有滑坡可能性的纵向裂缝，并经观察和检查已经稳定，缝宽超过 3cm、深度超过 1m 的裂缝。

(4) 横墙隔断。横墙隔断适用于横向裂缝。沿裂缝方向并每隔 3～5m，开挖与裂缝方向垂直的沟槽，槽底长度可按 2.5～3.0m 掌握。若裂缝前端已与临水相通或有连通可能时，开挖沟槽前应在临水缝前先做前戗截流。若沿裂缝堤背已有漏水时，还应同时在背水坡做反滤导渗，以避免堤土流失。

(5) 布幕覆盖裂缝。该方法适用于发现裂缝不能开挖回填或人手不够、物资匮乏等不具备抢险条件，或者因阴雨天气来不及开挖灌缝等处理时，及时用塑料薄膜、土工织物等防雨防渗布幕对裂缝实施覆盖，确保裂缝不进水，避免裂缝险情扩大。

5. 注意事项

(1) 已经趋于稳定并未伴随坍塌、滑坡等险情的裂缝，才能用上述方法进行处理。

(2) 未堵或已堵的裂缝，均应注意观察、分析其发展情况，以便及时采取必要措施。

(3) 发现伴随坍塌、滑坡险情的裂缝，应先抢险坍塌、滑坡险情，待脱险并裂缝趋于稳定后，必要时再按上述方法处理裂缝本身。

(4) 应当根据具体情况确定做横墙隔断是否需要做前戗、反滤导渗，或者只做前戗或反滤导渗而不做隔断墙。

(六) 崩塌险情

1. 险情说明

崩塌险情也称坍塌险情，长江上称为崩岸，是由于水流冲刷或高水位骤降等原因，导致堤防、岸坡土体失稳而崩塌的现象。若崩塌土体呈条形，长度较长、宽度较小的，称为条崩；崩塌土体呈弧形阶梯状，长度较小、宽度较大的，称为窝崩。丁坝基础石料被冲走后发生墩蛰也属崩塌险情。水库的库岸也会发生崩岸险情。崩塌险情示意见图 7-6。

2. 原因分析

堤防、岸坡内部的摩擦力和黏结力抵抗不住土体的自重和其他外力（如堤

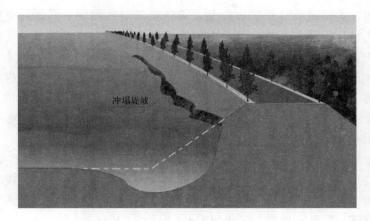

图 7-6　崩塌险情示意图

顶上堆有重物），使土体失去平衡而崩塌。堤岸崩塌的主要原因如下：

（1）水流冲刷。临水堤段水流冲刷，尤其是水位时涨时落或水流水势上提下挫堤段，常冲淘堤脚或堤坡，致使上部堤身部分土体失稳而崩塌。

（2）基础不好，土质不佳，坡度较陡，易造成崩塌。对于双层地基，如上部为耐冲刷的黏性土，下部为不耐冲刷的黏细砂土，下部先被淘空，造成崩塌。

（3）施工质量不好，堤身有隐患、黏性土干缩等，影响工程稳定，遇水后易于崩塌。

（4）水位骤落引发坍塌。当水位急剧下降时，已渗入堤岸土体内的水，又反向流入河内，被浸透的坡面很容易滑落。

（5）地下水冲刷引发坍塌。地下水经过砂层流入河道内时，细颗粒被带走，引发堤岸坍塌，多发生在低水位期间。

（6）基础为粉细砂土，遇强烈地震时，可能造成严重崩塌。

（7）雨水过大、顶部超载、违规建设、无序挖砂、河道堵塞、地震等，都可能引起堤岸崩塌。

3．抢险原则

"护滩、固基、护脚、防冲"，及早抢险近堤滩岸，护脚、护岸、护坡，增强堤岸抗冲能力，维持尚未坍塌堤岸的稳定性，防止险情继续扩大。

4．抢险方法

处理崩塌险情的主要措施有护脚固基抗冲、缓流挑流防冲、退堤还滩、减载加帮等。各种处置措施可单独使用，但很多情况下需要同时采用几种措施才能有效控制险情。实施抢险措施前，探测护岸工程前沿或基础被冲深度十分重要。

（1）护脚固基抗冲。当堤岸受水流冲刷，堤脚或堤坡已冲成陡坎，应针对堤岸前水流冲淘情况，尽快护脚固基，抑制急流继续淘刷。根据流速大小可在堤顶或船上沿坍塌部位抛投块石、土砂袋、土工织物石枕或铅丝石笼等防冲物体加以防护，先从顶冲坍塌严重部位抛护，抛至稳定坡度为止。

（2）缓流挑流防冲。为了减缓崩岸险情的发展，有时必须采取措施减缓急流顶冲的破坏作用。缓流挑流有抢修短丁坝和沉柳缓流防冲等方法。

（3）抢筑月堤。当崩岸险情发展迅速，一时难以控制时，应考虑在崩岸堤段后一定距离处抢修第二道堤防，俗称月堤。

（4）退堤还滩。退堤还滩就是在背水侧无滩或滩极窄、堤身受到崩岸威胁的情况下，重新规划堤线，主动将堤防退后重建，以加宽滩地，形成对新堤防的保护前沿。退堤还滩方案实施后，在滩地淘刷继续发展的河段，还要采取必要的护滩措施，如抛石护脚、丁坝挑流等。

（5）减载加帮等其他措施。在采用上述方法控制崩岸险情的同时，还可考虑临水削坡、背水帮坡的措施。

在河道狭窄、堤前无滩易受水流冲刷、保护对象重要、受地形条件或已建建筑物限制的崩岸堤段，常采用墙式防护的方法进行抢险。

桩式护岸是崩岸险工处置的重要方法之一，它对维护陡岸的稳定、保护堤脚不受急流淘刷、保滩促淤作用明显。

5. 注意事项

（1）应特别注意水位消落期间的崩塌、崩岸险情。

（2）汛后应对已采取的抢险措施进行认真复核。若在崩岸抢险中使用了木料、竹笼、芦苇枕、梢枕等临时代用料，则应将这些进行清除，并按照设计要求重新进行固岸。

（3）在崩岸抢险的紧急情况下，采用抛石固定基础措施时，往往难以设置滤层，不做滤层或垫层的抛石护脚在运用一段时间后，其抛石的下部时常被淘刷，从而导致抛石的下沉崩塌。因此，善后处理时需考虑滤层的设置。

（七）漫溢险情

1. 险情说明

漫溢是指洪水位超过现有堤（坝）顶高程，或因风浪翻过堤（坝）顶的现象。土体结构的堤（坝）抗冲刷能力差，一旦溢流可能引发严重冲刷，如果抢险不及时，极易造成堤（坝）溃决、洪水泛滥。

2. 原因分析

造成漫溢险情的主要原因如下：

（1）水库、河流发生超标准洪水，水位超过堤（坝）顶或防浪墙设计高程。

（2）风浪高度大。

（3）泄洪设施不能正常泄洪导致水位上涨。

（4）河道严重淤积、存在阻水建筑物，行洪断面减小，使上游河段水位升高。

（5）河势变化、潮汐顶托、风暴潮以及地震引起水位升高。

（6）上游水库溃坝、堰塞湖溃决，使江河流量陡增、水位陡涨。

（7）凌汛形成的冰塞、冰坝，造成水位壅高。

3. 抢险原则

漫溢险情的抢险按照"水涨加堤，水多分流"的要求进行。当洪水有可能超过堤（坝）顶部时，临时加高堤（坝）或抢筑子堤，或利用分蓄洪区、相邻河道分洪以降低水位，或利用上游防洪工程进行调度调蓄。水库土坝漫溢险情，除了抢修背水侧，还可采取启用非常溢洪道或（按照预案）炸开副坝等非常措施。

4. 抢险方法

当洪水水位有可能超过堤（坝）顶时，为防止洪水漫溢溃决，根据洪水预报和河库实际情况，抓紧一切时机，尽全力在堤（坝）顶部抢筑子堤，力争在洪水到来之前完成。

（1）土料子堤、土袋子堤。适用于土质较好、土袋充足时。土料子堤筑于堤（坝）顶部靠迎水坡一侧。抢筑时，在堤（坝）顶先开挖一条接合槽，子堤底宽范围内的原堤（坝）顶部应清除路面杂物，并将表层土刨松或犁成小沟，以利新老土接合。土料宜选用黏性土，填筑时要分层夯实。当风浪较大时，一般用土工编织袋、草袋或麻袋，装土七八成，将土袋袋口缝严，但不宜用绳扎口，以利铺砌。土袋放置于临水侧，起到防浪作用，一般以黏土土料为宜，颗粒较粗或掺杂砾石的土料也可使用。

（2）桩柳子堤。当土质较差，又缺乏土袋时，可就地取材采用桩柳子堤。

（3）柳石枕子堤。在土袋缺乏而柳源又比较丰富的地方，适用柳石枕子堤法。

（4）装配式填土类挡水子堤。适用于城市堤防对景观要求高的堤段，包括装配式防洪子堤连锁袋子堤、装配式箱笼子堤、充砂管袋、预制波纹铝板防洪墙等。

（5）刚性结构类挡水子堤。适用于土质、硬质堤防临时加高挡水，包括组装式防洪墙、移动式防洪墙、板坝式防洪子堤等。

（6）充水类挡水子堤。适用于土质、硬质堤防临时加高挡水，包括充水式连续柔性子堤、充水式塑料子堤等。

5. 注意事项

（1）根据预报洪水到来的时间和最高水位，做好抢筑子堤的物料、机具、劳力、进度和取土地点、施工路线等安排。抢险要周密计划、统一指挥，抓紧时间在洪水到来之前完成子堤抢筑。

（2）抢筑子堤须全线同步施工，不得留有缺口。

（3）在抢筑子堤时要巡视检查，加强质量监督，发现问题，及时处理。

（4）子堤不得靠近背水侧。

（5）当洪水位下降而又无后续来水时，应及时拆除子堤，防止退水滑坡发生。

（八）溃决险情

1. 险情说明

溃决险情是指由于堤（坝）身、堤（坝）基存有隐患或由于超标准洪水、地震等外部因素影响，发生漫溢、坍塌、管涌、漏洞、滑坡等险情失控而造成的口门过流现象。江河湖库堤（坝）溃决，水流从溃口处大量宣泄，危害巨大。

2. 原因分析

造成溃决的主要原因如下：

（1）发生超标准洪水、风暴潮或冰坝壅塞河道，水位暴涨漫过堤（坝）顶而形成决口。

（2）水流、风浪潮冲击堤（坝），发生崩塌，抢险不及而形成溃决。

（3）堤（坝）土质较差或基础处理有问题，堤（坝）与建筑物连接处有隐患，遇高水位时，发生渗水、管涌、坍塌、漏洞、滑坡等险情，因不及时有效抢护，会使险情扩大而形成溃决。

（4）水库盲目蓄水或在堤（坝）附近开展的钻孔、开挖等不当行为导致决口。

（5）其他诸如强烈地震、军事破坏、恐怖袭击等因素。

3. 抢险原则

首先要尽全力在第一时间封堵决口；万一溃决，要尽量减少淹没范围，利用溃口下游的地形地貌以及渠堤、公路路基、高地等迅速修筑二道防线，或在溃口下游扒口，使溃水回流本河道或其他河流，以控制淹没损失。堵口时应利用流域内现有防洪工程体系或抢修引水工程，在适当时机削减洪峰，为堵口创造条件。

4. 抢险方法

（1）堵口前的准备工作。水文观测和河势勘查。在进行决口封堵施工前，对口门附近河道水情、地形及土质情况进行勘查分析，评估口门发展变化趋势。

1）堵口堤线确定。为减少封堵施工时对高速水流拦截的困难，在河道宽阔并具有一定滩地的情况下，或堤防背水一侧较为开阔且地势较高的情况下，可选择"月弧"形的堤线,以有效增大过流断面,降低流速。

2)流域内防洪工程调度。利用流域内现有防洪工程体系,科学、精细调度,在适当时机削减洪峰,尽量减少封堵施工段的流量及流速。

3)堵口辅助工程。为降低堵口附近的水头差和减少流量、流速,在堵口前可采用开挖引河和修筑挑水坝等辅助工程措施。

4)抢险施工准备。根据决口处地形、水头差和流量,做好封堵材料准备,安排好材料来源、数量和调集方式等。封堵过程中不允许发生停工待料情况,特别是在合龙阶段不能出现间歇等待。要做好施工场地布置和施工组织,尽量采用机械化施工和现代化运输设备,提高抢险施工效率。

5)修筑裹头。根据决口处的水位差、流速及地形、地质条件,确定裹头抢筑措施。主要是确定抛投物的尺寸,满足抗冲稳定性的要求;确定裹头形式,满足施工要求。

(2)沉船/装配式箱型结构堵口。

1)沉船堵口。在实施沉船堵口时,最重要的是保证船只准确定位。首艘沉船长度应大于决口宽度,并应尽可能选用平底驳。第一艘船接底后,可继续下沉较小船只封堵。由于沉船处底部不平整,船底与河滩底部难以紧密接合,必须迅即抛投大量料物,堵塞空隙。

2)装配式箱型结构堵口。由箱型单元拼组而成的用于决口处截流的大面积平台,用这种器材在决口处实施截流,然后采用土石堵口技术完成后续作业。

(3)进占堵口方法。常用的进占堵口方法有立堵、平堵和混合堵三种。

1)立堵法。从口门的两端或一端,按拟定的堵口堤线向水中进占,逐渐缩窄口门,最后实现合龙。立堵法一般多用打桩进占。立堵法最困难的是合龙,可采用铅丝笼装大块石或混凝土预制块抛填。

2)平堵法。沿口门的宽度自河底向上抛投物料,如柳石枕、石块、石枕、土袋等,逐层填高直至高出水面,以堵截水流。平堵有架桥抛投和抛投船抛投两种方式。

3)混合堵法。混合堵是立堵与平堵相结合的堵口方式。堵口时根据口门的具体情况和立堵、平堵的不同特点,因地制宜,灵活采用。如在开始堵口时,一般流速较小,可用立堵快速进占。在缩小口门后流速较大时,再采用平堵的方式,减小施工难度。

(九)冰凌险情

1. 险情说明

(1)冰坝险情。大量流冰在河道内受阻堆积,横跨河道断面形成的冰凌阻水体,称为冰坝。冰坝将显著壅高上游水位。

1）按冰坝产生的时期，可分为两种类型：①冬季封河期，结冰溯源而上，冰凌在河口段或宽浅沙嘴河段搁浅形成的冰坝，称为封河型冰坝；②在春季开河期，上游漂流而来的大量坚硬冰块聚集受阻堆积形成的冰坝，称为开河型冰坝。

2）按冰坝形态结构，可分为两种类型：①冰堆型冰坝，是由上游来的冰块堆积成极不规则的密实冰堆，堵塞河道而形成；②冰塞型冰坝，在河身宽浅、河槽弯曲窄深或鸡心滩犬牙交错的河段，小冰块潜入河槽中聚集，大冰块卡塞主河道，河道堆冰绵亘数十千米，形成一个横跨河道断面的巨大冰岭。

（2）冰塞险情。大量冰花、碎冰，阻塞过水断面，上游水位显著壅高的现象，称为冰塞。在流凌河道冰盖形成期，流动冰花如遇到河道中障碍物、水浅或束窄的河段，以及未破裂的冰盖，便可能堆积起来而形成冰塞。上游漂来的浮冰花可以下潜到固定冰盖下面，且无规则地排列起来，导致冰凌堆积过厚，抬高水位而发生凌汛灾害。在流凌期，薄冰盖破裂后而产生的大量浮冰也会造成堤岸损坏，桥梁、房屋和其他建筑物被毁。

冰塞和冰坝不同之处是，冰塞多发生于封冻初期，冰坝多发生于解冻期；冰塞多由冰花、冰屑和碎冰组成；冰坝则由较大的冰块组成。冰塞稳定时间较长，可达数月；冰坝稳定时间较短，一般仅有几天，个别可达几十天。

2. 原因分析

凌汛是由于河道中产生冰凌阻水而引起的一种涨水现象。其生成一般有三个条件：一是河道有足够的流冰量，二是有适宜卡冰的气候因素，三是具有阻塞冰凌的河势条件。

（1）河道的流冰量。以黄河为例，黄河下游凌汛期间（冬春季节）河道流量常保持在 $500\sim1000\mathrm{m}^3/\mathrm{s}$，丰水年份可能更大。这样大的流量，河道形成一定的稳定水面、水深，一旦降温，河道中即会出现流冰、封冻等现象。

（2）适宜形成凌汛的气候条件。凌汛河段所处的地理位置是发生凌汛的主要条件。黄河内蒙古河段、黄河下游河段、黑龙江的额尔古纳河段等均为自低纬度向高纬度流动，气温变化规律是：上段河道冷得晚、回暖早；下段河段冷得早、回暖晚，零下气温持续时间长。

（3）河势及河道边界条件。黄河下游河道上宽下窄，上段宽浅，河势散乱；下段变窄，河道较上段弯曲。通常所说的河势与凌汛的关系，多着重于其几何边界条件对冰情形态变化的影响。它主要表现在河势不顺的河段，容易造成冰凌卡塞。黄河内蒙古河段和下游河段以及松花江依兰河段经常发生卡冰壅水的现象。

3. 抢险原则

在封河期和开河期，利用水库调蓄水量，减少流凌期冰塞与冰坝现象发生；

必要时，及时采取爆破等措施破除冰塞与冰坝。

4. 抢险方法

（1）冰坝险情抢护。对于已经形成和正在形成的冰坝，一般采取以下措施：

1）在束狭段或人工束狭段，可利用水位差破坏冰凌的尺寸，使冰凌宽度小于河宽。

2）利用爆破技术破坏冰坝头部的"关键部位"。由于水深和流速不均匀，冰坝头部的强度沿横断面分布不一。因此，在相对稳定的条件下，冰坝头部内部处于极限或超应力状态，在此处施加较小的力就能造成平衡状态的局部破坏；此种局部破坏可以转变成整个冰坝的破坏。

3）利用爆破破除下游未解体的冰盖，使坝头部稳定性遭到破坏，冰坝体也随之解体。

（2）冰塞险情抢护。

1）破冰或割冰。为了打开封冻河流上主流区的冰塞或冰盖，可以使用破冰船或切割冰的工具进行破除。

2）爆破法。在封冻河流上用爆破方法快速形成一个开敞的通道，或将大块浮冰破碎成小块，便于群冰向下游输送。

（3）凌汛防治综合措施。

1）水库调节泄流量。利用上游的水库，按照水力因素和冰情形态演变的规律，调整河道冬季流量变化，减少河槽槽蓄水增量，抑制水流的动力因素，可以控制下游冰凌的危害。

2）利用涵闸分水。在解冻初期可适时利用沿岸涵闸分水，既减轻下游凌汛的威胁，又实现灌溉兴利。

3）利用分洪（凌）闸、溢凌堰（道）分泄水凌洪水。在沿河两岸若有洼地、湖泊、分洪道或其他自然滞洪区，可利用这些有利地形条件设置分凌闸，将部分冰凌洪水导入分洪区或分洪道，以减轻下游河道的冰凌威胁。

（十）风浪潮险情

1. 险情说明

汛期高水位时风浪对未设护坡或护坡薄弱的土石堤（坝）的冲蚀，尤其是吹程大、水面宽深的江河湖泊堤岸和水库大坝的迎风面，风浪破坏力大，堤（坝）临水侧坡易被风浪淘刷破坏，削弱堤（坝）断面，轻则导致堤（坝）坡冲刷形成浪坎，重则导致堤身坝体发生崩塌甚至溃决；另外，台风暴潮可能导致海水越过堤顶，对背水侧进行冲刷。江河堤防、海堤和水库大坝等工程均可能发生风浪潮险情。

2. 原因分析

（1）风浪潮造成堤（坝）险情的原因可归纳为两方面：

1）堤（坝）本身存在问题，如高度不足、断面单薄、土质不好、压实不密、基础不良、抗冲力差等。

2）与风浪潮有关的因素，如堤（坝）前吹程、水深、风速、增水等。

（2）风浪引起堤（坝）破坏的形式有三种：

1）风浪直接冲击堤坡，形成陡坎，侵蚀堤身坝体。

2）抬高了水位，引起堤（坝）顶漫溢冲刷。

3）增加了水面以上堤身坝体的饱和范围，减小土壤的抗剪强度，造成崩塌破坏。

3．抢险原则

消减风浪冲力，加强堤（坝）坡抗冲能力。一方面是利用漂浮物消减风浪冲力，另一方面在堤坡受冲刷的范围内做防浪护坡工程，提高抗冲能力。

4．抢险方法

应对风浪潮险情，主要采取堤（坝）坡防护和消浪防护两种措施。

（1）堤（坝）坡防护。临时采用防汛料物加工铺压临水堤（坝）坡面，增强其抗冲能力。这是常用的应急处置，具体有抛石（袋）防护、加高堤顶、土工织物防护、柳箔防护、柴草（桩柳）防护、防浪排防护、土工模袋防护等方法。

（2）消浪防护。为消减波浪的冲击力，可以将芦柴、柳枝、湖草和木头等材料制成捆扎体，使其漂浮在靠近堤（坝）坡的水面，并设法锚定，防止被风浪水流冲走。

5．注意事项

（1）险情发生时往往条件恶劣，在组织抢险时，应首先确保抢险人员自身安全。

（2）抢护风浪险情尽量不要在堤坡上打桩，必须打桩时，桩距要稀疏，以免破坏土体结构，影响堤防抗洪能力。

（3）防风浪一定要坚持"预防为主，防重于抢"，平时要加强管理养护，备足防汛料物。

（4）汛期采用临时防浪措施，使用料物较多，效果较差，容易发生问题。因此，在风浪袭击严重的堤段，如临堤有滩地，应及早种植防浪林并应种好草皮护坡，这是一种行之有效的防风浪生物措施。

（5）汛后应根据土堤的等级和具体堤段的险情，重新进行防浪设计，并对已采用的防浪措施进行评价，因地制宜筛选设计方案。凡是不符合选定方案的各种临时措施，均应拆除、清理，尤其是打入堤身的竹桩、木桩以及其他易腐烂的材料，要认真彻底清除。

二、水库险情抢护

水库工程主要包括大坝（可分为混凝土坝和土石坝两大类）、溢洪道、放水建筑物等，水库工程的各组成部分均可能出现险情，从而影响工程安全。水库发生险情后，往往第一时间采取的措施，就是降低水库运行水位。混凝土坝险情发生较少，土石坝的抢险措施大致与土堤抢险类似。溢洪道险情是水库特有的险情。水库工程的涵闸泵也可能出现险情。

（一）降低库水位措施

险情发生后应迅速降低库水位，减轻险情压力和抢险难度。这是因为当水库发生险情时，如果水库持续高水位，大坝渗透压力、渗透比降、水压力持续保持高水平，将会加剧渗水、管涌等渗流的危险状况；并且在高水位作用下的滑动力增加，大坝更易出现边坡失稳、发生滑动的状况；坝体涵管在地基土大量流失的情况下，将会发生严重渗透破坏，并会造成洞身塌陷、断裂、下沉，坝坡出现塌坑等危险情况；泄水建筑物（溢洪道）、输水涵洞（管）闸门可能因水压力过大而无法正常开启与关闭，高水位亦可能导致漫坝状况。历年来水库抢险的实践表明，当工程出现险情时，降低库水位一般是抢险工作的第一步措施，同时也是效果最为显著的措施之一。

1. 抢险思路和原则

降低库水位的思路和原则：水库工程一般都设有泄水建筑物、输水建筑物宣泄洪水，首先就应利用现有的输水、泄水建筑物降低库水位。当输水、泄水建筑物下泄流量尚不能满足降低库水位的需求时，应采取其他的工程措施降低库水位（如水泵抽水、虹吸管、增加溢洪道泄洪量、开辟非常溢洪道、开挖坝体泄洪），在降低库水位的过程中应重视大坝本身的安全及下游影响范围内的防洪安全。

2. 抢险方法

采用工程措施降低库水位的方法一般可分为常规工程措施和非常规工程措施。常规工程措施如水泵排水、虹吸管排水等；非常规工程措施如增加溢洪道泄流量、开辟非常溢洪道及开挖坝体泄洪等。

（1）水泵排水。由于水泵受排水量的限制，其排水强度不大，一般适用于库容较小的工程抢险中，并结合其他排水方法进行应用。

（2）虹吸管排水。虹吸管排水一般适宜用于坝体高度较低的水库排水，对于中高坝水库排水降低库水位的操作较为复杂。

（3）增加溢洪道泄流能力。增加溢洪道泄流能力措施以增加溢洪道泄流断面面积、改善洪水出流条件为主，可通过下面两种方法实施。

1）增加溢洪道过水宽度。根据溢洪道所在的位置及型式，拓宽溢洪道，增加泄流量。

2）降低溢洪道底高程。根据溢洪道的堰型选用合适方法，对于人工筑建的实体堰，应先将堰体进行拆除。对于开敞式堰体，应结合溢洪道基础的工程地质条件状况，采用不同的工程措施，如人工爆破、开挖等。

（4）开辟非常溢洪道。选择适宜的山凹垭口，采取开挖、爆破等措施，开辟非常溢洪道。

（5）开挖坝体泄洪。开挖坝体泄洪亦称为破坝泄洪，即在大坝（副坝）坝顶合适部位开槽进行泄洪。开挖的坝体要依次分层开挖，控制每层的溢流水深和流速，并在槽内四周铺设土工膜、彩条布等防冲护面材料。应特别注意防冲材料的四周连接固定，以防被水冲走。由于挖坝泄洪将对大坝产生较大的破坏作用，严重时会导致溃坝，因此采取此项措施一定要非常慎重。

3．注意事项

（1）在降低库水位过程中，应考虑在库水位骤降工况下的上游坝坡的抗滑稳定情况，采取必要措施，确保工程安全。

（2）为了满足虹吸管的安装，需要挖槽以降低坝顶高程，其开挖面需要做好保护措施；做好虹吸管出口的防冲措施，最好将出口延长至超过大坝坡脚范围，并做好简单的消能设施。

（3）采用增加溢洪道泄流能力、开挖坝体等措施进行降低库水位时，应考虑下游坝脚的消能防冲保护。另外在降低溢洪道底高程时，采用爆破方法时，应注意爆破的方式、范围及药量，避免因爆破引发其他险情。

（4）挖坝泄洪存在一定的风险，只有在其他方法难以有效降低库水位时，才考虑采用。应考虑溃坝风险，因此要实时动态掌握水库的库容、蓄水位，科学确定除险方案和下游人员安全转移的范围。

（二）溢洪道险情处置

1．险情说明

溢洪道险情主要包括两类：

（1）运行维护险情，即溢洪道日常运行过程中出现的险情，包括溢洪道剥蚀或磨损、闸门变形、闸门启闭故障等险情。

（2）泄洪险情，即溢洪道在泄洪期间发生的险情，包括闸门被洪水冲走、风浪撞击破坏闸门支臂、启闭设施失灵、泄洪导致溢洪道本身或两岸山体破坏等险情。

以上险情都可能导致溢洪道不能正常泄洪，严重时将引发水库大坝漫溢险情。

2. 原因分析

（1）运行维护险情。

1）溢洪道冻融破坏。混凝土结构在饱水或潮湿状态下，由于外界温度冰点上下变化过大，混凝土中毛细管和孔隙中水分遇冷结冻体积膨胀受阻产生拉应力，遇热后解冻，周边混凝土应力又松弛下来，应力反复循环，降低或超过混凝土的疲劳应力极限，造成混凝土由表及里逐渐剥蚀，这一破坏现象称为冻融破坏。冻融破坏会使钢筋混凝土结构的有效受力面积减少，并诱发钢筋锈蚀，加速破坏，致使混凝土工程承载力和稳定性下降。

2）溢洪道钢筋锈蚀破坏。混凝土在硬化过程中，由于水泥水化作用，会在钢筋表面生成一层稳定、致密、钝化的保护膜，使钢筋不生锈。当这层保护膜被破坏后，钢筋可能发生锈蚀。钢筋锈蚀产物的体积往往是原来的 2~4 倍，膨胀过程使周围混凝土受到挤压，最终导致混凝土保护层受拉开裂而逐渐脱落。钢筋锈蚀主要有两个方面的因素：①混凝土不密实，抗渗性能不足而致其逐渐碳化，当碳化严重到破坏钢筋的钝化膜时，钢筋开始锈蚀；②混凝土或环境氯离子含量较高，氯离子破坏钢筋的钝化膜，在水和氧气的作用下导致钢筋锈蚀。

3）溢洪道磨损和空蚀。当流速较高，且水中挟带有悬移质和推移质时，混凝土工程遭受冲刷时易形成表层磨损破坏。水流在局部区域压强降到等温水体的饱和蒸汽压以下时，水流内部产生低压气泡，即为空穴（气穴），空穴在水流液固边界附近溃灭时，在小面积上产生高压冲击波破坏混凝土，形成混凝土空蚀现象。

（2）泄洪险情。

1）边坡及导墙不稳，将有可能导致洪水泄流冲毁边坡和导墙，当导墙与坝体相连接时，洪水有可能冲击大坝，危及大坝安全。

2）两岸山体滑坡，滑坡体堵塞溢洪道，导致过水能力降低，使大坝防洪标准降低，可能导致常遇洪水时出现洪水漫坝险情。

3）启闭系统失灵（如闸门倾斜、液压缸损坏等），闸门不能开启，洪水不能下泄，可能导致库水位迅速上升，危及大坝安全。

3. 抢险方法

（1）运行维护险情。

1）溢洪道冻融破坏。修补冻融破坏应先凿除损伤的混凝土，然后回填能满足抗冻要求的修补材料，并采取止漏、排水等措施。

2）钢筋锈蚀破坏。对碳化引起的钢筋锈蚀，应将保护层全部凿除，处理锈蚀钢筋，用高抗渗等级的混凝土或砂浆修补，并用防碳化涂料防护；对氯离子侵蚀引起的钢筋锈蚀，应凿除受氯离子侵蚀损坏的混凝土，处理锈蚀钢筋，用高抗渗等级的材料修补，并用涂层防护。

3）磨损和空蚀。对于磨损破坏，采用高抗冲耐磨材料修补；对于空蚀破坏，要先处理不平整突体，设置通气减蚀设施，再用高抗空蚀材料和抗冲磨砂浆修补。

（2）泄洪险情。除采取应急手段排除险情外，必须考虑迅速降低水位，减少水库蓄水；一般可启用非常溢洪道、扩挖溢洪道或开挖临时泄水槽来降低水位，力争水库低水位或空库运行。

三、涵闸泵险情抢护

就堤防而言，除堤身、基础外，威胁堤防安全的因素还包括大量的穿堤建筑物，如分洪闸、引（退）水闸涵、灌排站、虹吸以及其他管道建筑物等。在水流作用下，这些建筑物本身和建筑物与堤防土石接合部，可能产生滑动、倾覆、渗漏等险情，进而威胁整个堤防体系的安全。水库也是如此，除大坝、溢洪道外，还有水电站建筑物、取水建筑物、输水建筑物等多种建筑物。所以本部分专门介绍与堤防、水库防洪安全息息相关的闸涵泵险情的抢护方法。闸涵泵险情种类很多，这里主要介绍相关常见险情，包括建筑物与土石堤（坝）接合部渗水及漏洞、水闸滑动、水闸漫溢、裂缝及止水破坏、闸门险情、涵管漏水等。

（一）水闸滑动接合部渗水及漏洞

1. 险情判断

临水侧水流顺着建筑物与土石接合部或裂缝向背水侧渗水，严重时在水闸下游侧出现漏洞或管涌。

2. 原因分析

由于水闸泵站等穿堤建筑物结构性质与相连接土体不同，土料回填不密实，建筑物与堤（坝）所承受的荷载不均，引起不均匀沉陷、裂缝等，其接合部位往往容易成为薄弱环节，遇高洪水位水压或降水渗入而发生渗水、漏洞或在临水侧渠道发生管涌等险情，危及闸涵泵及堤（坝）安全。

3. 抢险原则

对于接合部渗水及漏洞险情，按照"临水侧堵漏、截渗，背水侧反滤导渗，蓄水平压"的原则进行抢险。

4. 抢险方法

闸涵泵临水侧堵塞漏洞进水口和抛投黏土截渗，同时，在漏洞出口、管涌出口做导滤堆或导滤围井。

（二）水闸滑动险情

1. 险情判断

水闸基础失稳，可能发生水闸向下游滑动的险情。

2. 原因分析

修建在软基上的浮筏式结构开敞式水闸，主要靠自重及其上部荷载作用在闸底板与土基间的摩阻力维持其抗滑稳定。产生水闸失稳的主要原因有：①上游水位偏高，甚至超过水闸设计水位，水平水压力增大；②扬压力增大，减小了闸室的有效重量，从而减小抗滑力；③防渗、止水设施破坏或排水失效，导致渗径变短，造成地基土壤渗透破坏，降低地基摩阻力；④出现地震等附加荷载。

3. 抢险原则

增加抗滑力、减小滑动力，以稳固工程基础。

4. 抢险方法

视情采取闸顶加重增加阻滑、下游堆重阻滑、下游蓄水平压、圈堤围堵抢护方法。

（三）水闸漫溢险情

1. 险情判断

水闸漫溢是指洪水持续上涨超过闸门或胸墙顶部，河水漫顶而过的现象。

2. 原因分析

设计防洪标准偏低、河床淤积抬高水位、遭遇超标准洪水，或闸门启闭失灵、调度失误未及时开启闸门等。如果不及时采取防护措施，洪水漫过闸门顶或胸墙跌入闸室，可能危及闸身安全。

3. 抢险原则

在闸门或胸墙顶部采取临时加高加固措施，避免漫溢险情发生。

4. 抢险方法

水闸防漫溢抢险措施与堤（坝）基本相同。

（四）裂缝及止水破坏险情

1. 险情判断

裂缝或止水破坏险情是指建筑物混凝土结构出现开裂，或伸缩缝止水破损失效的现象，通常会使工程结构受力状况恶化和工程整体性受损，并对建筑物稳定、强度、防渗能力等产生不利影响。

2. 原因分析

产生混凝土裂缝或止水破坏的主要原因有：建筑物超载或受力分布不均，使工程结构应力超过设计安全值；地基承载力不均或地基土体遭受渗透破坏，地基发生不均匀沉陷；地震、爆破等因素使建筑物震动造成断裂、错动，或地基液化、显著下沉。

3. 抢险原则

填缝堵漏补强，恢复原有功能。

4. 抢险方法

采用防水快凝砂浆、环氧砂浆、丙凝水泥浆等材料堵漏。

（五）闸门险情

1. 闸门失控

闸门失控是指闸门失去控制、无法启闭的险情。

由于闸门变形、螺杆扭曲、启闭装置故障、卷扬机钢丝绳断裂等，或者闸门底部、门槽内有石块等杂物卡阻，致使闸门启闭失灵，难以关闭闸门挡水或开启闸门放水。

一般情况下，闸门失控险情的抢险原则是：汛期封堵度汛，汛后整治险情。特殊情况下，如需开启闸门泄洪，则需采取非常规手段开启闸门，或开辟非常规泄洪通道。

2. 闸门漏水

闸门漏水是指在闸门关闭状态下，水流沿闸门与底板、闸槽接合部严重泄漏的现象。

由于闸门止水安装不善或止水失效、异物卡阻等，造成闸门严重漏水。

闸门漏水险情的抢险原则：在闸门临水侧快速堵漏。

3. 启闭机螺杆弯曲

启闭机螺杆弯曲险情是指启闭机螺杆出现纵向弯曲变形的现象。

对于使用手、电两用螺杆式启闭机的涵闸，由于开度指示器不准确，或限位开关失灵，电机接线相序错误、闸门底部有石块等障碍物，致使启闭力量过大，超过螺杆允许压力而引起螺杆纵向弯曲变形。

对于启闭机螺杆弯曲现象，应及时矫正螺杆，恢复原状，保证闸门正常启闭。

4. 启闭机失灵

启闭机失灵险情是指闸门启闭机出现不运行或运行不正常的现象。

由于电路或电动机故障、部件老化失效等，会导致启闭机失灵。

若发生启闭机失灵险情，应消除启闭机荷载，仔细全面检查，对启闭系统实施保养，更换维修故障部件。

（六）涵管漏水险情

1. 险情判断

涵管漏水的外在表现，主要有沿涵管轴线部位上方土体出现塌陷、涵管出口处出现管涌或流土、堤（坝）坡局部滑塌等现象。

2. 原因分析

堤（坝）身不均匀沉陷，造成涵管接头开裂或管道断裂；铸铁管或钢管管壁锈蚀穿孔，漏水沿管壁冲蚀堤（坝）身土体，同时在管内负压水流吸力作用下，将空洞周围的土体吸入管内随水流带走，造成堤（坝）身塌陷，或管道周围填土不密实，沿管壁与堤（坝）身土体接触面形成集中渗流，严重时在涵管周边形成流水通道。

3. 抢险原则及方法

若发生涵管漏水，应遵循临河封堵、中间截渗和背河反滤导渗的原则，条件许可时管内灌浆补强。

对于虹吸管等输水管道，发现险情应立即关闭进口阀门，排除管内积水，以利观测险情；对于没有安全阀门装置的涵管，洪水到来前要拆除活动管节，用同管径的钢盖板加橡皮垫圈严密封堵涵管进口。

四、堰塞湖险情处置

堰塞坝（体）是具备一定挡水能力的堵塞河道的堆积体，其形成有多种原因，如火山喷发物、滑坡崩塌体、泥石流和冰川堆积物等，其上游壅水形成的湖泊为堰塞湖。我国山区广泛分布着规模不同的堰塞湖，大多分布在青藏高原的边缘。堰塞湖抬高上游水位，可能淹没农田、道路和村镇等。一旦溃决，可能对下游地区造成非常严重的灾害损失。漫顶溃决、管涌、坝体失稳是主要的溃决模式，其中漫顶溃决最常见，比例达到80%以上。

（一）堰塞湖风险等级划分

《堰塞湖风险等级划分标准》（SL 450—2009）对堰塞湖风险等级划分，提出了一系列的判别标准。

根据堰塞湖可能最高水位对应的库容，可按表7-1将堰塞湖的规模划分为大型、中型、小（1）型和小（2）型4个等级。

表7-1　　　　　　　　　　堰塞湖规模

堰塞湖规模	堰塞湖库容/亿 m³	堰塞湖规模	堰塞湖库容/亿 m³
大型	≥1.0	小（1）型	0.01（含）～0.1
中型	0.1（含）～1.0	小（2）型	<0.01

根据堰塞湖规模、堰塞体物质组成和堰塞体高度，堰塞体可按表7-2划分为极高危险、高危险、中危险和低危险4个危险级别。

表7-2　　　　　　　　　　堰塞体危险级别与分级指标

堰塞体危险级别	分 级 指 标		
	堰塞湖规模	堰塞体物质组成	堰塞体高度/m
极高危险	大型	以土质为主	≥70
高危险	中型	土含大块石	30（含）～70
中危险	小（1）型	大块石含土	15（含）～30
低危险	小（2）型	以大块石为主	<15

注　1. 当3个分级指标所属级别相差两级或以上，且最高级别指标只有1个时，应将3个分级指标中所属最高危险级别降低一级，作为该堰塞体的危险性级别。其余情况均应将分级指标中所属最高危险级别作为该堰塞体的危险级别。
　　2. 根据堰塞湖处理条件、堰塞体上游汇流面积、水位上涨速度、堰塞体的物质组成及其宽高比和堰塞体异常渗流等因素，可在此表基础上适当调整堰塞体危险级别。

根据堰塞湖影响区的风险人口、重要城镇、公共或重要设施等情况，可采用表7-3将堰塞体溃决损失严重性级别划分为极严重、严重、较严重和一般。

表7-3　　　　　　　　　　堰塞体溃决损失严重性与分级指标

溃决损失严重性级别	分 级 指 标		
	风险人口/万人	重要城镇	公共或重要设施
极严重	≥100	地级市政府所在地	国家重要交通、输电、油气干线及厂矿企业和基础设施、大型水利工程或大规模化工厂、农药厂和剧毒化工厂
严重	10（含）～100	县级市政府所在地	省级重要交通、输电、油气干线及厂矿企业、中型水利工程或较大规模化工厂、农药厂
较严重	1（含）～10	乡镇政府所在地	市级重要交通、输电、油气干线及厂矿企业或一般化工厂和农药厂
一般	<1	乡村以下居民点	一般重要设施及以下

注　1. 以单项分级指标中所属溃决损失严重性最高的一级作为该堰塞体溃决损失严重性的级别。
　　2. 根据堰塞体溃决的泄流条件、影响区的地形条件、应急处置交通条件、人员疏散条件等因素，可在此表基础上调整堰塞湖溃决损失严重性级别。

堰塞湖风险等级可根据堰塞体危险性级别和溃决损失严重性级别分为极高风险、高风险、中风险和低风险，分别用Ⅰ级、Ⅱ级、Ⅲ级、Ⅳ级表示。

堰塞湖风险等级应根据实际情况确定。条件具备时，应通过计算分析确定。条件受限时，可对照表7-4确定。

表 7 - 4　　　　　　　　　　　堰塞湖风险等级划分表

堰塞湖风险等级	堰塞体危险性级别	溃决损失严重性级别
I	极高危险	极严重、严重
	高危险、中危险	极严重
II	极高危险	较严重、一般
	高危险	严重、较严重
	中危险	严重
	低危险	极严重、严重
III	高危险	一般
	中危险	较严重、一般
	低危险	较严重
IV	低危险	一般

注　一条河流上有多个堰塞湖时，应综合考虑堰塞湖的风险等级。

（二）处置原则

（1）应急处置方案应避免人身伤亡，减少损失，保证重要设施的安全，降低堰塞湖的风险等级。

（2）应急处置措施应包括工程措施和非工程措施，条件允许时宜对工程措施和非工程措施进行方案比较。

（3）工程措施应包括堰塞体、淹没区滑坡与崩塌体、下游河道内建筑物和可能淹没区内设施等处理方案，应便于快速实施。

（4）非工程措施应包括上下游人员转移避险、通信保障系统以及必要的设备、物资供应、运输保障措施和会商决策机制等，应考虑当地的实际情况，便于实施。

（5）应急处置应在灾难性后果发生前完成；在非汛期形成的堰塞湖，应在汛前完成应急处置，并满足安全度汛要求。

（6）如施工条件、工期许可，应采取工程措施降低堰塞湖水位。

（7）在处置过程中应根据实际情况及时对工程处置方案进行动态调整。

（三）处置主要措施

堰塞坝形成以后，必须进行现场紧急调查，分析基本地形图、遥测影像，同步进行现场的初步勘查作业，快速分析并获取堰塞体与堰塞湖的重要基本资料，然后依据堰塞坝的稳定性及对下游的可能影响程度进行堰塞湖危险程度的初步评估，若评估结果显示堰塞湖可能对下游的安全造成影响，则必须立即进行进一步评估，包括坝体的安全性评估、险情监测预警，以及紧急处置方案及措施的选择等，同时考虑防灾应变的需求，在现场建立必要的实时监测系统

（影像、雨量、水位、地声等），以提供防灾应变所需的重要实地信息。

若堰塞坝在经历余震、强降雨等作用后仍未发生明显破坏，或经评估显示堰塞坝将不至于短时间内溃决破坏，存在时间可能较长，此类堰塞坝则需要规划中长期处理方案，包括实施细部调查、钻探与长期监测评估，除持续进行实地资料细部调查与监测外，应针对堰塞坝的长期演变趋势进行评估，据此提出中长期处置或开发利用对策。

堰塞湖处置分为3个基本阶段：应急处置阶段、后续治理阶段和后期整治阶段。一般情况下，在堰塞湖产生后的1~3个月期间应完成堰塞湖的应急处置，应急处置方法如下。

1. 工程措施

堰塞湖应急处理的基本原则是在较短的时间内，最大可能地降低和排出堰塞湖内拦蓄的大量湖水，保证堰塞湖的稳定与安全。应急处置的主要工程措施如下：

（1）堰塞体开渠泄流、引流冲刷、拆除或爆除，上游垭口疏通排洪、湖水机械抽排、虹吸管抽排、新建泄洪洞等湖水排泄措施。其中，在堰顶开设泄流渠，泄水能力较强，可有效地控制堰塞湖水位，为堰塞湖应急抢险的优选方案之一。

（2）下游建透水坝壅水防冲。

（3）下游河道与影响区内设施防护和拆除。

（4）堰塞湖内水位变化和下游河道洪水冲刷可能引起的地质灾害体的防护。

2. 非工程措施

非工程措施包括应急避险范围确定、应急避险技术和应急避险保障方案的制定等。应急避险范围就是根据溃决可能影响情况，确定避险区域、时段和影响程度。另外，还要制定应急避险保障措施和预案，充分做好避险时段的物资、交通运输、医疗等保障措施。

第三节　查险抢险新技术概述

一、险情巡查新技术

堤防、水库运行过程中往往会由于周边自然条件或人为原因产生各类诸如孔洞、动物穴、裂缝等隐患，这些隐患可能导致发生渗漏、管涌、滑坡等险情，甚至造成工程溃决。我国堤防、水库数量多，建设年代早，隐患类型复杂，因此，必须利用新的探测技术提高隐患风险探测排查效率和精度，突破传统人工排查耗时长、成本高、发现不及时的瓶颈问题。近年来，随着科技进步，已逐步探索了天—空—地—水不同空间层级的险情巡查新技术。

（一）天——卫星堤（坝）形变监测技术

地壳等自然活动及人类活动可能引发区域性地面不均匀形变，堤防、水库建成后本身也会缓慢不均匀沉降，给工程稳定性带来不利影响，做好堤坝的沉降监测是保障堤坝安全的重要基础。

1. 雷达卫星堤坝形变监测

随着遥感技术的发展，特别是雷达卫星技术突飞猛进，以及应用于局部细微形变的雷达测量技术取得了重大进展，使得雷达卫星遥感技术用于堤（坝）沉降监测成为现实。以 InSAR 为代表的雷达卫星遥感技术能够通过两次重访干涉从而识别地表微小位移，对堤（坝）的微小沉降极为敏感，通过连续沉降监测，能够定量化观测沉降变化速率，对可能发生的沉降破坏提前预判。相比于光学遥感来讲，雷达 InSAR 技术更具备全天候、全天时、穿透云层、少人工参与、精确获取微小沉降信息的优势，在云雨居多的汛期，更可以发挥无可替代的优势，能够被用于汛期堤（坝）沉降监测及危害预警。近几年，随着具有更高分辨率、更短重返周期的雷达卫星的升空以及 InSAR 自动处理技术的不断发展，以及时序 InSAR 技术的兴起，使得用 InSAR 技术获取堤（坝）形变的精度、时间频次都随之提高，时序 InSAR 技术被逐渐应用到堤（坝）等防洪工程的形变监测、预警中，在堤（坝）安全防护中的作用愈加显现。

2. 北斗卫星堤（坝）形变监测技术

北斗定位是我国自主研发的具备全球高精度定位能力的卫星导航技术，利用高精度北斗实时差分技术，可以实现实时、高动态、高精度坝体形变监测，具有以下优点：

（1）由于是接收卫星信号定位，所以坝体上各点只要能接收到 4 颗以上卫星及基准站传来的差分信号，即可进行高精度的定位。各监测站之间无需通视，是相互独立的观测值，而且可以实现不同测点间的同步观测。

（2）观测工作可以在任何地点、任何时间连续进行，受外界大气影响小。目前的北斗 3 卫星定位仪都具有防水装置，可以在极端气候条件下进行监测。

（3）测定位移自动化程度高。从接收信号，捕捉卫星，到完成差分计算可由仪器自动完成，所测三维坐标可以直接进入监控中心服务器进行大坝形变安全性分析。

（4）定位速度快、精度高。在精确测定观测站平面位置的同时，可以精确测定坝体的大地高程，提供形变三维坐标快速解算。

（二）空——无人机堤（坝）渗漏和裂缝监测技术

汛期堤（坝）渗漏和裂缝监测一直是任务繁重的工作难点，传统上多通过地面安装监测设备或人工巡堤实施。无人机技术的出现使大范围堤（坝）渗漏和裂缝智能监测成为可能。红外热像仪基于地下水温度与表面水体温度差异，根据探测的水温判定管涌发生的位置，无人机搭载热红外相机，结合厘米级高精度可见光与雷达影像，可在堤防管涌、渗漏、裂缝等险情识别监测方面发挥重要作用。对待巡查的堤坝，可制定与固化无人机巡检航线，使无人机开展定时长距离巡检航飞，获取下垫面高清可见光视频影像，及时发现堤坝渗漏和裂缝风险；夜间，无人机可搭载热红外相机，照常开展堤防定时长距离巡检航飞，实现热红外影像实时传输，通过堤防温度异常，快速诊断发现堤（坝）渗漏和裂缝风险。在发现堤（坝）渗漏和裂缝风险同时，通过航测可快速计算风险面积、长度等，通过连续性动态监测，为救援提供数据支持。无人机技术的应用，大大提高了巡堤查险效率，有效降低巡查风险性。

（三）地——接触式堤（坝）隐患探测技术

目前现有的接触式堤（坝）隐患探测方法大致可分为破损法和无损法两大类。前者较为传统，通过人为或机械设备操作在所需探测工程处开挖勘测井、探坑，钻取勘测孔的探测方法，通常包括坑探、槽探、井探、钻探等方法；后者包括电法探测、同位素示踪监测、传感器探测等方法。由于堤防隐患的多样性和位置的复杂性，传统的探测方法费时较长、探测片面且存在很大的破坏性，无法应对突如其来的洪水险情。随着科学技术的进步，无损隐患探测技术逐渐出现，研究者们研发了多种无损隐患探测仪器，如双频多普勒相控阵地质雷达、红外热像仪、时间域瞬变电磁测深系统等，这些技术在保证探测深度与探测范围的同时，也兼具快速性和准确性的优势，为我国抗洪抢险决策提供全新的技术支撑。

无损隐患探测技术是指测量仪器接触坝体的测量方式，这其中电法探测由于物理量易于探测且对隐患较为敏感，是最为常用且有效的堤防内部隐患探测方法。电法探测具有多种形式，如比较古老的单电极充电法以及目前常用的高密度电阻率法等。此外，探地雷达、地质雷达等基于接收的电磁波信号分析地下结构也被用于堤防的隐患探测。基于堤防工程隐患部位与周围介质的波阻抗差异，通过仪器接收人工激发的多种频率成分的面波，利用面波在层状介质中的频散特性，分析堤防浅部构造的变化规律以达到探测堤防隐患分布特征的目的，这种方法被称为面波法。这些方法能够有效地探测坝体内部的隐患位置和严重程度，但都需要人为布设仪器接触坝体，测量位置有限、仅针对特定坝体有效且较为耗费人力物力。

（四）水——无人船、水下机器人水下探测

近年来，搭载单波束测深仪的无人船被越来越广泛地应用于近海与内水的

水深和水下地形测量工作中，相较于传统测量船测深，无人船具有操作简便、吃水浅、机动性高等优点，能够大大降低作业成本和劳动强度，尤其在浅水区和小型独立水域作业相较于传统测量船具有明显优势，结合 RTK 三维定位技术与无验潮测深模式的推广，无人船测深技术也日益成熟。采用无人机快速采集并拼接完成正射影像，以正射影像作为底图划定测绘边界及水上障碍物范围，并据此规划设计无人船自动航行路线，能有效提高无人船测深作业效率并保障无人船的作业安全。垮塌堤（坝）附近水域水下情况不明情况下，可应用无人船完成堤（坝）垮塌附近水域的水深探测和堤（坝）垮塌范围的巡查，测得堤（坝）垮塌长度、水深，估算出垮塌堤（坝）体积以及修复堤（坝）所需砂石总量，辅助抢险队伍快速制定应急抢险方案。搭载走航式 ADCP（声学多普勒流速剖面仪）的无人船，可以移动式地进行更机动、更灵活的水流流速流量监测，可自动实现比人工测量更高效的流速流量测量，还可以实时传输数据，生成流速流量图。同时，还能确保作业人员人身安全，避免人为操作的失误，保证数据的精准性。

工业水下机器人、缆控水下机器人、微型水下观测机器人和涵洞探测机器人等，通过远程操控，对河道、水库的水下情况及大坝、涵洞等水利设施内部进行勘察和实时影像拍摄，可为水下救援、工程隐患排查及水利工程抢险提供决策依据。

二、防汛抢险新技术

当重大洪涝灾害发生时，人民生命财产安全会受到严重威胁。及时有效开展防汛抢险，对防止或挽救人民生命财产损失具有重要意义。当前常用的防汛抢险技术手段有用于临时挡水的土袋子堤或土埝、用于管涌抢险的土袋和砂石料修筑的反滤围井、用于渗流和散浸险情防御的防渗膜和碎石导渗沟、用于滑坡抢险的压重平台和抗滑桩、用于崩岸抢护的抛石和柳石枕、用于应急救生的机动救生艇、用于涝灾抢险的排水泵等。近年，正努力提升防汛抢险技术实力，推广应用堤防漫溢险情抢险、城市内涝抢险等防汛抢险新技术。

（一）漫溢险情抢险新技术

"挡"是漫溢抢险的主要方式，通常采用修建、加高消浪挡水子堤的方式，使洪峰顺利通过。随着装配式填土、刚性结构、吸水速凝和充水式等新型挡水子堤技术出现，在技术指标、适用性、技术优势、应用效率等方面均有进步，大大提升了漫溢抢险效率。这些新型挡水子堤技术在各自适用条件下，能发挥最优效果，如组装式钢板防洪墙需要预制基座较适用于城市应急抢险，而紧急抢险时，配件往往供应不足，支持无料填充或临时填料的装配式防洪子堤连锁袋、充水式塑料子堤和刚性结构类等挡水子堤装备更加简易，应用效率更高，是未来的发展趋势。

（二）城市内涝抢险新技术

城市中道路积水、低洼区积水、立交桥下积水、地下空间进水等内涝情况极易威胁城市民众的生命和财产安全，应快速排除内涝。可移动水泵和一体化应急排水泵车等新技术装备在城市内涝应急排水中已经得到大范围应用，特别是采用无辅助抽真空系统的拖车式移动泵，进一步提高了自吸高度和排水效率。

第八章 抗 旱 措 施

第一节 干旱综合监测评估

干旱监测一般是指通过站点观测、陆面过程模拟、遥感反演等手段获取气象、水文和植被等数据，计算不同的干旱指标（或划分不同干旱等级），并评估干旱的起止时间、严重程度等特征信息。虽然至今已有上百种干旱指标，但是由于干旱成因和影响的复杂性，尚无可统一描述不同类型干旱特征的干旱指标。与此同时，随着天气模式、气候模式以及水文模型的发展，干旱预报逐步从传统的统计学预报向动力学预报发展，在此基础上混合预报和集合预报也逐步发展起来。

一、气象干旱监测

在气象干旱、水文干旱、农业干旱和社会经济干旱四种干旱类型中，气象干旱是最先发生的，是其他类型干旱发生的必要条件。气象干旱是指某时段内，由于降水量和蒸发量的收支不平衡，水分支出大于水分收入而造成的水分短缺现象，最直观的表现是降水量的减少，通常主要以降水的短缺作为指标。降水量的减少不仅是气象干旱发生的根本原因，而且是引发其他类型干旱的重要自然因子，因此研究气象干旱十分必要。当前气象干旱监测的常见手段是基于气象站点、水文气象站点的观测数据监测。气象观测数据具有数据精度高、时间序列长的优点。

常用的气象干旱指数有：降水异常指数（RAI）、帕默尔干旱指数（PDSI）、作物湿度指数（CMI）、标准化降水指数（SPI）、标准化降水蒸散指数（SPEI）等。国内已面向公众发布的气象干旱监测方面较为成熟的产品是中国气象局国家气候中心于 1995 年开发的"全国旱涝气候监测、预警系统"，经过 20 多年的发展和实践，在干旱业务方面已经实现了降水量距平百分率（PA）、相对湿润度指数（MI）、标准化降水指数（SPI）、标准化降水蒸散指数（SPEI）、帕默尔干旱指数（PDSI）等多种指数的实时监测。目前该系统采用气象干旱综合指数（MCI）对全国范围内的干旱发生、发展情势进行逐日监测。

二、水文干旱监测

水文干旱是由于地表、地下水等水分收支不平衡引起的江河、湖泊等水量异常偏少以及地下水水位异常偏低的现象。一般水文干旱选用水文站的径流量作为监测对象。水文站监测数据为水文干旱监测提供了重要的支撑。我国不断加大对水文基础设施建设投入，水文站网得到快速发展，目前基本建成空间分布基本合理、监测项目比较齐全、测站功能相对完善的水文监测站网体系，实现了对大江大河及其主要支流、有防洪任务的中小河流水文监测全面覆盖。我国水文测站从新中国成立之初的 353 处发展到 12.1 万处，其中国家基本水文站 3154 处，地表水水质站 14286 处，地下水监测站 26550 处，水文站网总体密度达到了中等发达国家水平，为有效监测水文干旱奠定了坚实的基础。水利部信息中心已基于水文站点监测数据，逐日生成针对河道和水库的水文干旱监测产品，在旱灾防御工作中发挥了重要作用。

常用的干旱指数有径流异常指数、标准化径流指数及地表水供水指数等。其中，标准化径流指数（SRI）和径流干旱指标（SDI）采用与标准化降水指数（SPI）相似的计算原理，具有所需资料易于获取、能用以确定干旱导致的径流的季节性损失和标准化降水指数（SPI）一样具有多时间尺度、本身为无量纲指标便于不同区域干旱情况的对比等优点。

三、基于站点观测的土壤水分监测

传统的站点观测土壤水分的方法是烘干法。这种人工的方法费时费力，难以对土壤水分进行时空上的连续及同步观测。随着土壤水分传感器成本的降低以及信息传输技术的发展，无线土壤水分监测站网近年来发展迅猛，提供了从田间或流域尺度监测土壤水分动态变化的可能，同时也实现了对分布式土壤水分传感器数据的实时访问。电磁法是比较常用的站点观测土壤水分的方法，其原理为利用不同含水量的土壤介电系数存在差异来测量土壤水分含量，其中包括时域反射法（TDR）和频域反射法（FDR）。目前，全国范围内的土壤水分监测站网主要有两套：一套是农气站点观测网，时间覆盖长度较长，其侧重点在于监测种植作物所受到的土壤水分胁迫，采用较粗的时间分辨率，每月逢八观测，主要是通过烘干法测量土壤水分含量，目前已积累了从 1991 年开始的 30 余年观测数据；另一套是自动土壤水分观测网，站点分布更为密集，采用时域反射法（TDR）进行逐小时的土壤水分测量，由国家气象信息中心进行数据产品发布。

四、遥感干旱监测

遥感监测可以提供时间和空间连续的气象、水文和植被信息，可识别干旱空间分布特征，在区域干旱监测与评估中应用广泛。近年来，基于可见光、红外（近红外、短波红外、热红外）和微波波段的遥感干旱指标逐渐发展起来，通过遥感反演植被状态、冠层含水量、地表温度及气象水文变量等信息监测旱情。当干旱导致植被发生水分胁迫时，植被叶绿素含量下降且叶面积、覆盖度降低，因此，可以根据植被光谱反射特征，通过不同波段信息得到植被生长形态（或者绿度）进而反映干旱情势。一般可通过对可见光和近红外波段的组合构建植被指数，常用指数包括归一化植被指数（NDVI）、植被状况指数（VCI）、距平植被指数（AVI）、增强植被指数（EVI）等，这些以植被指数为基础的干旱监测对植被水分胁迫响应有一定的滞后性。为了直接根据植被冠层含水量变化监测干旱，可以通过近红外—短波红外波段数个叶片水分吸收带的特性构建干旱指数，常用指数包括归一化水分指数（NDWI）等。另外，还可以通过热红外波段的信息反演地表温度、热惯量等参数构建干旱指数，如温度状态指数（TCI）等，以反映植被对温度的响应，其中地表温度指数也可以与植被指数组合构成新的指数，如植被健康指数（VHI）、植被供水指数（VSWI）等。近几年，一些反映植被生理参数的指数也逐步应用于干旱监测，如植物冠层吸收光合有效辐射比（fAPAR）、日光诱导叶绿素荧光（SIF）等。光学遥感用于干旱监测的主要问题是受云影响较大，而微波遥感具有全天候的监测能力，对云层和大气具有较强穿透能力，可用于反演降水、土壤水分、地下水、雪等气象水文变量，计算相应干旱指数用于旱情监测。卫星遥感资料虽然可以获取大范围的气象、水文、植被等信息并在干旱监测中得到广泛应用，但是一般序列较短，缺乏数据连续性和一致性，总体精度不高，且仅能监测表层土壤墒情（而根区土壤水往往与作物生长密切相关）。

五、旱情综合评估

由于干旱情势复杂，很多情况下单变量指标难以反映复杂的干旱情势，随着对干旱研究的逐步深入，近年来，融合多变量的综合干旱指标逐步发展起来。与单变量干旱指标相比，综合干旱指标的特点是数据需求量相对较多，计算相对复杂。基于水量平衡的综合干旱指标通过考虑陆面或者大气的水分收支来确定空间干湿状况。这方面早期的代表性干旱指标是帕默尔干旱指数（PDSI），其综合考虑了前期降雨量、土壤水、蒸散发、径流量等信息，通过实际降雨量与气候适宜降雨量的差值（及气候特征系数）表征水分盈亏，结合前期地表干湿状况及当前水分异常监测干旱情势。基于降雨（供水量）和潜在蒸散发（需水量）的标准化降雨蒸散发干旱指数（SPEI）具有标准化降水指数（SPI）多时间尺度的优点，同时考虑了全球变暖背景下温度上升导致蒸散发变化的过程，克服了标准化降水指数（SPI）仅考虑降水变化的缺点。通过将基于降雨和潜在蒸散发（PET）的相对湿润度指数和不同时间尺度标准化降水指数（SPI）加权，构建了气象综合干旱指数（MCI），目前已经应用于我国业务化干旱监测。除了水量平衡（或水分收支），还通过统计方法融合降雨、温度、土壤水和径流等多个气象水文变量构建综合干旱指标，并应用于干旱监测，主要构建方法包括线性组合、联合分布、主成分分析和人工智能等。除了常用的气象水文变量及土地利用、地形、土壤类型等下垫面因素，一些综合干旱指标还融合了使用者反馈或者专家意见等。如美国干旱监测等级（USDM）综合考虑了标准化降水指数（SPI）、帕默尔干旱指数（PDSI）、土壤水百分数、流量以及植被指数等信息，采用分位数的方法融合多个指数，并结合专家意见将干旱划分为 5 个等级，广泛应用于美国干旱监测及相关政府决策。这种主客观结合的综合干旱指数除了考虑气象水文变量代表的干旱情势，还考虑了不同区域的实地旱情信息，可相对准确地反映实际干旱情势，但是需要人工干预实现干旱分级，较为复杂。

知识点：气象干旱综合指数等级

1. 无旱：地表湿润，作物水分供应充足；地表水资源充足，能满足人们生产、生活需要。

2. 轻旱：地表空气干燥，土壤出现水分轻度不足，农作物轻微缺水，叶色不正；水资源出现短缺，但对生产、生活影响不大。

3. 中旱：土壤表面干燥，土壤出现水分不足，作物叶片出现萎蔫现象；水资源短缺，对生产、生活造成影响。

4. 重旱：土壤水分持续严重不足，出现干土层（1～10cm），作物出现枯死现象；河流出现断流，水资源严重不足；对生产、生活造成较重影响。

5. 特旱：土壤水分持续严重不足，出现较厚干土层（大于10cm），作物出现大面积枯死；多条河流出现断流，水资源严重不足；对生产、生活造成严重影响。

——摘自《气象干旱等级》（GB/T 20481—2017）

第二节　应急水量调度

一、应急水量调度主要措施

干旱灾害是影响我国的主要自然灾害之一，随着人口增加、城镇化和经济的快速发展，水资源短缺现象日趋严重，加上受全球气候异常的影响，我国局部性、区域性干旱灾害频繁发生，突发性水污染事故也时有发生，因干旱和水污染导致缺水而实施应急水量调度频次增加。应急水量调度是指为应对由于严重干旱或突发事件所造成的紧急缺水而实施的临时性调水，以缓解缺水带来的城乡生活、工农业生产和生态环境等问题。应急水量调度包含两个层面的含义：一是对干旱受灾区的现有水源通过转换用水途径、利用水库死库容、截潜流、适当超采地下水和开采深层承压水等非常规措施，增加干旱情形下的可供水量；二是将隶属于不同流域、不同区域的水资源临时从相对丰沛区调入短缺区，以满足受旱地区的基本用水需求。我国已实施了多次应急水量调度，如引黄济津、珠江枯水期水量统一调度、引江济太、长江口咸潮应对、汉江应急水量调度、引黄入冀补淀、扎龙湿地生态补水、引察济向、南四湖生态应急补水等。

二、近年应急水量调度实践

（一）引黄济津

天津是我国的直辖市之一，在经济社会发展中占有重要地位。但自 20 世纪 70 年代以来，受海河下游干旱缺水影响，天津接连出现用水危机，严重威胁全市经济社会发展和供水安全，通过实施应急调水解决了用水危机。

1. 2000—2004 年 4 次引黄济津

2000 年、2002 年、2003 年和 2004 年，天津市 4 次实施引黄济津应急调水，输水线路均采用 20 世纪 90 年代初期建设的引黄入卫工程，即从黄河位山闸引水，经三干渠到临清市引黄穿卫枢纽进入河北省清凉江、清南连渠，然后在沧州进入南运河，由九宣闸进入天津，输水渠道全长 580km，涉及山东、河北、天津等 3 省（直辖市）、4 个地市、16 个县（区），沿渠有分水口门 1386 处，跨渠桥梁多处。

这 4 次引黄济津应急调水共计从黄河位山闸引水 33.03 亿 m³，天津九宣闸收水 16.16 亿 m³，平均收水率为 48.9%，见表 8-1。

表 8-1　　　　　　　2000—2004 年引黄济津调水收放水情况

实施时间	位山闸放水量/亿 m³	天津市收水量/亿 m³	位山闸		刘口站		总历时/d
			最大流量/(m³/s)	日期	最大流量/(m³/s)	日期	
2000-10-13	8.71	4.08	118	2001-1-9	93.8	2000-10-24	113
2002-10-31	6.03	2.58	119	2002-11-2	90.6	2002-11-28	85
2003-9-12	9.26	5.15	123	2003-12-2	105	2003-11-9	11
2004-10-09	9.03	4.35	141	2004-11-1	101	2004-11-8	109

2. 2010—2011 年度引黄济津

2010 年汛期，海河流域降水量总体偏少，潘家口水库上游 7—9 月来水量比多年同期平均偏少 8 成。据分析，天津市全年供水缺口为 3.37 亿 m³，自有水源无法满足城市用水需求，急需实施引黄济津调水。考虑到 2000 年以来的几次调水采用的位山闸引黄线路，沿途引黄灌溉量大，无法满足天津市和河北省的引黄需求。因此，2010 年引黄济津调水采用山东省德州市的潘庄引黄闸线路。

潘庄线路主要是利用原有渠道，从山东省德州市境内的潘庄闸引黄河水，经潘庄总干渠入马颊河，再经沙杨河、头屯干渠、六五河，通过倒虹吸穿越漳卫新河后进入南运河，最后到达天津九宣闸。线路总长 392km，其中山东段长 151km、河北段长 224km、两省边界段长 17km。

潘庄线路是 20 世纪 80 年代初两次引黄济津调水所用的，曾经发挥了巨大作用，与位山闸线路对比，具有几个明显的优势：

（1）位山线路取水口闸底高程高于黄河河底 3.00m，引水需要黄河小浪底水库大流量放水才能抬高黄河水位；而潘庄线路取水口闸底高程低于黄河河底 1.80m，黄河低水位时也能引水，引水保证率大大提高。

（2）位山线路使用多年，泥沙淤积严重，不仅占用大量耕地，还造成一定程度的生态环境恶化。

（3）潘庄线路干渠沿线地势低洼，可利用引黄泥沙造地压碱，潘庄线路比位山线路短近 50km，节省输水时间，减少沿途输水损失。

（4）两条线路配合，尤其是南水北调东线工程通水后，既能作为天津、山东、河北的应急引黄输水渠道，又可作为沿线农业灌溉和生态补水渠道。

为建立引黄济津应急输水长效运行机制，水利部由海河水利委员会牵头，黄河水利委员会协助，组织山东、河北、天津等 3 省（直辖市）签订引黄济津供水协议。为此，海河水利委员会组织起草了《引黄济津潘庄线路应急输水协议》。2010 年 5 月 28 日，海河水利委员会、黄河水利委员会及天津、河北、山东等 3 省（直辖市）完成输水协议的签署。引黄济津潘庄线路应急输水工程于 2010 年 5 月底开工。施工中，工程所在地海河南系汛期降雨量大，持续时间长，对施工影响较大。

潘庄线路应急调水于 2010 年 10 月 24 日启动，10 月 30 日 16 时水头到达天津市九宣闸，11 月 2 日，九宣闸水质为Ⅲ类，达到供水要求。2011 年 4 月 11 日，调水结束，共历时 172 天。潘庄引黄渠首闸累计放水 11.84 亿 m³，其中潘庄灌区春灌用水量为 2.67 亿 m³，引黄济津用水量为 9.17 亿 m³，天津市九宣闸累计收水量为 4.20 亿 m³，为缓解天津市水资源紧缺、保障天津城市供水安全作出了重要贡献。

这次应急调水，建立了新的运行机制，明确了输水调度管理职责及水费征收办法，强化了责权利统一，确保了实施调水后输水调度工作规范化、制度化。

（二）引江济太调水

引江济太是指利用望虞河等流域骨干水利工程调引长江清水入太湖及周边河网，并结合雨洪资源利用通过太浦河等环湖口门向太湖周边城市及下游地区供水，促进河湖水体流动，增加流域水资源量，改善水环境，抑制太湖西北部等湖区蓝藻大规模暴发，应对突发水体异常事件。自 2002 年开展引江济太调水试验以来，20 年的引江济太水资源调度实践，大致可分为试验探索、拓展实践、延伸深化三个阶段。

1．2002—2006 年试验探索阶段

引江济太试验阶段共经历了引江济太调水试验、扩大引江济太调水试验和引江济太长效运行初期三个时段。

2002—2003 年开展引江济太调水试验，主要任务是开展探索研究引江济太与防洪排涝、区域用水的关系，研究引江济太能力、效果、运行管理。经过两年的试验探索，2004 年开展了扩大引江济太调水试验，主要任务是整合流域与区域引江能力，增加出入太湖的通道和水量，进行引水线路和调水方案的优化，科学评估引江济太效益，研究建立长效调水管理体制和运行机制。2005 年后，引江济太水资源调度逐步转入长效运行。2005—2006 年引江济太长效运行初期，主要是在流域用水高峰期开展应急调水，目标是增加流域水资源供给、加快河湖水体流动、改善河湖水环境。2002—2006 年试验探索阶段，望虞河常熟水利枢纽共累计引水 935 天，引长江水量 88.17 亿 m^3。望虞河望亭水利枢纽共累计引水入湖 450 天，入湖水量 38.28 亿 m^3。通过太湖调蓄，结合雨洪资源利用，经太浦河向下游地区累计供排水 108.47 亿 m^3，其中供水量为 71.46 亿 m^3。

（1）2003 年黄浦江污染事故调水。

2003 年 8 月 5 日，上海市黄浦江水源地下游 17km 处发生重大油污染事故，由于当时正逢第 5 次天文大潮，油污随潮流上溯扩散，危及上海市饮用水取水量占 80％的黄浦江上游水源地的供水安全。为应对油污染事故，太湖局紧急启动刚通过验收的太浦河泵站，实施应急供水，有效保障了上海市黄浦江上游饮用水水源地的供水安全。通过紧急启用太浦河泵站临时加大下泄水量，有效遏制了污染物上溯，把污染物阻隔在距取水口仅 2km 处，上海市黄浦江取水口水质稳定保持在Ⅲ～Ⅳ类，有效确保了上海市供水安全。

（2）2003—2005 年连续干旱调水。

2003 年汛期，流域降雨明显偏少，太湖与河网水位下降较快，6 月中下旬太湖水位一度下降到 3.00m 以下。主汛期过后，太湖流域出现持续高温少雨天气，高温天数为截至当时有实测资料以来之最，太湖流域用水量明显增加，致使河湖水位迅速降低，水体水质明显恶化，流域大部分地区出现了改革开放以来最为严重的旱情。7月下旬常熟水利枢纽开始全力转向引水。苏州市、无锡市等主要水厂取水口遭到太湖蓝藻包围，供水安全受到严重威胁，太湖局于8月7日启动常熟水利枢纽泵站9台机组引水，日引江水量达2000万 m^3 以上。同时，太浦闸供水量也加大至120m^3/s。此后，根据长江口潮汐变化过程开展常熟水利枢纽闸泵联合调度。调水一周后，太湖贡湖等湖湾蓝藻水华现象基本消失，贡湖湾水厂水质得到明显改善。望虞河干流水质全程总体维持在Ⅱ～Ⅲ类水标准。因通过太浦闸、长兜港等环湖口门向太湖周边供水，上海黄浦江上游和杭嘉湖等地水质和航运条件也得到了改善。

　　受2003年冬季持续干旱的影响，2004年1—4月太湖平均水位为2.92m，低于多年同期平均水位（2.96m），7月底太湖流域出梅以后，以晴热天气为主，流域平均降雨量少于多年同期平均降雨量，分布在贡湖湾的苏州市、无锡市等主要水厂取水口蓝藻数量上升，苏州阳澄湖水体水质恶化，供水安全受到严重威胁。为保证流域水资源供给，改善流域水环境，太湖局于7月23日开启常熟水利枢纽引水，7月29日开启望亭水利枢纽向太湖供水，8月9日常熟水利枢纽实施闸泵联合调度，并通过太湖向周边供水，促进太湖贡湖湾、阳澄湖及黄浦江等重要水源地水体水质改善，保障流域各地供水安全。

　　2005年入汛后，由于高温少雨，使太湖及河网水位严重偏低，太湖水位总体呈下降趋势，太湖水位变化趋势与2003年极为相似。6月24日和26日太湖水位降至年度最低点2.84m，比多年同期平均水位偏低0.53m左右。为保障流域供水安全，太湖流域管理局在确保防洪安全的前提下，实施引江济太调水，6月22日开启望虞河望亭水利枢纽引水入太湖，为保证入湖水量，6月25日又开启常熟水利枢纽实施闸泵联合调度。至7月13日，仅22天时间，通过望虞河引长江清水入太湖达2亿 m^3，有效保障了流域水资源供给。

　　2. 2007—2011年拓展实践阶段

　　2007年，因太湖蓝藻暴发引发无锡供水危机，通过引江济太应急调水，有效改善了水质，化解了危机。2008年国务院批复由国家发展改革委会同有关部门和地方编制《太湖流域水环境综合治理总体方案》，引江济太被列为实现太湖流域治理目标的重要举措之一，为引江济太规范运行提供了制度保障。2007—2011年拓展实践阶段，望虞河常熟水利枢纽共累计引水948天，引长江水量111.54亿 m^3。望虞河望亭水利枢纽共累计引水入湖680天，入湖水量53.13亿 m^3。通过太湖调蓄、结合雨洪资源利用，经太浦河向下游地区累计供水77.94亿 m^3。

（1）2007 年无锡供水危机调水。

2007 年 4 月以后，太湖流域高温少雨，梅梁湖等湖湾出现大规模蓝藻现象，无锡市太湖饮用水水源地受到严重威胁。5 月 16 日，梅梁湖水质变黑；22 日，小湾里水厂停止供水；28 日，贡湖水厂水源地水质严重恶化，水源恶臭，水质发黑，溶解氧下降到 0mg/L，氨氮指标上升到 5mg/L，居民自来水臭味严重。为应对太湖蓝藻暴发造成的无锡市供水危机，太湖流域管理局从 5 月 6 日起紧急启用常熟水利枢纽泵站从长江实施应急调水；30 日，太湖局与江苏省防指、无锡市人民政府紧急会商，及时采取措施，最大限度地加大望虞河引江入湖水量，长江引水量从 160m³/s 增加到 220m³/s，入太湖水量从 100m³/s 增加到 150m³/s。同时，严格控制环湖口门运行，适时减少太浦闸泄量。通过引江济太，直接受水的太湖贡湖水域水质明显好转。

在 2007 年引江济太应急调水过程中，太湖水位总体呈上涨趋势，维持在 3.00～3.20m，再加上梅梁湖泵站的引流作用，加快了贡湖和梅梁湖等水域的水体流动。由于长江清水大量进入贡湖，有效抑制了贡湖等湖湾蓝藻生长，贡湖湾锡东水厂的叶绿素 a 质量浓度由调水前的 53μg/L 逐步降低到 10.5μg/L，贡湖湾蓝藻暴发现象得到明显抑制。数据表明，长江水质指标 COD_{Mn}、TN、NH_3-N 均优于太湖平均值，TP 虽然略高于太湖平均值，但优于太湖西北部湖区和北部湖湾区（梅梁湖、竺山湖）水质指标，引江济太调水措施总体有利于太湖整体水质改善。与其他入太湖河流水质对比表明，望虞河引江入湖水质总体优于其他入太湖河流，为改善太湖水环境提供了重要的优质水源。

（2）2010 年世界博览会期间调水。

2010 年，举世瞩目的第 41 届世界博览会在上海市召开。会期从 5 月 1 日至 10 月 31 日，历时 6 个月，跨越太湖流域整个汛期，对流域防洪安全、供水安全和水生态安全提出了新的、更高的要求。太湖流域管理局总结多年引江济太工作经验，在确保流域防洪安全的前提下，研究制定引江济太保障世博会供水安全工作方案，实施引江济太调水，为改善流域水环境，保障流域供水安全，特别是保障 2010 年世博会期间的供水安全发挥了重要作用。

从 2010 年年初实施引江济太开始，截至 10 月 31 日世博会结束，望虞河常熟水利枢纽累计引水 18.3 亿 m³，引水天数 160 天，日均引水量为 1144 万 m³，日最大引水量为 1810 万 m³（9 月 7 日）；望亭水利枢纽引水入湖 6.6 亿 m³，引水天数 95 天，日均引水量为 698 万 m³，日最大引水量为 1261 万 m³（10 月 30 日）；结合雨洪资源利用，太浦闸向江苏、浙江、上海等下游地区增加供水 23.2 亿 m³，增供水 246 天。

2010 年引江济太期间，望虞河入湖断面（立交闸下）调度指标高锰酸盐指数平均为 3.27mg/L（Ⅱ类），总磷浓度平均为 0.114mg/L（Ⅲ类）；调度参考指标溶解氧浓度平均为 7.39mg/L（Ⅱ类），氨氮浓度平均为 0.56mg/L（Ⅲ类）；平均水质满足Ⅲ类标准。太湖各湖区中，以东部湖区水质最好，保证了往下游供水的水质。太浦闸供水流量从年初的 30m³/s 逐步加大至 3 月中旬的 300m³/s，之后基本按照不低于 100m³/s 向下游供水，持续至世博会结束。世博会期间，通过太浦闸向下游地区增加供水量 14.8 亿 m³（相当于 3.4 个上海市青草沙水库的设计库容量），较多年同期平均供水量多 8 亿 m³。太浦闸下水质优良，一直保持在Ⅱ类；通过大流量供水，太浦河沿线平望大桥断面水质基本保持在Ⅱ类；直至位于苏浙沪边界的金泽断面，水质仍然总体保持在Ⅱ～Ⅲ类。总体上看，太浦河沿程水质明显好于往年，世博会供水主要水源地黄浦江上游上海松浦大桥断面的水质逐渐由劣Ⅴ类好转至Ⅲ类、世博会期间基本保持在Ⅱ～Ⅲ类，成功保障了世博会期间供水安全。

3. 2012 年以来延伸深化阶段

2012 年以来，积极践行习近平总书记"节水优先、空间均衡、系统治理、两手发力"的治水思路，进一步丰富引江济太调度目标，统筹做好流域水灾害防治，增加水资源供给，改善河湖水环境，促进水生态保护修复。2015 年国家防总批复了《太湖抗旱应急水量调度预案》，2017 年太湖流域管理局与沪苏浙水利、生态环境部门建立了太浦河水资源保护省际协作机制，实现了从事后有效应对到事前预防的转变。望虞河西岸控制工程建成后，2021 年首度确立并实现Ⅱ类水引江入太目标，助力太湖连续 14 年实现"两个确保"。2012—2022 年延伸深化阶段，望虞河常熟水利枢纽共累计引水 1564 天，引长江水量 152.65 亿 m³。望虞河望亭水利枢纽共累计引水入湖 982 天，入湖水量 71.47 亿 m³。通过太湖调蓄、结合雨洪资源利用，经太浦河向下游地区累计供排水 404.73 亿 m³，其中供水量为 165.05 亿 m³。

（1）2013 年引江济太抗旱调水。

2013 年，太湖流域降水量为 1067.4mm，较常年偏少 10%。7 月 7 日出梅后，流域持续晴热高温少雨，多地高温天数和最高气温创有实测资料以来新高，7 月 7 日至 8 月 17 日，流域降水量仅 58.2mm，较常年同期偏少 71%。年末太湖水位降至全年最低水位 3.00m。2013 年共实施三个阶段引江济太，持续大流量引水时间、阶段入湖效率均创有实测资料以来新高，有效保障了冬春期和夏季高温干旱期的流域供水安全。全年通过望虞河引长江水 22.39 亿 m³，其中引水入太湖 114.41 亿 m³，结合雨洪资源利用，通过太浦河向下游增加供水 10.11 亿 m³。其间，配合上海市成功应对了上海市金山区朱泾镇掘石港突发水污染事件。引水为实现太湖安全度夏和水环境综合治理发挥了积极作用。

（2）2022 年抗咸潮保上海供水调水。

2022 年夏季，太湖流域降雨偏少，出现严重气象干旱；极端高温影响范围广、持续时间长，达到 1961 年以来最强；太湖水位低，汛期最高水位仅 3.38m，是近 20 年来最低；7 月起，长江大通站日均下泄流量总体呈下降趋势，10 月 5 日降至 8990 万 m^3/s，较常年偏少近 7 成。上海市长江口遭遇史上最早咸潮入侵，青草沙、陈行水库等水源地取水受到严重影响。9 月下旬，上海市紧急将供水主水源从长江切换到太浦河金泽水源地、黄浦江松浦大桥备用水源地，其供水量从占全市供水量的 25% 提升至 70%，加之陈行水库蓄水量告急，上海对太湖流域的供水保障需求激增。

太湖流域管理局及时重启引江济太，为太湖补充清水资源，首次实施新孟河引江济太调水，调度太浦闸按 $100m^3/s$ 向下游增加供水，太浦河金泽水源地水质稳定维持在Ⅱ～Ⅲ类，黄浦江上游松浦大桥水源地水质稳定保持在Ⅲ类。围绕"尽快打通太湖供水河网、河网供水陈行水库通道，在保障供水水质安全的前提下，抓紧补充陈行水库蓄水"的工作目标，太湖局通过"望虞河—阳澄湖—浏河—陈行水库周边河网"（北一线补水方案）向下游补水（9 月 30 日至 10 月 20 日）0.85 亿 m^3，通过"太湖瓜泾口—吴淞江—青阳港—浏河—陈行水库周边河网"（北二线补水方案）、"太湖瓜泾口—吴淞江—苏州河"（南线补水方案）向下游补水（9 月 26 日至 10 月 20 日）0.63 亿 m^3，供水通道水质良好，有效保障了上海市供水安全。

（三）珠江压咸补淡调水

1. 2005 年首次调水

珠江流域是我国水资源相对丰沛的地区，但 2002—2004 年珠江流域持续干旱，珠江三角洲河口地区咸潮上溯、海水倒灌现象日趋严重，到 2004 年秋后，珠江口个别地区咸界超过历史上最严重的 1963 年。

咸潮问题严重影响了珠江三角洲地区广大人民群众的身体健康和正常的生活生产秩序，造成了巨大的社会影响和经济损失。澳门、珠海、中山、江门、广州、东莞等地一度有 1500 万人用水紧张。最严重的澳门、珠海两地不能正常取水达 170 多天，只得采取低压供水，并将供水含氯度标准降低到 400mg/L 以上（国家饮用水含氯度标准不超过 250mg/L），春节期间居民饮水面临严峻的断水威胁。广州市部分地区也实行间歇供水。这一时期，珠三角地区不但生活、生产受到严重困扰，城市形象和投资环境等方面也受到一定影响。咸潮所及地区的一些工业企业因用水含氯度过高而被迫处于半停产状态，大片农田被咸水浸渍，沿海及河网地区生态环境受到不同程度的破坏。

2005 年，是珠江流域第一次大规模长距离压咸补淡应急调水，于 2005 年 1

月 17 日启动，历时 20 多天，从珠江上游增调水量 8.43 亿 m³，下游各地直接取用淡水 5411 万 m³，利用河道储蓄淡水 4500 万 m³，使珠三角及澳门特区 1500 万人的饮用水困难得以解决。同时，受咸水影响的企业生产也恢复正常状态。另外，珠三角河网地区 2.3 亿 m³ 水体得以置换，水环境明显改善，水质从调水前的 Ⅳ～Ⅴ 类水提高到 Ⅱ～Ⅲ 类水，取得了显著的社会效益、经济效益和生态效益。

2. 2006 年补水

2005 年 11—12 月，西江、北江来水持续偏少，梧州水文站来水较 2004 年同期偏少 10％，珠江河口咸潮上溯加剧，珠海市主要取水口联石湾水闸的最大含氯度高达 6415mg/L，珠海、澳门等地用水安全受到严重威胁。为了缓解珠海、澳门等地的供水紧张形势，调度西江岩滩于 1 月 10 日 8 时至 16 日 20 时，按 1350m³/s 的流量下泄；西江大化、百龙滩水库于 1 月 10 日 20 时至 17 日 8 时，按日平均下泄流量 1350m³/s 控制；西江乐滩水库于 1 月 11 日 8 时至 17 日 20 时，日平均下泄流量按 1400m³/s 控制。

此次应急调水是继 2005 年压咸补淡应急调水实施的第二次调水。在有关各方和各部门通力协作下，调水进展顺利，岩滩 1 月 10 日日均出库流量约 1200m³/s，1 月 10 日 14 时至 11 日 8 时平均流量约 1284m³/s；1 月 10 日 20 时大化、百龙滩电站按调度令要求加大发电流量；1 月 11 日 8 时乐滩电站按调度令加大发电流量，11 日平均出库流量约 1420m³/s，满足调度令要求。贺江江口水电站参加应急调水，于 1 月 15 日 8 时加大下泄流量，补充西江干流的调水，增大珠江三角洲入流量的方案。

据统计，此次调水共从上游水库增调水量 5.5 亿 m³，其中西江岩滩水库调出 4.5 亿 m³，扣除天生桥水库向岩滩水库补水 2 亿 m³，净调出 2.5 亿 m³；右江百色水库调出 0.5 亿 m³，贺江江口水库调出 0.5 亿 m³。直至 20 日，联石湾水闸含氯度低于 600mg/L 仍有 17h，含氯度低于 600mg/L 累计已达 74h；低于 250mg/L 有 14h，低于 250mg/L 累计有 57h。1 月 15—22 日下游直接从河道抽取淡水 2230 万 m³，其中，中山市抽取淡水 468 万 m³，珠海抽取淡水 834 万 m³；利用河涌存蓄淡水 1900 万 m³，珠江三角洲主要出海河道和围内河涌置换水体 1.8 亿 m³，水质明显好转，达到 Ⅱ～Ⅲ 类。

3. 2009—2010 年珠江补水

2009 年是新中国成立 60 周年和澳门回归 10 周年，确保澳门供水安全意义重大，党中央、国务院领导多次批示，要求切实做好珠江水量调度工作，采取措施，保障澳门等地供水安全。水利部于 2009 年 9 月 15 日实施 2009—2010 年珠江流域枯水期水量调度，成功实施了 10 次集中补水，历时 5 个半月。水利部积极面对极端不利条件，组织珠江水利委员会通过技术攻关、深度挖潜、加强协调，圆满化解了澳门回归十周年庆典期间的供水危机，有力保障了澳门、珠海等珠江三角洲地区的供水安全。

与前几年相比，2009 年枯水期澳门、珠海等地供水形势最为严峻，主要表现为：①降水偏少，8—12 月西江平均降雨量较常年同期偏少 5 成；②来水特枯，西江梧州站来水偏少 7 成，北江石角站来水偏少 5 成；③蓄水不足，9 月 15 日参与调度的骨干水库有效蓄水总量仅为 86.4 亿 m^3，比 2008 年同期少蓄 94.3 亿 m^3；④咸潮提前，2009 年的咸潮影响供水的时间比近年提早约 2 个月，同等流量下咸潮强度明显增强；⑤水调、电调、航运之间的矛盾突出，协调难度大，国家实施"扩大内需、保增长"措施成效显现，华南地区用电负荷加剧，"西江黄金水道""塞船"事件频发，协调难度进一步加大。

9 月 15 日启动了 2009—2010 年珠江流域枯水期水量调度工作（比往年提前了近 1 个月），要求一定要把保障澳门、珠海等珠江三角洲地区饮水安全作为珠江水量调度的首要任务，加强组织领导，细化调度方案，科学安排补水。

面对"咸情不断增强，水资源严重紧缺"的严峻形势，珠江水量调度采取"前蓄后补"的水量配置方式。9 月 15 日以后，在保证防洪安全和工程安全的前提下，要求上游骨干水库适当减小出库流量，以加大蓄水，为后期调度储备水量；同时，督导珠海市供水水库群尽快回蓄，确保咸潮活跃期的供水储备水量。经过"前蓄"工作的有力开展，减缓了骨干水库的水位消落速度，截至 10 月 17 日，天一、龙滩两水库有效蓄水量为 82 亿 m^3，在兼顾电网、航运、生态等多方效益情况下，较 9 月 15 日仅减少了 2 亿 m^3，有效缓解了后期补水调度压力。

调水期间，水利部始终以保障澳门供水安全为工作的首要目标，组织珠江水利委员会按照"月计划、旬调度、周调整、日跟踪"的调度方式，不断滚动、跟踪、优化调度方案，充分利用区间雨洪资源，按需放水，成功应对了北江孟洲坝除险加固开闸放水、澳门回归十周年庆典前夕珠海供水系统临近断水等突发事件，有效保障了澳门、珠海等地供水安全。

集中补水前夕，澳门供水形势异常严峻，12 月 15 日（距澳门回归十周年庆典仅 5 天），珠海南库群有效蓄水量仅剩 150 万 m^3，按日消耗水量计算仅可维持 4 天左右。中央领导高度重视澳门回归十周年庆典期间供水安全，水利部紧急部署，11 日下发了《关于进一步加强珠江水量调度工作的紧急通知》，提前开展集中补水，组织珠江水利委员会科学调度西江、北江水库群，加大压咸流量，延长平岗泵站取淡时间，保障联石湾水闸开闸引淡，使坦洲联围抢蓄优质淡水，确保了澳门回归十周年庆典期间供水安全无忧。

2009—2010 年珠江水量调度期间，珠海主城区平岗、裕洲、广昌等泵站抢淡总量约 11700 万 m^3，向澳门供应优质淡水约 3200 万 m^3，成功化解了澳门回归十周年庆典期间的供水危机，有效地保障了珠海、澳门等珠江三角洲地区的供水安全。同时，还有效缓解了"西江黄金水道""塞船"事件，有力支撑了电网调峰、调频的正常运行。

截至 2023 年，珠江水利委员会自 2005 年首次实施压咸补淡调水以来，已成功组织实施了 19 次珠江枯水期水量调度，全面保障了澳门、珠海等珠江河口地区供水安全。

（四）南四湖生态补水

1. 2002 年生态应急调水

2002 年黄淮地区气候异常，南四湖流域降水量严重偏少，遭遇了新中国成立以来的特大干旱。严重的旱情造成了南四湖几近干涸，河道断航，导致湖区野生生物濒临灭绝。干旱也给流域内的工农业生产带来重大损失，使数十万人饮水困难。为了挽救南四湖濒临灭绝的生物，修复生态系统，水利部决定利用苏北供水工程向南四湖应急生态补水，从长江调水 1.1 亿 m^3 入南四湖，其中入上级湖 0.5 亿 m^3。2002 年 12 月 8 日至 2003 年 3 月 4 日，淮河水利委员会组织江苏、山东两省水利部门实施了南四湖应急生态补水工作，历时 87 天。

这次生态补水取得了良好的效益和效果：

（1）抬高了湖水位。下级湖微山岛站补水前水位为 30.34m，2003 年 1 月 26 日水位达 30.83m，水位上涨 0.49m；上级湖南阳站补水前已经干涸见底，当时湖底高程为 31.98m，2003 年 2 月 23 日水位曾达到 32.21m，水位上涨 0.23m。

（2）扩大了湖区水面面积。补水前湖区水面面积仅为正常蓄水位面积的 14%，补水后湖区水面面积达到了正常蓄水位相应面积的 26%，2 月 11 日，湖区最大面积达到 332km^2。

（3）增加了水资源总量。补水前湖内仅 5000 万 m^3，补水后湖内水量达到了 2 亿 m^3，基本满足了湖内最低生态用水。

（4）大大改善了水质，改善了通航，留住了候鸟，拯救了生态，促进了人与自然的和谐。同时也缓解了部分群众吃水困难状况，使群众感受到了党中央、国务院和各级领导对旱区人民的关怀，对于稳定当地群众的心态，保持社会安定也起到了积极作用。

（5）增强了全社会水患意识。这次跨流域调水，使全社会对水利的重要作用有了更加深刻的认识，进一步强化了人们的水危机意识和水利意识。

2. 2014 年生态补水

2013 年 10 月至 2014 年 7 月 28 日，沂沭泗流域平均降水量为 312mm，较常年同期偏少42%，其中，2014年6月1日至7月28日，沂沭泗流域平均降水量为136mm，较常年同期偏少55.3%。2014年1月以来，南四湖上、下级湖水位持续下降，湖区蓄水不足常年同期的2成。上级湖南阳水位站6月22日降至死水位（33.00m），7月29日水位降到最低32.69m，低于死水位0.31m；下级湖微山水位站6月12日降至死水位（31.50m），7月14日降至最低生态水位（31.05m）以下，7月28日水位降到最低30.77m，低于最低生态水位0.28m。

南四湖上、下级湖水位均为2003年以来同期最低值。南四湖上级水位最低时蓄水量为1.54亿m³，较正常蓄水量偏少83.3%，下级湖水位最低时蓄水量不足1亿m³，较正常蓄水量偏少87.7%。严重的干旱造成湖区渔业损失巨大，航运严重受阻，给南四湖的生态环境带来巨大的影响。据山东省报告，山东省受严重影响的鱼塘多达3.67万hm²，其中干涸绝产鱼塘已达0.67万hm²，渔业湖产面临绝收；内湖航道影响里程达140km，部分航段造成大量船舶搁浅和停航；特别是南四湖下级湖北部水域露出湖底，裸露干裂，湖区平均水深不足0.5m，由于高温水浅，水质持续恶化，严重破坏了鱼类、虾蟹、水草等生物的生存环境，南四湖濒临干涸，生态环境受到严重威胁。

水利部淮河水利委员会和江苏、山东两省水利部门共同组织实施了南四湖生态应急调水。江苏省8月2日先抽骆马湖底水就近调入南四湖下级湖，比从长江逐级向上翻水提前了6天左右。8月5日16时37分南水北调东线一期江苏省蔺家坝泵站启动第1台机组，开始向南四湖下级湖调水，6日8时25分增开第2台机组，调水流量一直保持在50m³/s左右，其中，最大调水流量达54.7m³/s（24日11时47分）。至8月24日16时10分停机，历时20天，累计调入下级湖水量8069万m³。

调水线路：南四湖生态应急调水利用南水北调东线一期工程，从江都水利枢纽工程调水，经沿线各级泵站逐级抽水，最后由蔺家坝泵站抽水入南四湖下级湖，调水线路全长404km，经过9个梯级泵站提水，长江水需沿调水线路提高30m以上才能进入南四湖。

此次南四湖生态应急调水效果显著：

（1）较短时间抬升了湖区水位，调水后下级湖微山站水位24日16时为31.22m，较7月29日的30.77m上涨0.45m，超过最低生态水位0.17m，生态调水取得了显著成效，南四湖生态危机得以缓解。

（2）有效扩大了下级湖湖区水面面积，调水后下级湖湖区水面总面积达到315km²，较调水前最低水位湖区水面约增加了99km²，水面面积已达正常蓄水位相应面积的55%。

（3）及时缓解了因干旱造成的生态、航运、养殖等严重问题。调水的社会效益、环境效益十分明显。

（五）扎龙湿地补水

黑龙江西部地区频频遭遇的干旱一度导致流经扎龙自然保护区的乌裕尔河、双阳河的径流量明显减少，再加上生活用水的不断增加，使扎龙湿地常常面临缺水状况，直接影响到丹顶鹤等珍禽的栖息繁衍。

针对这一情况，黑龙江省从 2002 年开始实施引嫩工程调水补给扎龙湿地，2009 年正式建立了扎龙湿地长效补水机制。保护区通过对鹤类生存环境及其生态因子进行野外数据收集、分析、比较，发现补水后鹤类的种群数量、繁殖个体数量显著增加；湿地水资源恢复后，幼雏死亡现象也明显减少，丹顶鹤繁殖成功率显著提高。

应急调水工程方案：扎龙湿地上游西邻江东灌区，利用江东灌区六干渠18.85km、翁海排水干沟15km，并对六干渠与翁海排水干沟交叉处的现有翁海渡槽进行改造，建成交叉枢纽。该方案在不改变中部引嫩扩建工程水量分配的前提下，利用中部引嫩工程原分配给江东灌区的水量，通过调整江东灌区的种植结构，可结余水量 1.06 亿 m^3，为扎龙湿地补水，水源有保证，且供水保证率高；江东灌区六干渠工程建设标准高，沿线建筑物过流能力均能满足要求，翁海排水干沟也具备一定的排水能力，只需稍加清淤疏通，就能满足补水要求；补水直接进入湿地核心区，补水效果明显。

根据上述工程设计方案，应急调水需要到 2002 年 5 月才能开始补水。2001年，为了尽快缓解湿地干旱缺水状况，抢救生态环境，采取临时补水措施在夏、秋两季为扎龙湿地补水。结合江东灌区工程，利用翁海渡槽左侧已有的两孔泄水闸进行临时补水。

对湿地实施应急补水后，扎龙湿地生态环境得到了很大程度上的恢复，生态效益和生产效益显著。

1. 生态效益

扎龙湿地是我国最大的以鹤类等大型水禽为主体的珍稀鸟类和湿地生态类型的国家级自然保护区。扎龙湿地生物的多样性十分丰富，有鸟类 260 多种，其中已记录的国家级保护鸟类 41 种（国家一级保护鸟类 8 种，国家二级保护鸟类 33 种）。扎龙湿地已被列入国际重要湿地名录，其发展已受到全社会的关注。据 1996 年航片调查，扎龙湿地有 346 只丹顶鹤，约占世界丹顶鹤的 17.3%。扎龙湿地补水，改善了丹顶鹤的栖息环境，其数量明显增加，保护珍禽价值巨大。湿地补水还可以防止松嫩平原沙漠化向东推移，有效调节黑龙江西部干旱风沙区气候，同时使扎龙湿地周边的渔苇大幅度增产，大大改善扎龙湿地的水质，加大地下水补给量。

2. 生产效益

补水实施后，不仅芦苇面积增加，湿地、泡沼水量的增多可促进水产养殖业的发展，连环湖有效养鱼水面积增大，种植、养殖效益都十分显著。

第九章 保障措施

第一节 值班值守

一、值班值守工作制度

我国降雨主要集中在汛期，江河洪水、局地暴雨山洪、台风、城市内涝等灾害频发，水利工程等设施受暴雨洪水影响可能出现险情。洪涝灾害和工程险情突发性强，为及时做好防范应对，各级水旱灾害防御部门及相关单位、部门均应建立防汛值班值守工作制度，落实值班人员和值班场所，明确工作要求，规范工作程序，加强防汛值班，及时掌握汛情旱情灾情相关信息，强化上传下达，多方协调，发挥中枢作用。

水旱灾害防御值班值守要坚持"认真负责、及时主动、准确高效"原则，一般应遵循以下工作制度：

（1）实行领导带班和工作人员值班相结合的全天 24h 值班制度。

（2）值班起止时间由流域、省级水旱灾害防御部门依据辖区气候特点、水旱灾害实际情况和相关法律规章制度等确定。

（3）主汛期和江河、湖泊超警戒或出现较大险情、灾情等突发水旱灾害事件时，带班领导应驻守值班室或办公室（含办公区）带班，其他值班时间带班领导应保证全天 24h 联系畅通，并保证能在水旱灾害事件发生后第一时间赶到值班室处理应急事务。

（4）值班工作人员必须 24h 在值班室，不擅离职守，不从事与值班无关的工作。

（5）值班人员（含带班领导和值班工作人员）应接受必要的培训，熟悉水旱灾害防御各项业务，掌握突发水旱灾害事件应急处置流程，胜任值班工作。

（6）值班人员必须强化值班相关文件资料、设施设备和业务信息系统等的管理，严格遵守保密规定。

（7）对因值班信息处理不及时、不规范等失误影响水旱灾害防御工作的，应予以批评教育，直至追究责任。

（8）严禁无关人员擅自进入值班室。

（9）按照国家有关规定，值班人员应享受值班补助。

二、值班值守职责与要求

值班人员主要职责与要求：

（1）及时了解辖区内实时雨情、水情、工情、旱情、险情、灾情等相关情况。堤防、水库等工程设施出现险情和发生人员因洪水导致伤亡及围困、山洪灾害、堰塞湖、城市进水受淹等突发水旱灾害事件后，要立即了解、报告相关情况。

（2）及时掌握本地区防洪抗旱工程运行及调度情况。

（3）认真做好各类值班信息的接收、登记和处理工作，重要信息要立即报告。

（4）对重大突发水旱灾害事件，要按照相关信息报送要求第一时间进行报告，严格按时限要求首报，同时密切跟踪了解处置应对工作进展情况，及时做好续报。要高度重视信息报送工作，提高时效性和质量，不瞒报、不漏报、不错报、不迟报。

（5）加强与上下级水旱灾害防御部门、同级防汛抗旱指挥机构、气象、应急等相关部门的沟通联系，做好信息共享。

（6）带班领导和值班工作人员应在电话铃响 5 声之内接听电话。接打电话要礼貌到位，简洁高效，按规定做好电话记录。对群众来电来函要耐心答复办理，不能马上答复的，要做好记录，及时转送相关部门、单位。

（7）认真填写值班日志，逐项注明办理情况。

（8）认真做好交接班。交班人员要介绍值班情况，指出关注重点，交代待办事宜；接班人员要做好待办事项的跟踪办理。

第二节　水旱灾害防御统计调查

1992 年，国家防汛抗旱总指挥部、国家统计局制定颁发了《洪涝灾害统计报表制度（暂行）》，各级防汛抗旱指挥部办公室的洪涝灾情统计工作得以有章可循、有法可依。1999 年，在该暂行制度基础上，国家防汛抗旱总指挥部颁发了《洪涝灾害统计报表制度》（国汛〔1999〕7 号），进一步规范了全国洪涝灾情统计工作。2004 年，国家防汛抗旱总指挥部在原《洪涝灾害统计报表制度》基础上增加了旱灾统计内容，颁布了《水旱灾害统计报表制度》，丰富了水旱灾害统计的内容，使灾情统计制度走上正轨。2009 年和 2011 年，国家防汛抗旱总指挥部修订并与国家统计局联合下发了《水旱灾害统计报表制度》，要求各地防汛抗旱指挥机构高度重视水旱灾害统计工作，落实责任，完善制度，强化各成员单位之间的沟通协调，确保灾情信息统一规范，信息上报及时准确。

2018 年机构改革后，为满足新时期水旱灾害防御工作需要，水利部组织制定了《水旱灾害防御统计调查制度（试行）》。2021 年 3 月，对该制度进行了修订，并根据国家统计部门关于统计调查项目管理的有关规定完成备案工作，正式印发了《水旱灾害防御统计调查制度》。

一、总体要求

（一）调查目的

及时、准确、全面反映我国水旱灾害动态、防御及效益基本情况，为水旱灾害防御决策提供依据。

（二）调查对象和统计范围

调查对象和统计范围为全国范围内县级及以上水行政主管部门和水利部流域管理机构。

二、统计调查内容

统计调查分为洪涝灾害调查和干旱灾害调查两部分。

（一）洪涝灾害调查

洪涝灾害是指因降雨、降融雪、冰凌、风暴潮、热带气旋、冰雹、龙卷风、地震等引发江河湖泊洪水、渍涝、山洪等造成的灾害。主要统计洪涝灾害的基本情况，水利工程设施损毁、城镇受淹、抗洪抢险技术支撑和减灾效益、山洪灾害防御及山洪灾害事件、水库防洪调度效益、水利工程设施水毁修复等综合情况。

1. 洪涝灾害基本情况统计

洪涝灾害基本情况统计表包括：受灾范围县（市、区）（个）、乡（镇、街道）（个），受灾人口（万人），农作物受灾面积（10^3hm^2），受淹城镇（个），因灾死亡人口（人），因灾失踪人口（人），转移人口（万人），直接经济损失（亿元），其中水利工程设施直接经济损失（亿元）。受灾范围、受灾人口、农作物受灾面积、因灾死亡人口、因灾失踪人口、转移人口、直接经济损失等指标由应急管理部门负责统计，并统一提供给同级水行政主管部门。

2. 水利工程设施洪涝灾害统计

水利工程设施洪涝灾害统计表包括：损坏水库〔分为大（1）型、大（2）型、中型、小（1）型、小（2）型〕数量（处）、经济损失（万元），水库垮坝〔分为大（1）型、大（2）型、中型、小（1）型、小（2）型〕数量（处）、经济损失（万元），损坏堤防（分为 1 级堤防、2 级堤防、3 级及以下堤防）数量（处）、长度（m）、经济损失（万元），堤防决口（分为 1 级堤防、2 级堤防、3 级及以下堤防）数量（处）、长度（m）、经济损失（万元），损坏护岸数量（处）、经济损失（万元），损坏水闸数量（座）、经济损失（万元），损坏塘坝数量（座）、经济损失（万元），损坏排灌设施数量（处）、经济损失（万元），损坏水文测站数量（个）、经济损失（万元），损坏机电井数量（眼）、经济损失（万元），损坏机电泵站数量（座）、经济损失（万元），损坏水电站（分为大中型、小型）数量（座）、经济损失（万元），损坏其他设施数量（处）、经济损失（万元），水利工程设施直接经济损失（亿元）。

3. 水库垮坝台账

水库垮坝台账包括：水库名称，水库所在水系（流域—水系—河流），水库规模，总库容（万 m³），大坝类型，坝高（m），管理单位，垮坝位置［县（市、区）—乡（镇、街道）—村（社区）］，垮坝时间（年-月-日 时），垮坝原因，垮坝形式，受灾人口（人）。

4. 堤防决口台账

堤防决口台账包括：堤防名称，所在水系（流域—水系—河流），堤防级别，管理单位，决口位置［县（市、区）—乡（镇、街道）—村（社区）］，起始桩号，决口宽度（m），决口时间（年-月-日 时），决口原因，决口形式，受灾人口（人）。

5. 较大重大水毁工程台账

较大重大水毁工程台账包括：工程名称，工程类型，工程级别，管理单位，所在位置［县（市、区）—乡（镇、街道）—村（社区）］，水毁等级，损毁描述，损毁原因，水毁经济损失（万元）。

6. 城镇受淹情况统计

城镇受淹情况统计表包括：城镇名称，受淹面积（km²），比例（%），进水时代表站水位（m），进水时间（年-月-日 时），淹没历时（h），主要街区最大水深（m）。

7. 抗洪抢险技术支撑情况统计

抗洪抢险技术支撑情况统计表包括：巡堤查险（人·d），省专家（工作）组（人·d），市专家（工作）组（人·d），县（区）专家（工作）组（人·d），省级及以下资金投入总计（万元），其中水利救灾资金投入（万元）、技术支撑投入（万元），减少受灾人口（万人），减淹耕地（10³hm²），避免县级以上城镇受淹（座），防洪减灾经济效益（亿元）。

8. 山洪灾害防御情况统计

山洪灾害防御情况统计表包括：发布预警的县数（个），发生山洪灾害的次数（次），发布预警次数（次），向责任人发布预警短信条数（万条），向社会公众发布预警短信条数（万条），启动预警广播（站次），预警发布服务人数（人），转移人数（万人）。

9. 山洪灾害事件统计台账

山洪灾害事件统计台账包括：发生时间（年-月-日 时），发生地点 [县（市、区）—乡（镇、街道）—村（社区）]，死亡人数（人），失踪人数（人），实测最大 1h 降雨量（mm），实测最大 3h 降雨量（mm），实测最大 6h 降雨量（mm），实测最大 24h 降雨量（mm），灾害类型，是否发布预警，受灾人口（人），倒塌房屋（间），经济损失（万元）。

10. 水库防洪调度效益统计

水库防洪调度效益统计表包括：拦洪大型水库（座），拦洪中型水库（座），拦蓄洪量（万 m^3），减淹城镇（个），减淹耕地（$10^3 hm^2$），减淹人口（人）。

11. 大型水库单次过程防洪调度效益统计

大型水库单次过程防洪调度效益统计表包括：总库容（亿 m^3），洪水过程起止时间（月-日 时—月-日 时），洪峰流量（m^3/s），削峰率（%），拦蓄洪量（万 m^3），降低下游控制站水位（m），减淹城镇（个），减淹耕地（$10^3 hm^2$），减淹人口（万人）。

12. 水利工程设施水毁项目修复汇总

水利工程设施水毁项目修复汇总表包括：水库（水电站）（重大、较大、一般）（座），堤防（护岸）（重大、较大、一般）（处），水闸（重大、较大、一般）（座），水文测站（重大、较大、一般）（处），排涝泵站（重大、较大、一般）（处），淤地坝（重大、较大、一般）（座），其他水利工程设施（重大、较大、一般）（处），水毁修复资金总投入（万元）。

13. 水利工程设施水毁项目修复进度汇总

水利工程设施水毁项目修复进度汇总表包括：项目完成率（%），资金进度（%），重大设施处数（处）、完成修复（处）、比例（%），施工中（处）、比例（%），待开工（处）、比例（%）；较大设施处数（处）、完成修复（处）、比例（%），施工中（处）、比例（%），待开工（处）、比例（%）；一般设施处数（处）、完成修复（处）、比例（%），施工中（处）、比例（%），待开工（处）、比例（%）。

14. 水利工程设施水毁项目修复进度台账

水利工程设施水毁项目修复进度台账包括：项目名称，经度（°），纬度（°），所在位置 [县（市、区）—乡（镇、街道）—村（社区）]，工程类型，主管单位，水毁等级，主要工程量，计划修复完成日期（年-月-日），项目金额

（万元），项目状况，工程量进度（％），资金进度（％）。

（二）干旱灾害调查

干旱灾害是指因降水少、水资源短缺，对城乡居民生活、工农业生产造成直接影响的旱情，以及旱情发生后给工农业生产造成的旱灾损失。主要统计旱情发生的时间、地点、受旱面积、受旱程度，对农村人畜饮水及城市供水造成的影响，以及旱灾防御、应急调水情况及产生的效益等。

1. 农业旱情及抗旱情况统计

农业旱情及抗旱情况统计表包括：本季作物实际播种面积（$10^3 hm^2$），本季作物最大受旱面积（$10^3 hm^2$），当前作物受旱面积合计（$10^3 hm^2$）、轻旱（$10^3 hm^2$）、中旱（$10^3 hm^2$）、重旱（$10^3 hm^2$）、特旱（$10^3 hm^2$），待播耕地缺水缺墒面积合计（$10^3 hm^2$）、水田缺水（$10^3 hm^2$）、旱地缺墒（$10^3 hm^2$），牧区草场受旱面积（$10^3 hm^2$），因旱人畜饮水困难人口（万人）、大牲畜（万头），应急响应级别，统计时段投入抗旱人数（万人），统计时段投入抗旱设施机电井（万眼）、泵站（处）、机动抗旱设备［万台（套）］、机动运水车辆（辆），累计投入抗旱资金（万元）、各级财政拨款（万元）、群众自筹（万元），累计完成抗旱浇灌面积（$10^3 hm^2$）、（$10^3 hm^2 \cdot$次），累计解决因旱人畜饮水困难人口（万人）、大牲畜（万头）。

2. 农业灾情及抗旱情况统计

农业灾情及抗旱情况统计表包括：本年度累计播种面积其中粮食作物（$10^3 hm^2$）、经济作物（$10^3 hm^2$），作物累计受旱面积（$10^3 hm^2$），作物累计受灾面积（$10^3 hm^2$），其中成灾面积（$10^3 hm^2$）、绝收面积（$10^3 hm^2$），累计因旱人畜饮水困难人口（万人）、大牲畜（万头），本年度粮食总产量（万 t），本年度粮食因旱损失（万 t）、（亿元），本年度经济作物因旱损失（亿元），本年度投入抗旱人数（万人），本年度投入抗旱设施机电井（万眼）、泵站（处）、机动抗旱设备［万台（套）］、机动运水车辆（辆），累计投入抗旱资金（万元）、中央拨款（万元）、各级财政拨款（万元），累计完成抗旱浇灌面积（$10^3 hm^2$）、（$10^3 hm^2 \cdot$次），累计解决因旱人畜饮水困难人口（万人）、大牲畜（万头）；全年抗旱减灾效益，其中挽回粮食损失（万 t）、（亿元），挽回经济作物损失（亿元）。

3. 城市干旱缺水情况统计

城市干旱缺水情况统计表包括：正常日用水量（万 m^3），当前日供水量（万 m^3），日缺水量（万 m^3），受影响人口（万人）。

4. 抗旱应急调水实施情况统计

抗旱应急调水实施情况统计表包括：调水线路，调水目的，计划调水规模

（万 m^3），计划调水时段，当前取水流量（m^3/s）、累计取水量（万 m^3），当前受水流量（m^3/s）、累计受水量（万 m^3），应急调水实施效果描述。

三、组织实施

水旱灾害防御统计调查制度由水利部制定，水利部水旱灾害防御司负责具体组织实施，逐级落实到各级水行政主管部门。统计报表应按行政区划、所属流域两种统计方式上报。

各省（自治区、直辖市）和新疆生产建设兵团水行政主管部门要认真执行报表制度，定期（洪涝灾害一般按实时、过程、月和年，水毁项目修复按周和年；干旱灾害一般按周和年，跨省际应急调水一般按日）向水利部水旱灾害防御司和所属流域管理机构报送统计报表。

各流域管理机构要认真执行报表制度，定期统计流域内水旱灾害防御信息，按规定向水利部水旱灾害防御司报送统计报表。

四、报送要求

（一）洪涝灾害统计报表

（1）《洪涝灾害基本情况统计表》《水利工程设施洪涝灾害统计表》《水库垮坝台账》《堤防决口台账》《较大重大水毁工程台账》《城镇受淹情况统计表》《抗洪抢险技术支撑情况统计表》《山洪灾害防御情况统计表》《山洪灾害事件统计台账》《水库防洪调度效益统计表》和《大型水库单次过程防洪调度效益统计表》分实时报、过程报、月报和年报，通过报表系统进行报送。

实时报为灾害发生过程中即时报送的统计报表，统计时段为灾害发生日至报表报送日。实时报应在灾害事件发生后 24h 内通过报表系统将所掌握的情况上报。

过程报为一次灾害过程的统计报表，每次灾害过程结束后，省级水行政主管部门应在 7 个工作日内统计上报至水利部，有凌汛发生的区域在凌汛结束（一般以全线开河为准）后 7 个工作日内统计上报至水利部。单次过程时间一般不超过 1 个月，两次过程报时间原则上不应重叠，并且应随报表上报简要灾情综述。简要灾情综述包括雨情、水情、灾情、防御行动、减灾成效等，限 1000字以内。上报过程报的同时还应上报从 1 月 1 日起至过程结束时间止的累计报。

月报为本月发生的灾害过程的累计报，统计时段为每月月初至当月月末，应在下月第 3 个工作日之前上报。跨月份的灾害过程，归入灾害结束日期所属月份进行统计。

年报为全年发生的灾害过程累计报，可用月报累计进行统计。年报分初报和终报。初报统计时段为每年 1 月 1 日至当年汛期结束，终报统计时段为每年 1 月 1 日至每年 12 月 31 日。每年 10 月底前上报初报，次年第 5 个工作日之前上报终报。初报和终报均须同时报送年度灾情综述。年度灾情综述包括雨情、水情、灾情、防御行动、减灾成效等，限 3000 字以内。

（2）《水利工程设施水毁项目修复汇总表》要求每年 12 月上旬报送已确定的本年度 12 月 1 日起至下年度 5 月 31 日止需要完成的水利工程设施水毁修复项目汇总情况，为一次报。

《水利工程设施水毁项目修复进度汇总表》和《水利工程设施水毁项目修复进度台账》在本年度 12 月 10 日至下年度 5 月 31 日期间采用周报，于每周三上报截至上报前 1 日水利工程设施水毁项目修复的进度汇总及台账。

（二）干旱灾害统计报表

《农业旱情及抗旱情况统计表》在各省（自治区、直辖市）和新疆生产建设兵团出现旱情并开始报旱后，Ⅳ级、Ⅲ级响应时采用周报制即每周三上报；Ⅱ级响应时采用每周两报，即每周二、周五上报；在启动Ⅰ级响应期间实行日报，即每日上报。《农业灾情及抗旱情况统计表》在每年 12 月底前上报。《城市干旱缺水情况统计表》为当建制城市出现供水短缺时开始填报，在供水短缺持续期实行周报，即每周三上报。《抗旱应急调水实施情况统计表》为实施抗旱应急调水时开始填报，在调水期间实行日报。

各省（自治区、直辖市）和新疆生产建设兵团发生旱情并启动响应期间，除正常填报旱情统计报表外，应另报旱情和旱灾防御方面的书面材料和图片等。受旱地区出现较大范围降水过程，旱情出现明显变化时，要及时上报降水对旱情的影响情况。

五、质量控制

各级水行政主管部门要建立健全核实灾情制度。视灾情及时派出工作组核实灾情。遇重（特）大灾害，省级及以上水行政主管部门要组织工作组赴灾区核实灾情。对虚报、瞒报的情况要严肃处理，追究责任。

统计报表填报工作坚持依法、依纪的原则，坚持客观性、真实性、时效性、一致性的原则。建立健全统计数据质量责任制，各级统计工作人员要认真学习统计指标解释，确定每项指标所包括的范围，力求准确，不得漏报错报。统计报表汇总后必须经统计人员校核签字、职能部门审查、单位主管领导审核签章。

建立统计报表数据质量核查机制，强化监督问责，省级水行政主管部门要将统计报表填报工作列入督办检查范围，并定期进行通报。对做出突出成绩的单位和个人，予以表彰；对报表严重不实造成重大影响的，责成有关单位按照相关规定作出严肃处理。

六、信息共享与资料发布

相关数据依规在政府部门间共享。应按规定及时向国家统计部门报送数据，并参与国家统计部门与本制度统计信息相关的主题共享数据库建设，做好信息共享目录的维护和完善工作。共享责任单位为水利部水旱灾害防御司，共享责任人为主管水旱灾害防御统计工作的负责人。

有关水利工程设施损毁情况（包括各类水利工程因灾损毁数量及经济损失等指标）由水行政主管部门负责统计，根据灾情信息共享和会商机制，由地方水行政主管部门按规定统一提供给同级应急管理部门。

有关洪涝灾害的基本情况（包括受灾范围、受灾人口、农作物受灾面积、因灾死亡人口、因灾失踪人口、转移人口、直接经济损失等指标）由应急管理部门负责统计，根据灾情信息共享和会商机制，由地方应急管理部门按规定统一提供给同级水行政主管部门。部级层面由应急管理部统一提供给水利部。

建立信息公开机制，每年在公开出版物上发布经评估和审核的上一年度统计资料。洪涝灾害基本情况由应急管理部统一对外发布，水利工程设施因洪涝灾害损毁情况由水利部统一对外发布。

第三节　洪水风险图编制

洪水风险图是直观展示洪水风险区自然地理、经济社会、洪水特征、风险分布以及避险措施等相关信息的系列图集。当前，我国已基本建成布局合理、功能完备的综合防洪减灾工程体系，但受全球气候变化、极端天气增多等影响，还存在大江大河超标准洪水难以有效防御、中小河流洪水突发频发、城市内涝严重、风暴潮灾害加剧等新问题。单纯依靠进一步提高工程防洪标准来提升洪涝灾害防御能力既不经济，也不现实。因此，做好新时期洪涝灾害防御工作，在完善工程措施的同时，要充分发挥非工程措施效用。通过编制洪水风险图，科学识别洪水风险，主动规避、分担洪水风险，费省效宏，是新形势下提高我国综合防洪减灾能力的必然选择。

一、洪水风险图编制历程

1984 年，中国水利水电科学研究院与海河水利委员会合作开发了永定河泛区二维非恒定流洪水数值模拟模型，对永定河泛区洪水演进开展分析计算，并据此绘制了我国第一张洪水风险图。此后随着计算方法和洪水模拟技术的改进提升，在水利部和地方政府的支持下，有关流域机构和研究单位，开展了防洪保护区、洪泛区、城市等不同区域，流域洪水、内涝、溃坝洪水等各种类型的洪水风险图编制的研究和探索。

1997 年，国家防汛抗旱总指挥部办公室提出了编制中国洪水风险图的路线图。首先根据历史洪水（主要是 20 世纪发生的最大洪水）资料勾画出各流域洪水风险（淹没）区域，该项工作于当年完成；其次进行洪水数值模拟计算，据此绘制我国防洪区相对精细的洪水风险图，在此基础上，针对各类洪水建立不同尺度的洪水仿真模型，以便根据情况的变化随时更新信息，对洪水风险信息进行动态管理，并为防汛决策提供实时洪水分析和洪水演进动态展示服务。

为给全国洪水风险图制作提供范本，作为路线图第二阶段工作的组成部分之一，1997 年，国家防汛抗旱总指挥部办公室选择了两个北江大堤保护区和荆江分洪区作为典型区域开展试点研究，以形成洪水风险图制作的成套技术，包括建立基础数据库，研制数据前后处理模型、规范的洪水分析模型、损失评估模型，开发洪水风险的电子展示技术，设计避难方案，研建避难系统等。两个试点首次引入了地理信息系统（GIS）技术，使得洪水风险信息的处理和展示更为便捷、直观和灵活。这种基于 GIS 的洪水风险图制作系统的建立，使我国洪水风险图表达方式达到了国际先进水平。

与此同时，为规范全国洪水风险图的制作，国家防汛抗旱总指挥部办公室于 1997 年发布了《洪水风险图制作纲要》，并下发通知，要求各地在洪水风险图制作工作中参照执行。1999 年，又组织编写了《洪水风险图推广计划大纲》，明确了编制范围，组织形式，经费预算，推广步骤，审查、颁布与更新、管理和使用等事项。但根据初步测算，全国洪水风险图制作的总成本约 20 亿元，在当时条件下难以筹措，使得该推广计划暂时搁浅。

1998 年大水后开始的新一轮防洪规划，正式将洪水风险图概念用于防洪工作实际。规划中，各流域都不同程度地进行了现状和规划水平年的洪水风险估算，一些流域还粗略勾画了以淹没频率表征的现状和未来的洪水淹没范围图。

进入 21 世纪以来，随着洪水风险管理理念的确立，国家防汛抗旱总指挥部办公室在总结我国 20 年洪水风险图制作经验的基础上，于 2004 年发布了《洪水风险图编制导则》（SL 483—2010），用于指导全国洪水风险图的编制工作。

2004—2013 年，国家防汛抗旱总指挥部办公室先后利用防汛资金和水利基建前期经费在全国范围内开展了 3 次洪水风险图编制试点，与此同时，部分省（直辖市），例如浙江省、福建省、湖北省、北京市、上海市等，也陆续开展了洪水风险图编制的探索和应用实践，取得了如下成果：①建立了以水利部、流域和省（自治区、直辖市）防办为主体的洪水风险图编制组织管理体系；②基本形成了以《洪水风险图编制导则》（SL 483—2010）、《洪水风险图编制技术细则》、《洪水风险图编制费用测算方法》、《洪水风险图管理办法》等为主体的规范制度体系；③建立了以洪水分析模型、洪水损失评估模型、洪水风险图绘制系统和管理系统为核心的标准化技术体系；④开展了防洪（潮）保护区、蓄滞洪区、洪泛区、城市、山丘区、水库等各种类型洪水风险图的编制实践，探索了适合我国国情和实际需要的洪水风险图编制方法、程序、表现形式和具体应用，为全面开展洪水风险图编制和应用工作积累了丰富经验；⑤初步形成了洪水风险图编制的技术力量。

2011 年国务院常务会议通过《全国中小河流治理和病险水库除险加固、山洪地质灾害防御和综合整治总体规划》，明确要求"选择基础条件较好的防洪保护区、蓄滞洪区及重点防洪城市，编制不同量级洪水的洪水风险图，开展洪水风险区划；编制洪水避难转移图，开展洪水风险意识宣传和培训"。

按照上述规划，2013 年，水利部、财政部下发《全国山洪灾害防治项目实施方案（2013—2015 年）》，要求进一步完善洪水风险图编制与应用的技术、规范和制度，编制防洪重点地区洪水风险图及避洪转移图，开展洪水风险区划图试点，标志着我国洪水风险图编制工作正式开始。

截至 2016 年，通过全国重点地区洪水风险图编制项目的实施，编制修订了《洪水风险图编制技术细则》《避洪转移图编制技术要求》《洪水风险图地图数据分类、编码与数据表结构》《洪水风险图制图技术要求》《洪水风险图成果提交要求》《洪水风险图成果汇总集成规范》《流域、省级洪水风险图管理与应用系统技术要求》《洪水风险图地图服务接口规范》《洪水风险图编制费用测算方法（试行）》和《洪水风险图应用与管理办法》等规范性技术及管理文件，形成了涵盖河道洪水、溃坝洪水、内涝和风暴潮等多种洪涝类型的通用化洪水分析软件，开发了洪水影响分析与洪水损失评估模型和基于 GIS 数据模型驱动的洪水风险图绘制通用系统，编制了重点地区洪水风险图，覆盖面积约 50 万 km^2，初步具备了在上述区域推行洪水风险管理的风险信息条件。

在洪水风险图编制的同时，我国的一些政府部门和科研单位结合实际工作，积极探索洪水风险图的应用。

1999 年美国 FM 保险公司与中国水利水电科学研究院合作，针对洪水保险需求，编制了上海市洪水风险图。截至目前，FM 保险公司除为 5000 多家国外企业提供洪水保险外，还为许多企业的防洪自保措施（如抬高厂房基础、设备及产品安放位置选取、临时防洪挡板设置等）提供洪水风险信息支持。

在最新一轮全国防洪规划中，各流域根据历史洪水淹没资料，结合现状洪水特性和防洪能力，编制了防御对象洪水的淹没状况图，在此基础上，水利部水利水电规划设计总院编制了洪水淹没区单位面积洪水期望损失图，以此支撑防洪工程措施和非工程措施的选择、布局和安排。

上海市在洪水风险信息公示方面进行了积极探索，在 2010 年世博会期间，上海市公示了世博园区的洪水风险图，为世博会的管理者和观众了解该区域可能的洪水风险，以及一旦发生洪水如何采取合理的应急行动提供了依据。

我国洪水风险图在防汛抢险和洪水应急管理中的应用也日趋广泛，如 2010 年唱凯堤溃决后应急编制的洪水风险图，为管理人员和有关部门了解洪水情况，部署救灾工作提供了支持；2010 年青海温泉水库发生险情后应急编制的洪水风险图，给出了水库下游的洪水淹没情况，为受威胁区域采取应急抢护和群众转移提供了依据；2013 年黑龙江干流溃堤后应急编制的洪水风险图，成为制定灾民安置和返迁计划的依据之一；北京市、上海市、武汉市、宁波市等利用重点地区洪水风险图编制项目建立的模型和相关图件成果，开展暴雨内涝实时分析，公示内涝淹没信息，为内涝应急处置及防御提供信息；各省级和流域机构防汛指挥机构根据洪水风险图成果修编应急预案等。

二、重点地区洪水风险图建设成果

2013—2015 年，财政部安排中央财政专项经费 13.02 亿元，编制全国重点地区洪水风险图，我国步入洪水风险图规范化编制阶段。项目按照 2010 年《国务院关于切实加强中小河流治理和山洪地质灾害防治的若干意见》（国发〔2010〕31 号）有关建立洪水风险管理制度的要求，以为抗洪抢险决策、工程规划设计、防洪区土地利用、洪水影响评价、洪水风险警示和洪水保险等提供基础支撑为目标，选择重要区域开展编制工作。为了保障项目质量和进度，水利部及各流域机构、各省（自治区、直辖市）成立洪水风险图编制领导小组和办公室，中国水利水电科学研究院和水利部水利水电规划设计总院作为项目技术总负责，各流域、省级设计院或水科院作为各地的技术支撑单位。在全国层面，制定了《全国重点地区洪水风险图编制项目实施方案（2013—2015 年）》，将任务内容细化到各流域、省（自治区），以及各实施年度。同时，为保障项目的顺利实施和成果的汇总集成制定了一系列的规章制度、标准规范和技术规定等，对项目实施的全过程进行管控，确保项目如期高质量完成。

项目合计编制完成我国重要防洪区 49.6 万 km^2 的洪水风险图，约占全国需编洪水风险图区域总面积 108.2 万 km^2 的 46%。涵盖全国所有重点防洪保护区，面积 40.8 万 km^2；所有国家重要和一般蓄滞洪区 78 处（另 20 处蓄滞洪保留区未编），面积 2.9 万 km^2；主要江河中下游洪泛区 26 处，面积 0.88 万 km^2；45

座重点和重要防洪城市（总数 85 座），面积 1.3 万 km²；中小河流重点河段 198 处，河长 2700km，面积 3.7 万 km²。项目共拟定洪水风险分析计算方案 10322 个，绘制洪水淹没范围图、淹没水深图、淹没历时图、到达时间图、避洪转移图等图件 55900 幅（纸质版和电子版）。相应成果已汇总集成到省（自治区、直辖市）、流域和水利部洪水风险图管理平台，并完成了脱密处理。部分流域和省（自治区、直辖市）根据防汛应急管理需要，针对重点区域和城市，建立了洪涝快速分析评估和洪涝淹没动态展示系统。

通过项目建设，制定了洪水风险图编制技术标准，初步建立了我国洪水风险图编制技术体系，研发了洪涝分析模型、洪水影响分析和损失评估模型、洪水风险图绘制通用系统和洪水风险图综合管理平台，培养锻炼了一批涵盖地理信息、水力学、水文、水工建筑、计算机及制图等洪水风险图编制技术人才。同时根据实际需求，开展了洪水风险分析模型和洪水风险图成果应用的初步探索。

三、洪水风险图应用

洪水风险图用途广泛，不仅可为各级防汛指挥机构合理制定应急响应预案、部署防汛抢险、组织群众应急避洪转移、进行洪涝灾情评估提供基本信息，而且有助于各级水行政主管部门科学进行防洪治涝工程体系和非工程体系的规划、建设与管理。此外，洪水风险图对合理进行洪水风险区域的土地利用规划与管理、制定城市发展规划、执行建筑物耐淹设计规范、开展洪水保险，以及增强全社会的风险意识等都具有重要的价值。

（1）防洪规划方面。安徽省根据洪水风险图成果，对淮河干流原治理工程规划方案提出了优化调整方案；阜阳市利用洪水风险图编制成果，进一步分析了城市洪水风险和薄弱环节，对不同走向的防洪堤线进行了比选，优化了城市防洪布局。北京市利用洪水分析模型计算了温潮减河和运潮减河设计洪水过程，为相应河流及蓄滞洪区规划建设提供了支撑。广西根据郁江沿岸的洪水淹没要素提出了河道整治重点建议。

（2）预案制订方面。河南省通过分析老王坡、良相坡等蓄滞洪区不同分洪方案影响损失，提出了蓄滞洪区运用调整方案，减少了淹没村庄和转移安置人员数量。黄河水利委员会根据避洪转移图成果，优化了滩区避洪转移方案。安徽省根据颍河、涡河等河流洪水风险图成果修编了 50 年一遇以上超标准洪水防御方案。

（3）应急抢险方面。湖南省在 2016 年新华垸发生溃堤后，运用洪水分析模型快速计算出淹没范围和水深，据此进行实时调度、抢险排险，及时组织人员应急转移，实现了零伤亡。北京市在应对 2016 年"7·20"暴雨洪水的过程中，利用洪水分析模型分析估算积水区域，及时预报预警、布控排水抢险，确保了城市正常运转。宁波市针对每场暴雨实时分析计算洪涝淹没情况，提前发布定量预警信息，辅助相关部门和居民采取应对行动。

（4）防汛决策方面。北京、上海、浙江、江苏、安徽、吉林、河南等省（直辖市）将洪水风险分析模型和洪水风险图成果纳入防汛指挥系统中，提升防汛会商指挥的能力。湖北省运用长江流域重点堤防洪水风险图成果图解分析洪水情势，研判防洪风险，提高了防汛决策水平。上海市将暴雨定量预报数据与洪水风险图对接，实现了暴雨内涝洪水风险的动态分析，为应对暴雨内涝灾害提供决策参考。武汉市利用城市内涝分析模型评估管渠排水能力，发布不同量级暴雨内涝信息及图件，进行积水风险预判，提出应对措施。

（5）转移迁安方面。黄河水利委员会基于洪水风险图编制成果，建设了黄河下游滩区迁安预警平台并投入运行。重庆市綦江区在抗御 2016 年 6 月暴雨洪水过程中，利用洪水风险图编制成果，确定了人员搬迁安置范围和转移路线，与实际洪水淹没情况基本吻合。

（6）蓄滞洪区补偿方面。2015 年，安徽省滁河流域荒草二圩、荒草三圩蓄滞洪区防洪运用后，长江水利委员会和安徽省以洪水风险图编制获得的资产数据和损失评估结果为依据，开展补偿核查，保障了补偿经费确定的及时性和真实性。

（7）洪水影响评价方面。河南省将白寺坡、长虹渠和柳围坡 3 个蓄滞洪区洪水风险图编制成果中的基础资料、二维洪水演进模型应用于郑济铁路跨滞洪区洪水影响评价项目中，计算结果合理可靠，保证了工程项目的及时批复。安徽省利用董峰湖、寿西湖行洪区洪水风险图成果也为商合杭铁路洪水影响评价提供了支撑。

（8）警示教育方面。上海市在水务公共信息平台公示洪水风险图成果，为社会提供信息服务。河南省、安徽省在崔家桥、老王坡、濛洼等蓄滞洪区设立了洪水风险公示栏，标明蓄滞洪区概况、风险分布、安全区、危险区和避险转移路线等。新疆维吾尔自治区在头屯河重点河段设立了展板，现场开展洪水风险警示教育。

（9）洪水保险方面。宁波城市洪水风险图编制成果为商业保险公司确定保单金额、开展巨灾保险查勘提供数据资料支撑；运用洪涝分析系统发布洪涝淹没预警信息，并将预报结果提供给保险公司及承保人，协助其及时防护和转移财产。中国水利水电科学研究院与中国再保险集团签订了战略合作协议，选择北京、上海两个城市利用洪水风险图成果开展洪水保险试点。

第四节　国家防汛抗旱指挥系统建设

国家防汛抗旱指挥系统作为我国水利系统影响面最广、历时最长、发挥作用最大的水利信息化项目，历时 20 多年，国家先后投入 20 多亿元，全国各级防汛抗旱、水文信息化部门和部分科研院所、大专院校、科技公司参与设计研究、系统开发和工程建设，经过实施一期、二期工程，推动我国防汛抗旱指挥决策的信息化水平上升到了新高度，跻身世界先进行列，对我国水利事业发展和防汛抗旱信息化与现代化进程起到积极推进作用，取得了巨大的社会效益和经济效益。

一、主要建设内容

国家防汛抗旱指挥系统覆盖水利部、7 个流域管理机构、31 个省（自治区、直辖市）水利（水务）厅（局）和新疆生产建设兵团水利局、所有地市级防汛抗旱部门，其总体结构与防汛抗旱组织体系的层次相对应，按各级组织的职责和隶属关系分为水利部本级、流域级、省级和地市级系统，各级之间通过指挥系统的通信和计算机网络相互联接。各级系统由各级组织负责管理和运行。

（一）系统架构

早期规划的国家防汛抗旱指挥系统由五大业务系统组成，分别是信息采集系统、通信系统、计算机网络系统、决策支持系统和天气雷达系统，随着计算机技术的进步，特别是面向服务的体系结构（SOA）的出现，在国家防汛抗旱指挥系统一期工程实施过程中逐步将系统架构调整为：信息采集系统、网络（通信）系统、"两台一库"（数据汇集平台、应用支撑平台、数据库）、用户应用系统、安全管理体系等，各个部分间通过标准化的协议与接口组合为一个有机的整体，以实现信息交换与共享，减少重复开发，达到降低建设、管理与运行维护成本和保持开放性与可靠性的目的。国家防汛抗旱指挥系统二期工程基本延续了一期工程的体系结构，见图 9-1。

（1）信息采集系统，是各类防汛抗旱信息采集系统的有机集成，包括采集水情、工情、旱情、灾情、气象（雷达）、视频信息等。

（2）网络（通信）系统，以水利部机关为中心，以各流域管理机构、各省（自治区、直辖市）和新疆生产建设兵团水利部门为纽带，以各地市级分中心为基础，连接各级各类水利部门，形成分级网络结构，支持水雨情、工情、旱情和灾情信息的实时收集、传输和处理，为业务系统提供资源共享的网络环境，包括地面计算机网络和以卫星为基础的应急通信网络。

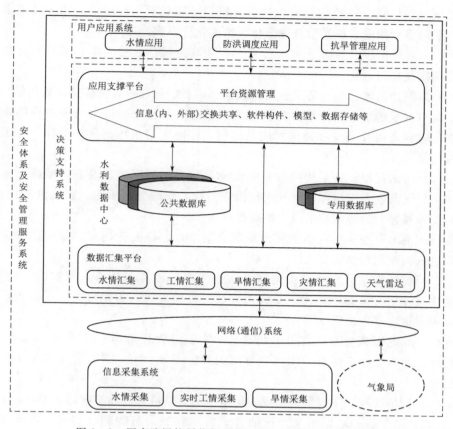

图 9-1 国家防汛抗旱指挥系统二期工程体系结构示意图

（3）"两台一库"平台，由数据汇集平台、数据库及应用支撑平台构成。数据汇集平台主要实现实时水雨情、工情、旱情、灾情数据汇集，并实现基于数据分布协议的数据管理。数据库包括两类：一类是公共数据库，另一类是专用数据库。公共数据库存储需要提供全系统共享的数据，专用数据库是支撑应用系统自身运行的数据库。应用支撑平台提供全系统共享信息资源的集合，包括资源管理、信息交换与共享、软件构件、模型和数据存储等部分，为防汛抗旱指挥决策业务处理提供信息及软件资源支撑服务。

（4）用户应用系统，由水情气象、防汛业务、抗旱管理、综合信息服务等业务应用组成。

（5）标准体系和安全管理体系，形成系统的安全运行保障环境。

（二）主要功能

（1）信息采集。快速准确自动采集各类防汛抗旱信息，并实现向水利部、7

337

个流域管理机构、31 个省（自治区、直辖市）和新疆生产建设兵团、各地市级水利部门自动报送；统计信息标准化、格式化传输和处理。

（2）视频监视。将重点防洪抗旱工程视频监视信息接入水利部，实现防洪抗旱调度现场可视化。

（3）网络传输。实现各单位之间数据、语音、视频等各种信息高效传输。

（4）卫星通信。保障重要防洪地区、蓄滞洪区、关键报汛站等的现场指挥数据传输畅通以及突发事件现场应急通信，保障灾情现场语音、图像、数据的实时传输。

（5）洪水预报。将汇集的气象和水文等信息，利用多源融合区域降水量定量估算、气象业务应用和洪水预测预报等系统，快速分析洪水，联机洪水预报，及时发布预警，为防汛抗洪减灾决策提供支撑。

（6）洪水调度。实现洪水调度预案自动生成、智能化比选，水利部和 7 个流域洪水调度系统联机交互、上下联动。

（7）灾情评估。实现受灾地区灾害损失快速测算与估算，在灾前、灾中、灾后快速评估灾害影响范围、受灾人口、灾害损失等，为制订防灾、抗灾、救灾及灾后重建方案提供支持。

（8）异地视频会商。实现水利部与 7 个流域管理机构、31 个省（自治区、直辖市）和新疆生产建设兵团水利部门的异地视频会商，提高防汛抗旱决策指挥时效。

（9）抗旱管理。实现旱情监视、旱情预测、旱情会商和旱灾评估等功能。

（10）信息服务。以图文并茂的方式实现各类信息的综合监视、查询和展示，支撑防汛抗旱会商和日常管理工作，并支持移动端应用。

二、建设成果

（一）信息采集系统

完成了覆盖 7 个流域管理机构和全国 314 个地市级水情分中心及所辖 2806 个中央报汛站水文测验和报汛设施设备的建设、更新改造和系统集成，使中央报汛站测验能力、观测精度和时效性有较大提高，测验设施设备更加实用、可靠、先进，在全国范围内实现中央报汛站雨量和水位的自动采集、长期自记、固态存储和自动传输，实现全部中央报汛站的实时水情信息 10min 内收集到水情分中心，并通过计算机网络在 15min 内上传到水利部。

建设了覆盖 7 个流域管理机构、28 个省（自治区、直辖市）和新疆生产建设兵团的 380 个工情分中心，实现工情、险情等数据收集并进行统计、汇总、上报的功能，增强了险情移动采集能力、信息分析处理能力以及日常事务的辅助管理能力。

在全国 31 个省（自治区、直辖市）和新疆生产建设兵团，共 3043 个县级单位配备抗旱统计上报系统设备，建设了抗旱统计上报系统。在全国 2250 个县（市、区）建设了移动墒情采集系统，在东北、西北和华北地区 1155 个建制县（市、区）建成了固定墒情采集系统，实现了土壤墒情的自动采集和自动传输、自动处理，为制定防旱抗旱减灾对策、合理采取抗旱减灾措施提供重要的数据支撑。

建设了覆盖水利部、7 个流域管理机构、18 个省（自治区、直辖市）的 26 个视频监控中心，建设了 54 个重点防洪抗旱工程的 216 个视频监控点，整合了 2000 多个现有防洪抗旱工程视频监控信息，并将这些信息接入水利部，实现防洪抗旱调度现场可视化。

（二）通信系统和计算机网络系统

一期工程改造了海河流域永定河泛区和小清河分洪区两条微波干线，建设和完善了永定河泛区、小清河分洪区、东淀、文安洼、贾口洼和恩县洼等 6 个蓄滞洪区的预警反馈通信系统。

在水利部、7 个流域管理机构、29 省（自治区、直辖市）和新疆生产建设兵团分别建设或完善了 38 个应急指挥固定站。在水利部、7 个流域管理机构、9 个省（自治区、直辖市）和新疆生产建设兵团共配置了 25 个应急指挥便携站，在部分省（自治区、直辖市）建设和改造了 17 个应急指挥移动站（静中通）。建设完成了水利卫星应急网络管理平台。

建成了连接水利部、7 个流域管理机构、31 个省（自治区、直辖市）和新疆生产建设兵团的水利信息骨干网络，实现了数据、语音、视频等的互联互通。建设了水利部、7 个流域管理机构、31 个省（自治区、直辖市）和新疆生产建设兵团的网络中心，及网络安全系统和网络安全管理平台，实现了骨干网上的 VoIP 系统并与公众电话网互联，建成了电子邮件系统，完善了水利部与 7 个流域管理机构安全认证系统，实施国家水利信息骨干网等级保护加固和 7 个流域管理机构防汛抗旱业务应用系统信息安全等级保护加固，建立了异地数据备份系统。

建成了覆盖水利部、7 个流域管理机构、31 个省（自治区、直辖市）水利（水务）厅（局）及 4 个重点工程管理局的异地会商视频会议系统。

（三）综合数据库

在水利部、7 个流域管理机构、31 个省（自治区、直辖市）和新疆生产建设兵团建设了实时水雨情数据库、热带气旋数据库、防洪工程数据库、实时工情数据库、洪涝灾情数据库、旱情数据库、历史大洪水库、历史洪灾数据库、社会经济数据库、地理空间数据库，配置了 Oracle 数据库管理系统，实现了所有数据库表结构的统一，为数据交换共享奠定了基础。

（1）实时水雨情数据库部署在全国水文系统，用于存储由全国各地报汛站测报的实时雨水情信息、水文特征信息以及预测预报信息，目前已经成为水文系统的日常作业系统。

（2）防洪工程数据库入库的内容包括 18 个大类 1404000 个防洪工程，各工程重要数据项的完整率达 90％以上，其中河流 45072 条、水库 98367 座、堤防（段）46000 处。

（3）地理空间数据库收集整理了包括全国 1：250000、1：50000 和部分 1：10000 的图形库，并充分利用第一次全国水利普查、山洪灾害防治等项目成果，采用天地图作为基础地图，建设统一的空间数据访问与空间服务管理系统、防汛抗旱数据更新维护系统，遵循统一空间数据模型设计，上下级共建共享、上下级数据同步更新、各级发布本区域数据，实现上下级共享服务的互相访问，形成了水利一张图的核心。

（4）历史大洪水数据库包含了 1482 年以来全国主要江河的 150 场大洪水数据。通过对历史上曾经发生的大洪水场次资料进行整合，如实反映当时暴雨洪水情况，将每场洪水的气象、雨情、水情等信息编辑成既有实测资料，又支持实际应用的成果。以图、文、表等多种形式再现历史大洪水的真实情况，供洪水预报、防汛抗旱决策等分析对比使用。

（5）历史洪灾数据库完成了区域致灾洪水的雨、洪、灾特性分析及 149 场历史洪灾资料整理及入库，重点对 15 场洪灾进行分类规范化综合分析。

（6）热带气旋数据库包括实时与历史热带气旋数据表、国外热带气旋警报预报数据表和历史热带气旋特征统计数据表等，建立了各数据表之间进行统计分析的自动触发机制。

（7）建成了社会经济数据库，收集了以县（区）、乡（镇）为单元的数据资料，收集整理了覆盖 98 个国家蓄滞洪区的社会经济数据。

（8）旱情数据库完成了抗旱基础信息、实时旱情信息、抗旱统计信息和旱情综合信息的整理入库。

（9）实时工情数据库和洪涝灾情数据库纳入数据汇集平台中统一开发和部署。

（四）数据汇集平台和应用支撑平台

国家防汛抗旱指挥系统一开始就采用了先进的软件体系架构，在水利系统率先提出了"两台一库"（数据汇集平台、应用支撑平台、数据库）理念并付诸实施，以保证数据的共享和功能复用，这实际上就是后来发展起来的 SOA

（Oriented Architecture，面向服务的架构）体系架构。直到目前，这一架构仍然是系统开发所遵循的先进体系架构，在一定程度上保证了国家防汛抗旱指挥系统的先进性。

数据汇集平台实现覆盖全国县（区）级以上水利部门的实时工情、洪旱信息、防汛抗旱物资信息和综合管理信息的在线录入、逐级审核、汇集上报，利用水利行业统一数据交换体系，完成信息的交换、存储、管理，提高信息传输的时效性和可靠性，最终实现防汛抗旱信息 15min 内汇集到水利部。

遵循 SOA 技术架构标准，建设应用支撑平台，为防汛抗旱业务应用提供数据共享和服务共享，实现统一数据管理、统一数据交换、统一内容管理与发布、统一身份认证、统一用户管理、统一公共数据服务等。

（五）业务应用系统

国家防汛抗旱指挥系统根据防汛抗旱工作的实际需要，建设了众多的业务应用系统，主要包括水情气象、防汛、抗旱、天气雷达以及综合信息服务等，这些系统开发完成后，又根据各流域、各省（自治区、直辖市）和新疆生产建设兵团及各地市防汛抗旱业务工作的需要，进行了二次开发和定制，形成了覆盖全国地市级以上的防汛抗旱指挥系统。

1. 水情气象业务应用系统

水情气象业务应用系统包括洪水预报系统、水情会商系统、气象产品应用系统和热带气旋信息服务系统等。

（1）洪水预报系统。开发了适用于水利部、流域、省级、地市级防汛部门使用的洪水预报系统，建立了包含 23 个常用预报模型和通用方法的模型库，并可根据预报区域的特性自由选择预报模型。建立了包括 600 多个断面预报方案的方案库，可方便、快速地实现预报方案构建和洪水预报作业。

（2）水情会商系统。基于"两台一库"总体架构，以全面满足水利部防汛水情会商的业务需求为主线，开发适用于中央、流域、省级防汛部门使用的水情会商系统，形成了以会商为主，兼顾专业与公众的信息服务体系，为防汛抗旱决策提供优质高效的水情信息服务和决策支持服务。

（3）气象产品应用系统和热带气旋信息服务系统。通过接收气象部门提供的多种气象产品，包括天气观测资料、数值预报产品、短中长期降水预报产品及天气雷达、气象卫星云图等资料，进行加工分析，提供较高精度的流域面平均雨量定量估算和短历时降水定量预报、流域短中长期降水预测、降水天气气候形势分析、致洪致灾暴雨和热带气旋监测预警等气象产品。开发基于 WebGIS 技术的热带气旋信息服务应用系统，加强、完善应用系统的功能和热带气旋信息的表现形式。在热带气旋实时和历史数据对比分析的基础上，结合卫星云图、雷达、降雨等气象信息，提供对热带气旋未来的移动路径、强度变化和可能影响的区域及灾害程度的预测支持。

2. 防汛业务应用系统

根据防汛部门业务管理的需求，完成了会商支持系统、防汛信息服务系统、防汛业务管理系统、防洪调度系统建设，初步形成了统一的会商和业务管理体系，为防汛调度决策指挥提供支撑工具。

（1）会商支持系统。通过数据集成、业务集成、全文检索、GIS 系统和标绘系统等工具的支持，以及会商知识库和会商专题的设置，形成一套集会商准备、会商展示、会商知识管理为一体的流程化会商系统。

（2）防汛信息服务系统。完成河道、水库、闸坝站的水情、雨情监视和常用水雨情信息查询。信息服务系统的报表定制功能和综合信息定制功能可以支持用户对业务数据的个性化需求。

（3）防汛业务管理系统。根据防汛部门的日常业务信息管理需要，形成一套以人员管理、部门管理、组织管理、防汛物资管理、防汛队伍管理、工程管理、灾情统计、值班管理和公文管理为核心的业务管理系统，以支持日常业务管理工作。

（4）防洪调度系统。建设了 7 个流域的防洪调度系统，并在此基础上进行集成，建成了中央防洪调度系统，实现了流域调度成果在中央的集成和展示，实现流域调度成果的可视化。成果包括：防洪形势、方案仿真、方案比较、方案管理、系统管理、流域调度系统链接以及远程交互模块等。

（5）洪灾评估系统。开发了洪灾评估系统，其中水利部和长江水利委员会、淮河水利委员会两个流域管理机构试点开发实现灾前评估、灾中评估、灾后评估等功能，其他流域管理机构、31 个省（自治区、直辖市）和新疆生产建设兵团通过二次开发实现灾后评估功能，为各级防汛部门防灾减灾决策提供辅助服务。

3. 抗旱业务应用系统

在水利部开发了具有旱情监视、旱情预测、旱情会商、旱情评估、旱灾评估、调水专题、旱情遥感监测等功能的抗旱业务应用系统，并将系统在 7 个流域管理机构、31 个省（自治区、直辖市）和新疆生产建设兵团进行二次开发定制。

在水利部开发旱情遥感监测系统，利用中低分辨率（空间分辨率为 250m～1km）遥感信息源，结合地面气象、水情、土壤墒情观测数据，建立旱情遥感监测模型，为宏观了解全国旱情总体情况提供信息支撑。选择东北区、黄淮海区作为试点区域，利用中高分辨率（空间分辨率不低于 30m）遥感数据，构建旱情遥感监测模型，开展分区域的模型标定与验证。利用中高分辨率卫星数据，结合数字地表模型、地面水文监测数据（降水、水位和流量等），构建基于水体面积变化的旱情遥感监测模型。开发具有数据管理、遥感数据预处理、地表参数的遥感反演、土壤墒情反演、旱情监测产品制作、旱情统计分析等功能的遥感旱情监测业务应用系统，并与抗旱业务应用系统集成。在黑龙江省开展了旱情遥感监测分析的试点建设。

4. 天气雷达应用系统

接收中国气象局天气雷达基数据和加工产品、自动气象站观测数据，开发完善了多源融合定量估算降水子系统，初步实现了重点区域洪水预报需求的多源融合定量降水估算。

5. 综合信息服务及系统集成与应用整合

基于防汛抗旱综合数据库等各类信息资源，整合原有各系统的信息查询与服务功能，基于应用支撑平台和门户技术，开发了集气象、水情、工情、旱情、灾情、综合信息等防汛抗旱信息于一体的综合信息服务门户系统。实现所有信息在综合信息服务系统中都能查询，所有数据在"一张图"上都能展示，包括Web综合服务和移动综合服务两类。

6. 大数据应用

二期工程在建设过程中，对大数据技术进行了初步尝试，搭建了基于Hadoop的大数据分析平台，对系统中已有的数据和网络数据进行了关联分析，并借助字符云、热力图、雷达图等展现形式对数据进行可视化展示，同时借助大数据技术对用户行为进行分析，为用户主动推送其所关注的内容，提供精准服务。

三、成果应用

国家防汛抗旱指挥系统工程在近年的防汛抗旱工作中发挥了重要作用，取得了显著的社会效益和经济效益，对我国水利事业的发展以及防汛抗旱信息化、现代化的进程起到巨大的推进作用。

（1）利用该系统，防汛抗旱的信息采集、预测预报、决策指挥实现了由人工到自动、零散到规范、被动到主动、经验到科学、传统到现代的转变，极大地提高了工作效率，提升了突发事件的快速应急处置能力，实现了我国防汛抗旱指挥的跨越式发展。

（2）通过项目20多年的不断探索和实践，丰富完善了我国现代防汛抗旱减灾理论体系和手段方法。揭示了我国大江大河暴雨洪涝发生发展规律，改进了洪水预报的方法和模型，制定了应对不同量级洪水的调度方案和措施，完善了防汛抗旱减灾预案体系，提出了防汛抗旱减灾决策的信息构成、分类、流程和处理方法及指标体系。推动了信息采集、计算机网络、洪水预报、防洪调度、抗旱管理、水利信息化和防灾减灾决策等技术及相关学科的发展，使我国防汛抗旱减灾科技水平整体处于国际领先。该项目的研究成果获得 2011 年大禹水利科技特等奖、2012 年国家科技进步二等奖。

（3）项目实施改变了以往水文资料人工观测、电话电报传输、处理整编低效的生产模式，创造性地研究并实施了"自动传感、介质存储、自动传输、自动处理"的信息采集集成方案，新建改造了全部中央报汛站和大量地方测站，完成了地市级水情、工情分中心建设及其系统集成，建立了现代化的信息采集系统，有效解决了信息传输时效性差、可靠性低等问题，使全国防汛抗旱信息的一次完整采集时间由原来的 2h 以上缩短到 15min 以内，差错率由 2.5% 降低到 0.02%，而且信息量比过去增加了 40 多倍。

（4）大大提高了防汛抗旱信息标准化、数字化应用水平。一期、二期工程建成了全国结构统一的 10 多个防汛抗旱基础数据库以及各类专用数据库，收集、整理、存储了一大批基础数据、实时数据，为有效管理、查询、展示各类防洪与水利工程现状、历史数据信息等提供了支撑。二期工程开发的数据汇集平台实现了防汛抗旱信息的标准化以及统一上报、统一管理。

（5）开发了防洪调度、洪水预报、抗旱业务、洪灾评估、综合信息服务等几十个业务应用系统。这些系统技术起点高、功能齐全、通用性强，通过流域管理机构、省级水利部门的精心定制，形成了各自的防汛抗旱指挥决策支持系统，显著提高了防洪调度决策的效率和科学性，全面提升了我国水旱灾害的防范应对能力。

（6）研究开发了目前集成模型最多、功能最全的洪水预报系统。提出了地面监测、雷达测雨和遥感分析等多源降雨信息的统一结构、格式和综合应用方法；研究集成了国内外先进的水文模型，创建了涵盖国内外主要预报模型和通用方法的模型库。提高洪水预报精度约 10%，预见期提前了 3h 以上。洪水预报作业时间由过去 4h 缩短到 1h，频次由 6h/次缩短为 1h/次。

（7）建成了联通水利部、各流域管理机构、各省（自治区、直辖市）和新疆生产建设兵团的防汛信息骨干网络及网络中心，实现了水利部、流域管理机构、省（自治区、直辖市）和新疆生产建设兵团的互联互通和信息共享，并在此基础上，建成了异地会商视频会议系统、视频监控系统和网络安全体系，实现了水利部、流域管理机构、省级 3 级重大调度决策异地视频会商、视频监控，建设了覆盖全国水利系统的水利卫星应急指挥固定站、应急指挥便携站、应急指挥移动站（静中通），完成了水利卫星应急网络管理平台建设，形成了全国水利信息化的基础设施。

（8）研制开发了先进实用的新型水文测验仪器设备和软件产品。通过技术创新，发明研制了多种先进实用的新型水文遥测仪器设备，并对现有水文测验设备进行更新改造，取得独具特色的专利产品10多项，使我国水文测验技术达到国际领先水平。开发了一批具有自主知识产权的软件产品，取得了具有著作权的软件产品30多项，形成了体系完整、功能全面、性能强大、独具特色的防汛抗旱指挥决策支持软件体系。项目成果、建设经验还在山洪灾害监测预警、水资源管理等项目中得到大规模推广应用。

（9）建立了科学完整的防汛抗旱信息化标准体系。研究制定了国家标准1部、行业标准19部、工程标准30部，填补了水利信息化标准体系的空白。

（10）项目的设计文件、技术标准、规章制度已经成为行业内外的经典，技术路线、技术手段、管理方法已经为国内许多行业所借鉴、采用。国家防汛抗旱指挥系统一期、二期工程的建设和投入使用，对水利信息化建设起到很好的示范作用。

（11）20多年的研究、设计、建设和管理，先后培训了相关技术人员10000多人次，培养和造就了一大批水利信息化技术骨干和科技人才。

（12）水利部、各流域管理机构、各省（自治区、直辖市）和新疆生产建设兵团应用该系统，在2007年淮河大水、2008年汶川地震、2010年舟曲特大山洪泥石流、2013年松花江嫩江黑龙江大水和南方干旱、2016年长江太湖海河大水、2020年长江淮河松花江太湖大水、2021年黄河海河罕见秋汛、2022年珠江大水和长江严重干旱、2023年海河流域性特大洪水等历次重大水旱灾害的防范应对过程中，及时进行信息收集汇总和分析研判、滚动预报预警、超前部署、科学指挥决策，有力保障了人民群众生命财产安全和城乡供水安全，最大限度地减轻了灾害损失。

第五节　新闻宣传与舆情应对

水旱灾害事件关系人民群众生命财产安全、重大基础设施安全和城乡供水安全，社会关注度高、影响大，加之在移动互联网时代，信息传播速度快，地方性事件很容易发展成为全国性乃至全球性事件，因此，做好新闻宣传和舆论引导至关重要。在媒体融合的背景下，通过多种渠道，主动、正面、及时、高效、准确地发布水旱灾害事件相关信息，才能牢牢掌握舆论主导权，避免谣言"满天飞"。要努力提高与媒体打交道的能力，切实做到善待媒体、善用媒体，正面引导，把握主动，充分发挥媒体凝聚力量、推动工作的积极作用。同时，还要加强水旱灾害防御科普宣传，提升广大人民群众防灾避险意识和自救互救能力。

一、新闻宣传

新闻宣传主要注意以下几个方面。

（一）坚持正面宣传，及时主动发布信息

充分认识做好水旱灾害防御宣传工作的重要性，坚持正面宣传、积极主动发声。通过广播、电视、报刊、网站、微信、微博等传统媒体和新媒体渠道，及时准确发布实时水情、汛情、旱情及防御工作动态。针对社会关切的水旱灾害相关热点内容，及时正面发布信息，积极接受媒体记者采访，主动回应社会关切，正本清源、解疑释惑，为水旱灾害防御工作营造良好的舆论氛围。

及时发布江河湖泊洪水和干旱监测实况、预测预报成果、预警信息和山洪灾害监测预警信息以及相关防范提示，为相关地方、部门防汛抗旱指挥决策和社会公众防灾避险提供支撑与指导。

适时召开水旱灾害防御新闻发布会，邀请中央、地方及行业媒体参与，就公众关注的汛情、旱情和水旱灾害防御工作等进行权威通报，并回答新闻机构记者的提问，引导媒体进行全面集中报道。

（二）准确发布水工程调度运行信息

滚动发布水库、水闸、分洪河道等水工程调度运用和蓄滞洪区启用等情况，及时发布工程调度运用成效等。用科学严谨、通俗易懂的方式说明水工程防洪抗旱调度原则和依据、发挥的作用等。精准说明水库在洪水来临前预泄腾库、洪水过程中拦洪削峰错峰、洪水过后有序降低水位准备迎接下一场洪水的调度方式，以及在抗御干旱灾害过程中发挥的保障供水的作用。向社会介绍蓄滞洪区运用的决策依据和重要防洪作用，说明区内人员转移安置情况、相关运用补偿政策和进、退洪实况等。加强流域防洪统筹兼顾，上下游、左右岸协同配合，主动规避更大灾情等方面宣传，争取群众的理解与支持，避免信息不畅引发公众猜测和误解。

及时发布水工程运行状况、出险情况，提醒地方政府做好应急抢险和转移群众等工作。实时发布水利部门开展工程巡查防守、做好抢险技术支撑等信息。

（三）规范信息发布表述

发布水旱灾害防御信息，要科学严谨、准确规范。水情汛情发布主要内容为水位、流量等可量化、可考证的数据及趋势判断，工情险情发布要现状情况客观、发展趋势准确。如发布水情时，应采用"超警洪水、超保洪水、××××年建站以来最大（或第××位）洪水""有实测记录以来最大（或第×

×位）洪水”"一般洪水、较大洪水、大洪水、特大洪水"等，避免使用"超历史洪水、××年一遇洪水"等表述。发布工程险情信息时，要清晰准确描述险情性质、严重程度、可能造成的影响、已采取的措施、阶段性趋势判断等内容。水利行业工作人员、专家接受采访时，语言文字表达要客观准确、简洁明了、通俗易懂，避免引起歧义和误读。

（四）宣传先进典型

及时挖掘、总结各级水利部门，特别是基层水旱灾害防御一线的有效做法和成功经验，加强组织策划，进行深度报道，做好交流和推广。充分宣传报道基层水利系统干部职工水旱灾害防御先进事迹，弘扬水利人在防汛抗旱中体现的专业素质和奉献精神，传递正能量。

（五）切实落实信息发布责任

高度重视水旱灾害防御信息发布工作，坚持宣传工作和业务工作一同部署安排，建立完善发布机制，畅通发布渠道，落实发布责任。各省级水利部门和各流域管理机构加强沟通协调，按管辖范围和管理权限各负其责，及时准确发布信息。各单位建立接受采访专家库，并加强培训。以专家身份接受采访的，需征得本单位同意。信息发布人员或受访专家要提前了解水旱灾害相关信息，知晓防御工作部署和具体措施。

采访结束后，认真做好稿件跟踪联系和信息反馈工作，确保报道真实准确。要定期做好采访资料的整理、统计和归档。

二、舆情应对

水旱灾害防御一直是国内外舆论关注的热点，其中少数媒体、个人的负面炒作、误导宣传也难以避免。要密切关注水旱灾害防御相关舆情，及时敏锐地捕捉外界对防御工作的报道和观点看法，特别是一些疑虑和误解等信息，加强分析研判，把握舆论态势，有针对性地进行舆论引导。

（一）舆情收集

舆情收集主要从以下三个层面入手：

（1）倾听基层和公众声音。在水行政管理的日常工作中，通过与服务对象接触，以及电话、信箱等信息服务平台，倾听公众及各方面对水旱灾害防御工作的意见，充分了解社情民意。

（2）掌握传统媒体舆情。通过定期查阅、统计等手段，及时了解报刊、电视、广播等传统媒体中的水旱灾害防御相关信息，一方面关注实时动态信息，另一方面加强对涉及水旱灾害防御重大事件、重要问题和敏感问题等专题类信息的收集。

（3）收集新媒体舆情。针对新媒体信息更新快、传播快的特点，坚持全天候监测网站、论坛、微信、微博等新媒体平台涉及水旱灾害防御工作的信息动态，定期汇总新媒体舆情动态。

（二）舆论引导

在收集舆情信息的基础上，及时整理社会舆论的反映和专家建言等，认真分析、准确判断舆论态势和舆情走势，及时发现倾向性、苗头性问题，做到重大舆情早发现、早报告、早处置。要加强正面宣传，充分利用专业优势，用事实和数据说话，积极主动正面引导，帮助社会公众明辨是非、消除模糊认识和疑虑误解，营造良好的舆论环境。

（1）积极主动掌握话语权。围绕重要舆情和热点问题，主动及时正面发布信息，回应社会关切，有效引导舆论。

（2）建立政策解读专家库。建立专家库，充分发挥专家的专业优势和影响力，组织权威专家通过撰写专题文章、接受媒体采访等形式，做好水旱灾害防御重要政策、舆论热点、突发事件等的宣传解读和舆论引导工作。

（3）把握信息传播规律。舆论引导过程中要充分认识、深刻把握传统媒体和新媒体的信息传播规律，采用社会公众乐于接受的形式，通俗易懂、深入浅出地解疑释惑，避免自说自话、不接地气，保障引导效果。

三、科普宣教

面对水旱灾害，防胜于救，让防灾减灾理念"飞入寻常百姓家"，需创新开展科普宣教活动，丰富科普宣传的内容，采取群众喜闻乐见的形式，让防范应对水旱灾害的知识技能"入耳、入心"，从而增强全民防灾减灾意识和自救互救能力，内化为人民群众日常生活中的自觉行动，当江河洪水、暴雨山洪等灾害预警信息发送到户到人之后，相关人员能够快速、正确防范避险，切实减少伤亡和财产损失。

（一）防灾减灾日科普宣传

经国务院批准，自 2009 年起，每年 5 月 12 日为"全国防灾减灾日"。可以结合防灾减灾日，开展宣传教育活动，宣传水旱灾害防御与人民群众生命财产安全和国家经济社会发展的直接关系，让全社会真正认识到水旱灾害防御与国家和个人密切相关，唤起社会各界对水旱灾害防御和防灾减灾工作的关注，引导社会公众敬畏自然、了解水旱灾害，增强洪水干旱风险意识，掌握防灾减灾知识和防灾避险自救技能，提高防灾能力，最大限度地减轻水旱灾害的损失。

（二）水旱灾害防御知识科普宣传

在日常工作中，结合汛情旱情热点事件，加强江河洪水、暴雨山洪、城市内涝和干旱缺水等灾害成因、危害以及防灾避险知识的科普宣传，普及警戒水位、保证水位、汛限水位、编号洪水、旱警水位（流量）以及洪水（枯水）预警、应急响应、水工程防洪抗旱调度原则和作用等相关知识，引导社会公众正确认识理解并关心支持水旱灾害防御工作，熟悉掌握预警信息的接收渠道和表示的意义，及时做好防御。

（三）丰富科普宣传形式

主动适应传播格局、技术的发展变化，创新方式方法，运用编制短视频、制作宣传画、制播公益广告、编印教育读本、开设教育基地和进乡村、进社区、进单位、进企业、进校园等方式，以人民群众喜闻乐见的形式，大力开展水旱灾害防御和防灾减灾科普宣传工作，广泛宣传水旱灾害防御常识、相关政策法规制度以及防灾避险、自救互救知识，提升科普宣传效果。

第六节　救灾资金管理

一、水利救灾资金历史沿革

我国政府高度重视水旱灾害防御工作，根据防汛救灾工作需要，自1953年开始，在水利投资项目中列有防汛岁修、堵口复堤经费，由水利部分配下达水利投资时一并下达至各省（自治区、直辖市）。除了防汛岁修费之外，国家财政还在总预备费中列有临时堵口复堤费，以备防御非常洪水和临时发生的江河堤防险工抢护，每年约4000万元。自1963年起这项经费改称为特大洪水经费，仍列在国家总预备费内。特大洪水经费自1953年以后每年都要动用，在1955年以前一般年份为0.60亿元，1954年长江流域大水动用1.43亿元，1963年海河流域大水动用3.04亿元。之后，根据抗旱工作需要，将发生严重干旱时抗旱救灾所需经费纳入补助范围。特大防汛抗旱补助费的设立为战胜历年严重的水旱灾害提供了重要的资金支持，发挥了重要的保障作用。据相关资料分析统计，20世纪80年代，特大防汛抗旱补助费共安排25.65亿元，其中防汛部分16.78亿元、抗旱部分8.87亿元，平均每年2.56亿元；90年代特大防汛抗旱补助费年均约8.56亿元，其中防汛5.97亿元、抗旱2.59亿元；2001—2010年年均约15.17亿元，其中防汛8.46亿元、抗旱6.71亿；2011—2018年年均约37.74亿元，其中防汛25.17亿元、抗旱12.57亿元。

2018年，党和国家机构改革后，国家防汛抗旱总指挥部日常工作相关职责划转至应急管理部，国家防汛抗旱总指挥部办公室同步划转，原特大防汛抗旱补助费中用于抢险救灾部分的资金预算随事权划转至应急管理部，用于防洪工程设施水毁修复和抗旱调（供）水等的资金预算留在水利部，并设立水利救灾资金。2019—2022 年，中央财政共安排水利救灾资金 170.57 亿元，其中防汛 81.99 亿元、抗旱 88.58 亿元，平均每年 42.64 亿元。

二、历次管理制度修订概况

为加强特大防汛抗旱补助费的使用和管理，财政部会同水利部制定了一系列规章制度，并根据政策变化、预算管理要求、机构改革以及防汛抗旱工作需要适时进行修订。1994 年财农字第 345 号《特大防汛抗旱补助费使用管理暂行办法》是早期较为完备的一个管理办法，框架体系完善，对特大补助使用管理做了详细规定，将应急度汛措施政策予以明确，对不得列支事项做了详细规定。1999 年财政部会同水利部针对 1998 年大水防御工作中老办法的不适应问题，对1994 年暂行办法进行了修订，制定印发《特大防汛抗旱补助费使用管理办法》（财农〔1999〕238 号），对使用范围和开支范围进行了较大调整，并首次提出对用于水毁修复和防汛物资设备集中采购的补助费可实行项目管理。2001 年相继印发《申请特大防汛抗旱补助费和中央水利建设基金报告格式》（财农〔2001〕17 号）、《特大防汛抗旱补助费分配暂行规定》（财农〔2001〕30 号），对资金分配测算、申报文本格式、报送程序等做了较大改动和调整。2011 年制定印发《特大防汛抗旱补助费使用管理办法》（财农〔2011〕328 号），主要是对测算规定进行优化完善。2017 年为落实《中华人民共和国预算法》关于推进财政资金统筹使用的有关要求，修订印发《中央财政农业生产救灾及特大防汛抗旱补助资金管理办法》（财农〔2017〕91 号），主要将地质灾害救灾专项补助资金纳入管理办法。2019 年，根据党和国家机构改革职能调整和加强预算绩效管理有关要求，设立水利救灾资金，修订印发《农业生产和水利救灾资金管理办法》（财农〔2019〕117 号）。为加强预算绩效和项目台账管理，优化资金测算方法，2022 年，财政部、农业部、水利部修订印发《农业生产和水利救灾资金管理办法》（财农〔2022〕79 号）。2023 年，为加强资金资源统筹，调整优化原农业生产和水利救灾资金、原动物防疫等补助经费转移支付资金，不断完善支出结构，财政部、农业部、水利部再次修订管理办法，并将管理办法名称修改为《农业防灾减灾和水利救灾资金管理办法》（财农〔2023〕13 号）（以下简称《办法》）。

三、水利救灾资金管理

《办法》共 5 章 29 条，分总则，资金使用范围，资金分配、下达和使用管理，绩效管理与资金监督以及附则 5 章。与 2022 年 10 月印发的《办法》相比，本次修订主要是将原农业生产和水利救灾资金、原动物防疫等补助经费有关支持内容进行了整合，涉及水利救灾资金内容主要修改有 3 处：①在第五条进一步细化了部门职责；②在第十一条增加了水利部启动应急响应作为安排资金补助的条件；③在第十六条细化了资金下达要求。3 处修改均是对资金下达管理的完善和加强，有利于更加规范管理，其余内容整体没有变化。

与 2019 年管理办法相比，《办法》内容调整主要体现在以下方面。

（1）灾害类型延续了列举法，根据近年来防御工作实际，进一步明确次生水旱灾害包括"滑坡、泥石流、山体崩塌、风雹、龙卷风、台风、地震等"。

（2）为突出水利救灾资金政策措施及时调整的必要性、有效性，资金实施期限由 2028 年调整到 2025 年。

（3）根据水利职能进一步调整资金使用范围和具体开支范围。《办法》延续了以往的经费性质，防汛补助方向增加了防凌，并明确"资金不得用于补助农田水利设施、农村供水设施等与防汛无关的设施修复"；抗旱补助方向增加了"实施调水"，"兴建"调整为"兴建、修复"。进一步增加资金禁止使用的范围，包括基本支出、各种工资奖金津贴和福利开支、偿还债务和垫资。补助的地方增加了北大荒农垦集团有限公司和广东省农垦总局。

（4）更加注重申报文件的严肃性，并对申报材料内容提出更为具体的要求。在延续 2019 年管理办法要求省级部门对申报材料真实性、准确性负责的基础上，提出水利部可根据工作需要对地方灾损情况进行抽取核查。要求申报材料"应当包括但不限于灾情基本情况、受灾区域及面积、损失金额、地方各级财政投入情况（附资金拨款文号及时间）、申请中央财政补助资金数额、资金用途及防灾减灾救灾措施、本年度已下达的农业生产防灾救灾、水利救灾资金绩效情况（包括但不限于执行进度、使用方向、实施效果）等内容。"

（5）进一步强化绩效管理。要求地方各级部门结合防灾减灾救灾工作实际，进一步优化完善绩效评价指标体系，强化资金绩效管理效能。将政策制度办法制定、灾损核实、政策实施效果等纳入绩效评价范围。救灾资金采用因素法分配后，将绩效评价结果（包括但不限于资金执行进度、使用方向、实施效果等）作为调节因素进行适当调节。申请救灾资金时，要根据申请资金额度、补助对象、使用方向等同步研究绩效目标，以提高资金分解下达效率。在资金下达 60日内将填报的区域绩效目标报财政部、水利部备案。

（6）进一步督促地方财政加大救灾资金投入。明确各省要在重大灾害发生前加大灾害预防以及灾后处置和恢复资金投入，中央财政分配救灾资金时，"对于在应对灾害救灾中未履行投入责任或实际投入明显偏低的，将予以适当扣减。"

（7）着力强化项目管理。明确实行项目台账管理，要求地方各级部门建立工作台账，将资金支持内容、工程实施方案、补助对象、补助金额、采购票据等留存备查；建立救灾资金执行与使用情况定期调度、报送机制，资金下达 3 个月后，向财政部、水利部报送资金执行进度及支持内容。

第七节　行　业　监　管

一、蓄滞洪区管理

蓄滞洪区管理是运用法律、经济、技术和行政手段，对蓄滞洪区的防洪安全与建设进行管理的工作。通过管理，合理有效地运用蓄滞洪区蓄纳超额洪水，使区内居民生活和经济活动适应防洪要求，达到保障流域和区域防洪安全的目的。

1988 年，国务院批转了水利部《关于蓄滞洪区安全与建设指导纲要》（国发〔1988〕74 号），对合理和有效地运用蓄滞洪区，指导区内居民的生活和经济建设，适应防洪要求等作了原则规定。随着《中华人民共和国防洪法》《蓄滞洪区运用补偿暂行办法》《关于加强蓄滞洪区建设与管理若干意见》（国办发〔2006〕45 号）等一系列法律、法规和规范性文件的出台，国发〔1988〕74 号文于 2016 年以国发〔2016〕38 号文宣布失效。

（一）蓄滞洪区运用补偿

2000 年，国务院发布了《蓄滞洪区运用补偿暂行办法》（国务院令第 286 号）；2007 年，水利部印发《蓄滞洪区运用补偿核查办法》（水汛〔2007〕72 号），对因蓄滞洪水遭受损失进行合理补偿的对象、范围、标准和补偿程序等作了明确规定。2010 年 1 月，经国务院同意，水利部公布了《国家蓄滞洪区修订名录（2010 年 1 月 7 日）》，明确了 98 处国家蓄滞洪区的名录，以指导蓄滞洪区运用补偿各项工作。

1. 总体原则

（1）蓄滞洪区运用补偿遵循下列原则：保障蓄滞洪区居民的基本生活；有利于蓄滞洪区恢复农业生产；与国家财政承受能力相适应。

（2）蓄滞洪区所在地的各级地方人民政府应当按照国家有关规定，加强蓄滞洪区的安全建设和管理，调整产业结构，控制人口增长，有计划地组织人口外迁。

（3）蓄滞洪区运用前，蓄滞洪区所在地的各级地方人民政府应当组织有关部门和单位做好蓄滞洪区内人员、财产的转移和保护工作，尽量减少蓄滞洪造成的损失。

（4）国务院财政主管部门和国务院水行政主管部门依照《蓄滞洪区运用补偿暂行办法》的规定，负责全国蓄滞洪区运用补偿工作的组织实施和监督管理。国务院水行政主管部门在国家确定的重要江河、湖泊设立的流域管理机构，对所辖区域内蓄滞洪区运用补偿工作实施监督、指导。蓄滞洪区所在地的地方各级人民政府依照《蓄滞洪区运用补偿暂行办法》的规定，负责本行政区域内蓄滞洪区运用补偿工作的具体实施和管理。上一级人民政府应当对下一级人民政府的蓄滞洪区运用补偿工作实施监督。蓄滞洪区所在地的县级以上地方人民政府有关部门在本级人民政府规定的职责范围内，负责蓄滞洪区运用补偿的有关工作。

（5）任何组织和个人不得骗取、侵吞和挪用蓄滞洪区运用补偿资金。审计机关应当加强对蓄滞洪区运用补偿资金的管理和使用情况的审计监督。

2. 补偿对象、范围和标准

（1）蓄滞洪区内具有常住户口的居民（以下简称"区内居民"），在蓄滞洪区运用后，依照《蓄滞洪区运用补偿暂行办法》的规定获得补偿。区内居民除依照《蓄滞洪区运用补偿暂行办法》获得蓄滞洪区运用补偿外，同时按照国家有关规定享受与其他洪水灾区灾民同样的政府救助和社会捐助。

（2）蓄滞洪区运用后，对区内居民遭受的下列损失给予补偿：农作物、专业养殖和经济林水毁损失；住房水毁损失；无法转移的家庭农业生产机械和役畜以及家庭主要耐用消费品水毁损失。

（3）蓄滞洪区运用后造成的下列损失，不予补偿：根据国家有关规定，应当退田而拒不退田，应当迁出而拒不迁出，或者退田、迁出后擅自返耕、返迁造成的水毁损失；违反蓄滞洪区安全建设规划或者方案建造的住房水毁损失；按照转移命令能转移而未转移的家庭农业生产机械和役畜以及家庭主要耐用消费品水毁损失。

（4）蓄滞洪区运用后，按照下列标准给予补偿：农作物、专业养殖和经济林，分别按照蓄滞洪前三年平均年产值的 $50\%\sim70\%$、$40\%\sim50\%$、$40\%\sim50\%$补偿，具体补偿标准由蓄滞洪区所在地的省级人民政府根据蓄滞洪后的实际水毁情况在上述规定的幅度内确定；住房，按照水毁损失的 70% 补偿；家庭农业生产机械和役畜以及家庭主要耐用消费品，按照水毁损失的 50% 补偿。但是，家庭农业生产机械和役畜以及家庭主要耐用消费品的登记总价值在 2000 元以下的，按照水毁损失的 100% 补偿；水毁损失超过 2000 元不足 4000 元的，按照 2000 元补偿。

（5）已下达蓄滞洪转移命令，因情况变化未实施蓄滞洪造成损失的，给予适当补偿。

3. 补偿程序

（1）蓄滞洪区所在地的县级人民政府应当组织有关部门和乡（镇）人民政府（含街道办事处，下同）对区内居民的承包土地、住房、家庭农业生产机械和役畜以及家庭主要耐用消费品逐户进行登记，并由村（居）民委员会张榜公布；在规定时间内村（居）民无异议的，由县、乡、村分级建档立卡。以村（居）民委员会为单位进行财产登记时，应当有村（居）民委员会干部、村（居）民代表参加。

（2）已登记公布的区内居民的承包土地、住房或者其他财产发生变更时，村（居）民委员会应当于每年汛前汇总，并向乡（镇）人民政府提出财产变更登记申请，由乡（镇）人民政府核实登记后，报蓄滞洪区所在地的县级人民政府指定的部门备案。

（3）蓄滞洪区所在地的县级人民政府应当及时将区内居民的承包土地、住房、家庭农业生产机械和役畜以及家庭主要耐用消费品的登记情况及变更登记情况由相关省级水行政主管部门汇总后抄报所在流域管理机构备案。流域管理机构应当根据每年汛期预报，对财产登记及变更登记情况进行必要的抽查。

（4）蓄滞洪区运用后，蓄滞洪区所在地的县级人民政府应当及时组织有关部门和乡（镇）人民政府核查区内居民损失情况，按照规定的补偿标准，提出补偿方案，由省级人民政府或者其授权的主管部门核实，经流域管理机构核查后，由省级人民政府上报国务院。以村或者居民委员会为单位核查损失时，应当有村（居）民委员会干部、村（居）民代表参加，并对损失情况张榜公布。省级人民政府上报的补偿方案，由国务院财政主管部门和国务院水行政主管部门负责审查、核定，提出补偿资金的总额，报国务院批准后下达。省级人民政府在上报补偿方案时，应当附具所在流域管理机构签署的核查意见。

（5）蓄滞洪区运用补偿资金由中央财政和蓄滞洪区所在地的省级财政共同承担，其中中央财政承担部分不超过 70%；具体承担比例由国务院财政主管部门根据蓄滞洪后的实际损失情况和省级财政收入水平拟定，报国务院批准。蓄滞洪区运用后，补偿资金应当及时、足额拨付到位。资金拨付和管理办法由国务院财政主管部门会同国务院水行政主管部门制定。

（6）蓄滞洪区所在地的县级人民政府在补偿资金拨付到位后，应当及时制定具体补偿方案，由乡（镇）人民政府逐户确定具体补偿金额，并由村（居）民委员会张榜公布。补偿金额公布无异议后，由乡（镇）人民政府组织发放补偿凭证，区内居民持补偿凭证、村（居）民委员会出具的证明和身份证明到县级财政主管部门指定的机构领取补偿金。

（7）流域管理机构应当加强对所辖区域内补偿资金发放情况的监督，必要时应当会同省级人民政府或者其授权的主管部门进行调查,并及时将补偿资金总的发放情况上报国务院财政主管部门和国务院水行政主管部门,同时抄送省级人民政府。

4. 处罚

(1) 有下列行为之一的,由蓄滞洪区所在地的县级以上地方人民政府责令立即改正,并对直接负责的主管人员和其他直接责任人员依法给予行政处分:在财产登记工作中弄虚作假的;在蓄滞洪区运用补偿过程中谎报、虚报损失的。

(2) 骗取、侵吞或者挪用补偿资金,构成犯罪的,依法追究刑事责任;尚不构成犯罪的,依法给予行政处分。

(二) 关于加强蓄滞洪区建设与管理的若干意见

2006 年,国务院办公厅转发了水利部、国家发展改革委、财政部《关于加强蓄滞洪区建设与管理的若干意见》(国办发〔2006〕45 号),对蓄滞洪区管理提出了明确要求。

1. 做好蓄滞洪区调整与分类

(1) 合理调整蓄滞洪区。运用概率很低的蓄滞洪区,具备条件的可以设为防洪保护区;运用概率很高的蓄滞洪区,具备条件的可以作为行洪通道;根据防洪需要,可以增设蓄滞洪区。通过对现有蓄滞洪区进行必要的调整,使蓄滞洪区布局更加科学合理,有利于防洪安全,有利于集中财力加快蓄滞洪区建设。

(2) 明确蓄滞洪区调整程序。蓄滞洪区的调整应通过编制(修订)防洪规划或防御洪水方案进行,经过科学选比、严格论证,按程序审批。根据国务院批准的重要江河防洪规划或防御洪水方案,抓紧修订《蓄滞洪区运用补偿暂行办法》附录所列国家蓄滞洪区名录,报国务院批准后公布。

(3) 对蓄滞洪区进行科学分类。根据蓄滞洪区在防洪体系中的地位和作用、运用概率、调度权限以及所处地理位置等因素,将蓄滞洪区划分为三类,即重要蓄滞洪区、一般蓄滞洪区和蓄滞洪保留区。重要蓄滞洪区是指涉及省际间防洪安全,保护的地区和设施极为重要,运用概率较高,由国务院、国家或流域防汛抗旱指挥机构调度的蓄滞洪区;一般蓄滞洪区是指保护局部地区,由流域或省级防汛指挥机构调度的蓄滞洪区;蓄滞洪保留区是指运用概率较低但暂时还不能取消的蓄滞洪区。通过对蓄滞洪区分类,进一步明确各类蓄滞洪区在流域或区域防洪中的地位,分类指导蓄滞洪区的建设与管理。

2. 加强蓄滞洪区建设与管理

(1) 编制蓄滞洪区建设与管理规划。要根据防洪形势的变化和经济社会发展的要求,按照统筹兼顾、突出重点、分步实施、因地制宜的原则,在对蓄滞洪区进行合理调整和科学分类的基础上,抓紧组织编制全国蓄滞洪区建设与管理规划，报国务院或者国务院授权的部门批准。蓄滞洪区建设与管理规划的编制，要在对蓄滞洪区设置、功能、运行方式、安全设施建设模式和标准、管理政策等开展专题研究的基础上进行，并与流域防洪规划、水资源综合利用规划和土地利用总体规划相衔接。

（2）加强蓄滞洪区建设。要加大投入力度，加强以进退洪设施、围堤工程和安全设施为主要内容的蓄滞洪区建设。要突出重点，对不同类型的蓄滞洪区采取不同的建设措施。对重要蓄滞洪区，按防洪规划要求加固围堤或隔堤，建设必要的进退洪设施；对一般蓄滞洪区，以加固围堤或隔堤为主，必要时修建固定的进退洪口门；对蓄滞洪保留区，原则上不再进行蓄滞洪区建设。对运用概率较高的蓄滞洪区，以区内人员外迁为主，或者以安全区（围村埝、保庄圩）为重点进行安全设施建设，保障群众正常生活，避免经常性、大范围的群众转移；对运用概率较低的蓄滞洪区，以人员撤退为主，以转移道路、桥梁为重点进行安全设施建设。

（3）强化蓄滞洪区管理。要深入分析和研究蓄滞洪区管理中存在的问题，提出解决问题的政策措施和办法，抓紧研究起草蓄滞洪区管理条例，加强和规范对蓄滞洪区的管理。研究制定蓄滞洪区维护管理经费政策，明确蓄滞洪区维护管理经费渠道。根据流域防洪需要，尽快编制蓄滞洪区洪水风险图，并将蓄滞洪区风险程度向社会公布，为规范管理、安全运用蓄滞洪区，指导经济结构和生产布局调整，建立和完善补偿救助等保障体系提供支持。在蓄滞洪区内或跨蓄滞洪区建设非防洪项目，必须依法就洪水对建设项目可能产生的影响和建设项目对防洪可能产生的影响进行科学评价，编制洪水影响评价报告，提出防御措施，报有管辖权的水行政主管部门或流域管理机构批准。

（4）规范蓄滞洪区经济社会活动。要从流域、区域经济社会协调发展的高度，研究不同类型蓄滞洪区管理与经济发展模式，调整区内经济结构和产业结构，积极发展农牧业、林业、水产业等，因地制宜发展第二、第三产业，鼓励当地群众外出务工。限制蓄滞洪区内高风险区的经济开发活动，鼓励企业向低风险区转移或向外搬迁。加强蓄滞洪区土地管理，土地利用、开发和各项建设必须符合防洪的要求，保证蓄滞洪容积，实现土地的合理利用，减少洪灾损失。蓄滞洪区所在地人民政府要制订人口规划，加强区内人口管理，实行严格的人口政策，严禁区外人口迁入，鼓励区内常住人口外迁，控制区内人口增长。

（5）完善蓄滞洪区运用补偿等保障措施。要总结近年来蓄滞洪区运用补偿工作的经验，进一步研究补偿机制，包括补偿对象、范围、标准以及财产登记和补偿程序等，适时修订《蓄滞洪区运用补偿暂行办法》。蓄滞洪区所在地省级人民政府要制订实施细则，规范蓄滞洪区运用补偿工作程序和内容。积极开展洪水灾害损失保险研究，建立有效的洪水灾害损失保险体系，化解蓄滞洪区洪水灾害损失风险，实现利益共享、风险共担，提高社会和群众对灾害的承受能力。

（三）全国蓄滞洪区建设与管理规划

2009 年，国务院办公厅批复了《全国蓄滞洪区建设与管理规划》，明确要求，强化蓄滞洪区管理，建立健全蓄滞洪区洪水风险管理制度，制定和完善蓄滞洪区社会管理的法规体系；完善综合管理与专业管理相结合的管理体制和运行机制，有效管理蓄滞洪区防洪工程和防洪安全设施，落实蓄滞洪区维护管理经费；加强防洪调度管理，对人口、土地、经济发展等活动，实施分类与分区相结合的风险管理，规范蓄滞洪区内各类社会经济活动和资源开发利用行为；在蓄滞洪区内建设非防洪项目，必须依法编制洪水影响评价报告，提出防御措施；尽快完善蓄滞洪区管理的法规体系，制订《蓄滞洪区管理条例》，修订《蓄滞洪区运用补偿暂行办法》。

二、洪水影响评价管理

加强洪水影响评价管理，是保障和提高江河防灾减灾能力的现实要求，也是实现我国防洪减灾从控制洪水向管理洪水转变的重大举措。为此，《中华人民共和国防洪法》确立了洪水影响评价制度，依据《中华人民共和国防洪法》第三十三条规定，在洪泛区、蓄滞洪区内建设非防洪建设项目，应当就洪水对建设项目可能产生的影响和建设项目对防洪可能产生的影响作出评价，编制洪水影响评价报告，提出防御措施。洪水影响评价报告未经有关水行政主管部门审查批准的，建设单位不得开工建设。

洪水影响评价制度是洪水防御的一项重要制度，水利部出台了一系列文件对该制度进行完善，先后印发《关于加强洪水影响评价管理工作的通知》（水汛〔2013〕404 号）、《关于加强非防洪建设项目洪水影响评价工作的通知》（水汛〔2017〕359 号），对洪水影响评价工作组织领导、管理目标要求、报告编报和审批、监督管理等进行规范。2014 年水利部颁布《洪水影响评价报告编制导则》（SL 520—2014），规定了洪水影响评价报告结构、内容和要求。

上述政策法规和技术标准为新形势下进一步巩固和完善洪水影响评价制度打下了良好的基础。涉及洪水影响评价报告审批的非防洪建设项目，建设单位应按照《洪水影响评价报告编制导则》（SL 520—2014）的要求编制洪水影响评价报告。洪水影响评价分为四级管理，分别为国家级、省级、设市的地级和县级水行政主管部门，各级按权限受理、审批非防洪建设项目洪水影响评价报告，并加强非防洪建设项目洪水影响评价报告审批后项目建设监督管理，开展针对性跟踪检查，监督防洪安全措施执行到位。建设单位应及时完成建设项目相关防洪措施，保证与建设项目主体工程同时投入运行。

位于洪泛区、蓄滞洪区的非防洪建设项目，需要办理洪水影响评价许可，许可程序为：申请人申请、审批机关受理、技术审查、审批机关审查、许可决定和许可送达。申请材料为：①非防洪建设项目洪水影响评价报告审批申请书；②与利益第三方达成的协议或情况说明；③项目建设所依据的文件，如可行性研究报告、初步设计报告、项目申请报告或备案材料等；④洪水影响评价报告。

准予许可的条件为：①符合相关江河流域综合规划和防洪规划、区域防洪规划、蓄滞洪区建设与管理规划、山洪灾害防治规划、河流治理规划等规划要求；②符合洪水调度安排，满足防御洪水方案、洪水调度方案和防洪应急预案等要求；③符合建设项目防洪安全等级等防洪技术标准要求；④对河流岸线、河势稳定、水流形态、冲刷淤积、行洪排涝等无不利影响，或虽有影响但采取措施后可以达到防洪要求；⑤对防洪排涝工程体系的整体布局、防洪工程的安全、蓄滞洪区的运用以及防汛抢险等无不利影响，或虽有影响但采取措施后可以达到防洪要求；⑥建设项目应对洪水的淹没、冲刷等影响以及长期维修养护的措施能够满足自身防洪安全要求；⑦洪水影响评价技术路线、评价方法正确，消除或减轻洪水影响的措施合理可行；⑧满足当地具体条件的防洪减灾规定和要求。

三、汛限水位控制运行监管

汛限水位是指所有具有防洪功能的水库、水电站和湖泊（以下统称"水库"）设置的防洪限制水位或汛期限制水位。加强汛限水位监督管理，明确监督管理事项、职责和措施，对确保防洪安全具有重要意义。

为加强汛限水位监督管理，明确监督管理事项、职责和措施，确保防洪安全，2019年5月水利部印发《汛限水位监督管理规定（试行）》，2020年5月印发了修订后的规定。

（一）监督管理职责

汛限水位监督管理坚持依法依规、属地管理和分级负责的原则，分为监督管理单位对水库运行管理单位及其主管部门（单位）或业主的监督管理，以及上级单位对下级单位的监督管理。各级水行政主管部门和流域管理机构是监督管理单位，按照管理权限分级负责汛限水位的监督管理，组织开展监督检查，对发现的问题提出整改要求并督促整改，对责任单位和责任人实施问责或者提出责任追究建议。水库运行管理单位及其主管部门（单位）或业主，地方各级水行政主管部门和流域管理机构是汛限水位监督管理的责任单位。

水利部应履行以下监督管理职责：

（1）依据有关法律法规规章制度，制定汛限水位监督管理的规定。

（2）组织指导实施汛限水位监督管理工作。

（3）对全国大型和重要中型水库、水电站及重要湖泊实施在线监管。

（4）组织对汛限水位监督管理情况开展现场检查，对发现的问题提出整改要求，检查整改落实情况。

（5）对责任单位和责任人实施责任追究或提出责任追究建议。

水利部流域管理机构应履行以下监督管理职责：

（1）指导实施本流域片区内水库汛限水位监督管理工作，对直管水库汛限水位的监督管理负直接责任。

（2）对本流域片区内的大型和重要中型水库、水电站及重要湖泊实施在线监管，开展现场检查。

（3）对发现的问题提出整改要求。

（4）督促问题整改并检查整改情况。

（5）对责任单位和责任人实施责任追究或提出责任追究建议。

（6）按照水利部授权或要求开展汛限水位监督管理有关工作。

地方各级水行政主管部门应履行以下监督管理职责：

（1）按照管理权限负责本辖区内水库汛限水位监督管理工作，对本级直管水库汛限水位的监督管理负直接责任。

（2）对下级水行政主管部门、水库运行管理单位及其主管部门（单位）或业主负监督责任。

（3）对下级水行政主管部门、水库运行管理单位及其主管部门（单位）或业主开展检查，对发现的问题提出整改要求，督促完成整改，并检查整改情况。

（4）对下级水行政主管部门、水库运行管理单位及其主管部门（单位）或业主实施责任追究或提出责任追究建议。

（5）下级水行政主管部门接受上级水行政主管部门和流域管理机构的监督管理，按整改要求整改，报告整改情况。

水库主管部门（单位）或业主负责汛限水位复核、调整、上报，组织、督促水库运行管理单位按要求整改，接受水行政主管部门和流域管理机构的监督。水库运行管理单位负责执行经批准的汛期调度运用计划、防洪调度指令，按规定报送水情工情信息，接受有管辖权单位的监督管理，负责问题整改。水库运行管理单位及其主管部门（单位）或业主对汛限水位执行负直接责任。

（二）监督检查事项与程序

1. 监督管理内容

汛限水位监督管理包括以下内容：

（1）按相关规定复核、调整、上报汛限水位情况。

（2）汛期按批准的汛限水位运行情况。

（3）按规定或防洪调度指令执行情况。

（4）按规定报送实时水情、工情信息情况；汛期其他涉及汛限水位调度运行管理事项。

2. 监督管理要求

水库运行管理单位应严格执行批准的汛期调度运用计划，不得擅自在汛限水位以上蓄水运行。汛限水位以上防洪库容调度运用，应按照水行政主管部门或流域管理机构下达的防洪调度指令执行。调洪过程的退水阶段，水行政主管部门或流域管理机构应依据雨水情预测预报、洪水调度方案、汛期调度运用计划、水库调度规程，结合洪水过程、水库工程状况、泄洪能力、保护对象等，在确保水库自身安全和下游防洪安全前提下，下达调度指令，将水位降至汛限水位。汛期，当水库发生险情影响防洪安全时，应降低水位乃至空库运行。水库主管部门（单位）或业主应及时组织安全鉴定，提出降低运行水位意见，按管理权限报水行政主管部门或流域管理机构批准。

3. 监督管理程序

汛限水位监督管理工作程序：

（1）制定汛限水位监督管理工作方案。

（2）组织开展汛限水位监督管理。

（3）发现并确认问题。

（4）提出问题整改意见。

（5）督促问题整改。

（6）提出责任追究意见。

（7）实施责任追究。

监督管理单位采取"线上＋线下"相结合方式开展监督管理。"线上"方式是指监督管理单位利用实时水雨情系统，通过比对已录入信息系统的汛限水位与水库实时水位，对水库进行 24h 在线监控。"线下"方式是指监督管理单位实施现场监督管理。主要采取"四不两直"方式开展。检查完成后，现场监督检查组应按要求及时提交监督检查报告。

（三）问题分类与整改

1. 问题分类

对监督管理发现的汛限水位违规问题，按照严重程度分为一般问题、较重问题和严重问题三个等级。

（1）列入严重等级的违规问题包括以下情况：

　　1）设计洪水发生变化，未组织规划设计单位研究提出汛限水位调整意见，并报有审批权限的单位批准。

　　2）工程状况发生变化，未组织规划设计单位研究提出汛限水位调整意见，并报有审批权限的单位批准。

　　3）无调蓄洪水过程擅自超汛限水位运行。

　　4）汛限水位以上防洪库容调度运用未按照防洪调度指令执行。

　　5）调蓄洪水过程长时间在汛限水位以上运行，经分析论证，水库水位回落过程不合理。

　　6）汛期，当水库发生险情影响防洪安全时，未降低水位运行。

　　7）拒不整改。

　　8）拒绝监督检查。

　　9）造假或隐瞒问题。

　　(2) 列入较重等级的违规问题包括以下情况：

　　1）工程运行条件发生变化，未组织规划设计单位研究提出汛限水位调整意见，并报有审批权限的单位批准。

　　2）汛前未复核汛限水位。

　　3）未按规定上报实时水情、工情信息。

　　4）阻碍监督检查。

　　(3) 列入一般等级的违规问题包括以下情况：

　　1）汛前未向有管辖权的监督管理单位上报经审定的汛限水位。

　　2）未按照管理权限汇总上报的汛限水位，并录入信息系统，报上一级水行政主管部门或流域管理机构备案。

　　3）推诿监督检查。

　　2. 问题整改

　　(1) 监督管理单位确认问题后应及时向责任单位发出整改通知，督促整改落实。

　　(2) 责任单位接到整改通知后，应明确整改责任人，制定整改措施，按要求完成整改，并向监督管理单位报告。对确认的问题有异议的，在执行整改的同时，可向本级或上一级监督管理单位提出申诉。

（四）责任追究

　　(1) 监督管理单位按照管理权限，根据发现问题的数量、性质和严重程度，对有关责任单位和责任人实施责任追究或提出责任追究建议。

　　(2) 责任追究包括对责任单位的责任追究和对责任人的责任追究。对责任单位的责任追究包括对直接责任单位和监督管理责任单位的责任追究。对责任人的责任追究包括对责任单位的直接责任人、分管领导及主要领导等责任人的责任追究。

（3）对责任单位的责任追究方式按等级分为：责令整改，约谈，通报批评（含向省级人民政府水行政主管部门通报、水利行业内通报、向省级人民政府通报等，下同），其他相关法律法规、规章制度规定的责任追究。

（4）对责任人的责任追究方式按等级分为：责令整改，约谈，通报批评，建议停职或调整岗位，建议降职或降级，建议开除或解除劳动合同，其他相关法律法规、规章制度规定的责任追究。

（5）有以下情形之一的，从重认定问题等级，从重实施责任追究：

1）两次（含）以上违规超汛限水位的。

2）违规超汛限水位运行造成水库严重损毁、河道重大险情、群众生命财产严重损失的。

四、水工程防洪抗旱调度运用监管

为落实调度运用责任，充分发挥水工程防洪、抗旱和应急水量调度作用，切实保障防洪安全和供水安全，确保水工程防洪抗旱调度运用依法、依规。2019年7月水利部印发了《水工程防洪抗旱调度运用监督检查办法（试行）》，2020年6月进行了修订。

水工程防洪抗旱调度运用监督检查要以问题为导向，对发生较重汛情、严重及以上旱情的地区进行重点监督检查。监管范围包括具有防洪、抗旱和应急水量调度等作用的水库（水电站）、水闸、泵站等水工程。

各级水行政主管部门和水利部流域管理机构是水工程防洪抗旱调度运用的监督检查单位，按照管理权限或调度权限分级负责监督检查，对发现的问题提出整改要求并督促整改，对责任单位和责任人进行责任追究或者提出追究建议。

水工程运用管理单位或业主、水工程主管部门（单位）、各级水行政主管部门和水利部流域管理机构是水工程防洪抗旱调度运用的责任单位。

（一）监督检查职责

水利部应履行以下监督检查职责：

（1）组织指导实施水工程防洪抗旱调度运用监督检查工作，对全国具有防洪、抗旱和应急水量调度等作用的大型和重点中型水库（水电站）以及全国七大江河及跨省（自治区、直辖市）重要支流的江河防御洪水方案、洪水调度方案、应急水量调度方案中涉及的水闸、泵站等，实施在线监控。

（2）开展全国水工程防洪抗旱调度运用现场监督检查，其中水利部和水利部流域管理机构直管的水库（水电站）、水闸、泵站等水工程防洪抗旱调度运用监督检查工作由水利部负责。

（3）对发现的问题提出整改要求，检查整改落实情况。

（4）对违反监督检查办法的有关问题实施责任追究。

水利部流域管理机构应履行以下监督检查职责：

（1）指导本流域片区内具有防洪、抗旱和应急水量调度等作用的水库（水电站）、水闸、泵站等水工程防洪抗旱调度运用监督检查工作，实施在线监控。

（2）按照水利部部署开展水工程防洪抗旱调度运用现场监督检查。

（3）对发现的问题提出整改要求并督促完成整改。

（4）检查地方水行政主管部门问题整改情况。

（5）对违反监督检查办法规定的问题提出责任追究建议。

地方各级水行政主管部门应履行以下监督检查职责：

（1）按照管理权限或调度权限负责本辖区内具有防洪、抗旱和应急水量调度等作用的水库（水电站）、水闸、泵站等水工程防洪抗旱调度运用监督检查工作，实施在线监控。

（2）组织开展水工程防洪抗旱调度运用现场监督检查。

（3）对发现的问题提出整改要求，督促完成整改，并检查整改情况。

（4）对违反监督检查办法规定的问题实施责任追究。

（5）下级水行政主管部门接受上级水行政主管部门监督检查，按整改要求进行问题整改，报告整改情况。

各级水行政主管部门、水利部流域管理机构或水工程主管部门（单位）根据调度权限对水工程防洪、抗旱和应急水量调度运用进行决策、下达调度指令。水工程运行管理单位或业主是水工程防洪抗旱调度运用的具体执行单位，接受有管理权或调度权部门（单位）的监督检查，负责调度运用问题的自查自纠、整改及材料报送等工作。各级水行政主管部门、水利部流域管理机构或水工程主管部门（单位）根据管理权限对调度指令执行负领导责任。

（二）监督检查事项与程序

（1）水工程防洪抗旱调度运用监督检查事项主要包括：水工程调度方案（运用计划）的制定（修订）、批复、备案情况，调度指令下达情况，水工程调度方案（运用计划）执行和调度指令执行情况，水工程调度相关信息发布报送情况，调度信息记录情况，其他涉及水工程调度的事项。

（2）监督检查采取"线上＋线下"相结合方式开展。"线上"方式是指监督检查单位根据雨水情实况和预测，对照相关方案、指令等要求，通过实时水雨情系统对水工程防洪抗旱调度运用情况进行在线监督检查。"线下"方式是指监督检查单位根据线上监控情况、降雨洪水过程和水利部年度监督检查工作安排，派检查组对水工程防洪抗旱调度运用情况实施现场监督检查，主要采取"四不两直"方式开展。水利部、水利部流域管理机构、地方各级水行政主管部门按照前述规定的监督检查职责和范围组织现场监督检查。

（3）水工程防洪抗旱调度运用监督检查按照"查、认、改、罚"四个环节开展，主要工作流程如下：

1）制定水工程防洪抗旱调度运用监督检查工作方案。

2）实施水工程防洪抗旱调度运用监督检查。

3）发现并确认问题，提出问题整改意见。

4）督促问题整改。

5）提出责任追究建议。

6）实施责任追究。

（4）监督检查工作完成后，监督检查单位应当按要求及时提交监督检查报告。

（三）问题分类与整改

1. 问题分类

对监督检查发现的违反相关法律法规和规定的水工程防洪抗旱调度运用问题，按照问题严重程度分为一般、较重、严重和特别严重四个等级，采取赋分制。

（1）列入特别严重等级的问题包括以下情况：

1）无调度方案（运用计划）。

2）发生调度方案（运用计划）规定的洪水过程，未下达调度指令进行调度。

3）拒不执行汛期调度方案（运用计划）、规程规范和调度指令、有关文件等。

（2）列入严重等级的违规问题包括以下情况：

1）因工程指标、防洪需要等情况发生变化需修订调度方案（运用计划），但未及时组织修订。

2）调度方案（运用计划）未报批。

3）未及时批复调度方案（运用计划）。

4）未履行会商决策程序、未报上级调度部门批准或备案，下达的调度指令明显违背调度方案（运用计划）（根据实时雨水情和未来预报及防汛抗旱形势，对调度原则或调度方式进行合理调整的不视为违规）。

5）有预泄调度措施要求的没有根据考虑未来降雨的入库洪水预报及时预泄调度（能够通过预报开展预泄调度的可正向赋分）。

6）未严格按照汛期调度方案（运用计划）、规程规范和调度指令或有关文件进行防洪、抗旱或应急水量调度。

7）未按规定要求将调度信息及时通报可能受影响的相关部门和上下游地区。

8）泄洪（蓄水）时按要求需要向上下游邻近地区发出预警信息而未预警的。

9）未按《水文站网管理办法》（水利部令第44号）第十五条规定设立专用水文测站开展水文监测。

10）发生突发事件影响防洪、抗旱或应急水量正常调度，未及时报告或跟踪处理。

11）未及时整改以往监督检查发现的问题。

2. 问题整改

（1）监督检查单位对发现问题的严重程度进行初步认定。未作出规定的，由监督检查单位根据实际情况依法依规对问题严重程度进行认定。

（2）监督检查单位在监督检查工作结束后，应与被检查单位交换意见，对监督检查发现的问题予以确认，必要时可与被检查单位的上级水行政主管部门或水工程主管部门（单位）交换意见。被检查单位对发现的问题有异议的，可在现场或3日内提供相关材料进行陈述和申辩。监督检查单位应听取被检查单位的陈述和申辩，对其提出的申辩材料予以复核，如对相关问题认定存在争议或判断不准时，应及时与相关水旱灾害防御部门沟通确认。遇特殊情况或紧急情况须立即整改的，应先整改后申辩。

（3）监督检查单位确认问题后应及时发出整改通知，并跟踪整改落实情况，对威胁工程安全或不立即处理可能造成重大影响的调度运用问题，责令立即整改并密切跟踪整改落实情况。

（4）相关责任单位接到整改通知后，应明确整改责任人，制定整改措施，按要求整改，并向监督检查单位报告。

（四）责任追究

（1）监督检查单位按照管理权限或调度权限，根据发现问题的数量、性质和严重程度，对责任单位和责任人实施责任追究或提出责任追究建议。水利部可直接实施责任追究或责成相关流域管理机构、省级水行政主管部门实施责任追究，必要时可向相关地方人民政府提出责任追究建议，也可依法依规对相关企事业单位问责。县级以上水行政主管部门可按照管理权限或根据上级水行政主管部门要求，实施责任追究。

（2）责任追究包括对责任单位的责任追究和对责任人的责任追究。责任单位包括直接责任单位、领导责任单位和调度责任单位。其中，直接责任单位为水工程运行管理单位或业主，领导责任单位为水工程主管部门（单位）、水行政主管部门或水利部流域管理机构，调度责任单位为调度指令下达部门（单位）。责任人包括责任单位的直接责任人以及分管领导、主要领导等。

（3）对责任单位的责任追究方式按等级分为：责令整改，约谈，通报批评（含向省级水行政主管部门通报、水利行业内通报、向省级人民政府通报等），相关法律法规、规章制度规定的其他责任追究方式。

（4）对责任人的责任追究方式按等级分为：书面检查，约谈，通报批评，建议调离岗位，建议降职或降级，建议开除或解除劳动合同，相关法律法规、规章制度规定的其他责任追究方式。

（5）有下列情形之一的从重认定问题等级、从重实施问责：

1）拒不整改的。

2）推诿、阻碍和拒绝接受监督检查，造假、隐瞒问题的。

3）违规调度造成重大险情、损失或严重影响的。

（6）由水利部实施水利行业内通报批评（含）以上的责任追究，将在水利部网站公示6个月。

（7）监督检查人员有违规违纪行为的，按照有关规定予以处理。

五、山洪灾害监测预警监管

为进一步加强山洪灾害监测预警监督管理，规范监督检查行为，确保山洪灾害监测预警工作正常开展，有效发挥监测预警系统防灾减灾效益，2020年6月，水利部组织编制印发了《山洪灾害监测预警监督检查办法（试行）》（水防〔2020〕114号）。

山洪灾害监测预警监督检查坚持依法依规、问题导向、客观公正、注重实效的原则，监管范围包括全国山洪灾害自动监测系统、监测预警平台、预警信息发布等。

各级水行政主管部门和水利部流域管理机构是山洪灾害监测预警的监督检查单位，负责实施监督检查，对发现的问题提出整改要求并督促整改，对责任单位和责任人进行责任追究或提出追究建议。

（一）监督检查职责

水利部应履行以下监督检查职责：

（1）组织指导实施全国山洪灾害监测预警监督检查工作。

（2）组织对山洪灾害自动监测系统、监测预警平台、预警信息发布等开展现场监督检查，对发现的问题提出整改要求，检查整改落实情况。

（3）对监督检查发现问题涉及的责任人和责任单位实施责任追究或提出责任追究建议。

水利部流域管理机构应履行以下监督检查职责：

（1）指导实施本流域片区内山洪灾害监测预警监督检查工作。

（2）对发现的问题提出整改要求，督促完成整改，并检查整改情况。

（3）对监督检查发现问题涉及的责任人和责任单位提出责任追究建议。

（4）根据水利部授权开展山洪灾害监测预警监督检查工作。

地方各级水行政主管部门应履行以下监督检查职责：

（1）实施本辖区内山洪灾害监测预警监督检查工作。

（2）对下级水行政主管部门开展检查，对发现的问题提出整改要求，督促完成整改，并检查整改情况。

（3）按照管理权限对监督检查发现问题涉及的责任人和下级责任单位实施责任追究。

（4）下级水行政主管部门接受上级水行政主管部门监督检查，按整改要求进行问题整改，报告整改情况。

省级或县级水行政主管部门是其所负责的山洪灾害自动监测系统、监测预警平台的直接责任单位；县级水行政主管部门是山洪灾害预警信息发布的直接责任单位。省级水行政主管部门是其所管辖范围内山洪灾害监测预警的领导责任单位。直接责任单位应接受上级水行政主管部门组织的监督检查，负责监测预警监督检查发现问题的自查自纠、整改及材料报送等工作。

（二）监督检查事项与程序

（1）山洪灾害监测预警监督检查主要以县级行政区域为单位，选取山洪灾害多发、易发、发生强降雨区域为重点监督检查对象，监督检查主要包括以下事项：

1）自动监测站点日常运行状态。

2）自动监测站点降雨监测、数据接收和在线情况。

3）县级监测预警平台软硬件日常运行状况。

4）工作人员操作情况。

5）预警信息发送接收情况。

（2）山洪灾害监测预警监督检查采取"线上＋线下"相结合方式开展。"线上"方式是指监督检查单位通过水雨情实时监控系统和预警信息报送系统对各级山洪灾害监测预警开展情况进行在线监督检查。"线下"方式是指监督检查单位可根据工作需要派监督检查组对山洪灾害监测预警实施现场监督检查，主要采取"四不两直"方式开展。监督检查组应尽量配备从事或熟悉山洪灾害监测预警方面的工作人员，加强人员培训。

（3）山洪灾害监测预警监督检查按照"查、认、改、罚"四个环节开展，主要工作流程如下：制定山洪灾害监测预警监督检查工作方案，开展山洪灾害监测预警监督检查，发现并确认问题，提出问题整改意见，督促问题整改，提出责任追究意见或建议，实施责任追究。

（4）监督检查工作完成后，监督检查单位应按要求及时提交监督检查报告，主要包括基本情况、工作开展情况、发现问题、整改要求及责任追究建议等内容。

（三）问题分类与整改

1. 问题分类

山洪灾害监测预警监督检查发现的问题，根据在山洪灾害防御工作中的重要性和严重程度分为一般、较重、严重、特别严重四个等级。监督检查组依据监督检查办法制定的分类标准对发现的山洪灾害监测预警问题及其严重程度进行初步认定。

（1）列入特别严重的问题包括：

1）省级平台服务器、交换机、路由器等硬件不能正常运行导致省内各县不能使用监测预警平台。

2）省级平台数据接收软件、应用软件、系统软件等不能正常运行导致省内各县不能使用监测预警平台。

（2）列入严重的问题包括：

1）2处及以上自动雨量（水位）站点设备不全或外观损坏，经加水测试发现无法正常报汛。

2）不能查看站点状态，未监测到实时降雨；站点在线率（正常运行站点占全部站点的比例）低于90%。

3）因网络故障导致网站不能访问。

4）县级监测预警平台服务器、交换机、路由器等硬件不能正常运行。

5）县级监测预警平台数据接收软件、应用软件、系统软件等不能正常运行（或者平台忘记密码无法登录）。

6）现场通过县级监测预警平台发送预警测试短信，发现预警信息发送失败或责任人接收不到预警信息。

7）现场查看县级监测预警平台发现未内置或未及时更新责任人姓名、联系方式、预警指标。

8）通过查看强降雨过程预警信息发布记录，判断预警未发送或发送不成功。

9）通过查询、询问等方式，发现预警平台内置的有关责任人除个人原因外，未通过任何一种方式收到预警信息。

（3）列入较重的问题包括：

1）1处自动雨量（水位）站点设备不全或外观损坏，经加水测试发现无法正常报汛。

2）县级（省级）平台不能查询到实时水雨情信息。

3）县级监测预警平台除平台发布预警之外，未落实传真、电视、广播、微信、政务通、企信通等其他发布渠道之一。

4）现场测试，发现县级水行政主管部门工作人员不能熟练查询近期雨水情信息或不能熟练发布预警信息。

（4）列入一般的问题包括：

1）1处或以上自动监测站点报汛值异常；无法通过监测预警平台或相关平台查询县域内水文气象站点实施监测数据。

2）县级（省级）监测预警平台未配备 UPS、发电机等设备，或设备出现故障。

3）县级（省级）监测预警平台因网络通信费用未及时缴纳导致平台无法访问。

4）通过查看运行维护合同和运行维护日志等相关材料，发现未落实专人负责运行维护管理，或未通过委托专业机构或购买服务的方式对监测预警设施设备进行维护。

5）通过基础电信企业反馈的相关短信发送记录，发现未向县域内社会公众发布预警信息。

2．问题整改

（1）监督检查组在监督检查工作结束时应与被检查单位交换意见，对监督检查发现问题予以确认，必要时可与被检查单位的上级水行政主管部门交换意见。

（2）被检查单位对监督检查发现问题有异议的，可在 5 个工作日内提供相关材料进行陈述和申辩。监督检查组应听取被检查单位的陈述和申辩，对其提出的申述材料予以复核，如对相关问题存在争议或难以判定时，应及时与相关水旱灾害防御部门沟通确认。遇特殊情况或紧急情况须立即整改的，应先整改后申述。

（3）水利部或流域管理机构对监督检查发现的特别严重问题、严重问题、较重问题和出现频次较多的一般问题，应及时向省级水行政主管部门印发问题整改清单，责成省级水行政主管部门督促被检查单位限期整改。

（4）省级水行政主管部门应督促被检查单位按要求整改，建立整改问题台账，制定整改措施，明确整改事项、整改时限、责任单位和责任人等，并将整改落实情况，在规定时限内汇总后反馈水利部和流域管理机构。对严重影响山洪灾害监测预警或不立即处理可能造成重大影响的问题，应密切跟踪整改落实情况。

（四）责任追究

（1）水利部可直接实施责任追究或责成相关省级水行政主管部门实施责任追究，必要时可向省级地方人民政府提出责任追究建议。县级以上地方人民政府水行政主管部门可按照管理权限或根据上级水行政主管部门要求，实施责任追究。

（2）责任追究包括对责任单位的责任追究和对责任人的责任追究。责任单位包括直接责任单位和领导责任单位；责任人包括直接责任人和领导责任人，其中直接责任人为直接责任单位直接从事山洪灾害监测预警工作的人员，领导责任人为直接责任单位的主要领导、分管领导等。

（3）对责任单位的责任追究方式按等级分为：责令整改，约谈，通报批评（含向省级水行政主管部门通报、水利行业内通报、省级人民政府通报等），其他相关法律法规、规章制度规定的责任追究方式。

（4）对责任人的责任追究方式按等级分为：书面检查，约谈，通报批评，建议调离岗位，建议降职或降级，法律、法规、规章等规定的其他责任追究方式。

（5）有下列情形之一的，从重认定问题等级、从重实施问责：

1）弄虚作假、隐瞒山洪灾害监测预警重大问题的。

2）拒不整改或整改后仍不符合要求的。

3）拒绝接受监督检查的。

4）监测预警不到位造成重大人员伤亡或严重影响的。

（6）由水利部实施水利行业内通报批评（含）以上的责任追究，在水利部网站公告6个月。

（7）监督检查人员实施监督检查行为，应遵守相关法律、法规、规章和水利部有关监督管理规定。

附录一 我国入汛日期确定办法

水防〔2019〕119 号

2019 年 4 月 8 日

第一章 总　则

第一条　为规范我国入汛日期的确定和发布工作，及时部署洪水防御工作，提高社会公众防洪意识，特制定本办法。

第二条　本办法综合考虑现行相关标准，入汛判别指标力求科学合理，操作简便易行。

第二章 一 般 规 定

第三条　入汛日期是指当年进入汛期的开始日期。

第四条　考虑暴雨、洪水两方面因素，入汛日期采用雨量和水位两个入汛指标确定。

雨量指标以连续 3 日累积雨量 50mm 以上雨区的覆盖面积表征。

水位指标以入汛代表站的实测水位表征。入汛代表站是指位于防洪任务江（河）段、具有区域代表性、通常较早发生洪水的水文（位）站。

第三章 入 汛 标 准

第五条　确定原则

综合考虑我国暴雨洪水规律，依据入汛标准确定的多年平均入汛日期应与现行洪水防御工作相协调。

第六条　入汛标准

每年自 3 月 1 日起，当入汛指标满足下列条件之一时，当日可确定为入汛日期。

1. 连续 3 日累积雨量 50mm 以上雨区的覆盖面积达到 15 万 km^2。

2. 任一入汛代表站超过警戒水位，入汛代表站见附件。若代表站警戒水位发生变化，则采用最新指标。

第四章 职　责

第七条　水利部信息中心可依据入汛标准会同有关流域及省（自治区、直辖市）水文机构确定我国入汛日期。

　　第八条　水利部水旱灾害防御司负责对外发布工作。

第五章　附　则

　　第九条　本办法由水利部信息中心负责解释。

　　第十条　本办法自颁布之日起施行。此前有关办法与本办法不一致的，以本办法为准。

附录二　全国主要江河洪水编号规定

水防〔2019〕118 号

2019 年 4 月 8 日

第一章　总　　则

第一条　为规范全国主要江河洪水编号工作，提高社会公众防洪意识，依据《中华人民共和国防洪法》《中华人民共和国防汛条例》及《中华人民共和国水文条例》，制定本规定。

第二条　本规定采用防洪警戒水位（流量）、2～5 年一遇洪水量级或影响当地防洪安全的水位（流量）作为洪水编号标准。

第三条　本规定适用于全国大江大河大湖以及跨省独流入海的主要江河。

第二章　长江洪水编号

第四条　编号范围为长江干流寸滩至大通江段。

第五条　编号标准

（一）当长江洪水满足下列条件之一时，进行洪水编号。

1. 上游寸滩水文站流量或三峡水库入库流量达到 50000m³/s。

2. 中游莲花塘水位站水位达到警戒水位（32.50m，冻结吴淞高程）或汉口水文站水位达到警戒水位（27.30m，冻结吴淞高程）。

3. 下游九江水文站水位达到警戒水位（20.00m，冻结吴淞高程）或大通水文站水位达到警戒水位（14.40m，冻结吴淞高程）。

（二）对于复式洪水，当洪水再次达到编号标准且时间间隔达到 48h，另行编号。

第三章　黄河洪水编号

第六条　编号范围为黄河干流唐乃亥至花园口河段。

第七条　编号标准

（一）当黄河洪水满足下列条件之一时，进行洪水编号。

1. 上游唐乃亥水文站或兰州水文站流量达到 2500m³/s。

2. 中游龙门水文站或潼关水文站流量达到 5000m³/s。

3. 下游花园口水文站流量达到 4000m³/s。

（二）对于复式洪水，当洪水再次达到编号标准，且满足下列条件之一时，另行编号。

1. 上游洪水时间间隔达到 48h。

2. 中下游洪水时间间隔达到 24h。

第四章　淮河流域主要江河洪水编号

第八条　编号范围为淮河干流王家坝至正阳关河段、沂河干流及沭河干流。

第九条　编号标准

（一）当淮河王家坝水文站水位达到警戒水位（27.50m，废黄河高程）或正阳关水位站水位达到警戒水位（24.00m，废黄河高程）时，进行洪水编号。

（二）当沂河临沂水文站流量达到 4000m³/s 时，进行洪水编号。

（三）当沭河重沟水文站流量达到 2000m³/s 时，进行洪水编号。

（四）对于复式洪水，当洪水再次达到编号标准且时间间隔达到 24h，另行编号。

第五章　海河流域主要江河洪水编号

第十条　编号范围为滦河、永定河、大清河、子牙河、漳卫河系干流。

第十一条　编号标准

（一）当各河系洪水满足下列条件时，单独进行洪水编号。

1. 滦河系滦河潘家口水库入库流量达到 2200m³/s，或滦河滦县水文站水位达到警戒水位（26.00m，大沽高程）。

2. 永定河系永定河官厅水库入库流量达到 1000m³/s，或永定河三家店水文站流量达到 500m³/s。

3. 大清河系拒马河张坊水文站流量达到 1600m³/s，或大清河十方院水位站水位达到警戒水位（9.00m，大沽高程）。

4. 子牙河系滹沱河黄壁庄水库入库流量达到 3000m³/s。

5. 漳卫河系漳河岳城水库入库流量达到 2000m³/s，或卫运河南陶水文站水位达到警戒水位（40.87m，85 国家高程）。

（二）对于复式洪水，当洪水再次达到编号标准且时间间隔达到 24h，分别编号。

第六章　珠江流域主要江河洪水编号

第十二条　编号范围为西江、北江、东江及韩江干流。

第十三条　编号标准

（一）当西江洪水满足下列条件之一时，进行洪水编号。

1. 上游龙滩水库入库流量达到 $10000m^3/s$。

2. 中游大藤峡水利枢纽入库流量或武宣水文站流量达到 $25000m^3/s$。

3. 下游梧州水文站水位达到警戒水位（18.50m，85 国家高程）。

（二）当北江石角水文站流量达到 $12000m^3/s$ 时，进行洪水编号。

（三）当东江博罗水文站流量达到 $7000m^3/s$ 时，进行洪水编号。

（四）当韩江三河坝水文站水位达到警戒水位（42.00m，冻结基面）或流量达到 $4800m^3/s$ 时，进行洪水编号。

（五）对于复式洪水，当洪水再次达到编号标准且时间间隔达到 48h，另行编号。

第七章　松辽流域主要江河洪水编号

第十四条　编号范围为嫩江、第二松花江、松花江干流、辽河干流。

第十五条　编号标准

（一）当嫩江尼尔基水库入库流量达到 $3500m^3/s$，或齐齐哈尔水位站水位达到警戒水位（147.00m，大连基面），或江桥水文站水位达到警戒水位（139.70m，大连基面）时，进行洪水编号。

（二）当第二松花江白山水库入库流量达到 $5000m^3/s$，或丰满水库入库流量达到 $8000m^3/s$，或吉林水文站水位达到警戒水位（189.39m，黄海 85 基面），或扶余水文站水位达到警戒水位（133.56m，黄海 85 基面）时，进行洪水编号。

（三）当松花江干流哈尔滨水文站水位达到警戒水位（118.10m，大连基面），或佳木斯水文站水位达到警戒水位（79.00m，大连基面）时，进行洪水编号。

（四）当辽河干流铁岭水文站水位达到警戒水位（60.25m，黄海 85 基面）时，进行洪水编号。

（五）对于复式洪水，当嫩江、第二松花江、松花江干流的洪水再次达到编号标准且时间间隔达到 72h，另行编号；当辽河干流洪水再次达到编号标准且时间间隔达到 48h，另行编号。

第八章　太 湖 洪 水 编 号

第十六条　编号范围为太湖湖区。

第十七条　编号标准

（一）当太湖平均水位达到警戒水位（3.80m，镇江吴淞高程）时，进行洪水编号。

（二）对于复式洪水，当洪水再次达到编号标准，水位回涨幅度达到0.20m，并且前次洪水消退时间达到120h，水位降幅达到0.20m时，另行编号。

第九章　洪　水　编　号　管　理

第十八条　各流域水文机构可依据本规定对上述江河湖泊进行洪水编号，并报水利部信息中心备案。

第十九条　全国其他跨省主要江河由相关流域水文机构会同有关省、自治区、直辖市水文机构参照本规定制定洪水编号规定；非跨省江河洪水编号工作由所属省、自治区、直辖市水文机构负责。洪水编号规定报水利部信息中心备案。

第二十条　洪水编号由江河（湖泊）名称、发生洪水年份和洪水序号三部分顺序组成。

如：长江三峡水库2012年7月12日入库流量达到50000m³/s，为长江2012年第二次达到编号标准的洪水，此次洪水编号为"长江2012年第2号洪水"。

第二十一条　其他规定

（一）若编号依据断面的警戒水位发生变化，采用最新指标。

（二）非天然洪水可不编号。

（三）当下游洪水由上游洪水演进形成时，沿用上游洪水编号；当上下游发生洪水并已分别编号，且上下游洪水汇合时，沿用后编号洪水编号。

第十章　附　　　则

第二十二条　本规定由水利部信息中心负责解释。

第二十三条　本规定自公布之日起施行。此前有关规定与本规定不一致的，以本规定为准。

附录三　水利部水旱灾害防御
应急响应工作规程

水防〔2022〕171 号

2022 年 4 月 16 日

1　总则

1.1　编制目的

为进一步规范水旱灾害防御应急响应工作程序和应急响应行动，保证水旱灾害防御工作有力有序有效进行，特制定本规程。

1.2　编制依据

（1）《中华人民共和国水法》。

（2）《中华人民共和国防洪法》。

（3）《中华人民共和国突发事件应对法》。

（4）《中华人民共和国长江保护法》。

（5）《中华人民共和国防汛条例》。

（6）《中华人民共和国抗旱条例》。

（7）《中华人民共和国水文条例》。

（8）《中华人民共和国河道管理条例》。

（9）《水库大坝安全管理条例》。

（10）《中华人民共和国政府信息公开条例》。

（11）《国家突发公共事件总体应急预案》。

（12）《国家防汛抗旱应急预案》。

（13）《水利部职能配置、内设机构和人员编制规定》。

（14）《蓄滞洪区运用补偿暂行办法》。

（15）其他法律法规和文件。

1.3　适用范围

本规程适用于全国范围内水旱灾害的预防和应急处置。水旱灾害包括：江河洪水灾害、台风暴潮灾害、山洪灾害、干旱灾害、咸潮以及水库垮坝、堤防决口、水闸倒塌等次生衍生灾害。

1.4 防御目标

1.4.1 总目标：坚持人民至上、生命至上，始终把保障人民群众生命财产安全放在第一位。

1.4.2 防洪目标：人员不伤亡、水库不垮坝、重要堤防不决口、重要基础设施不受冲击。

1.4.3 抗旱目标：确保城乡供水安全。

1.5 防御原则

1.5.1 坚持"两个坚持、三个转变"防灾减灾救灾理念，坚持以防为主、防抗救相结合，坚持常态减灾和非常态救灾相统一，努力减轻水旱灾害风险，全面提升水旱灾害防御能力。

1.5.2 坚持系统防御。以流域为单元，全面分析和把握不同流域水旱灾害防御特点和规律，通盘考虑流域上下游、左右岸、干支流，有针对性地做好防御工作。

1.5.3 坚持统筹防御。实现流域区域统筹、城乡统筹，突出重点兼顾一般，局部利益服从全局利益。做到关口前移，密切关注和及时应对水旱灾害风险。

1.5.4 坚持科学防御。将预报、预警、预演、预案"四预"机制贯穿水旱灾害防御全过程，科学调度运用流域水工程体系，充分发挥水工程防汛抗旱减灾效益。

1.5.5 坚持安全防御。依法依规、有力有效防御，确保人民群众生命财产安全，确保水利工程安全，确保重要基础设施安全，确保城乡供水安全。

2 组织指挥与工作体系

2.1 水利部

依据党中央、国务院有关文件规定和相关法律法规，水利部负责水旱灾害防御和日常防汛抗旱工作。开展水情旱情监测预警预报、水工程调度、日常检查、宣传教育，承担防汛抗旱抢险技术支撑工作，负责发布水情旱情。建立水旱灾害防御指挥会商机制，负责水旱灾害防御工作的组织、协调、指导、监督，成员单位由水利部相关司局和单位组成。

成员单位包括：办公厅、规计司、政法司、财务司、人事司、水资源司、全国节水办、建设司、运管司、河湖司、水保司、农水水电司、移民司、监督司、防御司、水文司、三峡司、南水北调司、调水司、国科司，南水北调集团、信息中心、机关服务局、水规总院、中国水科院、宣教中心、水利报社、建安中心、南京水科院。

各成员单位职责如下：

防御司：承担水利部水旱灾害防御日常工作。向部长或分管副部长提出指挥、调度、决策和Ⅰ～Ⅲ级应急响应启动、终止建议。根据部长或分管副部长安排，召集有关成员单位参加会商研判等工作。组织编制重要江河湖泊和重要水工程防御洪水方案和洪水调度方案并组织实施。组织编制重要江河湖泊和重要水工程应急水量调度方案并组织实施，指导编制抗御旱灾预案。负责对重要江河湖泊和重要水工程实施防洪调度及应急水量调度，承担台风防御期间重要水工程调度工作，协调指导山洪灾害防御相关工作。组织协调指导蓄滞洪区等洪水影响评价工作。组织协调指导蓄滞洪区运用补偿工作。组织协调指导水情旱情信息报送和预警工作，组织指导全国水库蓄水和干旱影响评估工作。指导重要江河湖泊和重要水工程水旱灾害防御调度演练。组织协调指导防御洪水应急抢险的技术支撑工作。组织指导水旱灾害防御物资的储备与管理、水旱灾害防御信息化建设和全国洪水风险图编制运用工作，负责提出水利救灾资金安排的建议。根据工作需要，组织做好工作组和专家组的管理和保障。负责应急期间水旱灾害防御新闻宣传工作。

办公厅：负责部内协调和部外联系。做好贯彻落实领导同志对水旱灾害防御工作要求的部内督办。组织协调指导日常水旱灾害防御新闻宣传和政务信息报送工作，必要时组织召开新闻发布会和新闻媒体通气会，向社会发布水旱灾害防御信息。

规计司：组织编制国家确定的重要江河湖泊的流域防洪规划。组织指导有关防洪论证工作、重大水利建设项目前期工作等。

政法司：组织指导妨碍行洪的水行政执法。调处跨省、自治区、直辖市有关水事纠纷。

财务司：负责水旱灾害防御经费预算申报和经费下达。

人事司：指导水旱灾害防御人才队伍建设。指导机构改革水旱灾害防御方面有关工作。管理水旱灾害防御表彰奖励工作。

水资源司：指导河湖生态流量水量管理工作。

全国节水办：指导拟定严重干旱情况下的水资源节约措施。

建设司：指导大江大河干堤、重要病险水库、重要水闸的除险加固。指导包括蓄滞洪区在内的水利工程建设及在建工程安全度汛工作。

运管司：指导水库、水电站大坝、堤防、水闸等水利工程的运行管理。指导蓄滞洪区堤防、水闸等工程的运行管理工作。指导小型病险水库除险加固。按职责分工，负责水库垮坝、堤防决口等事件调查工作。

河湖司：指导河湖水域及其岸线的管理保护工作。指导监督河道管理范围内建设项目和活动管理工作。

水保司：指导淤地坝安全度汛工作。

农水水电司：指导灌区和农村供水工程抗旱应急供水调度及因灾损毁修复。指导小水电站出险处置。

移民司：组织制定防洪调度临时淹没补偿机制和政策。

监督司：组织指导水旱灾害防御领域专项监督检查。指导水库、水电站大坝安全监管。组织指导水利工程运行安全管理的监督检查。按职责分工，负责水库垮坝、堤防决口等事件调查工作。

水文司：组织指导水文监测和水文情报预报工作，组织指导国家防汛抗旱防台风的水文及相关信息收集分析和全国江河湖泊及重要水库的雨情、水情、汛情以及重点区域的旱情预测预报。

三峡司：指导监督三峡工程安全度汛工作。

南水北调司：指导监督南水北调工程安全度汛工作。

调水司：组织指导重要流域、区域以及重大调水工程的水资源调度工作。负责指导水资源调度方案和年度调度计划编制、执行，以及与水旱灾害的预防预警、应急处置相关工作的衔接。

国科司：协调国际河流水旱灾害防御涉外事务。组织开展水旱灾害防御科技研究和推广、水旱灾害防御技术标准制修订工作。

南水北调集团：负责所属南水北调工程安全度汛工作，编制相关应急预案并组织实施。

信息中心：组织实施水文情报预报工作。承担国家防汛抗旱防台风的水文及相关信息收集、处理、监测、预警和全国江河湖泊、重要水库的雨情、水情、汛情及重点区域的旱情分析预报，承担国家防汛抗旱防台风会商的相关技术支撑工作，按规定发布全国江河实时水情信息和预报信息。

机关服务局：做好汛期值班期间会商会议服务、值守人员的生活服务、紧急文件印刷递送等后勤保障工作。

水规总院：承担水旱灾害防御相关战略研究与技术支撑。承担有关水旱灾害防御技术研究，参与重要江河湖泊洪水调度和应急调度方案预案的研究和重大险情处置方案的制定。

中国水科院：承担有关水旱灾害防御技术研究，参与相关规划方案预案的研究，参与重大水旱灾害应急分析工作，参与重大险情处置方案的制定和灾后调查评估工作，参与水旱灾害防御信息化建设专业模型软件开发和遥感数据资源建设工作，承担全国山洪灾害防治和洪水风险图编制技术支撑工作，承担全国山洪灾害风险预警工作，承担水旱灾害防御公报编制工作。

宣教中心：承担水旱灾害防御新闻宣传及教育科普工作，组织水利政务新媒体开展宣传报道和舆情监测，收集归档重大水旱灾害防御事件图片和影像资料。

水利报社：承担水旱灾害防御宣传报道和防灾减灾知识科普等工作，充分利用融媒体平台做好正面宣传及舆论引导。根据工作需要，负责收集整理水利报社采集的水利部会商、重大水旱灾害防御事件的文字及影像资料。

建安中心：受部委托，承担与水旱灾害防御有关的现场调查、技术支持等具体工作。

南京水科院：开展应对气候变化水旱灾害及水工程安全风险防控研究工作，参与相关方案预案的研究和重大险情处置方案的制定，承办水库大坝、重要水闸安全监测工作。

有关成员单位根据会商决定，严格执行指挥命令。必要时派工作组或专家组指导协助开展水旱灾害防御处置。

2.2　流域管理机构

流域管理机构承担流域防汛抗旱总指挥部办公室职责。组织开展流域内雨水情监测预报预警，按照权限调度水工程，提供防汛抗旱抢险技术支撑。组织、协调、指导、监督流域内各省（自治区、直辖市）水旱灾害防御工作。做好流域汛情、旱情和水工程调度、工作动态等信息报送工作。负责编制与完善流域水情预警发布管理办法及江河洪水编号规定、洪水划分规定等技术标准。

2.3　省级水行政主管部门

各省（自治区、直辖市）人民政府水行政主管部门（包括新疆生产建设兵团水利局，下同）负责辖区内水旱灾害防御工作的组织、协调、指导、监督。组织开展辖区内雨水情监测预报预警，按照权限调度水工程，提供防汛抗旱抢险技术支撑。做好辖区内汛情、旱情和水工程调度、工作动态等信息报送工作。

2.4　水利工程运行管理单位

水利工程运行管理单位负责工程监测、调度、巡查及险情报告、险情先期处置等工作。

3　监测预报预警

3.1　监测

水利部、流域管理机构和地方水行政主管部门组织实施对雨情、水情、汛情（凌情）、旱情、咸情和工情的监测和报送。

监测内容包括水文信息、工程信息、洪涝灾情信息及旱情信息，其中水文信息包括降水量、蒸发量、水位、流量、泥沙、墒情、冰情、风暴潮、咸潮等；工程信息包括水库、堤防、水闸、泵站、引调水等水利工程运行情况、出险情况及处置情况；洪涝灾害信息包括灾害发生的时间、地点、影响范围、受灾人口以及农作物和水利工程设施等方面的损失；旱情信息包括干旱发生的时间、地点、程度、受旱范围、影响人口及对工农业生产、城乡生活、生态环境等方面造成的影响。应开展应急监测，做好以测补报。

监测信息的报送应及时、全面、准确。当江河发生洪水或工程出现险情时，水文部门及各级工程管理单位应及时向当地水行政主管部门和同级人民政府、上级主管部门报告。加强与气象、农业、应急、海洋、自然资源、能源等部门的信息共享。

3.2 预报

水利部负责组织实施全国重要江河、湖泊、重点水库的雨情、水情、汛情以及重点区域旱情的预测预报。流域管理机构负责组织实施所辖流域内重要江河、湖泊、重点水库的雨情、水情、泥沙、汛情以及重点区域旱情、咸情的预测预报。地方水行政主管部门负责组织实施辖区内江河湖泊及水库的雨情、水情、泥沙、汛情及重点区域旱情、咸情的预测预报。

洪水预报以流域为单元，紧扣"降雨—产流—汇流—演进"预报环节，加强气象水文、预报调度耦合，建立短期、中期、长期相结合的预报模式。旱情预报以流域为单元，综合分析不同预见期下的气候形势、来水变化、水库蓄水情况、流域沿岸用水需求等。泥沙预报以重要河段为单元，综合分析场次洪水的洪水总量、输沙总量等。咸情预报以区域或河段为单元，综合考虑江河流量、河口潮汐动力规律、河口风向风力等因素，结合区域供水管理需求，预报分析受影响区主要取水口不同预见期的取淡概率或含氯度，并绘制受影响区域的最大咸界图。预报应保证时效性、准确性。预报成果发布应严格履行审核、签发程序，建立完善分级制作、发布和共享机制，加强与气象、农业、应急、海洋等部门的信息共享。

3.3 预警

主要包括洪水预警、山洪灾害预警、干旱预警、泥沙预警和咸潮预警。

3.3.1 洪水预警

洪水预警等级由低至高依次分为洪水蓝色预警、洪水黄色预警、洪水橙色预警、洪水红色预警。

水利部、流域管理机构和地方水行政主管部门负责组织、监督、指导洪水预警发布工作。

江河洪水监测和预报预警信息由水文部门向当地水行政主管部门和上级主管部门报告。全国涉及多流域（片）的预警发布工作由水利部信息中心负责，流域（片）内涉及 2 个及以上省（自治区、直辖市）的预警发布工作由水利部流域管理机构水文部门负责,省(自治区、直辖市)辖区内的预警发布工作由省级水文部门负责。加强预警信息推送的时效性和精准性,畅通预警信息"最后一公里",按照管理权限和职责分工通过通知、工作短信、"点对点"电话等方式直达洪水防御工作一线,通过电视、广播、网站、微信公众号、山洪灾害预警系统等方式向社会公众发布,实现预警发布全覆盖。

各级水文部门发布的预警信息应同时通过水情预警汇集平台及时汇交同级、上级水行政主管部门和水利部及流域管理机构。

3.3.2　山洪灾害预警

根据预测预报结果,水利部会同相关部门制作发布全国山洪灾害风险预警,并及时将各等级预警信息通报省级水行政主管部门,重要预警信息在中央媒体发布。

省级水行政主管部门负责辖区内山洪灾害风险预警工作,应加强与气象、自然资源等部门的联系,强化信息共享,提高预报水平,按有关规定及时发布辖区内山洪灾害风险预警。县级水行政主管部门负责辖区内山洪灾害实时监测预警,并向同级防汛抗旱指挥部和危险区群众预警。山洪灾害易发区应建立专业监测与群测群防相结合的监测体系,落实观测措施,一旦发现危险征兆,立即向周边群众预警,以便快速转移。

3.3.3　干旱预警

干旱预警等级由低至高依次分为干旱蓝色预警、干旱黄色预警、干旱橙色预警、干旱红色预警。预警发布方式同 3.3.1 洪水预警。

3.3.4　泥沙预警

泥沙预警以行业内预警为主,等级由相关流域管理机构和省级水行政主管部门根据受影响水工程或河道现状设定不同层级、不同指标。预警信息由预报责任部门向当地水行政主管部门和上级主管部门报告,同时抄送相关水工程或河道管理单位。

3.3.5　咸潮预警

咸潮预警以行业内预警为主,等级由相关流域管理机构和省级水行政主管部门根据影响区域取水口分布设定不同层级、不同指标。预警信息由预报责任部门向当地水行政主管部门和上级主管部门报告,并由当地水行政主管部门抄送相关部门和单位。

4　应急响应

根据预报可能发生或已经发生的水旱灾害性质、严重程度、可控性和发展程度、发展趋势、影响范围等因素,水利部水旱灾害防御应急响应分洪水防御、干旱防御两种类型，启动和终止时针对具体流域和区域，级别分别从低到高分为四级：Ⅳ级、Ⅲ级、Ⅱ级和Ⅰ级。

特殊情况下，可根据雨情、水情、汛情、旱情、工情、险情及次生灾害危害程度等综合研判，适当调整应急响应级别。

水利部启动洪水、干旱防御应急响应时，相关流域管理机构和地方水行政主管部门应及时启动相应等级应急响应，共同做好防御工作。

4.1　洪水防御

4.1.1　洪水防御Ⅳ级应急响应

4.1.1.1　启动条件与程序

当出现以下情况之一时，启动洪水防御Ⅳ级应急响应：

（1）综合考虑气象暴雨（或台风）预警，预报将发生较强降雨过程，可能引发较大范围中小河流洪水；

（2）预报大江大河干流重要控制站（见附件1，略）可能发生超警洪水或编号洪水；

（3）预报有2条及以上主要河流重要控制站（见附件2，略）可能发生超警洪水，且涉及2个及以上省（自治区、直辖市）；

（4）大江大河干流一般河段或主要支流堤防出现可能危及堤防安全的险情；

（5）中型水库（含水电站，下同）出现可能危及水库安全的险情或发生超设计水位情况；

（6）小型水库发生可能危及水库安全的险情，可能威胁周边城镇、下游重要基础设施、人员安全等；

（7）全国山洪灾害风险预警中单个片区有20个县（区）风险预警级别达橙色及以上或发生较大山洪灾害；

（8）预报省级调度的国家蓄滞洪区需启用；

（9）地震等自然灾害造成水利工程出现险情需要启动洪水防御Ⅳ级应急响应的情况。

根据汛情发展变化，当出现符合洪水防御Ⅳ级应急响应条件的事件时，由防御司司长决定启动洪水防御Ⅳ级应急响应。

4.1.1.2　洪水防御Ⅳ级应急响应行动

1. 会商机制

防御司司长主持会商会，对防汛工作作出部署，并将情况报分管副部长，有关成员单位派员参加会商。有关流域管理机构、省级水行政主管部门负责同志根据需要参加会商。

响应期内，根据汛情发展变化，受防御司司长委托，可由防御司负责同志主持，并将情况报分管副部长。

2. 文件下发和上报机制

根据会商意见，水利部向有关省级水行政主管部门及有关流域管理机构和单位发出通知，通报关于启动洪水防御Ⅳ级应急响应的命令及有关洪水防御等情况，对做好相应的汛情预测预报预警、水工程调度、山洪灾害防御、堤防巡查和抢险技术支撑等工作提出要求。通知抄送国家防汛抗旱总指挥部办公室（以下简称"国家防办"）。

水利部以《水旱灾害防御信息》等形式向中共中央办公厅和国务院办公厅报送响应启动信息。

3. 调度指挥机制

（1）防御司会同相关流域管理机构和省级水行政主管部门按照调度权限做好水工程调度，每日及时了解掌握相关汛情和工情，指导各地做好洪水防御工作，并将有关情况及时汇总报告分管副部长。由地方水行政主管部门调度的重要水库、水闸等，防御司和流域管理机构应加强监督和指导，及时了解下步调度安排。

（2）必要时，防御司商流域管理机构对重要江河洪水进行调度，采取和相关流域管理机构、省级水行政主管部门视频连线方式，会商调度方案，视情将意见通报省级水行政主管部门、流域管理机构。

（3）当达到国家蓄滞洪区启用条件时，必须按规定做好各项运用准备工作；调度命令下达后，必须严格执行调令，及时启用蓄滞洪区。由地方调度运用的蓄滞洪区，省级水行政主管部门应及时向水利部（防御司）和流域管理机构报告启用情况。

（4）汛期相关流域管理机构和省级水行政主管部门按洪水场次或按旬统计水库防洪效益。

4. 工作组和专家组派出机制

根据需要于应急响应启动后 24 小时内，派出工作组或专家组（相关工作要求见附件 3）赴一线，协助指导地方开展洪水防御工作。

5. 预测预报机制

水利部信息中心启动 24 小时值班值守，及时分析天气形势并结合雨水情发展态势，做好雨情、水情的预测预报，加强与气象部门联合会商，每日至少制作发布雨水情预报 1 次，每日至少提供 2 次（8 时、20 时）重要测站监测信息，情况紧急时根据需求加密测报。

6. 洪水预警发布机制

（1）水利部信息中心按规定及时向相关省级水行政主管部门、流域管理机构、单位通报洪水预警信息，并向社会公众发布。各流域管理机构和省级水行政主管部门所属水文部门按照管理权限和职责分工，分别向相关部门、单位通报洪水预警信息，并向社会公众发布。

（2）防御司及时将洪水预警信息通报国家防办，提请做好抗洪抢险、险情处置、群众转移避险等工作。

（3）相关流域管理机构和地方水行政主管部门按照管理权限、职责分工和本地预警信息发布要求，将洪水预警信息通过通知、工作短信、"点对点"电话等方式直达洪水防御工作一线，通过电视、广播、网站、微信公众号、山洪灾害预警系统等方式向社会公众发布，提醒洪水防御一线工作人员立即采取防御措施，受影响区域内社会公众及时做好防灾避险。

7. 信息报送机制

（1）防御司值班人员收到水库、堤防等水工程险情信息报告，必须向有关省级水行政主管部门和流域管理机构核实清楚，准确了解出险时间、出险位置、影响范围、险情处置、发展趋势等情况。确认无误后，根据需要及时编发水旱灾害防御信息。

（2）有关流域管理机构每日向水利部报送值班信息和工作开展情况。

（3）地方水行政主管部门应在第一时间向上一级水行政主管部门报告突发汛情险情和重要工作部署等。相关省级水行政主管部门应每日向水利部和相应流域管理机构报送值班信息和工作开展情况。

突发险情报告分为首报和续报，原则上应以书面形式逐级上报。紧急情况时，可以采用电话或其他形式报告，并以书面形式及时补报。当有关省级水行政主管部门和流域管理机构暂时无法提供完整信息时，应将已掌握的准确信息先行报送（不同类别险情报表见附件4~7，蓄滞洪区运用情况报表见附件8）。

突发险情的首报是指确认险情灾情已经发生，在第一时间将所掌握的有关情况向上一级水旱灾害防御部门报告。

续报是指在突发险情发展过程中，根据险情发展及抢险救灾的变化情况，对报告事件的补充报告。续报内容应按报表要求分类上报，并附险情、灾情图片。续报应延续至险情排除、灾情稳定或结束。

8. 宣传报道和信息发布机制

防御司起草新闻通稿和重要汛情通报，适时反映实时汛情和防御工作部署、成效。

办公厅组织指导相关司局、单位开展宣传报道，通过水利部网站发布新闻通稿和相关流域、地区的洪水防御工作信息。

宣教中心根据统一部署，协调中央主要媒体和重要社会媒体，发布新闻通稿，组织水利政务新媒体开展宣传报道，做好舆情监测，及时反馈重大情况。

水利报社编发稿件并深入一线做好宣传报道，利用融媒体平台进行宣传报道，发挥好专业媒体的舆论引导作用。

相关省级水行政主管部门和流域管理机构按照各自应急响应机制要求，积极主动做好新闻宣传和信息发布工作，及时回应社会关切，有效引导舆论；根据工作需要，做好信息提供、审核、接受采访等工作；各级水行政主管部门应统筹安排信息发布和接受采访相关事宜，统一发布内容和答问口径，规范语言文字表述，及时、客观、真实反映汛情和防御工作情况。

9. 抢险技术支撑及对外联络机制

（1）水利部根据工作需要和地方请求，按照险情类别调集本行业人员技术力量，协助指导地方开展险情处置。

（2）水利行业勘测、设计、科研等单位做好抢险技术支撑准备。水规总院、中国水科院、南京水科院等单位根据工作需要，参加防汛会商，演示险情分析结论等。

（3）水利部水旱灾害防御专家应保持联络畅通，随时提供技术咨询和支撑。

（4）流域管理机构应及时将直管工程险情通报当地人民政府防汛指挥机构，提请做好抗洪抢险、险情处置、群众转移避险等工作。

（5）地方有关水行政主管部门应派出专家组和工作组，了解掌握情况，加强工程巡查，做好险情处置技术支撑。

4.1.1.3 响应终止

视汛情变化，由防御司司长决定终止洪水防御Ⅳ级应急响应。

4.1.2 洪水防御Ⅲ级应急响应

4.1.2.1 启动条件与程序

当出现以下情况之一时，启动洪水防御Ⅲ级应急响应：

（1）综合考虑气象暴雨（或台风）预警，预报将发生强降雨过程，可能引发大范围中小河流洪水。

（2）预报大江大河干流重要控制站可能发生超保洪水。

（3）预报2条及以上主要河流重要控制站可能发生超保洪水，且涉及2个及以上省（自治区、直辖市）。

（4）预报七大流域中某一流域可能发生流域性较大洪水。

（5）大江大河干流重要河段堤防出现可能危及堤防安全的险情。

（6）大中型水库出现可能危及水库安全的严重险情或发生超校核水位情况。

（7）小型水库发生漫坝或垮坝，可能严重威胁周边城镇、下游重要基础设施、人员安全等。

（8）河流发生Ⅱ级风险堰塞湖。

（9）全国山洪灾害风险预警中单个片区有 20 个县（区）风险预警级别达红色或发生重大山洪灾害。

（10）预报流域防总调度的国家蓄滞洪区需启用。

（11）地震等自然灾害造成水利工程出现险情需要启动洪水防御Ⅲ级应急响应的情况。

根据汛情发展变化，当出现符合洪水防御Ⅲ级应急响应条件的事件时，防御司提出启动洪水防御Ⅲ级应急响应建议，报分管副部长批准；遇紧急情况，由防御司司长决定。

4.1.2.2　洪水防御Ⅲ级应急响应行动

1. 会商机制

水利部分管副部长主持会商会，对防汛工作作出部署，并将情况报部长，有关成员单位负责同志参加会商。有关流域管理机构、省级水行政主管部门负责同志根据需要参加会商。

响应期内，根据汛情发展变化，受分管副部长委托，可由防御司司长主持，并将情况报部长、分管副部长。

2. 文件下发和上报机制

根据会商意见，水利部向有关省级水行政主管部门及有关流域管理机构和单位发出通知，通报关于启动洪水防御Ⅲ级应急响应的命令及有关洪水防御等情况，对做好相应的汛情预测预报预警、水工程调度、山洪灾害防御、堤防巡查和抢险技术支撑等工作提出要求。通知抄送国家防办。

水利部以《水旱灾害防御信息》《水利部值班信息》等形式向中共中央办公厅和国务院办公厅报送响应启动信息。

3. 调度指挥机制

（1）防御司会同相关流域管理机构和省级水行政主管部门按照调度权限做好水工程调度，每日将相关汛情及洪水防御工作等情况及时汇总报告部长、分管副部长。由地方水行政主管部门调度的重要水库、水闸等，防御司和流域管理机构应加强监督和指导，及时了解下步调度安排。

（2）防御司商流域管理机构对重要江河洪水进行调度，必要时防御司司长或分管副部长与流域管理机构和相关省级水行政主管部门视频连线，会商调度方案，视情将意见通报省级水行政主管部门、流域管理机构。

（3）当达到国家蓄滞洪区启用条件时，必须按规定做好各项运用准备工作；调度命令下达后，必须严格执行调令，及时启用蓄滞洪区。由地方调度运用的蓄滞洪区，省级水行政主管部门应及时向水利部（防御司）和流域管理机构报告启用情况；由流域防总调度运用的，流域管理机构应及时报告水利部（防御司）。

（4）汛期相关流域管理机构和省级水行政主管部门按洪水场次或按旬统计水库防洪效益。

4. 工作组和专家组派出机制

根据需要于应急响应启动后 18 小时内，派出工作组或专家组（相关工作要求见附件 3）赴一线，协助指导地方开展洪水防御工作。

5. 预测预报机制

水利部信息中心启动 24 小时值班值守，及时分析天气形势并结合雨水情发展态势，做好雨情、水情的预测预报，加密与气象部门联合会商，每日至少制作发布雨水情预报 1 次，每日至少提供 3 次（8 时、14 时、20 时）重要测站监测信息，情况紧急时根据需求加密测报。

6. 洪水预警发布机制

（1）水利部信息中心按规定及时向相关省级水行政主管部门、流域管理机构、单位通报洪水预警信息，并向社会公众发布。各流域管理机构和省级水行政主管部门所属水文部门按照管理权限和职责分工，分别向相关部门、单位通报洪水预警信息，并向社会公众发布。

（2）防御司及时将洪水预警信息通报国家防办，提请做好抗洪抢险、险情处置、群众转移避险等工作。

（3）相关流域管理机构和地方水行政主管部门按照管理权限、职责分工和本地预警信息发布要求，将洪水预警信息通过通知、工作短信、"点对点"电话等方式直达洪水防御工作一线，通过电视、广播、网站、微信公众号、山洪灾害预警系统等方式向社会公众发布，提醒洪水防御一线工作人员立即采取防御措施，受影响区域内社会公众及时做好防灾避险。

7. 信息报送机制

（1）防御司值班人员收到水库、堤防等水工程险情信息报告，必须向有关省级水行政主管部门和流域管理机构核实清楚，准确了解出险时间、出险位置、影响范围、险情处置、发展趋势等情况。确认无误后，应及时编发水旱灾害防御信息。持续跟踪险情处置进展，及时将最新情况向部长、分管副部长和中共中央办公厅、国务院办公厅续报。

（2）有关流域管理机构每日向水利部报送值班信息和工作开展情况。

（3）地方水行政主管部门应在第一时间向上一级水行政主管部门报告突发汛情险情和重大工作部署等。相关省级水行政主管部门应每日向水利部和相应流域管理机构报送值班信息和工作开展情况。

发生突发重大险情时，所在地的水行政主管部门应在汛情险情发生后 1 小时内报告（紧急情况可越级上报）水利部（防御司），并抄报流域管理机构。省级水行政主管部门应持续跟踪险情处置进展，每日向水利部和相应流域管理机构进行续报，延续至险情排除、灾情稳定或结束。

8. 宣传报道和信息发布机制

防御司起草新闻通稿和重要汛情通报，及时反映实时汛情和防御工作部署、成效。

办公厅组织指导相关司局、单位开展宣传报道，通过水利部网站及时发布新闻通稿和相关流域、地区的洪水防御工作信息。

宣教中心根据统一部署，协调中央主要媒体和重要社会媒体，发布新闻通稿，组织水利政务新媒体开展宣传报道，根据需要邀请媒体记者参加会商，做好舆情监测，及时反馈重大情况。

水利报社派出记者赴一线开展采访报道，利用融媒体平台进行宣传报道，发挥好专业媒体的舆论引导作用。

相关省级水行政主管部门和流域管理机构按照各自应急响应机制要求，积极主动做好新闻宣传和信息发布工作，及时回应社会关切，有效引导舆论；根据工作需要，做好信息提供、审核、接受采访等工作；各级水行政主管部门应统筹安排信息发布和接受采访相关事宜，统一发布内容和答问口径，规范语言文字表述，及时、客观、真实反映汛情和防御工作情况。

9. 抢险技术支撑及对外联络机制

（1）水利部根据工作需要和地方请求，按照险情类别调集本行业人员技术力量，协助指导地方开展险情处置。

（2）水利行业勘测、设计、科研等单位做好抢险技术支撑准备。水规总院、中国水科院、南京水科院等单位根据工作需要，参加防汛会商，演示险情分析结论等。

（3）水利部水旱灾害防御专家应保持联络畅通，随时提供技术咨询和支撑。

（4）流域管理机构应及时将直管工程险情通报当地人民政府防汛指挥机构，提请做好抗洪抢险、险情处置、群众转移避险等工作。

（5）地方有关水行政主管部门应派出专家组和工作组，了解掌握情况，加强工程巡查，做好险情处置技术支撑。

4.1.2.3　响应终止

视汛情变化，由防御司适时提出终止或降低应急响应级别的请示，报分管副部长同意后宣布终止或降低应急响应级别。

4.1.3　洪水防御Ⅱ级应急响应

4.1.3.1　启动条件与程序

当出现以下情况之一时，启动洪水防御Ⅱ级应急响应：

（1）综合考虑气象暴雨（或台风）预警及当前雨水情，预报七大流域中某一流域可能发生流域性大洪水。

（2）大江大河干流一般河段及主要支流堤防发生决口。

（3）中型水库发生垮坝，可能威胁周边城镇、下游重要基础设施、人员安全等。

（4）河流发生Ⅰ级风险堰塞湖，或发生跨省且Ⅱ级风险堰塞湖。

（5）发生特别重大山洪灾害。

（6）预报国家防汛抗旱总指挥部（以下简称"国家防总"）调度的国家蓄滞洪区需启用。

（7）地震等自然灾害造成水利工程出现险情需要启动洪水防御Ⅱ级应急响应的情况。

根据汛情发展变化，当出现符合洪水防御Ⅱ级应急响应条件的事件时，防御司提出启动洪水防御Ⅱ级应急响应建议，报部长或分管副部长批准；遇紧急情况，由分管副部长决定。

4.1.3.2　洪水防御Ⅱ级应急响应行动

1. 会商机制

水利部部长或分管副部长主持会商会，对防汛工作作出部署，并将分管副部长会商情况报部长，有关成员单位主要负责同志参加会商。有关流域管理机构、省级水行政主管部门主要负责同志根据需要参加会商。

响应期内，根据汛情发展变化，受部长或分管副部长委托，可由防御司司长主持，并将情况报部长、分管副部长。

2. 文件下发和上报机制

根据会商意见，水利部向有关省级水行政主管部门及有关流域管理机构和单位发出通知，通报关于启动洪水防御Ⅱ级应急响应的命令及有关洪水防御等情况，对做好相应的汛情预测预报预警、水工程调度、山洪灾害防御、堤防巡查和抢险技术支撑等工作提出要求。通知抄送国家防办。

水利部以《水旱灾害防御信息》《水利部值班信息》等形式向中共中央办公厅和国务院办公厅报送响应启动信息。

3. 调度指挥机制

（1）防御司会同相关流域管理机构和省级水行政主管部门按照调度权限做好水工程调度，每日将相关汛情及洪水防御工作等情况及时汇总报告部长、分管副部长。由地方水行政主管部门调度的重要水库、水闸等，防御司和流域管理机构应加强监督和指导，及时了解下步调度安排。

（2）水利部商流域管理机构对重要江河洪水进行调度，必要时部长或分管副部长与流域管理机构和相关省级水行政主管部门视频连线，会商调度方案，视情将意见通报省级水行政主管部门、流域管理机构。视情将重要水工程调度情况报国家防办。

（3）当达到国家蓄滞洪区启用条件时，必须按规定做好各项运用准备工作；调度命令下达后，必须严格执行调令，及时启用蓄滞洪区。由地方调度运用的蓄滞洪区，省级水行政主管部门应及时向水利部（防御司）和流域管理机构报告启用情况；由流域防总调度运用的，流域管理机构应及时报告水利部（防御司）。涉及启用国家防总调度运用的重要蓄滞洪区，流域管理机构提出调度建议，经会商后由担任国家防总副总指挥的水利部主要负责同志将方案呈报国家防总总指挥，按照总指挥的决定执行。

（4）汛期相关流域管理机构和省级水行政主管部门按洪水场次或按旬统计水库防洪效益。

4. 工作组和专家组派出机制

根据需要于应急响应启动后12小时内，派出部领导或总师带队的工作组（相关工作要求见附件3）赴一线，协助指导地方开展洪水防御工作，同时派出专家组加强技术指导。

5. 预测预报机制

水利部信息中心启动24小时值班值守，及时分析天气形势并结合雨水情发展态势，做好雨情、水情的预测预报，加密与气象部门联合会商，每日至少制作发布雨水情预报2次，每日至少提供4次（6时、8时、14时、20时）重要测站监测信息，情况紧急时根据需求加密测报。

6. 洪水预警发布机制

（1）水利部信息中心按规定及时向相关省级水行政主管部门、流域管理机构、单位通报洪水预警信息，并向社会公众发布。重大洪水预警信息发布需经防御司审核，并报告部长、分管副部长。各流域管理机构和省级水行政主管部门所属水文部门按照管理权限和职责分工，分别向相关部门、单位通报洪水预警信息，并向社会公众发布。

（2）防御司及时将洪水预警信息通报国家防办，提请做好抗洪抢险、险情处置、群众转移避险等工作。视情将重大洪水预警信息报国家防总。

（3）相关流域管理机构和地方水行政主管部门按照管理权限、职责分工和本地预警信息发布要求，将洪水预警信息通过通知、工作短信、“点对点”电话等方式直达洪水防御工作一线，通过电视、广播、网站、微信公众号、山洪灾害预警系统等方式向社会公众发布，提醒洪水防御一线工作人员立即采取防御措施，受影响区域内社会公众及时做好防灾避险。

7. 信息报送机制

（1）防御司值班人员收到中型水库垮坝、大江大河干流一般河段及主要支流堤防决口等水工程重大险情信息报告，必须向有关省级水行政主管部门和流域管理机构核实清楚，准确了解出险时间、出险位置、影响范围、险情处置、发展趋势等情况。确认无误后，应及时编发水旱灾害防御信息。持续跟踪险情处置进展，及时将最新情况向部长、分管副部长和中共中央办公厅、国务院办公厅续报。

（2）有关流域管理机构每日向水利部报送值班信息和工作开展情况。

（3）地方水行政主管部门应在第一时间向上一级水行政主管部门报告突发汛情险情和重要工作部署等。相关省级水行政主管部门应每日向水利部和相应流域管理机构报送值班信息和工作开展情况。

发生突发重大险情时，所在地的水行政主管部门应在汛情险情发生后 1 小时内报告（紧急情况可越级上报）水利部（防御司），并抄报流域管理机构。省级水行政主管部门应持续跟踪险情处置进展，每日向水利部和相应流域管理机构进行续报，延续至险情排除、灾情稳定或结束。

8. 宣传报道和信息发布机制

防御司起草新闻通稿和重要汛情通报，滚动反映实时汛情和防御工作部署、成效。

办公厅组织指导相关司局、单位开展宣传报道，根据需要组织召开水利部新闻发布会或新闻通气会，集中发布洪水防御工作情况，通过水利部网站发布新闻通稿和相关流域、地区的洪水防御工作信息。

宣教中心根据统一部署，协调中央主要媒体和重要社会媒体，发布新闻通稿，组织水利政务新媒体开展宣传报道，根据需要邀请媒体记者赴洪水防御一线采访、参加水利部新闻发布会或新闻通气会，做好舆情监测，编报重点舆情分析报告。

水利报社派出记者赴洪水防御一线采访，滚动编发稿件进行深度报道，利用融媒体平台进行宣传报道，发挥好专业媒体的舆论引导作用。

相关省级水行政主管部门和流域管理机构按照各自应急响应机制要求，积极主动做好新闻宣传和信息发布工作，及时回应社会关切，有效引导舆论；根据工作需要，做好信息提供、审核、接受采访等工作；各级水行政主管部门应统筹安排信息发布和接受采访相关事宜，统一发布内容和答问口径，规范语言文字表述，及时、客观、真实反映汛情和防御工作情况。

9. 抢险技术支撑及对外联络机制

（1）水利部根据工作需要和地方请求，按照险情类别调集本行业人员技术力量，协助指导地方开展险情处置。

（2）水利行业勘测、设计、科研等单位做好抢险技术支撑准备。水规总院、中国水科院和南京水科院等单位应专设联系人与防御司对接，做好抢险技术支撑准备。水规总院、中国水科院、南京水科院等单位根据工作需要，参加防汛会商，演示险情分析结论等。

（3）水利部水旱灾害防御专家应保持联络畅通，随时提供技术咨询和支持。

（4）流域管理机构应及时将直管工程险情通报当地人民政府防汛指挥机构，提请做好抗洪抢险、险情处置、群众转移避险等工作。

（5）地方有关水行政主管部门应派出专家组和工作组，动态了解掌握情况，加强工程巡查，做好险情处置技术支撑。

4.1.3.3 响应终止

视汛情变化，由防御司适时提出终止或降低应急响应级别的请示，报部长或分管副部长同意后宣布终止或降低应急响应级别。

4.1.4 洪水防御Ⅰ级应急响应

4.1.4.1 启动条件与程序

当出现以下情况之一时，启动洪水防御Ⅰ级应急响应：

（1）综合考虑气象暴雨（或台风）预警及当前雨水情，预报七大流域中某一流域可能发生流域性特大洪水。

（2）大江大河干流重要河段堤防发生决口。

（3）大型水库发生垮坝，可能严重威胁周边城镇、下游重要基础设施、人员安全等。

（4）预报国务院决定的国家蓄滞洪区需启用或重要堤防弃守、破堤泄洪。

（5）地震等自然灾害造成水利工程出现险情需要启动洪水防御Ⅰ级应急响应的情况。

根据汛情发展变化，当出现符合洪水防御Ⅰ级应急响应条件的事件时，防御司提出启动洪水防御Ⅰ级应急响应建议，由分管副部长审核后，报部长批准；遇紧急情况，由部长决定。

4.1.4.2 洪水防御Ⅰ级应急响应行动

1. 会商机制

水利部部长主持会商会，对防汛工作作出部署，有关成员单位主要负责同志参加会商。有关省级人民政府负责同志和水行政主管部门、流域管理机构主要负责同志根据需要参加会商。

响应期内，根据汛情发展变化，受部长委托，可由分管副部长或其他部领导主持，并将情况报部长。

2. 文件下发和上报机制

根据会商意见，水利部向有关省级水行政主管部门及有关流域管理机构和单位发出通知，通报关于启动洪水防御Ⅰ级应急响应的命令及有关洪水防御等情况，对做好相应的汛情预测预报预警、水工程调度、山洪灾害防御、堤防巡查和抢险技术支撑等工作提出要求。通知抄送国家防办。

水利部以《水旱灾害防御信息》《水利部值班信息》等形式向中共中央办公厅和国务院办公厅报送响应启动信息。

3. 调度指挥机制

（1）防御司会同相关流域管理机构和省级水行政主管部门按照调度权限做好水工程调度，每日将相关汛情及洪水防御工作等情况及时汇总报告部长、分管副部长。由地方水行政主管部门调度的重要水库、水闸等，防御司和流域管理机构应加强监督和指导，及时了解下步调度安排。

（2）水利部商流域管理机构对重要江河洪水进行调度，必要时部长与流域管理机构和相关省级水行政主管部门视频连线，会商调度方案，视情将意见通报省级水行政主管部门、流域管理机构。视情将重要水工程调度情况报国家防办。

（3）当达到国家蓄滞洪区启用条件时，必须按规定做好各项运用准备工作；调度命令下达后，必须严格执行调令，及时启用蓄滞洪区。由地方调度运用的蓄滞洪区，省级水行政主管部门应及时向水利部（防御司）和流域管理机构报告启用情况；由流域防总调度运用的，流域管理机构应及时报告水利部（防御司）。涉及启用国家防总调度运用的重要蓄滞洪区，流域管理机构提出调度建议，经会商后由担任国家防总副总指挥的水利部主要负责同志将方案呈报国家防总总指挥，按照总指挥的决定执行。

当涉及启用国务院决定的国家蓄滞洪区或重要堤防弃守、破堤泄洪时，流域管理机构提出调度建议，经会商后由担任国家防总副总指挥的水利部主要负责同志将方案呈报国家防总总指挥，按照总指挥的决定执行，重大决定按程序报国务院批准。

（4）汛期相关流域管理机构和省级水行政主管部门按洪水场次或按旬统计水库防洪效益。

4. 工作组和专家组派出机制

根据需要于应急响应启动后 8 小时内，派出部领导带队的工作组（相关工作要求见附件3）赴一线，协助指导地方开展洪水防御工作，同时派出专家组加强技术指导。

5. 预测预报机制

水利部信息中心启动 24 小时值班值守,及时分析天气形势并结合雨水情发展态势,做好雨情、水情的预测预报,加密与气象部门联合会商,每日至少制作发布雨水情预报 2 次,每日至少提供 4 次(6 时、8 时、14 时、20 时)重要测站监测信息,情况紧急时根据需求加密测报。

6. 洪水预警发布机制

(1)水利部信息中心按规定及时向相关省级水行政主管部门、流域管理机构、单位通报洪水预警信息,并向社会公众发布。重大洪水预警信息发布需经防御司审核,并报告部长、分管副部长。各流域管理机构和省级水行政主管部门所属水文部门按照管理权限和职责分工,分别向相关部门、单位通报洪水预警信息,并向社会公众发布。

(2)防御司及时将洪水预警信息通报国家防办,提请做好抗洪抢险、险情处置、群众转移避险等工作。视情将重大洪水预警信息报国家防总。

(3)相关流域管理机构和地方水行政主管部门按照管理权限、职责分工和本地预警信息发布要求,将洪水预警信息通过通知、工作短信、"点对点"电话等方式直达洪水防御工作一线,通过电视、广播、网站、微信公众号、山洪灾害预警系统等方式向社会公众发布,提醒洪水防御一线工作人员立即采取防御措施,受影响区域内社会公众及时做好防灾避险。

7. 信息报送机制

(1)防御司值班人员收到大型水库垮坝、大江大河干流重要河段堤防决口等水工程重大险情信息报告,必须向有关省级水行政主管部门和流域管理机构核实清楚,准确了解出险时间、出险位置、影响范围、险情处置、发展趋势等情况。确认无误后,应及时编发水旱灾害防御信息。持续跟踪险情处置进展,及时将最新情况向部长、分管副部长和中共中央办公厅、国务院办公厅续报。

(2)有关流域管理机构每日向水利部报送值班信息和工作开展情况。

(3)地方水行政主管部门应在第一时间向上一级水行政主管部门报告突发汛情险情和重要工作部署等。相关省级水行政主管部门应每日向水利部和相应流域管理机构报送值班信息和工作开展情况。

发生突发重大险情时,所在地的水行政主管部门应在汛情险情发生后 1 小时内报告(紧急情况可越级上报)水利部(防御司),并抄报流域管理机构。省级水行政主管部门应持续跟踪险情处置进展,每日向水利部和相应流域管理机构进行续报,延续至险情排除、灾情稳定或结束。

8. 宣传报道和信息发布机制

防御司起草新闻通稿和重要汛情通报,滚动反映实时汛情和防御工作部署、成效。

办公厅组织指导相关司局、单位开展宣传报道，根据需要协调国务院新闻办公室召开新闻发布会或政策例行吹风会，集中发布洪水防御工作情况，通过水利部网站发布新闻通稿和相关流域、地区的洪水防御工作信息。

宣教中心根据统一部署，协调中央主要媒体和重要社会媒体，发布新闻通稿，组织水利政务新媒体开展宣传报道，根据需要邀请媒体记者赴洪水防御一线采访，做好舆情监测，每日编报舆情分析报告。

水利报社派出记者赴洪水防御一线采访，滚动编发稿件进行深度报道，利用融媒体平台进行宣传报道，发挥好专业媒体的舆论引导作用。

相关省级水行政主管部门和流域管理机构按照各自应急响应机制要求，积极主动做好新闻宣传和信息发布工作，及时回应社会关切，有效引导舆论；根据工作需要，做好信息提供、审核、接受采访等工作；各级水行政主管部门应统筹安排信息发布和接受采访相关事宜，统一发布内容和答问口径，规范语言文字表述，及时、客观、真实反映汛情和防御工作情况。

9. 抢险技术支撑及对外联络机制

（1）水利部根据工作需要和地方请求，按照险情类别调集本行业人员技术力量，协助指导地方开展险情处置。

（2）水利行业勘测、设计、科研等单位做好抢险技术支撑准备。水规总院、中国水科院和南京水科院等单位应专设联系人与防御司对接，做好抢险技术支撑准备。水规总院、中国水科院、南京水科院等单位根据工作需要，参加防汛会商，演示险情分析结论等。

（3）水利部水旱灾害防御专家应保持联络畅通，随时提供技术咨询和支撑。

（4）流域管理机构应及时将直管工程险情通报当地人民政府防汛指挥机构，提请做好抗洪抢险、险情处置、群众转移避险等工作。

（5）地方有关水行政主管部门应派出专家组和工作组，动态了解掌握情况，加强工程巡查，做好险情处置技术支撑。

4.1.4.3　响应终止

视汛情变化，由防御司适时提出终止或降低应急响应级别的请示，报部长或分管副部长同意后宣布终止或降低应急响应级别。

4.2　干旱防御

4.2.1　干旱防御Ⅳ级应急响应

4.2.1.1　启动条件与程序

当出现以下情况之一时，启动干旱防御Ⅳ级应急响应：

（1）预报2个及以上省（自治区、直辖市）可能同时发生轻度干旱（农业旱情或城乡居民因旱临时性饮水困难情况达到轻度干旱等级）或1个省（自治区、直辖市）可能发生中度干旱（农业旱情或城乡居民因旱临时性饮水困难情况达到中度干旱等级）。

（2）预报2座大中型城市可能同时发生轻度干旱或1座大中型城市可能发生中度干旱。

（3）七大流域中某一流域多个江河湖库重要控制站水位（流量）低于旱警水位（流量）。

（4）其他需要启动干旱防御Ⅳ级应急响应的情况。

根据旱情发展变化，当出现符合干旱防御Ⅳ级应急响应条件的事件时，由防御司司长决定启动干旱防御Ⅳ级应急响应。

4.2.1.2　干旱防御Ⅳ级应急响应行动

1. 会商机制

防御司司长主持会商会，对抗旱工作作出部署，并将情况报分管副部长，有关成员单位派员参加会商。有关流域管理机构、省级水行政主管部门负责同志根据需要参加会商。

响应期内，根据旱情发展变化，受防御司司长委托，可由防御司负责同志主持，并将情况报分管副部长。

2. 文件下发和上报机制

根据会商意见，水利部向有关省级水行政主管部门及有关流域管理机构和单位发出通知，通报关于启动干旱防御Ⅳ级应急响应的命令及有关干旱防御等情况，对做好相应的旱情预测预报预警、水工程调度等工作提出要求。通知抄送国家防办。

水利部以《水旱灾害防御信息》等形式向中共中央办公厅和国务院办公厅报送响应启动信息。

3. 调度指挥机制

（1）防御司会同相关流域管理机构、省级水行政主管部门按照调度权限做好水工程调度，每日及时了解掌握相关水库蓄水和工程运行情况，指导各地做好旱灾防御工作，并将有关情况及时汇总报告分管副部长。由地方水行政主管部门调度的重要水库、水闸等，防御司和流域管理机构应加强监督和指导，及时了解下步调度安排。

（2）必要时，防御司商流域管理机构对重要江河进行调度，采取和相关流域管理机构、省级水行政主管部门视频连线方式，会商调度方案，视情将意见通报省级水行政主管部门、流域管理机构。

4. 工作组和专家组派出机制

根据工作需要，向有关地区派出司局级领导带队的工作组，查看农作物受旱和城乡居民临时性饮水困难情况，审查应急水量调度方案和供水保障方案，督促指导旱区做好应急水量调度、应急水源工程建设等旱灾防御工作，并将工作组情况报防御司司长。适时派出相关专业专家组，分析旱灾原因，有针对性地指导地方开展应急水量调度、应急供水保障等工作。

5. 预测预报机制

水利部信息中心每周提供雨情、水情、旱情实况和趋势预测预报信息。根据旱情发展形势和会商要求，针对受旱流域、区域进行专题预测预报。

6. 预警发布机制

（1）水利部信息中心按规定及时向相关省级水行政主管部门、流域管理机构、单位通报干旱预警信息，并向社会公众发布。各流域管理机构和省级水行政主管部门所属水文部门按照管理权限和职责分工，分别向相关部门、单位通报干旱预警信息，并向社会公众发布。

（2）相关流域管理机构和地方水行政主管部门按照管理权限、职责分工和本地预警信息发布要求，将干旱预警信息通过通知、工作短信、"点对点"电话等方式直达干旱防御工作一线，通过电视、广播、网站、微信公众号等方式向社会公众发布，提醒干旱防御一线工作人员提前采取防御措施，受影响区域内社会公众及时做好储水、节水等准备。

7. 信息报送机制

实行周报制。省级水行政主管部门根据《水旱灾害防御统计调查制度》，每周三向水利部和相关流域管理机构报送旱情信息，同时报送旱灾防御工作动态。根据抗旱形势，必要时加报旱情信息。防御司收集汇总相关旱情信息后，报送防御司司长。

8. 宣传报道和信息发布机制

防御司起草新闻通稿和重要旱情通报，适时反映实时旱情和防御工作部署、成效。

办公厅组织指导相关司局、单位开展宣传报道，通过水利部网站发布新闻通稿和相关流域、地区的干旱防御工作信息。

宣教中心根据统一部署，协调中央主要媒体和重要社会媒体，发布新闻通稿，组织水利政务新媒体开展宣传报道，做好舆情监测，及时反馈重大情况。

水利报社编发稿件并深入一线做好宣传报道，利用融媒体平台进行宣传报道，发挥好专业媒体的舆论引导作用。

相关省级水行政主管部门和流域管理机构按照各自应急响应机制要求，积极主动做好新闻宣传和信息发布工作，及时回应社会关切，有效引导舆论；根据工作需要，做好信息提供、审核、接受采访等工作；各级水行政主管部门应统筹安排信息发布和接受采访相关事宜，统一发布内容和答问口径，规范语言文字表述，及时、客观、真实反映旱情和防御工作情况。

4.2.1.3　响应终止

视旱情变化，由防御司司长决定终止干旱防御Ⅳ级应急响应。

4.2.2　干旱防御Ⅲ级应急响应

4.2.2.1　启动条件与程序

当出现以下情况之一时，启动干旱防御Ⅲ级应急响应：

（1）预报2个及以上省（自治区、直辖市）可能同时发生中度干旱（农业旱情或城乡居民因旱临时性饮水困难情况达到中度干旱等级）或1个省（自治区、直辖市）可能发生严重干旱（农业旱情或城乡居民因旱临时性饮水困难情况达到严重干旱等级）。

（2）预报2座大中型城市可能同时发生中度干旱或1座大中型城市可能发生严重干旱。

（3）七大流域中某一流域多个江河湖库重要控制站水位（流量）低于旱警水位（流量），且有发展趋势。

（4）其他需要启动干旱防御Ⅲ级应急响应的情况。

根据旱情发展变化，当出现符合干旱防御Ⅲ级应急响应条件的事件时，防御司提出启动干旱防御Ⅲ级应急响应建议，报分管副部长批准。

4.2.2.2　干旱防御Ⅲ级应急响应行动

1. 会商机制

水利部分管副部长主持会商会，对抗旱工作作出部署，并将情况报部长，有关成员单位负责同志参加会商。有关流域管理机构、省级水行政主管部门负责同志根据需要参加会商。

响应期内，根据旱情发展变化，受分管副部长委托，可由防御司司长主持，并将情况报部长、分管副部长。

2. 文件下发和上报机制

根据会商意见，水利部向有关省级水行政主管部门及有关流域管理机构和单位发出通知，通报关于启动干旱防御Ⅲ级应急响应的命令及有关干旱防御等情况，对做好相应的旱情预测预报预警、水工程调度等工作提出要求。通知抄送国家防办。

水利部以《水旱灾害防御信息》《水利部值班信息》等形式向中共中央办公厅和国务院办公厅报送响应启动信息。

3. 调度指挥机制

（1）防御司会同相关流域管理机构和省级水行政主管部门按照调度权限做

好水工程调度，每日及时了解掌握相关水库蓄水和工程运行情况，指导各地做好旱灾防御工作，并将有关情况及时汇总报告部长、分管副部长。由地方水行政主管部门调度的重要水库、水闸等，防御司和流域管理机构应加强监督和指导，及时了解下步调度安排。

（2）防御司商流域管理机构对重要江河进行调度，必要时防御司司长或分管副部长与流域管理机构和相关省级水行政主管部门视频连线，会商调度方案，视情将意见通报省级水行政主管部门、流域管理机构。

4. 工作组和专家组派出机制

根据工作需要，向有关地区派出司局级领导带队的工作组，查看农作物受旱和城乡居民临时性饮水困难情况，审查应急水量调度方案和供水保障方案，督促指导旱区做好应急水量调度、应急水源工程建设等旱灾防御工作，并将工作组情况报分管副部长。适时派出相关专业专家组，分析旱灾原因，有针对性地指导地方开展应急水量调度、应急供水保障等工作。

5. 预测预报机制

水利部信息中心每周提供雨情、水情、旱情实况和趋势预测预报信息。根据旱情发展形势和会商要求，针对受旱流域、区域进行专题预测预报。

6. 预警发布机制

（1）水利部信息中心按规定及时向相关省级水行政主管部门、流域管理机构、单位通报干旱预警信息，并向社会公众发布。各流域管理机构和省级水行政主管部门所属水文部门按照管理权限和职责分工，分别向相关部门、单位通报干旱预警信息，并向社会公众发布。

（2）相关流域管理机构和地方水行政主管部门按照管理权限、职责分工和本地预警信息发布要求，将干旱预警信息通过通知、工作短信、"点对点"电话等方式直达干旱防御工作一线，通过电视、广播、网站、微信公众号等方式向社会公众发布，提醒干旱防御一线工作人员提前采取防御措施，受影响区域内社会公众及时采取储水、节水等措施。

7. 信息报送机制

实行周报制。省级水行政主管部门根据《水旱灾害防御统计调查制度》，每周三向水利部和相关流域管理机构报送旱情信息，同时报送旱灾防御工作动态。根据抗旱形势，必要时加报旱情信息。防御司收集汇总相关旱情信息后，报送分管副部长。

8. 宣传报道和信息发布机制

防御司起草新闻通稿和重要旱情通报，及时反映实时旱情和防御工作部署、成效。

办公厅组织指导相关司局、单位开展宣传报道，通过水利部网站及时发布新闻通稿和相关流域、地区的干旱防御工作信息。

宣教中心根据统一部署，协调中央主要媒体和重要社会媒体，发布新闻通稿，组织水利政务新媒体开展宣传报道，根据需要邀请媒体记者参加会商，做好舆情监测，及时反馈重大情况。

水利报社派出记者赴一线开展采访报道，利用融媒体平台进行宣传报道，发挥好专业媒体的舆论引导作用。

相关省级水行政主管部门和流域管理机构按照各自应急响应机制要求，积极主动做好新闻宣传和信息发布工作，及时回应社会关切，有效引导舆论；根据工作需要，做好信息提供、审核、接受采访等工作；各级水行政主管部门应统筹安排信息发布和接受采访相关事宜，统一发布内容和答问口径，规范语言文字表述，及时、客观、真实反映旱情和防御工作情况。

4.2.2.3　响应终止

视旱情变化，由防御司适时提出终止或降低应急响应级别的请示，报分管副部长同意后宣布终止或降低应急响应级别。

4.2.3　干旱防御Ⅱ级应急响应

4.2.3.1　启动条件与程序

当出现以下情况之一时，启动干旱防御Ⅱ级应急响应：

（1）预报2个及以上省（自治区、直辖市）可能发生严重干旱（农业旱情或城乡居民因旱临时性饮水困难情况达到严重干旱等级）或1个省（自治区、直辖市）可能发生特大干旱（农业旱情或城乡居民因旱临时性饮水困难情况达到特大干旱等级）。

（2）预报2座大型及以上城市可能发生严重干旱或1座大型及以上城市可能发生特大干旱。

（3）七大流域中某一流域多座供水大型水库水位低于死水位。

（4）其他需要启动干旱防御Ⅱ级应急响应的情况。

根据旱情发展变化，当出现符合干旱防御Ⅱ级应急响应条件的事件时，防御司提出启动干旱防御Ⅱ级应急响应建议，报部长或分管副部长批准。

4.2.3.2　干旱防御Ⅱ级应急响应行动

1. 会商机制

水利部部长或分管副部长主持会商会，对抗旱工作作出部署，并将分管副部长会商情况报部长，有关成员单位主要负责同志参加会商。有关流域管理机构、省级水行政主管部门主要负责同志根据需要参加会商。

响应期内，根据旱情发展变化，受部长或分管副部长委托，可由防御司司长主持，并将情况报部长、分管副部长。

2. 文件下发和上报机制

根据会商意见，水利部向有关省级水行政主管部门及有关流域管理机构和单位发出通知，通报关于启动干旱防御Ⅱ级应急响应的命令及有关干旱防御等情况，对做好相应的旱情预测预报预警、水工程调度等工作提出要求。通知抄送国家防办。

水利部以《水旱灾害防御信息》《水利部值班信息》等形式向中共中央办公厅和国务院办公厅报送响应启动信息。

3. 调度指挥机制

（1）防御司会同相关流域管理机构和省级水行政主管部门按照调度权限做好水工程调度，每日及时了解掌握相关水库蓄水和工程运行情况，指导各地做好旱灾防御工作，并将有关情况及时汇总报告部长、分管副部长。由地方水行政主管部门调度的重要水库、水闸等，防御司和流域管理机构应加强监督和指导，及时了解下步调度安排。

（2）水利部商流域管理机构对重要江河进行调度，必要时部长或分管副部长与流域管理机构和相关省级水行政主管部门视频连线，会商调度方案，视情将意见通报省级水行政主管部门、流域管理机构。

4. 工作组和专家组派出机制

根据工作需要，向有关地区派出部领导或总师带队的工作组，查看农作物受旱和城乡居民临时性饮水困难情况，审查应急水量调度方案和供水保障方案，督促指导旱区做好应急水量调度、应急水源工程建设等旱灾防御工作，并将工作组情况报部长、分管副部长。适时派出相关专业专家组，分析旱灾原因，有针对性地指导地方开展应急水量调度、应急供水保障等工作。

5. 预测预报机制

水利部信息中心每周两次提供雨情、水情、旱情实况和趋势预测预报信息。根据旱情发展形势和会商要求，针对受旱流域、区域进行专题预测预报。

6. 预警发布机制

（1）水利部信息中心按规定及时向相关省级水行政主管部门、流域管理机构、单位通报干旱预警信息，并向社会公众发布。重大干旱预警信息发布需经防御司审核，并报告部长、分管副部长，视情将重大干旱预警信息报国家防总。各流域管理机构和省级水行政主管部门所属水文部门按照管理权限和职责分工，分别向相关部门、单位通报干旱预警信息，并向社会公众发布。

（2）相关流域管理机构和地方水行政主管部门按照管理权限、职责分工和本地预警信息发布要求，将干旱预警信息通过通知、工作短信、"点对点"电话等方式直达干旱防御工作一线，通过电视、广播、网站、微信公众号等方式向社会公众发布，提醒干旱防御一线工作人员立即采取防御措施，受影响区域内社会公众及时采取储水、节水等措施。

7. 信息报送机制

实行每周两报制。省级水行政主管部门根据《水旱灾害防御统计调查制度》，每周二和周五向水利部和相关流域管理机构报送农业旱情及城市干旱缺水情况统计表，同时报送旱灾防御工作动态。根据抗旱形势，必要时加报旱情信息。防御司收集汇总相关旱情信息后，报送部长、分管副部长。

8. 宣传报道和信息发布机制

防御司起草新闻通稿和重要旱情通报，滚动反映实时旱情和防御工作部署、成效。

办公厅组织指导相关司局、单位开展宣传报道，根据需要组织召开水利部新闻发布会或新闻通气会，集中发布干旱防御工作情况，通过水利部网站发布新闻通稿和相关流域、地区的干旱防御工作信息。

宣教中心根据统一部署，协调中央主要媒体和重要社会媒体，发布新闻通稿，组织水利政务新媒体开展宣传报道，根据需要邀请媒体记者赴干旱防御一线采访、参加水利部新闻发布会或新闻通气会，做好舆情监测，编报重点舆情分析报告。

水利报社派出记者赴干旱防御一线采访，滚动编发稿件进行深度报道，利用融媒体平台进行宣传报道，发挥好专业媒体的舆论引导作用。

相关省级水行政主管部门和流域管理机构按照各自应急响应机制要求，积极主动做好新闻宣传和信息发布工作，及时回应社会关切，有效引导舆论；根据工作需要，做好信息提供、审核、接受采访等工作；各级水行政主管部门应统筹安排信息发布和接受采访相关事宜，统一发布内容和答问口径，规范语言文字表述，及时、客观、真实反映旱情和防御工作情况。

4.2.3.3　响应终止

视旱情变化，由防御司适时提出终止或降低应急响应级别的请示，报部长或分管副部长同意后宣布终止或降低应急响应级别。

4.2.4　干旱防御Ⅰ级应急响应

4.2.4.1　启动条件与程序

当出现以下情况之一时，启动干旱防御Ⅰ级应急响应：

（1）预报2个及以上省（自治区、直辖市）可能发生特大干旱（农业旱情或城乡居民因旱临时性饮水困难情况达到特大干旱等级）。

（2）预报2座大型及以上城市可能发生特大干旱。

（3）其他需要启动干旱防御Ⅰ级应急响应的情况。

根据旱情发展变化，当出现符合干旱防御Ⅰ级应急响应条件的事件时，防御司提出启动干旱防御Ⅰ级应急响应建议，由分管副部长审核后，报部长批准。

4.2.4.2　干旱防御Ⅰ级应急响应行动

1. 会商机制

水利部部长主持会商会，对抗旱工作作出部署，有关成员单位主要负责同志参加会商。有关省级人民政府负责同志和水行政主管部门、流域管理机构主要负责同志根据需要参加会商。

响应期内，根据旱情发展变化，受部长委托，可由分管副部长或其他部领导主持，并将情况报部长。

2. 文件下发和上报机制

根据会商意见，水利部向有关省级水行政主管部门及有关流域管理机构和单位发出通知，通报关于启动干旱防御Ⅰ级应急响应的命令及有关干旱防御等情况，对做好相应的旱情预测预报预警、水工程调度等工作提出要求。通知抄送国家防办。

水利部以《水旱灾害防御信息》《水利部值班信息》等形式分别向中共中央办公厅和国务院办公厅报送响应启动信息。

3. 调度指挥机制

（1）防御司会同相关流域管理机构和省级水行政主管部门按照调度权限做好水工程调度，每日及时了解掌握相关水库蓄水和工程运行情况，指导各地做好旱灾防御工作，并将有关情况及时汇总报告部长、分管副部长。由地方水行政主管部门调度的重要水库、水闸等，防御司和流域管理机构应加强监督和指导，及时了解下步调度安排。

（2）水利部商流域管理机构对重要江河进行调度，必要时部长与流域管理机构和相关省级水行政主管部门视频连线，会商调度方案，视情将意见通报省级水行政主管部门、流域管理机构。

4. 工作组和专家组派出机制

根据工作需要，向有关地区派出部领导带队的工作组，查看农作物受旱和城乡居民临时性饮水困难情况，审查应急水量调度方案和供水保障方案，督促指导旱区做好应急水量调度、应急水源工程建设等旱灾防御工作，并将工作组情况报部长、分管副部长。适时派出相关专业专家组，分析旱灾原因，有针对性地指导地方开展应急水量调度、应急供水保障等工作。

5. 预测预报机制

水利部信息中心每日提供雨情、水情、旱情实况和趋势预测预报信息。根据旱情发展形势和会商要求，针对受旱流域、区域进行专题预测预报。

6. 预警发布机制

(1) 水利部信息中心按规定及时向相关省级水行政主管部门、流域管理机构、单位通报干旱预警信息，并向社会公众发布。重大干旱预警信息发布需经防御司审核，并报告部长、分管副部长，视情将重大干旱预警信息报国家防总。各流域管理机构和省级水行政主管部门所属水文部门按照管理权限和职责分工，分别向相关部门、单位通报干旱预警信息，并向社会公众发布。

(2) 相关流域管理机构和地方水行政主管部门按照管理权限、职责分工和本地预警信息发布要求，将干旱预警信息通过通知、工作短信、"点对点"电话等方式直达干旱防御工作一线，通过电视、广播、网站、微信公众号等方式向社会公众发布，提醒干旱防御一线工作人员立即采取防御措施，受影响区域内社会公众及时采取储水、节水等措施。

7. 信息报送机制

实行日报制。省级水行政主管部门根据《水旱灾害防御统计调查制度》，每日向水利部和相关流域管理机构报送农业旱情及城市干旱缺水情况统计表，同时报送旱灾防御工作动态。根据抗旱形势，必要时加报旱情信息。防御司收集汇总相关旱情信息后，报送部长、分管副部长。

8. 宣传报道和信息发布机制

防御司起草新闻通稿和重要旱情通报，滚动反映实时旱情和防御工作部署、成效。

办公厅组织指导相关司局、单位开展宣传报道，根据需要协调国务院新闻办公室召开新闻发布会或政策例行吹风会，集中发布干旱防御工作情况，通过水利部网站发布新闻通稿和相关流域、地区的干旱防御工作信息。

宣教中心根据统一部署，协调中央主要媒体和重要社会媒体，发布新闻通稿，组织水利政务新媒体开展宣传报道，根据需要邀请媒体记者赴干旱防御一线采访，做好舆情监测，每日编报舆情分析报告。

水利报社派出记者赴干旱防御一线采访，滚动编发稿件进行深度报道，利用融媒体平台进行宣传报道，发挥好专业媒体的舆论引导作用。

相关省级水行政主管部门和流域管理机构按照各自应急响应机制要求，积极主动做好新闻宣传和信息发布工作，及时回应社会关切，有效引导舆论；根据工作需要，做好信息提供、审核、接受采访等工作；各级水行政主管部门应统筹安排信息发布和接受采访相关事宜，统一发布内容和答问口径，规范语言文字表述，及时、客观、真实反映旱情和防御工作情况。

4.2.4.3　响应终止

视旱情变化，由防御司适时提出终止或降低应急响应级别的请示，报部长或分管副部长同意后宣布终止或降低应急响应级别。

5　善后工作

5.1　应急响应执行

强化应急响应执行，对不响应、响应打折扣的，严肃追责问责。水利部启动水旱灾害防御应急响应后，相关成员单位应按照职责分工和应急响应行动要求，全力以赴做好相关工作。相关流域管理机构、地方水行政主管部门和水利工程运行管理单位按照水利部水旱灾害防御应急响应和本级水旱灾害防御应急响应有关要求做好相应工作。

5.2　水旱灾害事件调查

5.2.1　洪水调查机制

当发生下列条件之一的事件时，水利部视情组织开展洪水调查评估：

（1）大江大河干流河段或主要支流堤防发生决口。

（2）水库发生垮坝事件。

（3）单次洪水或相关联洪水过程造成10人以上（含10人）人员死亡失踪或重大财产损失。

（4）一次山洪灾害事件导致人员死亡失踪10人以上（含10人）。

（5）其他有必要由水利部开展调查评估的情况。

调查组由相关成员单位、流域管理机构等组成。调查评估内容主要包括责任制落实、雨水情监测、预警信息发布、工程调度、转移避险、抢险救援以及灾害原因分析、整改提升措施等内容。地方水行政主管部门根据管理权限和有关工作职责开展调查评估。

5.2.2　旱灾调查机制

当发生下列条件之一的事件时，水利部视情组织开展旱灾调查评估：

（1）社会影响面较广的旱灾事件。

（2）经济损失严重的旱灾事件。

（3）其他有必要由水利部开展调查评估的情况。

调查组由相关成员单位、流域管理机构等组成。调查评估内容主要包括旱情发展过程、旱灾影响和损失、水工程调度、灾害原因、各级责任落实、应对措施合理性及整改提升措施等内容。地方水行政主管部门根据管理权限和有关工作职责开展调查评估。

5.3　水利救灾资金下达

（1）防御司及时了解、动态掌握全国洪旱灾害有关情况，督促各地抓紧开展灾情统计，按照党中央、国务院决策部署和领导同志批示精神，根据水利救灾工作需要和地方及流域管理机构申请，会同财务司研究提出水利救灾资金安排建议方案。财务司按程序向财政部申请水利救灾资金。

（2）水利救灾资金下达后，相关省级水行政主管部门应及时商省级财政部门做好资金分解下达、项目安排等工作，抓紧修复水毁工程设施、落实抗旱保供水各项措施，加快预算执行进度，保障防洪和供水安全。

5.4　水毁工程修复

对影响防洪安全和城乡供水安全的水毁工程，应尽快修复。防洪工程应力争在下次洪水到来之前做到恢复主体功能；水源工程应尽快恢复功能。

5.5　蓄滞洪区补偿

国家蓄滞洪区分洪运用后，防御司负责组织协调指导，按照《蓄滞洪区运用补偿暂行办法》进行补偿。

5.6　水旱灾害防御工作评价

各级水行政主管部门对年度水旱灾害防御工作的各个方面和环节进行定性和定量的总结、分析、评估，总结经验，查找问题，提出改进措施。

6　附则

地震造成水利设施损毁或引发与水利有关的次生灾害时，水利抗震救灾应急响应工作参照本规程执行。

水利部各流域管理机构和地方水行政主管部门可参照本规程制订本辖区内的水旱灾害防御应急响应工作规程或应急预案。

本规程由水利部水旱灾害防御司负责解释，自印发之日起实施。

附录四　大中型水库汛期调度运用规定（试行）

水防〔2021〕189 号

2021 年 6 月 22 日

第一章　总　　则

第一条　为规范大中型水库汛期调度运用，确保水库安全运行，充分发挥水库防洪和其他效益，根据《中华人民共和国水法》《中华人民共和国防洪法》《中华人民共和国防汛条例》等法律法规以及有关标准规范和水利部相关规章制度，制定本规定。

第二条　本规定适用于承担防洪（防凌）任务，泄洪设施具备控泄条件的大型和中型水库（含水电站，下同）。

第三条　水库汛期调度运用应当坚持安全第一、统筹兼顾，兴利服从防洪、局部服从整体的原则，实行统一调度、分级负责，在服从防洪总体安排、保证水库工程安全的前提下，协调防、供水、生态、调沙、发电、航运等关系，充分发挥水库综合效益。

第四条　水库汛期调度运用工作主要包括：年度汛期调度方案（运用计划）编制、审批及各案，雨水情监测预报，实时调度方案制定及调度指令下达，调度指令执行，预警信息发布，调度过程记录，调度总结分析和其他相关调度管理等工作。

第五条　本规定所称调度管理单位是指对水库有防洪调度权限的水行政主管部门和流域管理机构；调度执行单位是指具体执行防洪调度指令的水库运行管理单位。

第二章　年度汛期调度方案（运用计划）

第六条　调度执行单位汛前应当组织编制水库年度汛期调度方案（运用计划），经有审批权限的调度管理单位审查批复后执行，并报有管辖权的人民政府防汛指挥机构各案。如工程状况、运行条件、工程保护对象、设计洪水等情况发生变化时，应当及时修订报批；如工程状况、运行条件、工程保护对象、设计洪水等情况基本无变化，调度执行单位每年汛前应当向审批单位报备或者报告。流域水库群年度汛期联合调度方案（运用计划）由流域管理机构组织编制，报水利部审批。

第七条　水库年度汛期调度方案（运用计划）或水库群年度汛期联合调度方案（运用计划）应当依据流域防御洪水方案和洪水调度方案，工程规划设计、调度规程，结合枢纽运行状况，近年汛期调度总结及当年防洪形势等编制。对存在病险的水库，立当根据病险情况制定有针对性的年度汛期调度方案（运用计划），确保安全度汛。

第八条　水库年度汛期调度方案（运用计划）主要内容包括：

编制目的和依据、防洪及其他任务现状、雨水情监测及洪水预报、洪水特性、特征水位及库容、调度运用条件、防洪（防凌）调度计划、调度权限、防洪度汛措施等，其中，防洪（防凌）调度计划应包含调度任务和原则、调度方式、汛限水位及时间、运行水位控制及条件、下泄流量控制要求、供水、生态、调沙、发电和航运等其他调度需求。

第九条　水库群年度汛期联合调度方案（运用计划）主要内容包括：编制目的和依据、纳入联合调度范围的水库、联合调度原则和目标、联合调度方案、各水库调度方式、调度权限、信息报送及共享等。

第十条　有审批权限的调度管理单位应于汛前完成对水库年度汛期调度方案（运用计划）、水库群年度汛期联合调度方案（运用计划）的批复，并按规定报备。

第三章　雨水情监测预报

第十一条　调度执行单位应当组织建设完善雨水情自动测报系统，并充分共享水文等部门已有监测信息，开展雨水情监测、水文作业预报并报送相关信息等。每年汛前开展专项检查，确保设备、系统正常运行和监测数据准确可靠。

第十二条　调度执行单位应当结合已建水文气象测站，合理布设雨水情监测站点，实现雨量、库流量、出库流量、库水位等实时测报。洪水期要加密测报频次。

第十三条　调度管理单位、调度执行单位应当开展或者组织协调水文等部门共同开展水文作业预报，水文作业预报必须由水文专业技术人员承担。水文部门应当加强对大中型水库所在区域的水文作业预报。在暴雨洪水期间，应密切跟踪雨水情变化，及时滚动分析预报。预报时限、预报频次、精度和有效预见期应满足防洪调度及水库运行管理需求。

第十四条　水文预报方案应当满足相关规范要求。预报方案应包括入库流量、库水位预报等内容，预报方案精度应当达到乙级或者以上。作业预报过程中，应当加强水文气象耦合、预报调度耦合，进行实时校正和滚动预报，提高预报精度、延长预见期。

第十五条　调度执行单位应当及时向调度管理单位及相关水文部门报送雨水情、工情、实时调度情况、预报情况等信息。信息报送频次、时效性应满足预报调度等要求。调度管理单位、调度执行单位、受影响区域有关部门应当积极推动雨水工情和调度运行信息实时共享。

第四章　实时调度方案制定及调度指令下达

第十六条　调度管理单位汛期应当密切关注实时及预报雨水情，统筹防洪、供水、生态、调沙、发电、航运等需求和水库当前工情，明确调度目标，组织制订实时调度方案，经调度会商决策后，向调度执行单位下达相应调度指令。

第十七条　调度指令应简洁准确，避免歧义。应当明确调度执行单位、调度对象、执行时间，以及出库流量、水库水位、开闸（孔）数量、机组运行台数（可根据水库实际选取相应指标）等要求。一般情况下调度指令提前一定时间下达，为调度指令执行和水库上下游做好相关安全主备留有一定时间，紧急情况下第一时间下达。

第十八条　调度指令应当以书面形式下达。紧急情况下，调度管理单位主要负责人或其授权的负责人可通过电话方式下达调度指令并做好记录，后续及时补发书面调度指令。

第十九条　调度指令除下达给调度执行单位外，应当抄送水库调度影响范围内的人民政府防汛指挥机构、地方水行政主管部门、上一级水行政主管部门或者流域管理机构，以及航运、发电等其他相关行业管理部门和单位。调度管理单位应当确保调度指令及时送达调度执行单位及相关部门和单位。

第五章　调度指令执行

第二十条　调度执行单位应当根据经批复的水库调度规程、年度汛期调度方案（运用计划）等实施水库调度，在调度管理单位下达调度指令进行实时调度时，调度执行单位按照调度指令做好水库实时调度。

第二十一条　调度执行单位应当严格执行调度指令，按照调度指令规定的时间节点和要求进行相应调度操作，可采取书面、电话等方式反馈调度指令执行情况并做好调度记录。

第二十二条　调度执行单位对调度指令有异议时，应当及时与调度管理单位沟通，在没有接收到新的调度指令前，仍应执行当前调度指令。

第二十三条　遇特殊情况不能按照水库调度规程、年度汛期调度方案（运用计划）或调度指令调度的，调度执行单位应当及时向调度管理单位报告请示，经批准后实施；遇紧急水情、工情并危及工程等安全时，调度执行单位可根据相关预案，先行采取应急调度措施，在操作的同时同步将调度情况上报调度管理单位，并及时报送相关原因等说明材料。

第二十四条　调度管理单位应当强化水库调度运行监督管理，通过雨水情系统、电话询问、网络视频等方式实时监控水库调度运行、调度指令执行等情况，视情况可到现场监督检查。监督检查发现未按照水库调度规程和年度汛期调度方案（运用计划）调度的，或者未按调度指令执行的，调度管理单位应立即督促纠正。

第二十五条　对未按批复的水库调度规程、汛期调度方案（运用计划）或调度指令执行而违规调度的，调度管理单位对调度执行单位和相关责任人实施责任追究或提出责任追究建议。

第六章　预警信息发布

第二十六条　调度管理单位、调度执行单位应当与地方人民政府防汛指挥机构、有关部门和单位建立水库调度或蓄放水预警信息发布机制，明确相应责任和预警范围、方式等，协同开展预警宣传、演练与发布工作。

第二十七条　因水库防洪或抗旱调度导致水库上、下游径流或水位将发生明显改变时，调度执行单位应当根据预警信息发布机制责任分工，第一时间按要求发布水库调度或蓄放水预警信息，提醒有关地方、部门和单位及社会公众及时掌握河道水情变化，做好避险防范工作。

第七章　调　度　管　理

第二十八条　调度执行单位应当配备各专业技术人员，熟悉水库所在流域的水文气象特点、暴雨洪水特性，掌握水库调度规程、年度汛期调度方案（运用计划）、水库调度的制约因素、关键环节和潜在风险等。

第二十九条　调度管理单位、调度执行单位应当将调度业务培训纳入工作计划，并按计划对调度岗位人员开展相应调度业务培训，提高调度管理能力与水平。

第三十条　调度管理单位、调度执行单位每年汛前应当组织开展水库防洪调度演练（包括梯级水库联合防洪调度或单库防洪调度演练等多种形式）。

第三十一条　调度执行单位应当做好水库调度运行纸质或电子信息记录（包括库水位、入库流量、出库流量及其对应时刻、闸门启闭、电站机组出力、预警信息、调度指令内容及执行情况等），记录频次应不少于水库报汛频次，洪水期间应当详细记录所有调度和操作信息。

第三十二条　洪水调度过程和汛期结束后，调度执行单位应当及时做好水库汛期调度工作总结，并报水库调度管理单位。调度总结包括调度任务、原则和目标、雨水情监测及洪水预报、调度过程、调度成效、问题和经验等内容。汛期，调度管理单位应及时汇总管辖范围内水库防洪调度效益，并上报上级水行政主管部门，省级水行政主管部门应当同时报送流域管理机构。

第三十三条　开展水库应急调度时，按相关规定或应急预案执行。

第八章　附　　则

第三十四条　本规定自发布之日起施行。

附录五　水利部堰塞湖应急处置工作规程（试行）

办防〔2019〕103 号

2019 年 5 月 27 日

一、总则

根据国务院机构改革和部委"三定"规定，结合《堰塞湖风险等级划分标准》（以下简称《标准》）和《堰塞湖应急处置技术导则》（以下简称《导则》），制定本规程，以规范指导水利部堰塞湖应急处置相关工作。

根据水利部新的"三定"规定，在防汛抗旱方面，水利部主要承担水情旱情监测预警、水工程调度和防御洪水应急抢险的技术支撑等工作。结合堰塞湖应急处置工作实际，水利部在堰塞湖应急处置方面相关工作主要包括信息报送和应急值守、基础资料获取、应急监测、会商研判（包括安全性评价、溃坝洪水分析和预测预报、应急响应）、水工程调度、信息共享和发布、应急处置方案编制、宣传报道、应急处置后续评估总结、灾后水利设施水毁修复等。

二、信息报送和应急值守

堰塞湖险情发生后，防御司第一时间核实堰塞湖基本情况，初判险情危险程度，及时向部领导报告，并以《防汛抗旱简报》向国务院报告，及时通报相关部门，后续视情况按规定报送。堰塞湖应急处置期间，相关流域管理机构和地方水利部门及时报送堰塞湖信息及水利应急处置工作进展。

防御司、信息中心、水文司、相关流域管理机构和地方水利部门等加强值守力量。

三、基础资料获取

堰塞湖险情发生后，信息中心负责商请中国资源卫星应用中心、军委联合参谋部航天系统部等单位提供遥感影像资料，商请自然资源部提供高精度基础地形资料，负责遥感数据处理、堰塞湖监测信息提取和分析，并提出分析结果；负责收集地方和前方工作组等监测研判信息。

相关流域管理机构负责收集流域内所设站点的水文气象资料；会同相关地

方水利（文）部门收集其他站点的水文气象资料，收集调查堰塞湖所在区域社会经济、村庄、人田、重要设施分布等情况，调查堰塞体区域基本地质条件和水文地质特性，开展堰塞体及周边范围的地形实测，分析堰塞体体型和形态、结构、物质组成、物理力学性质、水文地质特性、形成机制等，分析计算堰塞湖水位-库容曲线等；组织研判堰塞体情况。

四、应急监测

堰塞湖应急处置期间，在水文司统一安排下，相关流域管理机构负责设站河段内的水文应急监测，负责会同相关部门统一堰塞湖水文应急监测高程基面；相关地方水文部门负责其他河段内的水文应急监测。地方水利部门会同相关部门负责安全监测。

水文应急监测主要包括堰塞湖应急水文勘测、水文监测站网布设、水文应急监测方案、水文信息传输、水文监测资料的快速整编等，并应统一堰塞湖水文应急监测高程基面；安全监测范围包括堰塞体变形和渗流监测以及库区潜在滑坡体、两岸山体滑塌后的边坡、下游受溃坝洪水影响较大的重要基础设施等。监测具体内容参见《导则》要求。

五、会商研判

堰塞湖险情发生后，水利部第一时间进行会商，组织研判堰塞体基本情况，对堰塞湖风险等级进行初步研判，做出工作安排。堰塞湖应急处置期间，根据安全性评价、溃坝洪水分析成果以及险情处置进展等信息，及时组织会商，对水文监测预报预警、水工程调度、抢险技术支撑等工作做出安排部署，并针对堰塞湖洪水风险及时向地方和相关部门、单位发出通知，提醒做好人员转移和下游基础设施安全防护工作。根据会商研判的堰塞湖风险等级，及时启动应急响应，整合力量加强应对。

1. 安全性评价

堰塞湖险情发生后，水利部立即组织开展堰塞湖的风险等级初步评价、危险性评价、上下游影响评估和风险性综合评价等安全性评价，提出上游淹没风险分析、溃坝洪水风险分析等有关成果，并及时将最新成果通报相关部门和地方人民政府。安全性评价具体内容参见《导则》要求。

根据《标准》，按堰塞湖规模太小、堰塞体危险级别、堰塞体溃决损失严重性分级等综合确定的堰塞湖风险等级共分为Ⅰ、Ⅱ、Ⅲ、Ⅳ级。按上级要求和工作职责，相关流域管理机构应会同地方水利部门组织开展堰塞湖风险等级为Ⅰ级，或影响范围涉及两省及以上的堰塞湖的安全性评价，并向水利部报告。

相关地方水利部门负责组织其他风险等级堰塞湖的安全性评价。

2. 溃坝洪水分析和预测预报

堰塞湖应急处置期间，信息中心会同相关流域管理机构、中国水利水电科学研究院等单位研究开展坝址溃坝洪水计算、溃坝洪水演进计算，主要计算在不同条件下堰塞湖溃决的坝址最大流量和流量过程线，以及溃坝洪水向下游演进的情况，包括沿程相关断面的流量、水位过程线和洪峰水位、流量到达时间。组织专家联合会商，提出溃坝洪水和沿程演进分析综合成果，并由防御司及时将最新成果通报相关部门和地方人民政府，为制定堰塞湖应急处置除险方案和下游人员避险转移方案提供依据。

信息中心组织相关流域管理机构、相关地方水文部门编制水情预测方案，开展堰塞湖洪水预测预报工作。

3. 应急响应

对风险等级为Ⅰ级，或影响范围涉及两省及以上且风险等级Ⅱ级以上的堰塞湖险情，水利部可视情启动应急响应，由水利部部长主持会商，或委托副部长主持会商，相关司局和单位参加，部署相关工作，视情加密会商频次；当需要采取水工程调度措施应对时，可组织相关部门或单位进行水工程调度联合会商；防御司启动内部应急机制，优化整合力量应对。当堰塞湖险情解除时，应急响应自动终止。

对其他风险等级的堰塞湖险情，水利部视情采取相关应对措施，协助指导地方做好堰塞湖应急处置相关工作。

根据工作需要，以及国务院或相关部委要求，水利部派出相应人员和专家参加工作组，参加相关的联合会商。防御司负责前方水利部派出人员和专家与后方的沟通协调及信息通报。

六、水工程调度

堰塞湖应急处置期间，根据实时水情、来水预测及溃坝洪水、沿程演进和淹没风险分析等成果，防御司组织相关流域管理机构和信息中心提出堰塞湖上下游影响范围内有关水工程调度方案，报经部领导同意后，协调指导相关流域管理机构组织实施。

七、信息共享和发布

防御司负责向相关部门和地方通报堰塞湖溃坝洪水分析及水工程调度等信息；信息中心归口管理风险等级为Ⅰ级，或影响范围涉及两省及以上或国际河流上堰塞湖实时水情信息的发布，地方水文部门负责统一发布其他堰塞湖的实时水情信息。由信息发布部门牵头建立跨部门、跨行业、跨地区的水文应急监测信息共享机制。涉及国际河流的，国科司负责应急信息通报相关涉外事务，信息中心负责组织实施应急信息对外通报。

八、应急处置方案编制

相关流域管理机构按工作需要或相关要求开展风险等级为Ⅰ级，或影响范围涉及两省及以上堰塞湖应急处置技术方案编制的有关工作，相关地方水利部门配合；相关地方水利部门负责开展其他风险等级堰塞湖的应急处置技术方案的编制。方案编制具体内容参见《导则》，并按程序报批后实施。

九、宣传报道

防御司、办公厅会同宣传教育中心、水利报社等做好水利部堰塞湖应急处置工作的宣传报道。重点做好应对工作部署、水文应急监测、水工程调度、应急抢险技术支撑等方面的宣传，主动与中央电视台、新华社等中央主流媒体联系，及时向主流媒体提供新闻稿件，组织协调开展一线报道，确保宣传报道及时、主动、准确。

十、应急处置后续评估总结

堰塞湖险情解除后，各有关单位按要求开展水利应急处置评估总结，对残留堰塞体、泄流通道及附近山体可能滑坡体（或附近支沟泥石流）等进行综合评估，提出后续处置工作建议。

十一、灾后水利设施水毁修复

防御司根据水利设施受损和应急监测工作开展情况，提出灾后水利设施水毁修复建议，并商财政部门安排经费支持，指导地方开展灾后水利设施修复。

417

附录六　历年洪涝干旱灾情统计表

附表 6 - 1　　　　1950—2020 年全国洪涝灾情统计表

年份	受灾面积/(×10³hm²)	成灾面积/(×10³hm²)	因灾死亡/人	因灾失踪/人	倒塌房屋/万间	直接经济损失/亿元
1950	6559.00	4710.00	1982	—	130.50	—
1951	4173.00	1476.00	7819	—	31.80	—
1952	2794.00	1547.00	4162	—	14.50	—
1953	7187.00	3285.00	3308	—	322.00	—
1954	16131.00	11305.00	42447	—	900.90	—
1955	5247.00	3067.00	2718	—	49.20	—
1956	14377.00	10905.00	10676	—	465.90	—
1957	8083.00	6032.00	4415	—	371.20	—
1958	4279.00	1441.00	3642	—	77.10	—
1959	4813.00	1817.00	4540	—	42.10	—
1960	10155.00	4975.00	6033	—	74.70	—
1961	8910.00	5356.00	5074	—	146.30	—
1962	9810.00	6318.00	4350	—	247.70	—
1963	14071.00	10479.00	10441	—	1435.30	—
1964	14933.00	10038.00	4288	—	246.50	—
1965	5587.00	2813.00	1906	—	95.60	—
1966	2508.00	950.00	1901	—	26.80	—
1967	2599.00	1407.00	1095	—	10.80	—
1968	2670.00	1659.00	1159	—	63.00	—
1969	5443.00	3265.00	4667	—	164.60	—
1970	3129.00	1234.00	2444	—	25.20	—
1971	3989.00	1481.00	2323	—	30.20	—
1972	4083.00	1259.00	1910	—	22.80	—
1973	6235.00	2577.00	3413	—	72.30	—
1974	6431.00	2737.00	1849	—	120.00	—
1975	6817.00	3467.00	29653	—	754.30	—

年份	受灾面积 /（×10³hm²）	成灾面积 /（×10³hm²）	因灾死亡 /人	因灾失踪 /人	倒塌房屋 /万间	直接经济损失 /亿元
1976	4197.00	1329.00	1817	—	81.90	—
1977	9095.00	4989.00	3163	—	50.60	—
1978	2820.00	924.00	1796	—	28.00	—
1979	6775.00	2870.00	3446	—	48.80	—
1980	9146.00	5025.00	3705	—	138.30	—
1981	8625.00	3973.00	5832	—	155.10	—
1982	8361.00	4463.00	5323	—	341.50	—
1983	12162.00	5747.00	7238	—	218.90	—
1984	10632.00	5361.00	3941	—	112.10	—
1985	14197.00	8949.00	3578	—	142.00	—
1986	9155.00	5601.00	2761	—	150.90	—
1987	8686.00	4104.00	3749	—	92.10	—
1988	11949.00	6128.00	4094	—	91.00	—
1989	11328.00	5917.00	3270	—	100.10	—
1990	11804.00	5605.00	3589	—	96.60	239.00
1991	24596.00	14614.00	5113	—	497.90	779.08
1992	9423.30	4464.00	3012	—	98.95	412.77
1993	16387.30	8610.40	3499	—	148.91	641.74
1994	18858.90	11489.50	5340	—	349.37	1796.60
1995	14366.70	8000.80	3852	—	245.58	1653.30
1996	20388.10	11823.30	5840	—	547.70	2208.36
1997	13134.80	6514.60	2799	—	101.06	930.11
1998	22291.80	13785.00	4150	—	685.03	2550.90
1999	9605.20	5389.12	1896	—	160.50	930.23
2000	9045.01	5396.03	1942	—	112.61	711.63
2001	7137.78	4253.39	1605	—	63.49	623.03
2002	12384.21	7439.01	1819	—	146.23	838.00
2003	20365.70	12999.80	1551	—	245.42	1300.51
2004	7781.90	4017.10	1282	—	93.31	713.51
2005	14967.48	8216.68	1660	—	153.29	1662.20
2006	10521.86	5592.42	2276	—	105.82	1332.62

续表

年份	受灾面积 /(×10³hm²)	成灾面积 /(×10³hm²)	因灾死亡 /人	因灾失踪 /人	倒塌房屋 /万间	直接经济损失 /亿元
2007	12548.92	5969.02	1230	—	102.97	1123.30
2008	8867.82	4537.58	633	232	44.70	955.44
2009	8748.16	3795.79	538	110	55.59	845.96
2010	17866.69	8727.89	3222	1003	227.10	3745.43
2011	7191.50	3393.02	519	121	69.30	1301.27
2012	11218.09	5871.41	673	159	58.60	2675.32
2013	11777.53	6540.81	775	374	53.36	3155.74
2014	5919.43	2829.99	486	91	25.99	1573.55
2015	6132.08	3053.84	319	81	15.23	1660.75
2016	9443.26	5063.49	686	207	42.77	3643.26
2017	5196.47	2781.19	316	39	13.78	2142.53
2018	6426.98	3131.16	187	32	8.51	1615.47
2019	6680.40	—	573	85	10.30	1922.7
2020	7190.00	—	230	49	9.0	2669.8
平均	9526.88	—	3994	199	172.98	1559.81

注 1950—2018 年数据来源于水利部,2019—2020 年数据来源于应急管理部国家减灾中心;"—"表示没有统计数据;因灾失踪人口是从 2008 年开始作为指标统计。

附表 6-2　2000—2020 年中小河流和山洪灾害死亡与失踪人口统计表

年份	死亡人口/人	失踪人口/人	年份	死亡人口/人	失踪人口/人
2000	1102	—	2011	413	—
2001	788	—	2012	473	—
2002	924	—	2013	560	—
2003	1307	—	2014	340	—
2004	998	—	2015	226	50
2005	1400	—	2016	481	129
2006	1612	—	2017	207	16
2007	1069	—	2018	129	32
2008	508	—	2019	347	—
2009	430	—	2020	95	62
2010	2824	—			

注 数据来源于水利部,"—"表示没有统计数据。

附表 6－3 **1950—2020 年全国干旱灾情统计表**

年份	受灾面积 /($\times 10^3 hm^2$)	成灾面积 /($\times 10^3 hm^2$)	绝收面积 /($\times 10^3 hm^2$)	粮食损失 /亿 kg	饮水困难人口 /万人	饮水困难大牲畜 /万头	直接经济损失 /亿元
1950	2398.00	589.00	—	19.00	—	—	—
1951	7829.00	2299.00	—	36.88	—	—	—
1952	4236.00	2565.00	—	20.21	—	—	—
1953	8616.00	1341.00	—	54.47	—	—	—
1954	2988.00	560.00	—	23.44	—	—	—
1955	13433.00	4024.00	—	30.75	—	—	—
1956	3127.00	2051.00	—	28.60	—	—	—
1957	17205.00	7400.00	—	62.22	—	—	—
1958	22361.00	5031.00	—	51.28	—	—	—
1959	33807.00	11173.00	—	108.05	—	—	—
1960	38125.00	16177.00	—	112.79	—	—	—
1961	37847.00	18654.00	—	132.29	—	—	—
1962	20808.00	8691.00	—	89.43	—	—	—
1963	16865.00	9021.00	—	96.67	—	—	—
1964	4219.00	1423.00	—	43.78	—	—	—
1965	13631.00	8107.00	—	64.65	—	—	—
1966	20015.00	8106.00	—	112.15	—	—	—
1967	6764.00	3065.00	—	31.83	—	—	—
1968	13294.00	7929.00	—	93.92	—	—	—
1969	7624.00	3442.00	—	47.25	—	—	—
1970	5723.00	1931.00	—	41.50	—	—	—
1971	25049.00	5319.00	—	58.12	—	—	—
1972	30699.00	13605.00	—	136.73	—	—	—
1973	27202.00	3928.00	—	60.84	—	—	—
1974	25553.00	2296.00	—	43.23	—	—	—
1975	24832.00	5318.00	—	42.33	—	—	—
1976	27492.00	7849.00	—	85.75	—	—	—
1977	29852.00	7005.00	—	117.34	—	—	—
1978	40169.00	17969.00	—	200.46	—	—	—
1979	24646.00	9316.00	—	138.59	—	—	—

年份	受灾面积 /($\times 10^3 hm^2$)	成灾面积 /($\times 10^3 hm^2$)	绝收面积 /($\times 10^3 hm^2$)	粮食损失 /亿 kg	饮水困难 人口 /万人	饮水困难 大牲畜 /万头	直接经济 损失 /亿元
1980	26111.00	12485.00	—	145.39	—	—	—
1981	25693.00	12134.00	—	185.45	—	—	—
1982	20697.00	9972.00	—	198.45	—	—	—
1983	16089.00	7586.00	—	102.71	—	—	—
1984	15819.00	7015.00	—	106.61	—	—	—
1985	22989.00	10063.00	—	124.04	—	—	—
1986	31042.00	14765.00	—	254.34	—	—	—
1987	24920.00	13033.00	—	209.55	—	—	—
1988	32904.00	15303.00	—	311.69	—	—	—
1989	29358.00	15262.00	2423.33	283.62	—	—	—
1990	18174.67	7805.33	1503.33	128.17	—	—	—
1991	24914.00	10558.67	2108.67	118.00	4359.00	6252.00	—
1992	32980.00	17048.67	2549.33	209.72	7294.00	3515.00	—
1993	21098.00	8658.67	1672.67	111.80	3501.00	1981.00	—
1994	30282.00	17048.67	2526.00	233.60	5026.00	6012.00	—
1995	23455.33	10374.00	2121.33	230.00	1800.00	1360.00	—
1996	20150.67	6247.33	686.67	98.00	1227.00	1675.00	—
1997	33514.00	20010.00	3958.00	476.00	1680.00	850.00	—
1998	14237.33	5068.00	949.33	127.00	1050.00	850.00	—
1999	30153.33	16614.00	3925.33	333.00	1920.00	1450.00	—
2000	40540.67	26783.33	8006.00	599.60	2770.00	1700.00	—
2001	38480.00	23702.00	6420.00	548.00	3300.00	2200.00	—
2002	22207.33	13247.33	2568.00	313.00	1918.00	1324.00	—
2003	24852.00	14470.00	2980.00	308.00	2441.00	1384.00	—
2004	17255.33	7950.67	1677.33	231.00	2340.00	1320.00	—
2005	16028.00	8479.33	1888.67	193.00	2313.00	1976.00	—
2006	20738.00	13411.33	2295.33	416.50	3578.23	2936.25	986.00
2007	29386.00	16170.00	3190.67	373.60	2756.00	2060.00	1093.70
2008	12136.80	6797.52	811.80	160.55	1145.70	699.00	545.70
2009	29258.80	13197.10	3268.80	348.49	1750.60	1099.40	1206.59

续表

年份	受灾面积 /($\times 10^3$hm^2)	成灾面积 /($\times 10^3$hm^2)	绝收面积 /($\times 10^3$hm^2)	粮食损失 /亿 kg	饮水困难人口 /万人	饮水困难大牲畜 /万头	直接经济损失 /亿元
2010	13258.61	8986.47	2672.26	168.48	3334.52	2440.83	1509.18
2011	16304.20	6598.60	1505.40	232.07	2895.45	1616.92	1028.00
2012	9333.33	3508.53	373.80	116.12	1637.08	847.63	533.00
2013	11219.93	6971.17	1504.73	206.36	2240.54	1179.35	1274.51
2014	12271.70	5677.10	1484.70	200.65	1783.42	883.29	909.76
2015	10067.05	5577.04	1005.39	144.41	836.43	806.77	579.22
2016	9872.76	6130.85	1018.20	190.64	469.25	649.73	484.15
2017	9946.43	4490.02	752.71	134.44	477.78	514.29	437.88
2018	7397.21	3667.23	610.21	156.97	306.69	462.30	483.62
2019	8777.83	4179.99	724.51	236.01	692.29	368.10	—
2020	8352.43	4080.99	740.19	123.04	668.98	448.63	—
平均	19981.33	8976.22	2185.08	162.99	2250.40	1695.38	

注　数据来源于水利部，"—"表示没有统计数据。

参 考 文 献

[1] 国家防汛抗旱总指挥部办公室. 防汛抗旱行政首长培训教材 ［M］. 北京：中国水利水电出版社，2006.

[2] 国家防汛抗旱总指挥部办公室. 防汛抗旱专业干部培训教材 ［M］. 北京：中国水利水电出版社，2010.

[3] 水利部水旱灾害防御司. 防汛抢险技术手册 ［M］. 北京：中国水利水电出版社，2021.

[4] 国家防汛抗旱总指挥部办公室. 江河防汛抢险实用技术图解 ［M］. 北京：中国水利水电出版社，2003.

[5] 《中国水利百科全书》编委会. 中国水利百科全书 ［M］. 北京：中国水利水电出版社，2006.

[6] 钱正英，张光斗. 中国可持续发展水资源战略研究：综合报告及各专题报告 ［M］. 北京：中国水利水电出版社，2001.

[7] 国家防汛抗旱总指挥部办公室，水利部南京水文水资源研究所. 中国水旱灾害 ［M］. 北京：中国水利水电出版社，1997.

[8] 林祚顶. 水文现代化与水文新技术 ［M］. 北京：中国水利水电出版社，2008.

[9] 董哲仁. 堤防除险加固实用技术 ［M］. 北京：中国水利水电出版社，1998.

[10] 国家防汛抗旱总指挥部办公室，水利部南京水文水资源研究所. 中国水旱灾害 ［M］. 北京：中国水利水电出版社，1997.

[11] 国家防汛抗旱总指挥部办公室. 抗旱工作手册 ［M］. 北京：中国水利水电出版社，2011.

[12] 骆承政，乐嘉祥. 中国大洪水 ［M］. 北京：中国书店，1996.

[13] 万海斌. 抗洪抢险成功百例 ［M］. 北京：中国水利水电出版社，2000.

[14] 王伟光，刘雅鸣. 气候变化绿皮书：应对气候变化报告（2017）［M］. 北京：社会科学文献出版社，2017.

[15] 西蒙诺维奇. 从洪水风险管理到韧性管理：评估全球变化环境下一种新的适应性方法 ［J］. 中国防汛抗旱，2019，29（2）：6-7.

[16] 徐乾清. 中国防洪减灾对策研究 ［M］. 北京：中国水利水电出版社，2002.

[17] 李匡，刘舒，等. 梯级水电站洪水预报调度系统 ［M］. 北京：中国水利水电出版社，2020.

[18] 曹克军. 黄河传统与现代防洪抢险技术 ［M］. 郑州：黄河水利出版社，2017.

[19] 河南省水利厅水旱灾害专著编辑委员会. 河南水旱灾害 ［M］. 郑州：黄河水利出版社，1999.

[20] 黄河流域及西北片水旱灾害编委会. 黄河流域水旱灾害 ［M］. 郑州：黄河水利出版社，1996.

[21] 浙江省水利厅，浙江省水利河口研究院. 小型水库抢险实用技术与案例 ［M］. 北京：

中国水利水电出版社，2009.

[22]　中华人民共和国水利部. 防洪标准：GB 50201—2014 [S]. 北京：中国计划出版社，2014.

[23]　中华人民共和国水利部. 堰塞湖风险等级划分标准：SL 450—2009 [S]. 北京：中国水利水电出版社，2009.

[24]　中华人民共和国水利部. 堤防工程管理设计规范：SL/T 171—2020 [S]. 北京：中国水利水电出版社，2020.

[25]　中华人民共和国水利部. 旱情等级标准：SL 424—2008 [S]. 北京：中国水利水电出版社，2008.

[26]　中华人民共和国水利部. 蓄滞洪区运用预案编制导则：SL 488—2010 [S]. 北京：中国水利水电出版社，2010.

[27]　中华人民共和国水利部. 抗旱预案编制导则：SL 590—2013 [S]. 北京：中国水利水电出版社，2013.

[28]　中华人民共和国水利部. 洪水调度方案编制导则：SL 596—2012 [S]. 北京：中国水利水电出版社，2012.

[29]　中华人民共和国水利部. 山洪灾害防御预案编制导则：SL 666—2014 [S]. 北京：中国水利水电出版社，2014.

[30]　中华人民共和国水利部. 城市防洪应急预案编制导则：SL 754—2017 [S]. 北京：中国水利水电出版社，2017.

[31]　中华人民共和国水利部. 山洪灾害调查与评价技术规范：SL 767—2018 [S]. 北京：中国水利水电出版社，2018.

[32]　刘志雨. 我国水文监测预报预警体系建设与成就 [J]. 中国防汛抗旱，2009，29 (10)：25－29.

[33]　刘志雨. 我国洪水预报技术研究进展与展望 [J]. 中国防汛抗旱，2009，19 (5)：13－16.

[34]　钱镜林. 现代洪水预报技术研究 [D]. 杭州：浙江大学，2004.

[35]　芮孝芳. 洪水预报理论的新进展及现行方法的适用性 [J]. 水利水电科技进展，2001 (5)：1－4，69.

[36]　丁志雄，李娜，俞茜，等. 国家蓄滞洪区土地利用变化及国内外典型案例分析 [J]. 中国防汛抗旱，2020，30 (6)：36－43.

[37]　鄂竟平. 论控制洪水向洪水管理转变 [J]. 中国水利，2004 (8)：15－21.

[38]　郭良，丁留谦，孙东亚，等. 中国山洪灾害防御关键技术 [J]. 水利学报，2018，49 (9)：1123－1136.

[39]　尚全民，李荣波，褚明华，等. 长江流域水工程防灾联合调度思考 [J]. 中国水利，2020 (13)：1－3.

[40]　金兴平. 对长江流域水工程联合调度与信息化实现的思考 [J]. 中国防汛抗旱，2019，29 (5)：12－17.

[41]　金兴平. 水工程联合调度在 2020 年长江洪水防御中的作用 [N]. 人民长江报，2021－2－13 (5).

[42]　张康波. 2020 年淮河大洪水防御新实践与思考 [J]. 中国水利，2021 (3)：26－28.

[43] 何斌. 省级防汛会商决策支持系统集成化方法及应用研究 [D]. 大连：大连理工大学，2006.

[44] 刘宝元，刘瑛娜，张科利，等. 中国水土保持措施分类 [J]. 水土保持学报，2013，27 (2)：80 - 84.

[45] 刘汉宇. 国家防汛抗旱指挥系统的建设目标与系统结构 [J]. 中国水利，2005 (14)：21 - 25.

[46] 刘志鹏. 山东省防汛应急预案体系建设实践与思考 [J]. 中国防汛抗旱，2019，29 (2)：52 - 55.

[47] 吕娟. 新中国成立 70 年防洪抗旱减灾成效分析 [J]. 中国水利水电科学研究院学报，2019，17 (4)：242 - 251.

[48] 吕娟. 我国抗旱减灾体系建设与成就 [J]. 中国防汛抗旱，2019，29 (10)：10 - 15.

[49] 潘毅，张壮，袁赛瑜，等. 海堤工程波浪溢流问题研究进展 [J]. 水利水电科技进展，2019，39 (1)：90 - 94.

[50] 任明磊，丁留谦，何晓燕. 流域水工程防洪调度的认识与思考 [J]. 中国防汛抗旱，2020，30 (3)：37 - 40.

[51] 石凤君，赵淑杰，包健杰，等. 辽宁省防汛抗旱预案体系建设与管理 [J]. 水利科技与经济，2013，19 (1)：16 - 17，22.

[52] 史舟，梁宗正，杨媛媛，等. 农业遥感研究现状与展望 [J]. 农业机械学报，2015，46 (2)：247 - 260.

[53] 孙厚才，沙耘，黄志鹏. 山洪灾害研究现状综述 [J]. 长江科学院院报，2004 (6)：77 - 80.

[54] 田以堂. 我国水旱灾害防御工作成就辉煌 [J]. 中国防汛抗旱，2019，29 (10)：1 - 5.

[55] 涂勇，吴泽斌，何秉顺. 2011—2019 年全国山洪灾害事件特征分析 [J]. 中国防汛抗旱，2020，30 (Z1)：22 - 25.

[56] 万海斌，杨昆，杨名亮. "互联网＋"背景下我国防汛抗旱信息化的发展方向 [J]. 中国防汛抗旱，2016，26 (3)：1 - 3，11.

[57] 万海斌. 浅议新时期水旱灾害防御工作举措 [J]. 中国防汛抗旱，2019，29 (3)：1 - 4.

[58] 万海斌. 全国防汛抗旱指挥系统 3.0 架构与要求 [J]. 中国防汛抗旱，2017，27 (3)：4 - 7.

[59] 万洪涛，刘洪伟，刘舒，等. 基于信息化的防洪决策支持技术研究与应用 [J]. 中国防汛抗旱，2018，28 (6)：11 - 16，28.

[60] 王同生. 太湖流域 2016 年大洪水分析 [J]. 中国防汛抗旱，2018，28 (6)：60 - 62.

[61] 薛建军，李佳英，张立生，等. 我国台风灾害特征及风险防范策略 [J]. 气象与减灾研究，2012，35 (1)：59 - 64.

[62] 易笑园，余文韬，闫智超，等. 几种台风风暴潮预报方法在实际预报中的运用及比较 [J]. 海洋预报，2006 (4)：82 - 87.

[63] 袁希平，雷廷武. 水土保持措施及其减水减沙效益分析 [J]. 农业工程学报，2004 (2)：296 - 300.

[64] 张清明，王荆，汪自力，等. 我国典型堤防工程管理现状调查分析 [J]. 中国水利，2020 (10)：36 - 38.

［65］ 涂勇，何秉顺，郭良. 中国山洪灾害和防御实例研究与警示［M］. 北京：中国水利水电出版社，2020.

［66］ 张水良. 中国救荒史（1927—1937）［M］. 厦门：厦门大学出版社，1990.

［67］ 张勇传，李福生，熊斯毅，等. 水电站水库群优化调度方法的研究［J］. 水力发电，1981（11）：48-52.

［68］ 赵刚，庞博，徐宗学，等. 中国山洪灾害危险性评价［J］. 水利学报，2016，47（9）：1133-1142，1152.

［69］ 中华人民共和国水利部，中华人民共和国国家统计局. 第一次全国水利普查公报［M］. 北京：中国水利水电出版社，2013.

［70］ 中华人民共和国水利部. 2018年全国水利发展统计公报［M］. 北京：中国水利水电出版社，2018.

［71］ 钟平安. 流域实时防洪调度关键技术研究与应用［D］. 南京：河海大学，2006.

［72］ 许静. 关于加强水利救灾资金管理的思考［J］. 中国防汛抗旱，2020，30（8）：43-46.

［73］ 刘九夫，张建云，关铁生. 20世纪我国暴雨和洪水极值的变化［J］. 中国水利，2008（2）：35-37.

［74］ 潘赫拉，许东蓓，陈明轩，等. 天气雷达气候学研究新进展［J］. 干旱气象，2020，38（6）：887-894.

［75］ 刘昌军，刘启，田济扬，等. X波段全极化调频连续波测雨雷达在山洪预报预警中的示范应用［J］. 中国防汛抗旱，2020，30（9/10）：48-53.

［76］ 郝增超，侯爱中，张璇，等. 干旱监测与预报研究进展与展望［J］. 水利水电技术，2020，51（11）：30-40.

［77］ 刘汉宇. 国家防汛抗旱指挥系统建设与成就［J］. 中国防汛抗旱，2019，29（10）：30-35.

［78］ 向立云. 洪水风险图为我国科学管理洪水提供基础支撑［J］. 中国防汛抗旱，2018，28（10）：10-13.

［79］ 王亚华. 治国与治水——治水派学说的新经济史学演绎［J］. 清华大学学报（哲学社会科学版），2007，22（4）：117-129.

［80］ 董国华. 福建省防汛抢险新技术应用和工作设想［J］. 中国防汛抗旱，2018，28（7）：27-29.